应用型本科高校“十四五”规划机械类专业教材

电工电子技术

（第二版）

主　编　贾建平
副主编　刘　洋
参　编　蔡　丽　刘　辉　左小琼　蔡金萍
　　　　谢　丹　熊小琴　王妍玮　郭云雨

华中科技大学出版社
http://www.hustp.com
中国·武汉

内 容 简 介

本书分上、下两篇，共14章。上篇为电工学部分，内容包括电路基础、电路的基本定律与分析方法、正弦交流电路、三相电路、变压器、电动机、常用控制电器与电气控制技术等；下篇为电子学部分，内容包括半导体器件、基本放大电路、集成运算放大电路、数字电路基础、组合逻辑电路的分析与设计、时序逻辑电路、模拟量和数字量的转换等。每章配有一定数量的习题，书后有部分习题参考答案。

本书内容深入浅出，可根据具体教学要求进行相应调整，并配有相应的多媒体课件，适合作为高等院校非电类专业电工学、电工电子技术等本专科课程教材或教学参考书，也可供工程技术人员和其他相关人员自学使用。

图书在版编目(CIP)数据

电工电子技术/贾建平主编. —2版. —武汉：华中科技大学出版社，2021.6（2025.1 重印）
ISBN 978-7-5680-1985-9

Ⅰ. ①电… Ⅱ. ①贾… Ⅲ. ①电工技术-高等学校-教材 ②电子技术-高等学校-教材 Ⅳ. ①TM ②TN

中国版本图书馆 CIP 数据核字(2021)第105771号

电工电子技术(第二版)
Diangong Dianzi Jishu(Di-er ban)

贾建平 主编

策划编辑：袁 冲
责任编辑：狄宝珠
封面设计：孢 子
责任监印：朱 玢
出版发行：华中科技大学出版社(中国·武汉) 电话：(027)81321913
武汉市东湖新技术开发区华工科技园 邮编：430223
录 排：华中科技大学惠友文印中心
印 刷：武汉科源印刷设计有限公司
开 本：787mm×1092mm 1/16
印 张：20.25
字 数：497千字
版 次：2025年1月第2版第7次印刷
定 价：49.00元

第二版 前言

《电工电子技术》自出版以来，被不少学校选做教材，大家来信沟通反馈了在教学中使用本书遇到的一些情况，并就有关问题进行了探讨。以此为契机，我们在出版社的指导下，启动了本次修订改版工作。

在这次再版中，我们对全书进行了部分内容及文字的修改和勘误，在保留了第一版原有特色的基础上，增删或改写了部分章节的内容和习题。其目的依然是突出电工电子技术的基本知识，培养读者实际分析和解决问题的能力，便于教学。

本次修订由武汉东湖学院机电工程学院组织编写，贾建平（武汉东湖学院）担任主编，刘洋（哈尔滨远东理工学院）担任副主编，参加编写的还有：蔡丽（武汉职业技术学院）、刘辉（湖北商贸学院）、左小琼（武汉东湖学院）、蔡金萍（武汉华夏理工学院）、谢丹（武汉职业技术学院）、熊小琴（江苏安全技术职业学院）、王妍玮（哈尔滨石油学院）、郭云雨（哈尔滨石油学院）。其中，第 1 章、第 8 章、第 13 章由贾建平编写，第 2 章由刘辉编写，第 3 章由蔡金萍编写，第 4 章、第 9 章、第 12 章由蔡丽编写，第 5 章、第 11 章由谢丹编写，第 6 章由左小琼编写，第 14 章由刘洋编写，第 7 章由王妍玮、郭云雨编写，第 10 章由刘辉、熊小琴编写。全书由贾建平、刘洋负责统稿工作。

在编写的过程中，我们尽了最大的努力，但由于学术水平有限，加上时间仓促，不足之处不可避免。因此，我们诚恳地希望所有使用本教材的老师、学生和读者批评指正。

本教材在编写过程中得到了编者所在院校有关专家、教授的大力支持和帮助，华中科技大学出版社的编辑为本书付出的辛勤劳动，在此一并致以诚挚的感谢。

2021 年 5 月于武汉

目录

上篇　电工学部分

下篇 电子学部分

上篇　电工学部分

第 1 章　电路基础

本章内容为电子电路的基础，介绍了电路的基本概念，电路中的基本物理量及其参考方向，理想电路元件，以及电位的概念与计算等，这些概念是电路分析和计算的基础。

1.1　电路的基本概念

1.1.1　电路的组成与作用

电路(electrical circuit)或称电子回路，是由电气设备和元器件(又称电器件)按一定方式连接起来，为电荷流通提供路径的总体，也叫电子线路或称电气回路，简称网络或回路。

电路由电源、负载、连接导线和辅助设备四大部分组成，其中连接导线和辅助设备合称为中间环节。如图 1.1.1(a)所示实际应用的电路都比较复杂，因此，为了便于分析电路的实质，通常用符号表示组成电路的实际原件及其连接线，即画成电路图，如图 1.1.1(b)所示。

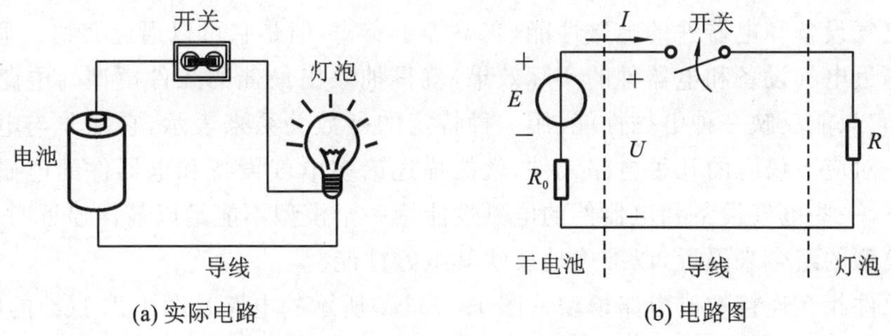

图 1.1.1　实际电路和电路图

1. 电源

电源(electric source)是提供电能的设备。电源的功能是把非电能转变成电能，例如，电池是把化学能转变成电能，发电机是把机械能转变成电能。由于非电能的种类很多，转变成电能的方式也很多，所以目前使用的电源类型也很多，最常用的电源是固态电池、蓄电池和发电机等。

2. 负载

在电路中使用电能的各种设备统称为负载(load)。负载的功能是把电能转变为其他形式的能。例如,电炉把电能转变为热能,电动机把电能转变为机械能,等等。通常使用的照明器具、家用电器、机床等都可称为负载。

3. 连接导线

连接导线(conductor)用来把电源、负载和辅助设备连接成一个闭合回路,起着传输电能的作用。

4. 辅助设备

辅助设备(supplemental equipment)是用来实现对电路的控制、分配、保护及测量等作用的设备。辅助设备包括各种开关、熔断器、电流表、电压表及测量仪表等。

电路是为实现某种目的而设计的,它的形式多种多样,但就其作用而言可以归为以下两类。

(1)进行能量的转换、传输与分配。如电力系统中的输电线路是发电机组将其他形式的能量转换成电能,通过变压器、输电线等输送给各用户,再把电能转换成机械能、光能、热能等。

(2)实现信息的传递与处理。如收音机是把收到的电磁波信号,通过电路变换或处理为扬声器所需要的输出信号,还原为声音。

1.1.2 电路模型(circuit model)

电路理论是研究电路普遍规律的一门科学,它讨论的对象不是实际的电路和电气设备或电器件,而是它们的模型。由实际电路的定义可知,要建立电路的模型,首先要建立构成电路最基本的电气设备和电器件的模型。

所谓电气设备和电器件的模型,是指在一定条件下能准确地反映电气设备或电器件的主要电磁性能,而从中抽象出来的一种理想化的电路元件。电路元件与电气设备或电器件在概念上是不同的,前者是模型,并有其严格的数学定义,后者是实物。模型只是在一定程度上反映电气设备和电器件的电磁性能,它不等于实物,但是它可以逼近实物。显然要得到一个最佳逼近电气设备和电器件的实际效果,就得抽象出最佳的元件模型。电路元件模型是唯一的,它只能反映一种电磁性能,用一种特定的函数关系来表示,它并非与电气设备和电器件一一对应。仅有的几种电路元件,就能描述诸多电气设备和电器件的电磁性能。在某种情况下,一些电气设备和电器件的电磁性能用一个模型不能足以最佳逼近时,可以用多个或多种模型的组合来逼近,以准确地反映其电磁性能。

电路元件相互连接构成电路模型。图 1.1.1(b)所示的电路是图 1.1.1(a)的电路模型。这个模型是由三个元件和无电阻的导线组合而成的。在图 1.1.1(a)中,干电池具有提供电能的电磁特性,所以可以将其抽象为一个提供电能的电源元件,如图 1.1.1(b)所示的电源。白炽灯的主要电磁性能是消耗电能,可用一个电阻元件表示。诸如此类,各种电气设备和电器件及实际电路均有各自的模型。电路理论基础中所研究的对象就是这种电路模型,习惯上称为电路。大规模的电路又称为电网络,简称为网络。

模型一般都是理想的,比如开关,其导通时电阻为零,关断时电阻为无穷大,导线模型也被认为其电阻为零。如要考虑实际情况,只要将所考虑的元件因素加进来就可以了,如导线中分散的电阻可以集中成一个电阻来分析，开关接通时会有一定的小电阻，断开时会有相当大的漏电阻等。在以后的分析中，可以根据需要考虑许多非理想的参数，使计算结果更为精确。

1.1.3　电路的工作状态

电路在不同的工作条件下会处于不同的状态，并具有不同的特点。电路的工作状态主要有以下三种。

1. 通路

当电源与负载接通，如图 1.1.2 中的开关 K 闭合时，电路中有电流及能量的输送和转换。电路的这一状态称为通路（closed circuit），此时电源向负载输出电功率，电源这时的状态称为有载（loaded），或称为负载状态。

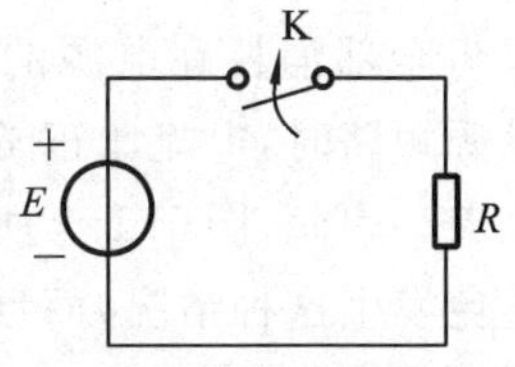

图 1.1.2　通路

通路时，电源产生的电功率应该等于电路各部分消耗的电功率之和，电源输出的电功率应等于外电路中各部分消耗的电功率之和，即功率应该是平衡的。

各种电气设备在工作时，其电压、电流和功率都有一定的限额，这些限额是用来表示它们的正常工作条件和工作能力的，称为电气设备的额定值（rated value）。额定值通常在铭牌上标出，也可以从产品目录中找到，使用时必须遵守这些规定。如果实际值超过额定值，将会引起电气设备的损坏或使用寿命的缩短；如果实际值低于额定值，某些电气设备也会损坏或缩短使用寿命，或者不能发挥正常的功能。通常，当实际值等于额定值时，电气设备的工作状态称为额定状态（rated state）。

2. 开路

当某一部分电路与电源断开，该部分电路中没有电流，也无能量的输送和转换，这部分电路所处的状态称为开路（open circuit）。如图 1.1.3 所示，当开关 K_1 单独断开时，照明灯 EL_1 所在的支路为开路；当开关 K_2 单独断开时，EL_2 所在的支路为开路。开路的一般特点如图 1.1.4 所示，开路处的电流等于零，开路处的电压应视电路情况而定。

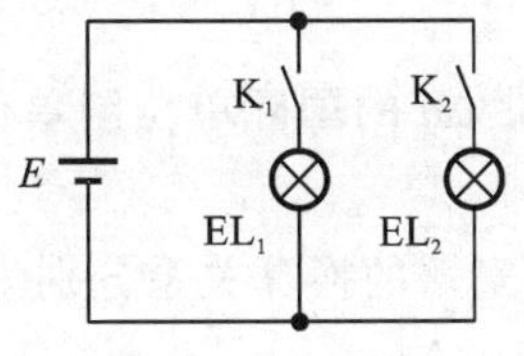

图 1.1.3　开路

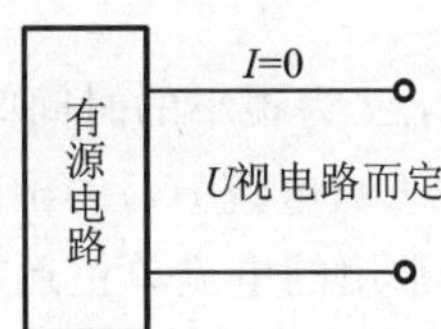

图 1.1.4　开路的特点

如果开关 K_1 和 K_2 全部断开，电源既不产生也不输出电功率，电源这时所处的状态称为空载（no-load）。

3. 短路

某一部分电路的两端用电阻可以忽略不计的导线或开关连接起来，使得该部分电路中的电流全部被导线或开关所旁路，这一部分电路所处的状态称为短路（short circuit）或短接。如图 1.1.5 所示，当开关 K_1 单独闭合时，照明灯 EL_1 被短路；当开关 K_2 单独闭合时，照明灯 EL_2 被短路。短路的一般特点如图 1.1.6 所示，短路处的电压等于零，短路处的电流视电路而定。

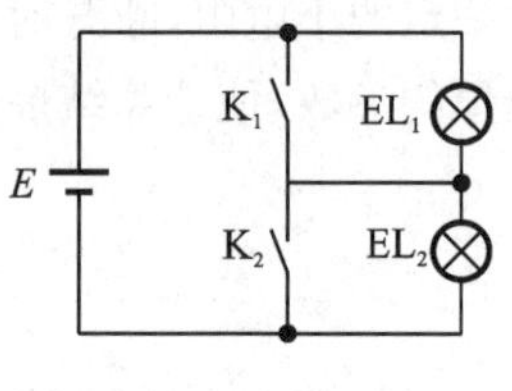

图 1.1.5　短路

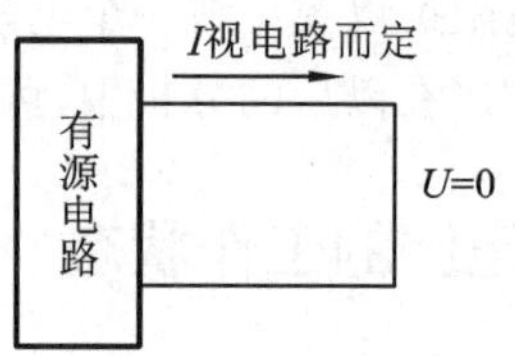

图 1.1.6　短路的特点

如果图 1.1.5 中的开关 K_1 和 K_2 全部闭合,即所有负载全部被短路,电源所产生的电功率将全部消耗在电源的内电阻和连接导线的电阻上,这时电源所处的状态称为电源短路。电源短路时,电流比正常工作电流大得多,时间稍长,便会使供电系统中的设备烧毁和引起火灾。因此,图 1.1.5 所示的电路接线方式是不妥的,它容易造成电源短路,工作中应尽量避免发生这种情况,而且还必须在电路中接入熔断器等短路保护装置,以便在电源短路时能迅速将电源与电路的短路部分断开。

1.2　电路的基本物理量

1.2.1　电流

1. 电流的基本概念

电路中电荷沿着导体的定向运动形成电流,其方向规定为正电荷流动的方向(或负电荷流动的反方向),其大小等于在单位时间内通过导体横截面的电量,称为电流强度(简称电流),用符号 I 或 $i(t)$ 表示,讨论一般电流时可用符号 i 来表示。

设在 $\Delta t=t_2-t_1$ 时间内,通过导体横截面的电荷量为 $\Delta q=q_2-q_1$,则在 Δt 时间内的电流强度可用数学公式表示为

$$i(t)=\frac{\Delta q}{\Delta t} \tag{1.2.1}$$

式中,Δt 为很小的时间间隔,时间的国际单位制单位为秒(s);电量 Δq 的国际单位制单位为库仑(C);电流 $i(t)$ 的国际单位制单位为安培(A)。

常用的电流单位还有毫安 mA、微安 μA、千安 kA 等,它们与安培的换算关系分别为

$$1\ \text{mA}=10^{-3}\ \text{A},\quad 1\ \mu\text{A}=10^{-6}\ \text{A},\quad 1\ \text{kA}=10^{3}\ \text{A}$$

2. 直流电流和交流电流

1)直流电流

如果电流的大小及方向都不随时间变化,即在单位时间内通过导体横截面的电量相等,则称之为直流电流、稳恒电流或恒定电流,简称为直流(direct current),记为 DC 或 dc,直流电流要用大写字母 I 表示,用公式表示为

$$I=\frac{\Delta q}{\Delta t}=\frac{Q}{t}=\text{常数} \tag{1.2.2}$$

直流电流 I 与时间 t 的关系在 I-t 坐标系中为一条与时间轴平行的直线。

2)交流电流

如果电流的大小及方向均随时间变化,则称这样的电流为交流电流。对于电路分析来说,最为重要的交流电流是正弦交流电流,其大小及方向均随时间按正弦规律做周期性变化,将之简称为交流(alternating current),记为 AC 或 ac,交流电流的瞬时值要用小写字母 i 或 $i(t)$ 表示。

1.2.2　电压

1. 电压的基本概念

电压是指电路中两点 A、B 之间的电位差,其大小等于单位正电荷因受电场力作用从 A 点移动到 B 点所做的功,电压的方向规定为从高电位指向低电位的方向。

电压的国际单位制单位为伏特(V),常用的单位还有毫伏(mV)、微伏(μV)、千伏(kV)等,它们与伏特的换算关系分别为

$$1\ \text{mV}=10^{-3}\ \text{V},\quad 1\ \mu\text{V}=10^{-6}\ \text{V},\quad 1\ \text{kV}=10^{3}\ \text{V}$$

2. 直流电压与交流电压

1)直流电压

如果电压的大小及方向都不随时间变化,则称之为直流电压、稳恒电压或恒定电压,用大写字母 U 表示。

2)交流电压

如果电压的大小及方向都随时间变化,则称之为交流电压。对电路分析来说,一种最为重要的交流电压是正弦交流电压,其大小及方向均随时间按正弦规律做周期性变化。交流电压的瞬时值要用小写字母 u 或 $u(t)$ 表示。

1.2.3　电动势

电动势是描述电源力做功大小的一个物理量,电源力在电源内部把单位正电荷从电源的负极移到正极所做的功称为电源电动势,用字母 E 表示,其表达式为

$$E=\frac{W}{q}\tag{1.2.3}$$

式中:W 表示电源力所做的功,单位是焦耳(J);q 表示电荷量,单位是库仑(C);电动势与电压的单位相同,也是伏特(V)。

不同种类的电源有着不同的电源力。例如:在发电机中,导体在磁场中运动,磁场能转换为电源力;在电池中,化学能转换成电源力。每个电源的电动势是由电源本身决定的,跟外电路的情况没有关系。

电动势的实际方向是电源力克服电场力移动正电荷的方向,是从低电位到高电位的方向,即由负极指向正极。

1.2.4　电功率

电功率(简称功率)所表示的物理意义是电路元件或设备在单位时间内吸收或发出的电

能,又叫作有功功率或平均功率。两端电压为U、通过电流为I的元件的功率大小为

$$P = UI \tag{1.2.4}$$

功率的国际单位制单位为瓦特(W),常用的单位还有毫瓦(mW)、千瓦(kW),它们与瓦特的换算关系分别为

$$1\text{mW}=10^{-3}\text{W},\quad 1\text{ kW}=10^{3}\text{W}$$

一个电路最终的目的是电源将一定的电功率传送给负载,负载将电能转换成工作所需要的一定形式的能量,即电路中存在发出功率的器件(供能元件)和吸收功率的器件(耗能元件)。

通常把耗能元件吸收的功率写成正数($P>0$),把供能元件发出的功率写成负数($P<0$),而储能元件(如理想电容、电感元件)既不吸收功率也不发出功率,即其功率$P=0$。

1.2.5 电能

电能是指在一定的时间内电路元件或设备吸收或发出的电能量,用符号W表示,其国际单位制单位为焦耳(J),电能的计算公式为

$$W = Pt = UIt \tag{1.2.5}$$

通常电能用千瓦小时(kW·h)来表示大小,也叫作度(电),它与焦耳的换算关系为

$$1\text{ 度(电)}=1\text{ kW}\cdot\text{h}=3.6\times10^{6}\text{ J}$$

即功率为1000W的供能或耗能元件,在1小时的时间内所发出或消耗的电能量为3.6×10^{6}焦耳。

本书中各物理量的单位都采用国际单位制(SI),如前述的A、V、W等。但在实际应用中,有时会感到这些基本单位太大或太小,使用不便,在这种情况下,可以改用如mA(毫安)、mV(毫伏)、kW(千瓦)等辅助单位。辅助单位是在基本单位的前面加上相应的词头而构成的,表1.2.1中列出了国际单位制中规定的十进制倍数和分数的单位词头,例如:

1 微安[μA]$=1\times10^{-6}$安[A]

5 千伏[kV]$=5\times10^{3}$ 伏[V]

2 毫秒[ms]$=2\times10^{-3}$秒[s]

表 1.2.1 部分国际单位制倍数与分数的单位词头

倍率	词头名称		词头符号	分率	词头名称		词头符号
	中文	原文(法)			中文	原文(法)	
10^{12}	太[拉]	tera	T	10^{-1}	分	deci	d
10^{9}	吉[咖]	giga	G	10^{-2}	厘	centi	c
10^{6}	兆	mega	M	10^{-3}	毫	milli	m
10^{3}	千	kilo	k	10^{-6}	微	micro	μ
10^{2}	百	hecto	h	10^{-9}	纳[诺]	nano	n
10	十	deca	da	10^{-12}	皮[可]	pico	p

1.3　电路中的参考方向

1.3.1 电流的参考方向

通常，习惯上将正电荷移动的方向规定为电流的正方向，也称电流的实际方向。但是在进行电路分析时，电路中某个元件或某段电路的电流是未知的，也可能是随时间变化的，这时就很难用一个固定箭头来表示出电流的实际方向。为了解决这个问题，需要指定电流的参考方向。

参考方向的指定可以是任意的，一般可用一个实箭头表示，如图1.3.1(a)所示，长方框表示电路中的一个元件或一段电路。箭头由 a 指向 b 的方向，是指定流经这个元件电流的参考方向。但流过元件的电流的实际方向，可能是由 a 指向 b，也可能是由 b 指向 a。也就是说，电流的参考方向与电流的实际方向可能相同，也可能相反。若电流的实际方向是由 a 指向 b，如图1.3.1(b)中虚线箭头所示，它与指定的参考方向一致，则电流 i 为正值，即 $i>0$。在图1.3.1(c)中指定电流的参考方向是由 b 指向 a，而实际方向是由 a 指向 b，与电流 i 的参考方向相反，则电流 i 为负值，即 $i<0$。这样，在已指定电流参考方向的情况下，电流 i 值的正和负，就反映了电流 i 的实际方向。电流参考方向指定后，电流 i 就为代数量，若没指定电流参考方向，电流 i 的正值和负值毫无意义，所以在分析电路时要预先指定电流的参考方向。

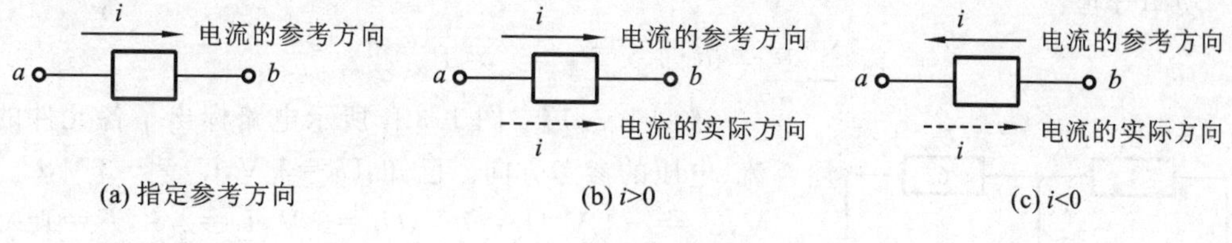

图1.3.1　电流的参考方向

1.3.2　电压的参考方向

对电路中两点之间的电压，如同电流一样，也需要指定参考极性或参考方向。当指定电压参考极性或参考方向后，电压 u 的值就成为代数量。在图1.3.2(a)中，如果指定 a 点的电位高于 b 点的电位，则 a 点为"+"极性，b 点为"−"极性，而实际 a 点的电位高于 b 点的电位，则电压 $u>0$。这表示元件两端的电压实际极性与指定参考极性相同，或者说电压实际方向与参考方向一致。如果 $u<0$，说明电压的指定参考方向与实际方向相反，如图1.3.2(b)所示。

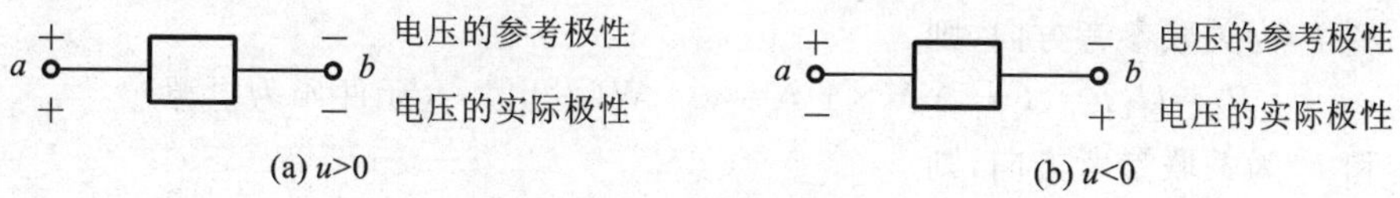

图1.3.2　电压的参考极性

1.3.3 电压和电流的关联参考方向

一个元件通过的电流或端电压的参考方向可以任意指定。如果指定流过元件的电流的参考方向是从标有电压“+”极性的一端指向“−”极性的一端,即电流和电压的参考方向一致,称为关联参考方向,如图 1.3.3(a)所示。如果电压和电流的参考方向不一致,则称为非关联参考方向,如图 1.3.3(b)所示。

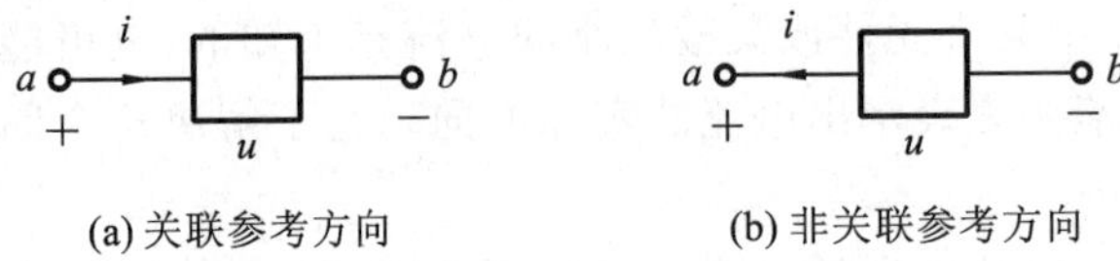

图 1.3.3 关联参考方向和非关联参考方向

根据关联方向可以很方便地区别是负载还是电源,其原则如下。

(1)元件的电压和电流取关联参考方向时,

$$p = ui(\text{或 } P = UI)\begin{cases} > 0, \text{吸收功率(负载)} \\ < 0, \text{发出功率(电源)} \end{cases}$$

(2)元件的电压和电流取非关联参考方向时,

$$p = ui(\text{或 } P = UI)\begin{cases} > 0, \text{发出功率(电源)} \\ < 0, \text{吸收功率(负载)} \end{cases}$$

功率守恒:

$$\sum P = 0(\text{即}\sum P_{\text{吸}} = \sum P_{\text{发}})$$

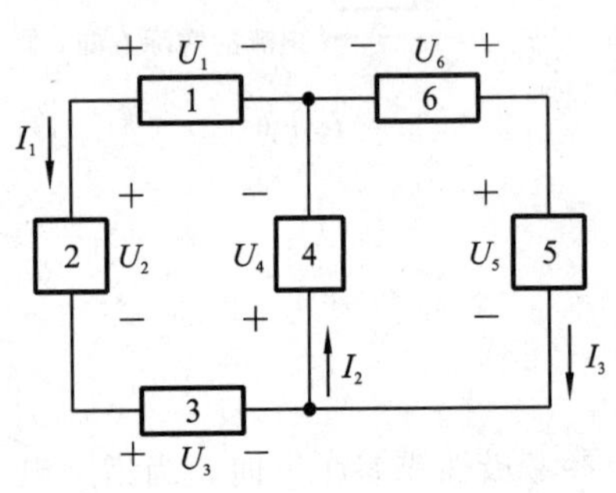

图 1.3.4 例 1.3.1 图

【例 1.3.1】 图 1.3.4 所示电路标出了各元件的电流、电压的参考方向。已知:$U_1=1$ V,$U_2=-3$ V,$U_3=8$ V,$U_4=-4$ V,$U_5=7$ V,$U_6=3$ V,$I_1=2$ A,$I_2=1$ A,$I_3=-1$ A。试求各个元件的功率大小,并判断其功率性质及该电路功率是否平衡。

【解】

(1)计算并判断各元件功率。

U_1 和 I_1 为非关联参考方向,则

$P_1=U_1I_1=1\text{ V}\times2\text{ A}=2\text{ W}$(发出) (元件 1 为电源)

U_2 和 I_1 为关联参考方向,则

$P_2=U_2I_1=(-3)\text{ V}\times2\text{ A}=-6\text{ W}$(发出) (元件 2 为电源)

U_3 和 I_1 为关联参考方向,则

$P_3=U_3I_1=8\text{ V}\times2\text{ A}=16\text{ W}$(吸收) (元件 3 为负载)

U_4 和 I_2 为关联参考方向,则

$P_4=U_4I_2=(-4)\text{ V}\times1\text{ A}=-4\text{ W}$(发出) (元件 4 为电源)

U_5 和 I_3 为关联参考方向,则

$P_5=U_5I_3=7\text{ V}\times(-1)\text{ A}=-7\text{ W}$(发出) (元件 5 为电源)

U_6 和 I_3 为非关联参考方向,则

$$P_6 = U_6 I_3 = 3\ \text{V} \times (-1)\ \text{A} = -3\ \text{W}(吸收)\quad (元件 6 为负载)$$

(2)判断功率是否平衡。

负载消耗的功率为

$$P_L = P_3 + P_6 = 19\ \text{W}(绝对值求和)$$

电源发出的功率为

$$P_E = P_1 + P_2 + P_4 + P_5 = 19\ \text{W}(绝对值求和)$$

可见,该电路功率平衡。

1.4　理想电路元件

1.4.1　无源元件

1. 电阻元件

电阻元件是指电阻器、白炽灯、电炉等实际电路器件的理想化模型,这些实际电路器件的共同电磁特性是消耗电能。电阻元件就是模拟这种电磁特性的理想化元件,电流通过它时,将受到阻碍,沿电流方向产生电压降。当电压与电流为关联参考方向时,如图 1.4.1(a)所示,欧姆定律的表达式为

$$U = RI \tag{1.4.1}$$

当电压与电流为非关联参考方向时,如图 1.4.1(b)所示,欧姆定律的表达式为

$$U = -RI \tag{1.4.2}$$

(a) 关联参考方向　　(b) 非关联参考方向

图 1.4.1　电阻元件

式中 R 表示电阻值,简称电阻,单位是欧姆(Ω),常用的单位还有千欧(kΩ)、兆欧(MΩ)等。

电阻的倒数称为电导,用字母 G 表示,即

$$G = \frac{1}{R} \tag{1.4.3}$$

电导的单位为西门子,简称西(S)。

电阻元件既可以用电阻 R 表示,也可以用电导 G 表示,用电导表示时,欧姆定律表达式为

$$I = GU \tag{1.4.4}$$

若电阻元件的阻值与通过它的电流或其两端的电压无关,是一个常数,则称之为线性电阻。表示元件电压与电流关系的曲线叫作元件的伏安特性曲线。线性电阻的伏安特性曲线是一条通过原点的直线,如图 1.4.2 所示。若电阻与通过它的电流或其两端的电压有关,不是一个常数,其伏安特性曲线不是一条直线,这样的电阻称为非线性电阻,它不遵守欧姆

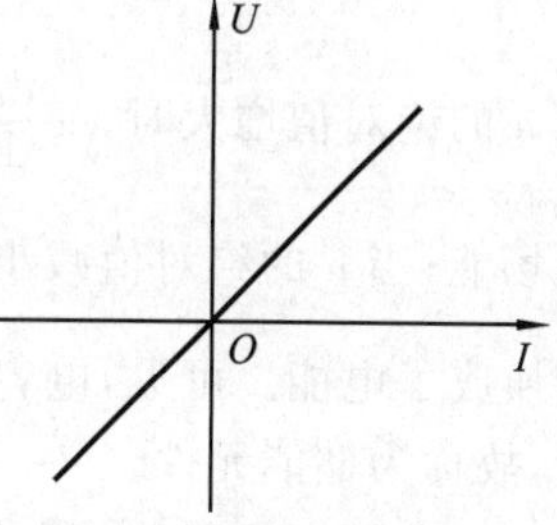

图 1.4.2　线性电阻的伏安特性曲线

定律。本书只研究线性电阻。

由图 1.4.2 所示的伏安特性曲线可以看出,在关联参考方向下,电阻元件上的电压和电流总是同号的,而由式(1.4.1)可以看出,电阻的功率 P 总是正值,即总是在吸收(消耗)功率。因此,电阻元件是耗能元件。电阻消耗的功率为

$$P = UI = I^2R = \frac{U^2}{R} = GU^2 \tag{1.4.5}$$

2. 电容元件

电容元件是一种储存电场能的理想元件,简称电容。实际电容器是由两块金属板中间隔以电介质(绝缘物质,如空气、云母、绝缘纸、陶瓷等)构成的,如图 1.4.3 所示。当电容器加上电压 u 后,将在两块极板上分别产生等量的异性电荷 q,在极板间形成电场,储存电场能。电压 u 越高,电荷量 q 越多,储存的电场能也越多。

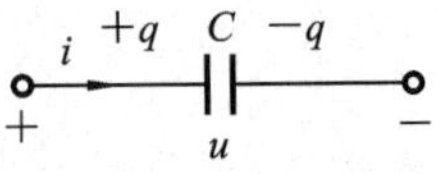

图 1.4.3　电容元件

电容 C 是电荷量 q 与端电压 u 的比值,即

$$C = \frac{q}{u} \tag{1.4.6}$$

式中 C 表示电容,单位是法拉,简称法(F)。由于法拉的单位太大,工程上多采用微法(μF)和皮法(pF),其换算关系如下:

$$1\ \text{F} = 10^6\ \mu\text{F} = 10^{12}\ \text{pF}$$

若电容 C 是常量,则称为线性电容;否则为非线性电容。本书只讨论线性电容。

当电容的端电压 u 随时间变化时,极板上的电荷量 q 也随之变化,电路中便出现了电荷的移动,于是在电路中就产生了电流 i。设电流 i 和电压 u 为关联参考方向,若在极短的时间 $\mathrm{d}t$ 内,每个极板上的电荷量改变了 $\mathrm{d}q$,根据 $i=\mathrm{d}q/\mathrm{d}t$ 和 $q=Cu$,可得出电压与电流的关系为

$$i = \frac{\mathrm{d}q}{\mathrm{d}t} = C\frac{\mathrm{d}u}{\mathrm{d}t} \tag{1.4.7}$$

式(1.4.7)表明:通过电容的电流跟电容的端电压与时间的变化率成正比,而与端电压的大小无关。电压变化越快,电流越大。当电容的端电压恒定不变时(即 $\mathrm{d}u/\mathrm{d}t=0$),电流等于零,即 $i=0$,此时电容相当于开路,故电容具有“隔直流、通交流”的作用。

当电压和电流随时间变化时,它们的乘积称为瞬时功率,也是随时间变化的,电容的瞬时功率为

$$p = ui = uC\frac{\mathrm{d}u}{\mathrm{d}t} \tag{1.4.8}$$

当 u 的绝对值增大时,$u\frac{\mathrm{d}u}{\mathrm{d}t} > 0$,$p > 0$,说明此时电容从外部输入电功率,把电能转换成了电场能;当 u 的绝对值减小时,$u\frac{\mathrm{d}u}{\mathrm{d}t} < 0$,$p < 0$,说明此时电容向外部输送电功率,电场能又转换成了电能。可见,电容中储存电场能的过程是能量的可逆转换过程,电容元件不消耗能量,故称为储能元件。

电容储存或释放的电场能为

$$W = \int p\mathrm{d}t = \int ui\mathrm{d}t = \int Cu\mathrm{d}u = \frac{1}{2}Cu^2 \tag{1.4.9}$$

实际的电容元件即电容器并不是一个完全理想的电容元件，总会消耗一些电能。消耗电能的原因有两个：一是极板间绝缘介质的电阻不可能是无穷大，而且由于温度、湿度对绝缘电阻的影响很大，所以多少有一些漏电现象，这些微小的漏电流通过介质时会消耗电能；二是介质在交变电压作用下被反复地极化也要消耗电能，这种能量损耗称为介质损耗，特别是当电压的频率很高时，介质损耗更大。过大的介质损耗会引起电容器的过热甚至损坏，因此电容器用在交流电路中的耐压值要比用在直流电路中的耐压值低得多，且频率越高，耐压值越低。

各种电容器上一般都标有电容的标称值、误差和额定电压。额定电压是电容器长期(通常不少于 10 000h)可靠地安全工作的最高电压，用“WV”表示。每种绝缘介质都只能承受一定的电场强度，当电场强度达到一定值时，介质分子中的束缚电子在很大的电场力作用下会被释放而成为自由电子，这些电子获得了很大的速度，当撞击其他原子时，又可能产生更多的自由电子，这样，绝缘介质的绝缘性能便会被破坏，从而使介质变成了导体，这种现象称为击穿。当电压达到某一值时，电容器中的介质便会被击穿，这个电压称为击穿电压。电容器的额定电压一般为击穿电压的 1/3～2/3。

选择电容器时，不仅应选择合适的电容数值，而且要确定恰当的额定工作电压。单个电容器不能满足要求时，可以把几个电容器串联或并联起来使用。

两个电容器串联和并联时，其等效电容分别为

$$\begin{aligned}\frac{1}{C}&=\frac{1}{C_1}+\frac{1}{C_2}\text{(串联)}\\ C&=C_1+C_2\text{(并联)}\end{aligned}\tag{1.4.10}$$

3. 电感元件

电感元件是一种储存磁场能的理想元件，简称电感，如图 1.4.4(b)所示。

当电感线圈中通入电流 i，电流在该线圈中将产生磁通 Φ，由电磁感应定律可知，i 与 Φ 的参考方向由右手螺旋定则确定，如图 1.4.4(a)所示。如果线圈的匝数为 N，且穿过每一匝线圈的磁通都是 Φ，则总磁通(磁链)为 $\psi=N\Phi$，磁链 ψ 与电流的比值 L 叫作电感，即

$$L=\frac{\psi}{i}\tag{1.4.11}$$

式中 L 表示电感，单位是亨利(H)，常用的单位还有毫亨(mH)、微亨(μH)等，其换算关系为

$$1\ \text{H}=10^3\ \text{mH}=10^6\ \mu\text{H}$$

若电感 L 是常量，此电感称为线性电感；否则称为非线性电感。本书只讨论线性电感。

当电感线圈中的电流 i 变化时，磁通 Φ 和磁链 ψ 也随之变化，根据电磁感应定律，在线圈中就会产生感应电动势 e，感应电动势 e 的大小与磁链对时间的变化率成正比。当电压 u、电流 i、电动势 e 均为关联参考方向时，如图 1.4.4(b)所示，则有

$$e=-\frac{\mathrm{d}\psi}{\mathrm{d}t}=-\frac{\mathrm{d}(Li)}{\mathrm{d}t}=-L\frac{\mathrm{d}i}{\mathrm{d}t}\tag{1.4.12}$$

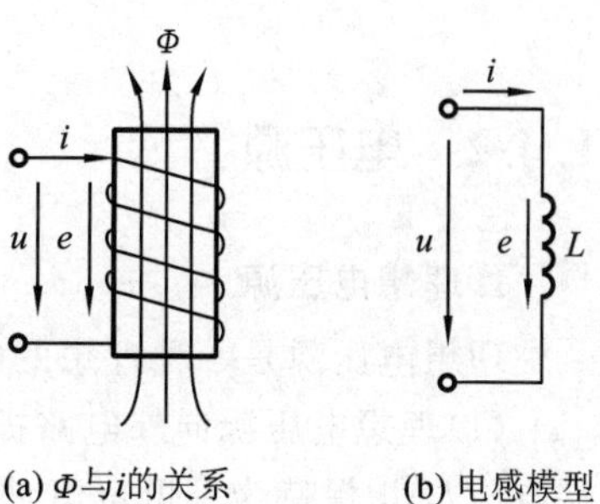

(a) Φ与i的关系　(b) 电感模型

图 1.4.4　电感元件

由楞次定律可知,式(1.4.12)中的负号表示感应电动势总是阻碍原磁通的变化。

电感两端的电压为

$$u = -e = L\frac{\mathrm{d}i}{\mathrm{d}t} \tag{1.4.13}$$

由式(1.4.13)可知,电感两端的电压与电流的变化率成正比,而与电流的大小无关。只有当通过电感元件的电流变化时,其两端才会有电压。电流变化得越快,端电压越大。当电流不随时间变化(即 $\mathrm{d}i/\mathrm{d}t=0$)时,则电感两端的电压为零,即 $u=0$,此时电感相当于短路。所以在直流电路中,电感元件相当于一条无阻导线。

电感的瞬时功率为

$$p = ui = iL\frac{\mathrm{d}i}{\mathrm{d}t} \tag{1.4.14}$$

当 i 的绝对值增大时,$i\frac{\mathrm{d}i}{\mathrm{d}t}>0$,$p>0$,说明此时电感从外部输入电功率,把电能转换成了磁场能;当 i 的绝对值减小时,$i\frac{\mathrm{d}i}{\mathrm{d}t}<0$,$p<0$,说明此时电感向外部输送电功率,磁场能又转换成了电能。可见,电感中储存磁场能的过程也是能量的可逆转换过程,电感元件不消耗能量,故也是储能元件。

电感储存或释放的磁场能为

$$W_{\mathrm{L}} = \frac{1}{2}Li^2 \tag{1.4.15}$$

实际的电感元件即电感器通常是在绝缘骨架上用导线按一定规格、一定形状绕制而成的线圈,故又称为电感线圈。根据线圈中间材料的不同,可分为空心电感线圈和铁磁芯电感线圈两大类。电感线圈也不是理想电感元件。首先,线圈本身总是有电阻的,电流通过线圈时会消耗一定的能量。当频率高时,还要考虑到绝缘框架介质损耗的影响以及线圈匝间所存在的分布电容等。其次,铁磁芯线圈由于铁磁芯饱和特性的影响,因而电感不是常数,线圈采用铁芯或磁芯,可以大大增加电感的数值,但却引起了非线性。

选电感器时,既要选择合适的电感数值,又不能使实际工作电流超过其额定电流。单个电感线圈不能满足要求时,也可以把几个电感线圈串联或并联起来使用。

无互感存在的两电感线圈串联和并联时,其等效电感分别为

$$\begin{gathered} L = L_1 + L_2\text{(串联)} \\ \frac{1}{L} = \frac{1}{L_1} + \frac{1}{L_2}\text{(并联)} \end{gathered} \tag{1.4.16}$$

1.4.2 电压源

1. 理想电压源

理想电压源是一种理想的电源元件,它具有以下两个基本特点。

(1)理想电压源向外电路提供一个恒定电压值 U_{S},即无论流过它的电流如何变化,它的端电压 U 均保持为一恒定值,即 $U=U_{\mathrm{S}}$。因此理想电压源又称为恒压源。

(2)电路中的电流 I 完全由外电路来决定,即电流 I 的大小取决于负载 R_{L} 的大小。

理想电压源的图形符号如图 1.4.5 所示。将理想电压源接上负载 R_{L},如图 1.4.6(a)所

示。它的特性可以用它的输出电压与输出电流之间的关系(即伏安特性)来表示,理想电压源的伏安特性曲线如图 1.4.6(b)所示。这是一条平行于水平轴(I 轴)的直线。它表明:当外接负载电阻 R_L变化时,电源提供的电流 I 随之发生变化,但电源的端电压始终保持恒定,即 $U=U_S$。随着电阻 R_L的减小,电流 I 逐渐增加,电源提供的功率逐渐加大。理想电压源实际上是不存在的,但是如果电源的内阻 R_S远小于负载电阻 R_L,则端电压基本恒定,就可以忽略内阻的影响,此时可将其认为是一个理想电压源。通常稳压电源和刚开始使用的干电池可近似地认为是理想电压源。

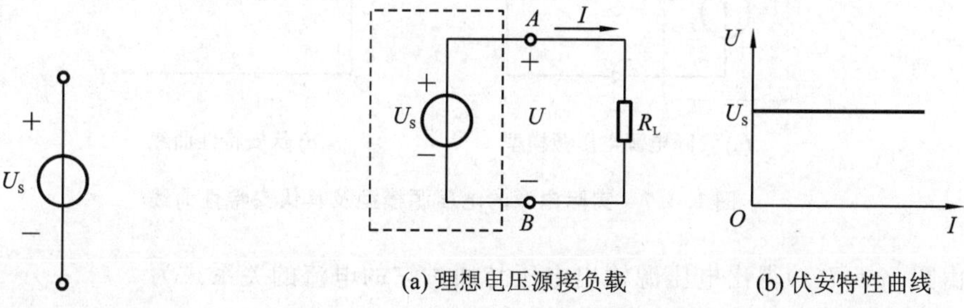

图 1.4.5　理想电压源图形符号

图 1.4.6　理想电压源及其伏安特性曲线

【例 1.4.1】　在图 1.4.6(a)中,若理想电压源的电压 $U_S=6$ V,负载电阻 R_L是电压源 U_S的外部电路,电流 I 和电压 U 的参考方向如图中所示。求:负载电阻 R_L分别为∞、6 Ω、0 时的电压 U 和电流 I 及电压源 U_S的功率 P_S。

【解】

(1)当 $R_L\to\infty$时,即外部电路开路,故有 $U=U_S=6$ V,$I=0$ A。

对于电压源 U_S来说,U_S、I 为非关联参考方向,所以电压源 U_S的功率为

$$P_S=U_SI=6\ \text{V}\times 0\ \text{A}=0\ \text{W}$$

(2)当 $R_L=6\ \Omega$ 时,$U=U_S=6$ V。

$$I=\frac{U}{R_L}=\frac{6\ \text{V}}{6\ \Omega}=1\ \text{A}$$

电压源 U_S的功率为

$$P_S=U_SI=6\ \text{V}\times 1\ \text{A}=6\ \text{W}\quad(\text{发出功率})$$

(3)当 $R_L\to 0$ 时,即外部电路短路(实际电压源绝不可短路),故有

$$U=U_S=6\ \text{V},\quad I=\frac{U}{R_L}\to\infty$$

此时电压源 U_S产生的功率为 $P_S\to\infty$。

由此例可以看出以下两点。

(1)理想电压源的端电压不随外部电路的变化而变化。本例三种情况的端电压均为 $U=U_S=6$ V。

(2)理想电压源的输出电流 I 随外部电路的变化而变化。本例中,当 $R_L\to 0$ 极端情况时,$I\to\infty$,从而使 U_S产生的功率 $P_S\to\infty$。

2. 实际电源的电压源模型

以上所讲的为理想电压源,而实际的电源如发电机、干电池等,随着输出电流的加大,其端电压不是恒定不变的,而是略有下降,即端电压要低于 U_S。这是因为任何一个实际电源

总有一定的内阻(称为内阻 R_S),当输出电流增加时,内阻上的压降也增加,造成电源端电压下降。因此,这种实际的电源可以用一个理想电压源 U_S 和内阻 R_S 串联的模型来表示,如图 1.4.7(a)虚线框内所示,称为实际电源的电压源模型。

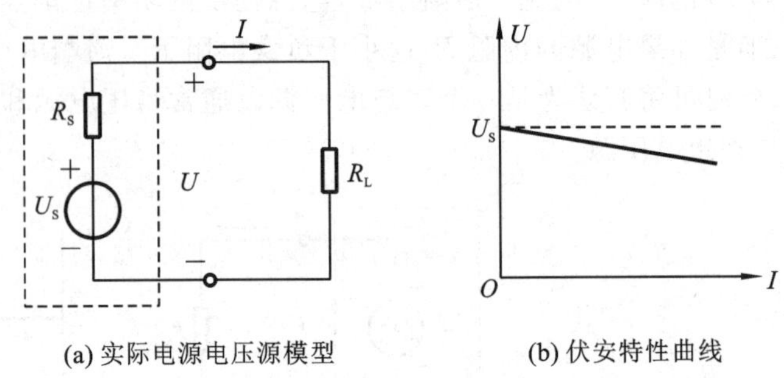

(a) 实际电源电压源模型　　(b) 伏安特性曲线

图 1.4.7　实际电源的电压源模型及其伏安特性曲线

由图 1.4.7(a)得出电压源输出电压与通过它的电流的关系式为

$$U = U_S - IR_S \tag{1.4.17}$$

电压源的伏安特性曲线如图 1.4.7(b)所示,端电压 U 是随电流 I 的增大呈下降变化的直线。由此可见,其内阻 R_S 越小,曲线下降得越慢,也就越接近理想情况。当内阻 $R_S=0$ 时,电压源就变成了恒压源。

应当指出,实际电压源内部并不是真正串有一个内阻,内阻只是把电压源内部消耗能量这种实际情况用一个参数 R_S 表示而已。工程上所使用的稳压电源及大型电网的输出电压基本不随外电路的变化而变化,可近似看成是理想电压源。

3. 理想电压源的串并联

1)理想电压源的串联

图 1.4.8(a)所示为 n 个理想电压源的串联电路,其输出电压为

$$u_S = u_{S1} + u_{S2} + \cdots + u_{Sn} \tag{1.4.18}$$

注意:式中 $u_{Sk}(k=1,2,\cdots,n)$ 的参考方向与 u_S 的参考方向一致时,$u_{Sk}(k=1,2,\cdots,n)$ 在式中取"+"号,不一致时取"−"号。

根据电路等效的概念,可以用图 1.4.8(b)所示电压为 u_S 的单个电压源等效替代图 1.4.8(a)中的 n 个串联电压源。

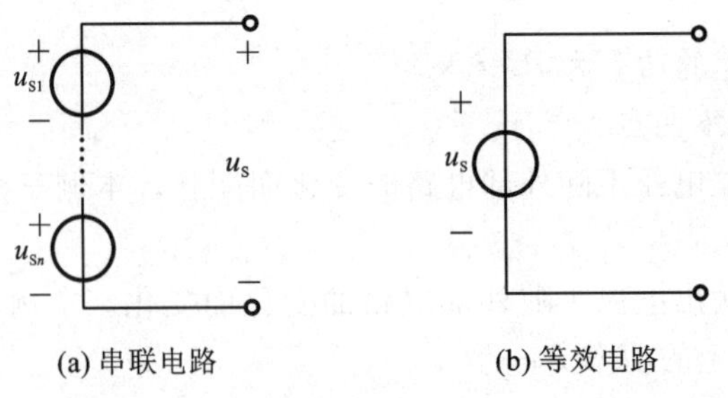

(a) 串联电路　　(b) 等效电路

图 1.4.8　理想电压源的串联等效电路

2)理想电压源的并联

图 1.4.9(a)所示为 n 个理想电压源的并联电路，其输出电压为

$$u_S = u_{S1} = \cdots = u_{Sn} \tag{1.4.19}$$

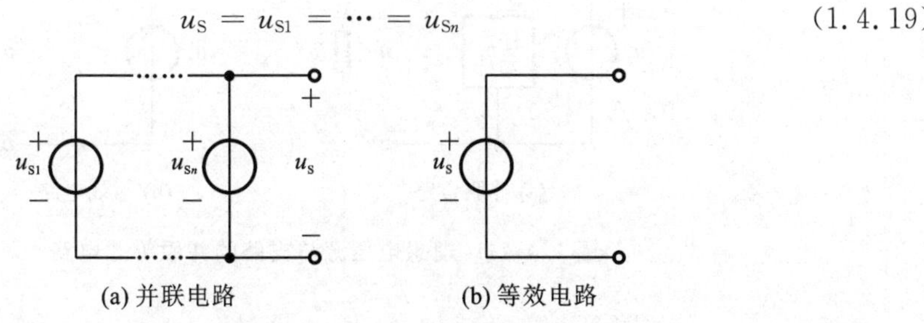

(a) 并联电路　　(b) 等效电路

图 1.4.9　理想电压源的并联等效电路

式(1.4.19)说明，只有电压相等且极性一致的电压源才能并联，此时并联电压源对外特性与单个电压源一样，根据电路等效概念，可以用图 1.4.9(b)所示的单个电压源替代图 1.4.9(a)中的并联电压源。

注意：

(1)不同值或不同极性的电压源是不允许并联的；

(2)电压源并联时，每个电压源中的电流是不确定的。

4. 理想电压源与支路的串并联等效

1)串联等效

图 1.4.10(a)所示为 2 个理想电压源和电阻支路的串联电路，其电压、电流关系为

$$u = u_{S1} + R_1 i + u_{S2} + R_2 i = (u_{S1} + u_{S2}) + (R_1 + R_2) i = u_S + Ri \tag{1.4.20}$$

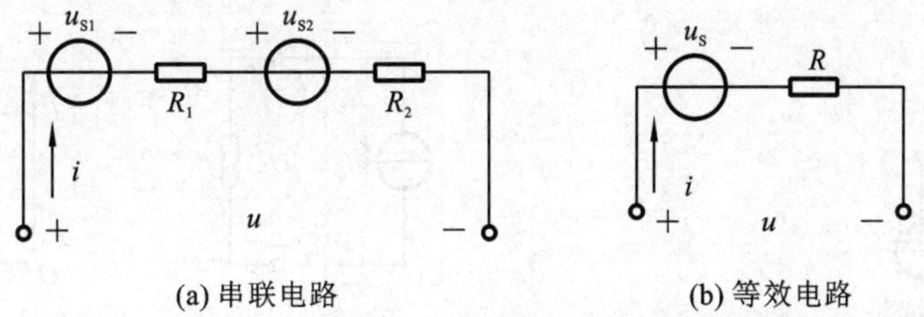

(a) 串联电路　　(b) 等效电路

图 1.4.10　理想电压源与支路的串联等效电路

根据电路等效的概念，可以用图 1.4.10(b)所示电压为 u_S 的单个电压源和电阻为 R 的单个电阻串联组合等效替代图 1.4.10(a)所示电路，其中

$$u_S = u_{S1} + u_{S2}, \quad R = R_1 + R_2 \tag{1.4.21}$$

2)并联等效

图 1.4.11(a)为理想电压源和任意元件的并联电路，设外电路接电阻 R，其端口电压、电流为

$$u = u_S, \quad i = \frac{u}{R} \tag{1.4.22}$$

即端口电压、电流只由电压源和外电路决定，与并联元件本身无关，对外特性与图 1.4.11(b)所示电压为 u_S 的单个电压源一样。因此，电压源和任意元件并联就等效为电压源本身。

(a) 并联电路　　　　(b) 等效电路

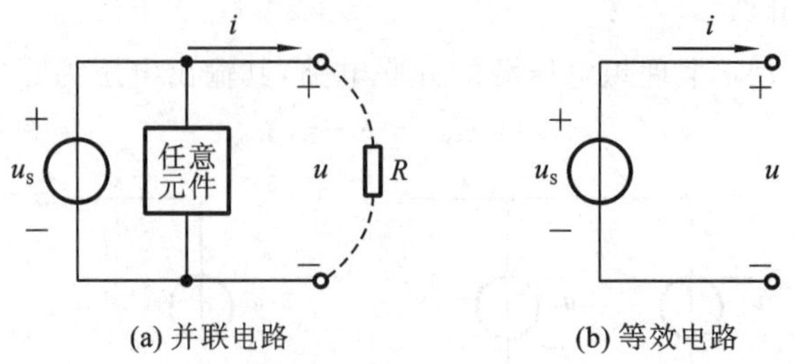

图 1.4.11　理想电压源与支路的并联等效电路

1.4.3　电流源

1. 理想电流源

理想电流源具有以下两个基本特点。

(1)产生并输出恒定的电流值 I_S,该电流值与外电路及其端电压无关。

(2)元件两端的电压 U 不由它自己决定,而是完全由外电路来决定,即电压 U 的大小取决于负载电阻 R_L。

理想电流源的图形符号如图 1.4.12 所示,箭头表示电流的正方向。将理想电流源接上负载 R_L,如图 1.4.13(a)所示,其伏安特性曲线如图 1.4.13(b)所示。这是一条平行于电压 U 轴的直线,输出电流 I 始终等于 I_S,保持恒定,所以理想电流源又称恒流源。从伏安特性还可以看出,当电源两端被短路时,$R_L=0$,端电压 $U=0$;随着 R_L 的加大,其端电压 U 也不断加大,具体大小取决于 I_S 与 R_L 的乘积,即取决于负载电阻 R_L 的大小。

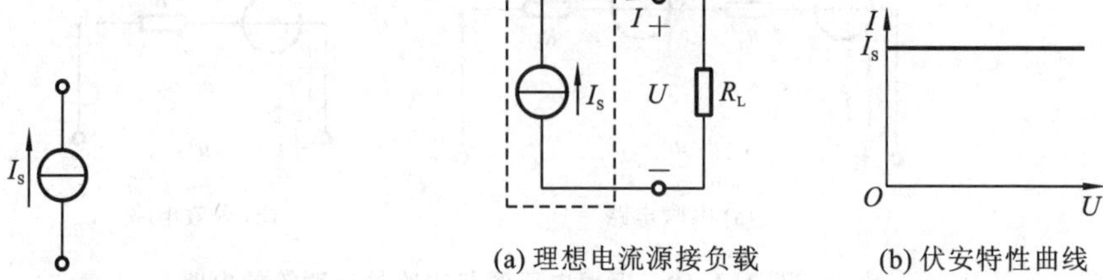

图 1.4.12　理想电流源的图形符号

(a) 理想电流源接负载　　(b) 伏安特性曲线

图 1.4.13　理想电流源的伏安特性曲线

2. 实际电源的电流源模型

理想电流源实际上也是不存在的。实际电流源内部也是有能量消耗的,因此,一个实际电流源可以用一个理想电流源 I_S 和内阻 R'_S 相并联的模型来表示,如图 1.4.14(a)所示,称为实际电源的电流源模型。将实际电流源接上负载电阻 R_L 后,如图 1.4.14(b)所示,此时,恒流源电流 I_S 等于内阻 R'_S 的支路电流 U/R'_S 与负载电流 I 之和。由此可得,电流源向外输出的电流为

$$I = I_S - \frac{U}{R'_S} \tag{1.4.23}$$

由式(1.4.23)可见,电流源向外输出的电流是小于 I_S 的。内阻 R'_S 越小,分流越大,输出的电流就越小。因此,实际电流源的内阻越大,其特性越接近理想电流源。当 $R'_S \to \infty$,

即相当于内阻 R'_S 的支路断开时，就变成了理想电流源。

实际电流源的伏安特性曲线如图 1.4.14(c)所示。需要注意的是：R'_S 并不是电流源内部真正有一个并联电阻，它是为了表示电源内部的能量消耗而引入的参数。

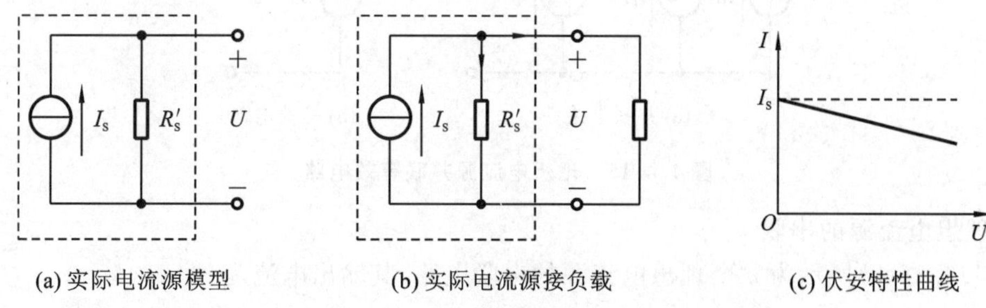

(a) 实际电流源模型　(b) 实际电流源接负载　(c) 伏安特性曲线

图 1.4.14　实际电流源模型及其伏安特性曲线

【例 1.4.2】　如图 1.4.13(a)所示，直流电流源 $I_S=2$ A，负载电阻 R_L 是电流源 I_S 的外部电路，电流 I、电压 U 的参考方向如图中所示。求：负载电阻 R_L 分别为 0、3 Ω、∞时的电压 U、电流 I 及电流源 I_S 的功率 P_S。

【解】

(1)当 $R_L=0$ 时，即外部电路短路，故有 $I=I_S=2$ A，$U=RI=0\ \Omega\times2\ \text{A}=0$ V。

对于电流源 I_S 来说，U、I 为非关联参考方向，所以电流源 I_S 的功率为

$$P_S=UI=0\ \text{V}\times2\ \text{A}=0\ \text{W}$$

(2)当 $R_L=3\ \Omega$ 时，

$$I=I_S=2\ \text{A},\quad U=RI=3\ \Omega\times2\ \text{A}=6\ \text{V}$$

电流源 I_S 的功率为

$$P_S=UI=6\ \text{V}\times2\ \text{A}=12\ \text{W}\quad（产生功率）$$

(3)当 $R_L\to\infty$ 时，即外部电路开路（实际电流源绝不可开路），故有

$$I=I_S=2\ \text{A},\quad U=RI\to\infty$$

此时电流源 I_S 产生功率 $P_S\to\infty$。

由例 1.4.2 可以看出：

(1)理想电流源的输出电流不随外部电路的变化而变化，本例三种情况的输出电流均为 $I=I_S=2$ A；

(2)理想电流源的端电压 U 随外部电路的变化而变化，本例中，当 $R_L\to\infty$ 时，$U\to\infty$，从而使电流源 I_S 产生的功率 $P_S\to\infty$。

3. 理想电流源的串并联

1)理想电流源的并联

图 1.4.15(a)所示为 n 个理想电流源的并联电路，其输出总电流为

$$i_S=i_{S1}+i_{S2}+\cdots+i_{Sn}=\sum i_{Sk}\tag{1.4.24}$$

注意：式中 i_{Sk} 与 i_S 的参考方向一致时，i_{Sk} 在式中取“+”号，不一致时取“−”号。

根据电路等效的概念，可以用图 1.4.15(b)所示电流为 i_S 的单个电流源等效替代图 1.4.15(a)中的 n 个并联电流源。

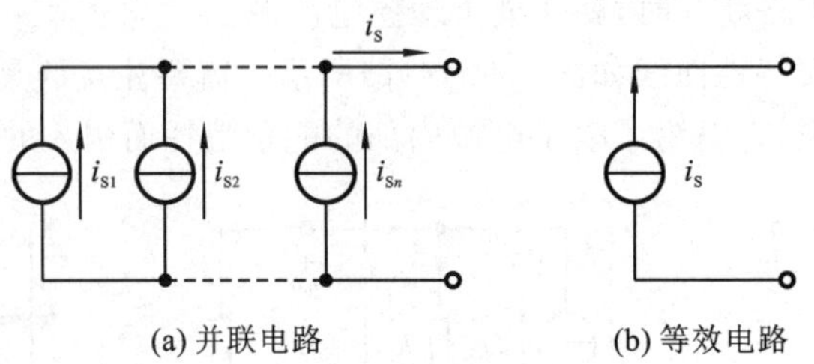

图 1.4.15 理想电流源并联等效电路

2)理想电流源的串联

图 1.4.16(a)所示为 n 个理想电流源的串联电路,其输出电流为

$$i_S = i_{S1} = i_{S2} = \cdots = i_{Sn} \tag{1.4.25}$$

式(1.4.25)说明只有电流相等且输出电流方向一致的电流源才能串联,此时串联电流源的对外特性与单个电流源一样,根据电路等效概念,可以用图 1.4.16(b)所示的单个电流源来替代图 1.4.16(a)中的串联电流源。

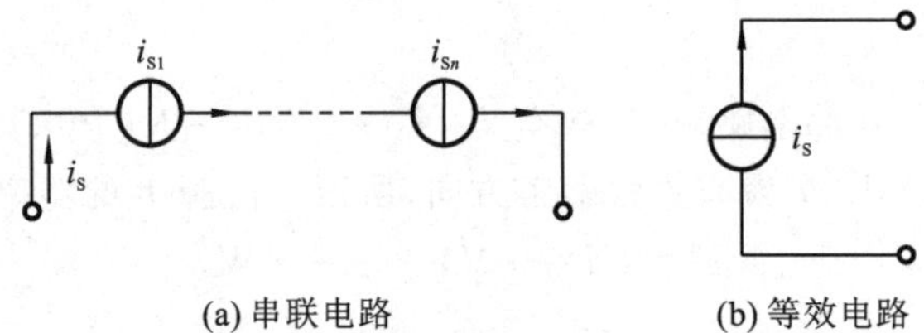

图 1.4.16 理想电流源的串联等效电路

注意:

(1)不同值或不同流向的电流源是不允许串联的;

(2)电流源串联时,每个电流源上的电压是不确定的。

4. 理想电流源与支路的串并联等效

1)并联等效

图 1.4.17(a)所示为 2 个理想电流源和电阻支路的并联电路,其端口电压、电流关系为

$$i = i_{S1} + u/R_1 + i_{S2} + u/R_2 = i_{S1} + i_{S2} + (1/R_1 + 1/R_2)u = i_S + u/R \tag{1.4.26}$$

式(1.4.26)说明图 1.4.17(a)所示电路的对外特性与图 1.4.17(b)所示电流为 i_S 的单个电流源和电阻为 R 的单个电阻并联组合一样,因此,图 1.4.17(a)可以用图 1.4.17(b)等效替代。其中

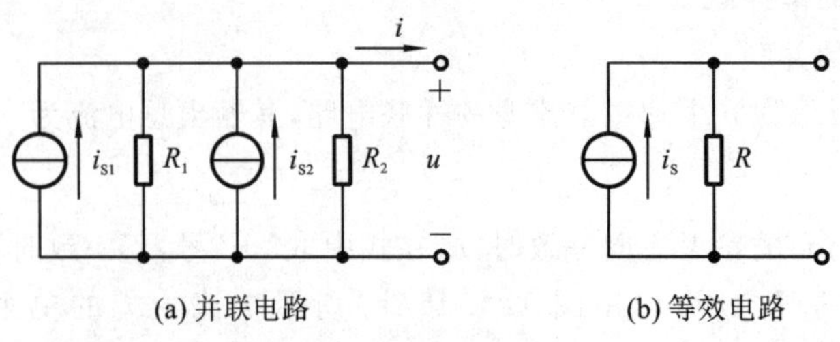

图 1.4.17 理想电流源与支路并联等效电路

$$i_S = i_{S1} + i_{S2}, \quad \frac{1}{R} = \frac{1}{R_1} + \frac{1}{R_2} \tag{1.4.27}$$

2)串联等效

图 1.4.18(a)所示为理想电流源和任意元件的串联电路,设外电路接电阻 R,其端口电压、电流关系为

$$i = i_S, \quad i = u/R \tag{1.4.28}$$

即端口电压、电流只由电流源和外电路决定,与串联元件无关,对外特性与图 1.4.18(b)所示电流为 i_S 的单个电流源一样。因此,理想电流源和任意元件串联就等效为理想电流源本身。

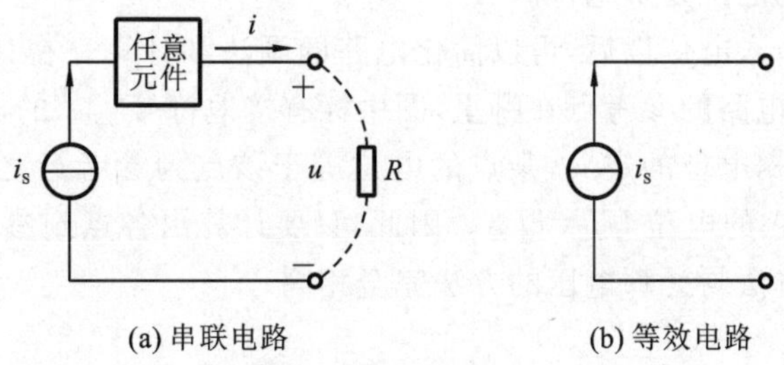

图 1.4.18 理想电流源与支路串联等效电路

1.4.4 实际电压源和电流源的等效变换

实际电源既可以用电压源模型来表示,如图 1.4.7(a)所示,也可以用电流源模型来表示,如图 1.4.14(a)所示。它们的端口电压 U 和电流 I 的关系分别是:

在图 1.4.7(a)中:

$$U=U_S-IR_S$$

在图 1.4.14(b)中:

$$U=I_SR'_S-IR'_S$$

将以上两式进行对比,如满足条件:$U_S=R'_SI_S$,$R_S=R'_S$,则两种电源模型对外电路就有完全相同的伏安特性,即对外电路是等效的。这样,实际电压源模型与实际电流源模型之间便可以进行等效变换。

运用两种电源模型的等效变换可以简化电路,但应注意以下几点。

(1)"等效"只是对模型以外的电路等效,对两种模型内部电路是不等效的,表现如下。

①电压源开路时,电源内部无电流,内阻 R_S 无损耗;而电流源开路时,电源内部仍有电流,内阻 R'_S 有损耗。

②电压源短路时,电源内部有电流,内阻 R_S 有损耗;而电流源短路时,并联电阻 R'_S 无电流,无损耗。

(2)理想电压源与理想电流源不能等效变换。

(3)变换后的理想电流源 I_S(或理想电压源 U_S)的参考方向要根据变换前的电压源 U_S(或电流源 I_S)的参考方向来决定,要保证等效后的输出电压、输出电流的参考方向保持不变。

(4)R_S(或 R'_S)不一定特指电源内阻,只要是与电压源串联(或电流源并联)的组合电阻都可以进行等效变换。

1.5 电路中各点电位的计算

电路中各点位置上所具有的势能称为电位。空间各点位置的高度都是相对于海平面或某个参考高度而言的,没有参考高度讲空间各点的高度无意义。同样,电路中的电位也具有相对性,只有先明确了电路的参考点,再讨论电路中各点的电位才有意义。电路理论中规定:电位参考点的电位取零值,其他各点的电位值均要和参考点相比,高于参考点的电位是正电位,低于参考点的电位是负电位。

在电路分析中,引入电位以后,可以简化电路的画法和计算。在计算各点电位时,首先要根据电路图明确该电路的参考点在哪里,图中标有接地符号"⊥"的点就是参考点,参考点的电位规定为零。根据电位的定义,某点的电位等于该点到参考点之间的电压,若以 O 点为参考点,则任一点 A 的电位 $U_A=U_{AO}$。因此,只要计算出各点到参考点的电压就是各点的电位,计算电位的方法与计算电压的方法完全相同。

需要强调的是:

(1)参考点的选择是任意的,一个电路中只能选择一个参考点;

(2)参考点的位置不同,电路中同一点的电位也不同,即电位的大小与参考点的选择有关,而电压则与参考点的选择无关。

在电子线路中,为了简化电路图,常采用电位标注法,即对于有一端接地(参考点)的电压源不再画出电压源符号,而只在电源的非接地的一端处标明电压的数值和极性,这种画法也叫作"习惯画法",图 1.5.1(a)所示电路的习惯画法如图 1.5.1(b)所示。

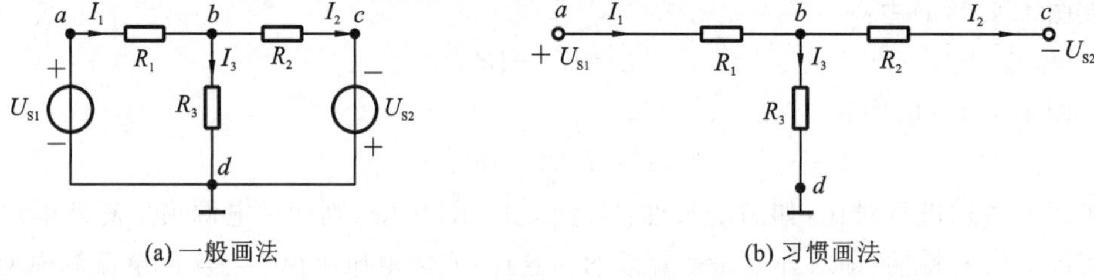

(a) 一般画法　　(b) 习惯画法

图 1.5.1　电路图的画法

【例 1.5.1】 如图 1.5.1(b)所示,已知 $R_1=2\ \Omega$,$R_2=6\ \Omega$,$R_3=6\ \Omega$,$U_{S1}=6\ \text{V}$,$U_{S2}=3\ \text{V}$,求电压 U_b。

【解】

设各支路电流的参考方向如图 1.5.1 所示,根据两点之间的电压就等于这两点之间的电位之差,可以分别列出各支路电流。

根据 $U_{ab}=U_a-U_b=6-U_b=2I_1$,故电流 I_1 为

$$I_1=\frac{6-U_b}{2}$$

根据 $U_{bc}=U_b-U_c=U_b-(-3)=6I_2$,故电流 I_2 为

$$I_2=\frac{U_b+3}{6}$$

同理得电流 I_3

$$I_3=\frac{U_b}{6}$$

对于结点 b，根据 KCL 定律(基尔霍夫电流定律)有

$$I_1=I_2+I_3$$

将 I_1、I_2、I_3 代入上式，有

$$\frac{6-U_b}{2}=\frac{U_b+3}{6}+\frac{U_b}{6}$$

解得

$$U_b=3\ \mathrm{V}$$

【例 1.5.2】　电路如图 1.5.2(a)所示，求 U_b。

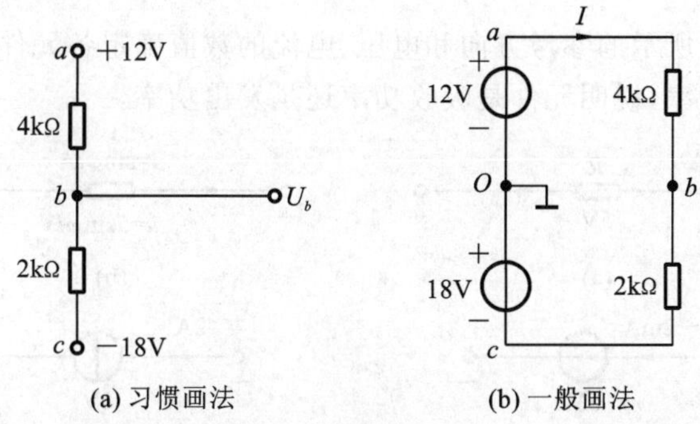

图 1.5.2　例 1.5.2 图

【解】

方法一：将习惯画法[图 1.5.2(a)]还原成一般画法，注意参考点 O 在两电压源之间，如图 1.5.2(b)所示。

首先根据回路计算出电流 I，即

$$I=\frac{12+18}{4+2}\ \mathrm{mA}=5\ \mathrm{mA}$$

再根据电位定义求 U_b，即

$$U_b=U_{bO}=2I-18=(2\times 5-18)\ \mathrm{V}=-8\ \mathrm{V}$$

方法二：直接由习惯画法的电路图 1.5.2(a)计算。

根据两点之间的电压就等于这两点之间的电位之差，即 $U_{ac}=U_a-U_c=(4+2)I$，由此可计算出 ac 支路的电流 I，即

$$I=\frac{U_a-U_c}{4+2}=\frac{12-(-18)}{6}\ \mathrm{mA}=5\ \mathrm{mA}$$

根据 $U_{bc}=U_b-U_c=2I=2\times 5\ \mathrm{V}=10\ \mathrm{V}$，求出 b 点电位为

$$U_b=10+U_c=[10+(-18)]\ \mathrm{V}=-8\ \mathrm{V}$$

显然两种方法的计算结果相同。

习　题

1.1　已知 $U_N=10\ \mathrm{V}$，$I=1\ \mathrm{A}$，电流和电压的参考方向如图 1.1 所示，试求 U_{ab}。

1.2　图 1.2 是某电路的一部分，试分别计算下述两种情况的电压 U_{ab}、U_{bc}、U_{ac} 和 U_{ae}。

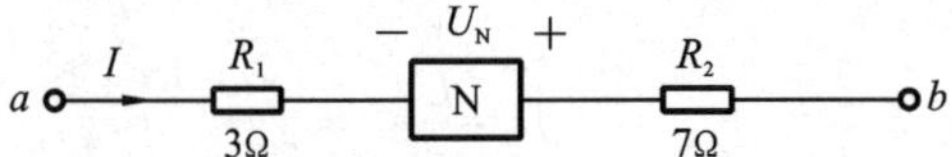

图 1.1　习题 1.1 图

(1)在图示电流参考方向 $I=1$ A;

(2)在图示电流参考方向 $I=-2$ A。

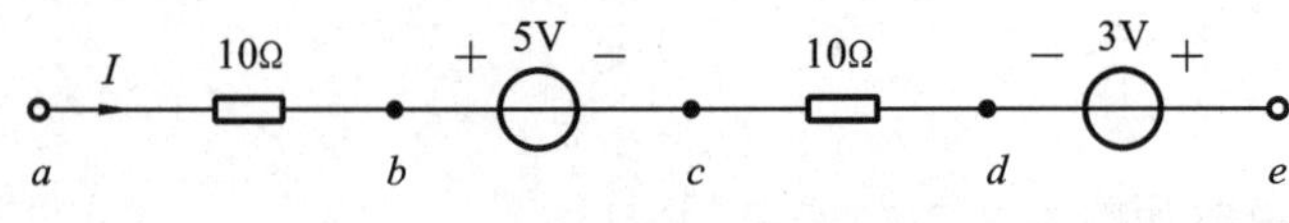

图 1.2　习题 1.2 图

1.3　根据图 1.3 所示的参考方向和电压、电流的数值确定各元件电流和电压的实际方向,并计算各元件的功率,说明元件是吸收功率还是发出功率。

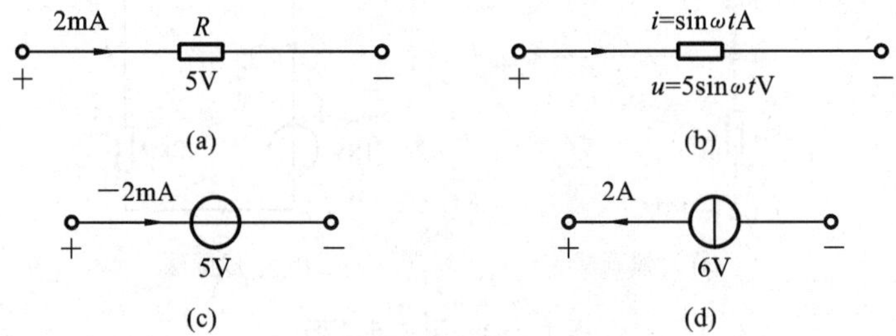

图 1.3　习题 1.3 图

1.4　在图 1.4 中,四个元件代表电源或负载。电流和电压的参考方向如图中所示,通过实验测量得知:

$I_1=-2$ A　　$I_2=2$ A　　$I_3=4$ A　　$U_1=10$ V

$U_2=70$ V　　$U_3=-70$ V　　$U_4=-80$ V

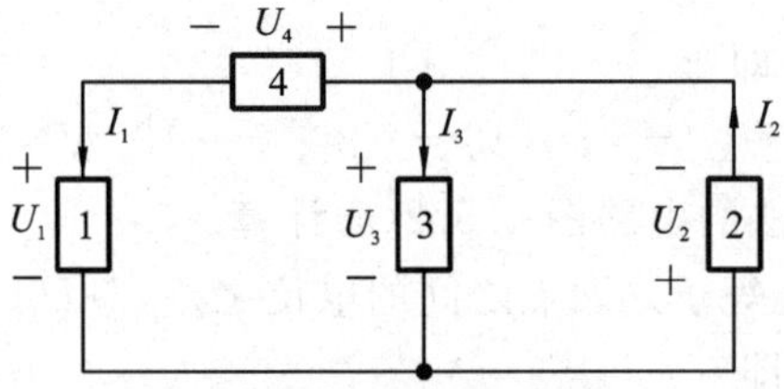

图 1.4　习题 1.4 图

(1)试标出各电流的实际方向和各电压的实际极性(可另画一图)。

(2)判断哪些元件是电源?哪些是负载?

(3)计算各元件的功率,电源发出的功率和负载取用的功率是否平衡?

1.5　电路如图 1.5(a)所示,电感元件 $L=0.2$H,通过的电流波形如图 1.5(b)所示。试求电感中产生的感应电动势 e_L 和电感两端电压 u 的波形。

1.6　凡是与理想电压源并联的理想电流源其电压是一定的,因而后者在电路中不起作用;凡是与理想电流源串联的理想电压源其电流是一定的,因而后者在电路中也不起作用。

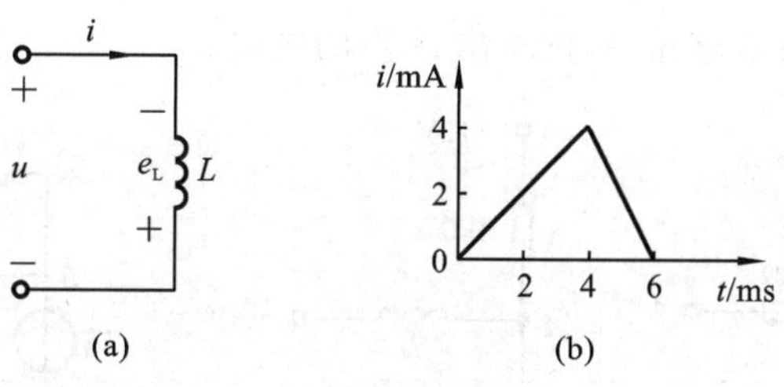

图 1.5　习题 1.5 图

这种观点是否正确？

1.7　试根据理想电压源和理想电流源的特点分析图 1.6 所示的两电路：当 R 变化时，对其余电路（虚线方框内的电路）的电压和电流有无影响？R 变化时所造成的影响是什么？

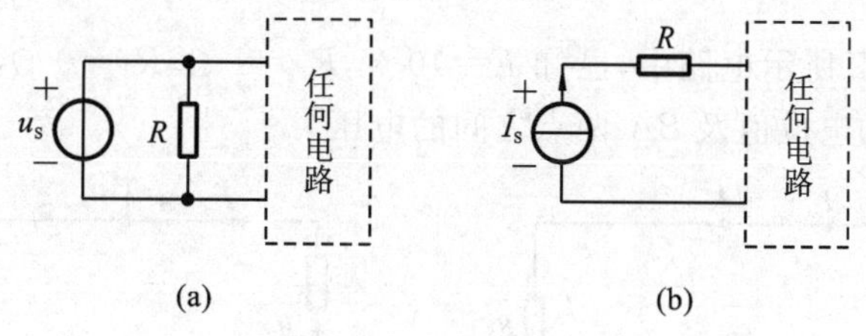

图 1.6　习题 1.7 图

1.8　计算图 1.7 所示电路各元件的功率，并判断各元件的作用。

1.9　在图 1.8 所示电路中，当开关 K 断开时电压表 V 的读数为 10 V，开关闭合时电压表的读数为 9.5 V，电流表 A 的读数为 0.8 A。试求电源的电动势 E 和内阻 R_0（提示：可忽略电压表和电流表的内阻影响）。

图 1.7　习题 1.8 图　　　　图 1.8　习题 1.9 图

1.10　在图 1.9 所示电路中，已知 $U=6$ V，$I_{S1}=2$ A，$I_{S2}=1$ A，$R_1=3$ Ω，$R_2=1$ Ω，$R_3=2$ Ω，$R_4=4$ Ω。试用电压源与电流源等效变换的方法，计算 R_4 中的电流 I。

1.11　用电压源和电流源的"等效"方法求出图 1.10 所示电路中的开路电压 U_{AB}。

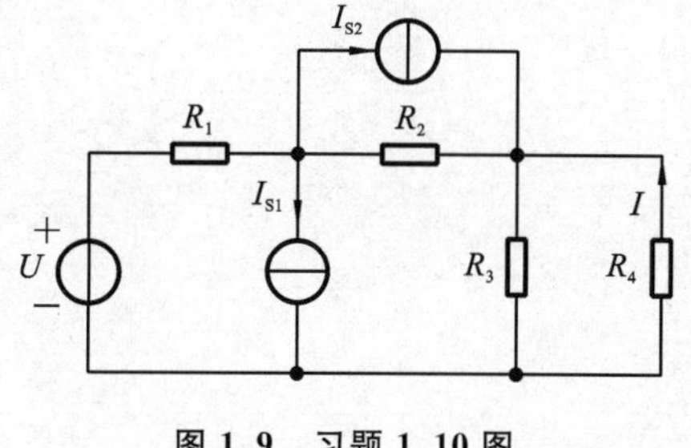

图 1.9　习题 1.10 图

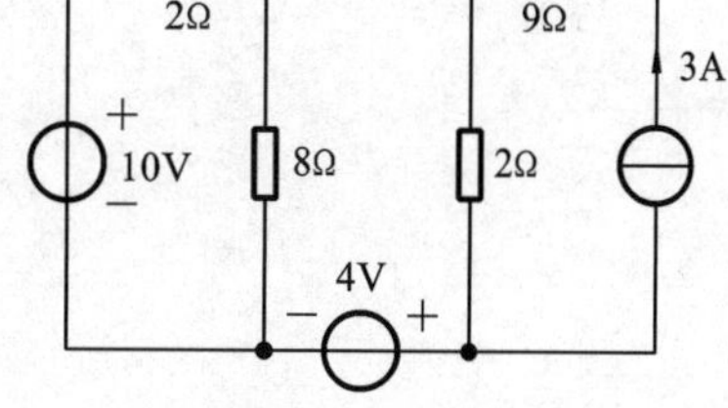

图 1.10　习题 1.11 图

1.12　在图 1.11 所示电路中,试求出 A 点的电位。

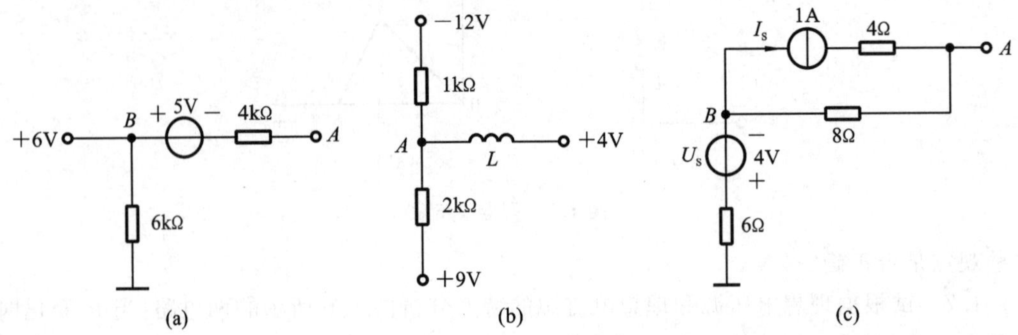

图 1.11　习题 1.12 图

1.13　在图 1.12 所示电路中,已知 $E=10\ \mathrm{V}$,$R_1=1\ \Omega$,$R_2=9\ \Omega$,分别以 C、A 为参考点,求 A、B、C 各点的电位值及 BA 两点之间的电压。

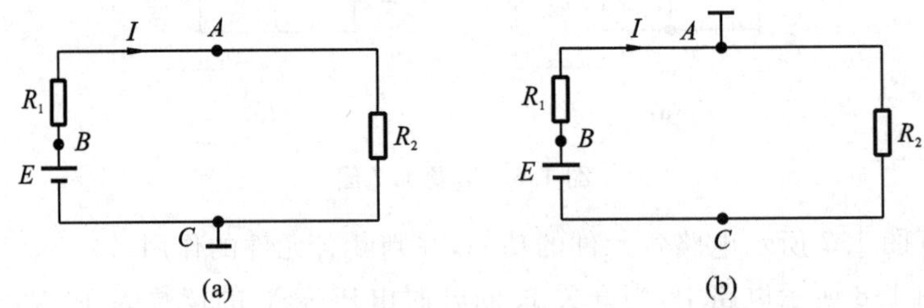

图 1.12　习题 1.13 图

1.14　电路如图 1.13 所示,以 b 点为参考点时,a 点的电位为 6 V,求电源 E_3 的电动势及其输出功率。

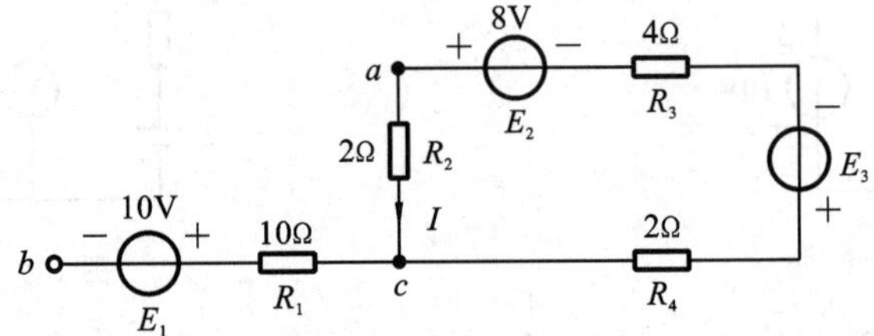

图 1.13　习题 1.14 图

第2章　电路的基本定律与分析方法

本章以基尔霍夫定律为基础，介绍几种电路分析方法和重要定理。其中：支路电流法是最基本的、直接应用基尔霍夫定律求解电路的方法；网孔电流法和结点电压法是建立在欧姆定律和基尔霍夫定律之上的，根据电路结构特点总结出来的以减少方程式数目为目的的电路基本分析方法；叠加定理则阐明了线性电路的叠加性；戴维南定理在求解复杂网络中某一支路的电压或电流时显得十分方便。

2.1　基尔霍夫定律

电路不论多么复杂，电路中的电流和电压的关系总是与元件的特性有关，即受到所谓的元件约束，也称第一类约束；又与电路的连接方式有关，即受到电路结构的制约或称拓扑约束，也称第二类约束。这两类约束关系是分析电路的基本依据。

表示拓扑约束关系的就是基尔霍夫定律。拓扑约束是由连接方式决定的，与元件的特性无关，具体表现为基尔霍夫电流定律(KCL)和基尔霍夫电压定律(KVL)。

基尔霍夫定律是德国物理学家基尔霍夫提出的。基尔霍夫定律是电路理论中最基本也是最重要的定律之一。

电路分析中常用的术语如下。

(1)结点：三个或三个以上电路元件的联结点。例如图2.1.1所示电路中的a、b、c、d点。

(2)支路：联结两个结点之间的电路。每一条支路有一个支路电流，例如图2.1.1中有6条支路，各支路电流的参考方向均用箭头标出。

(3)回路：电路中任一闭合路径。

(4)网孔：内部不含有其他支路的单孔回路。例如图2.1.1中有三个网孔回路，并标出了网孔的绕行方向。

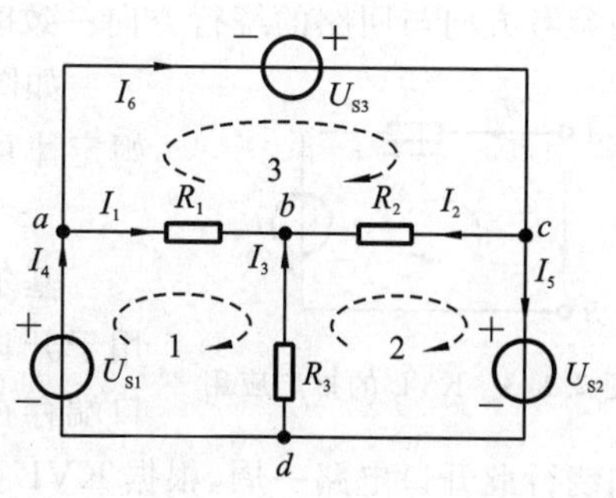

图2.1.1　电路举例

2.1.1 基尔霍夫电流定律

基尔霍夫电流定律(Kirchhoff's current law)在集总电路中,任何时刻对于任一结点,连接于该结点的所有支路电流的代数和恒等于零。数学表达式为

$$\sum_{k=1}^{n} i_k(t) = 0 \tag{2.1.1}$$

例如在图 2.1.1 中,首先确定电流的参考方向,如规定流入结点的电流为正,对结点 a 可写出

$$I_4 - I_1 - I_6 = 0 \tag{2.1.2}$$

将式(2.1.2)移项后可得

$$I_4 = I_1 + I_6 \tag{2.1.3}$$

式(2.1.3)表明:任何时刻流入任一结点的支路电流应等于流出该结点的支路电流。

基尔霍夫电流定律可由任一结点推广到任一闭合面。这种闭合面有时也称为广义结点(扩大了的大结点)。

图 2.1.2(a)由广义结点用 KCL 可得

$$I_a + I_b + I_c = 0$$

图 2.1.2(b)所示的晶体管,同样有

$$I_E = I_B + I_C$$

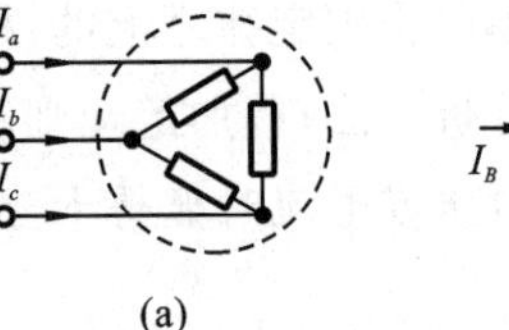

图 2.1.2 KCL 的推广应用

可见,流过一个闭合面的电流代数和也总是等于零,即流出闭合面的电流等于流入闭合面的电流。这也是电流连续性和电荷守恒的体现。

2.1.2 基尔霍夫电压定律

基尔霍夫电压定律(Kirchhoff's voltage law)在集总电路中,任何时刻沿任一回路各支路电压的代数和恒等于零,其数学表达式为

$$\sum_{k=1}^{n} u_k(t) = 0 \tag{2.1.4}$$

应用基尔霍夫电压定律列电压方程时,要先任意选定回路的绕行方向。当回路内各支路的参考方向与回路的绕行方向一致时为正,相反时为负。

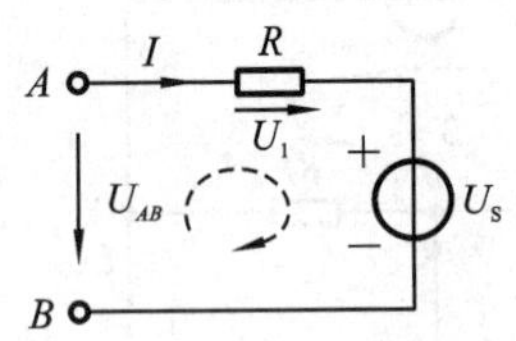

图 2.1.3 KVL 的推广应用

如图 2.1.1 中,在回路 1(即回路 $abda$)的方向上,结合欧姆定律可得

$$U_{S1} + I_3R_3 - I_1R_1 = 0 \tag{2.1.5}$$

基尔霍夫电压定律不仅适用于闭合电路,也可以推广应用于开口电路。图 2.1.3 所示不是闭合电路,但在电路的开口端存在电压 U_{AB},可以假想它是一个闭合电路,如按顺时针方向绕行此开口电路一周,根据 KVL 则有

$$\sum U = -U_1 - U_S + U_{AB} = 0$$

移项后，得

$$U_{AB} = U_1 + U_S = IR + U_S \tag{2.1.6}$$

说明 A、B 两端开口电路的电压等于 A、B 两端另一支路各段电压之和，它反映了电压与路径无关的性质。

【例 2.1.1】 电路如图 2.1.4 所示，试用基尔霍夫定律求解 I_X 与 U_X。

【解】

(1)根据 KCL 方程

结点 a：

$$1-4-I_1=0, \quad I_1=-3\ \text{A}$$

结点 b：

$$1+3+I_3=0, \quad I_3=-4\ \text{A}$$

结点 d：

$$I_1+2-I_2=0, \quad I_2=-1\ \text{A}$$

结点 c：

$$I_3+I_2+I_x=0, \quad I_x=5\ \text{A}$$

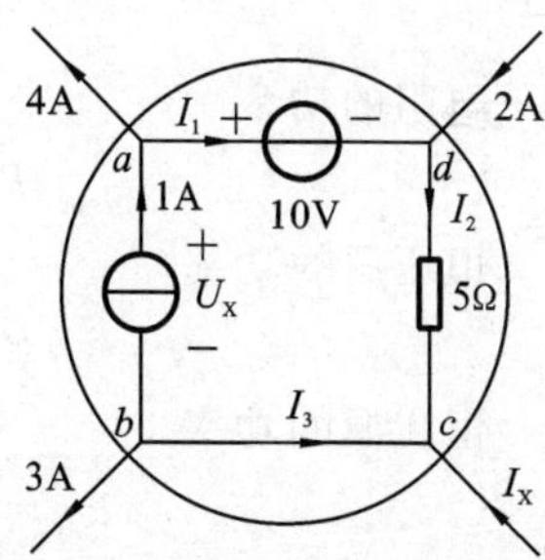

图 2.1.4　例 2.1.1 电路图

也可以把上面所画的闭合面看作广义结点，对闭合面使用扩展 KCL，则有 $2+I_X-3-4=0$，得出：$I_x=5$ A。

(2)根据 KVL，设绕行方向为顺时针，则 $10+5I_2-U_X=0$，得出 $U_X=5$ V。

【例 2.1.2】 试求图 2.1.5 所示的两个电路中各元件的功率。

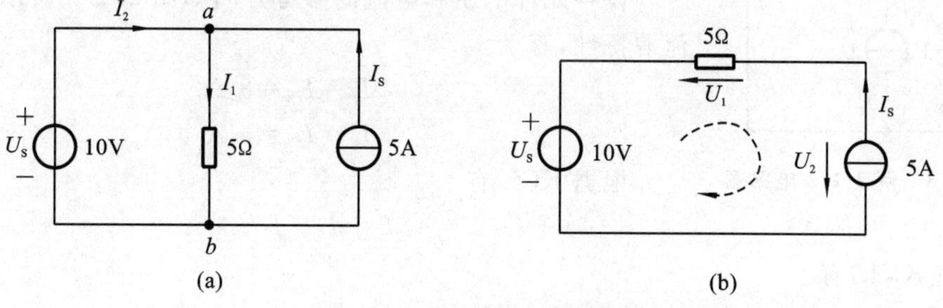

图 2.1.5　例 2.1.2 电路图

【解】

(1)图 2.1.5(a)为并联电路，并联的各元件电压相同，均为 $U_S=10$ V。

由欧姆定律，有

$$I_1=\frac{10}{5}\ \text{A}=2\ \text{A}$$

由 KCL 对结点 a 列方程

$$I_2=I_1-I_S=(2-5)\ \text{A}=-3\ \text{A}$$

电阻的功率

$$P_R = I_1^2R = 2^2\times 5\ \text{W}=20\ \text{W} \quad (\text{吸收})$$

恒压源的功率

$$P_{U_S} = -U_SI_2 = -10\times(-3)\ \text{W}=30\ \text{W} \quad (\text{吸收})$$

恒流源的功率

$$P_{I_S}=-U_S I_S=-10\times 5\ \text{W}=-50\ \text{W}\quad(\text{发出})$$

(2)图 2.1.5(b)为串联电路,串联的各元件电流相同,均为 $I_S=5$ A。

由欧姆定律,有

$$U_1=5\times 5\ \text{V}=25\ \text{V}$$

由 KVL 对回路列方程

$$U_2=U_1+U_S=(25+10)\ \text{V}=35\ \text{V}$$

电阻的功率

$$P_R=I_S^2 R=5^2\times 5\ \text{W}=125\ \text{W}\quad(\text{吸收})$$

恒压源的功率

$$P_{U_S}=U_S I_S=10\times 5\ \text{W}=50\ \text{W}\quad(\text{吸收})$$

恒流源的功率

$$P_{I_S}=-U_2 I_S=-35\times 5\ \text{W}=-175\ \text{W}\quad(\text{发出})$$

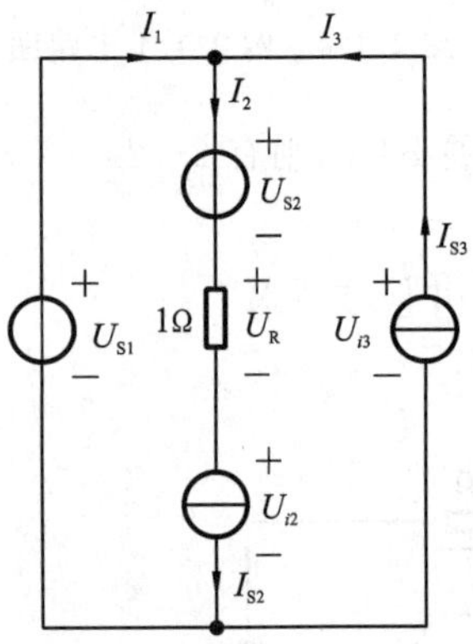

以上计算满足功率平衡式。本例说明:不论是电压源还是电流源,在电路中可以作为电源向电路提供能量,也可以作为负载吸收能量。

图 2.1.6 例 2.1.3 电路图

【例 2.1.3】 如图 2.1.6 所示电路,其中 $U_{S1}=15$ V,$U_{S2}=2$ V,$I_{S2}=8$ A,$I_{S3}=5$ A,求各电压源的电流和电流源的电压。

【解】

设各元件电压和电流的参考方向如图 2.1.6 所示,根据电流源特性,有

$$I_2=I_{S2}=8\ \text{A}$$

$$I_3=I_{S3}=5\ \text{A}$$

根据 KCL 有

$$I_1=I_2-I_3=3\ \text{A}$$

根据 KVL,有

$$U_{i3}=U_{S1}=15\ \text{V}$$

$$U_{i2}=U_{S1}-U_{S2}-U_R=5\ \text{V}$$

2.2 基尔霍夫定律的应用

2.2.1 支路电流法

支路电流法是分析电路最基本的方法。它是以支路电流为未知量,应用 KCL 和 KVL 列出方程,而后求解出各支路电流的方法。支路电流求出后,支路电压和电路功率就很容易得到。需要注意的是,列方程之前,必须先在电路图上设出所有电压和电流的参考方向。

在图 2.2.1 中,有 3 条支路,因此存在 I_1、I_2、I_3 三个电流变量。要求出这三个变量,必须要列写三个独立的关于电流变量的方程。

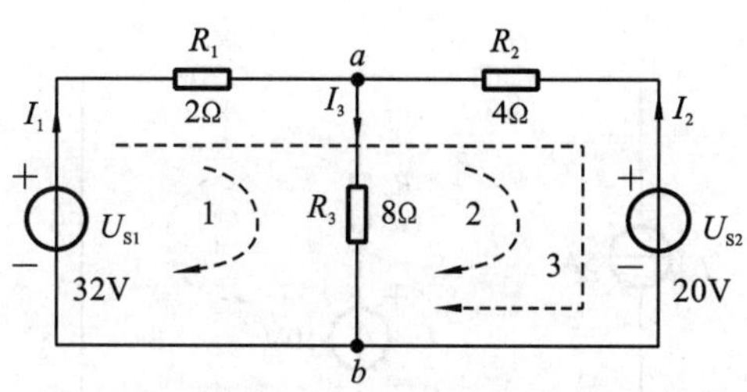

图 2.2.1　电路举例

由图 2.2.1 可见，该电路一共有两个结点。

由结点 a

$$I_1 + I_2 - I_3 = 0 \tag{2.2.1}$$

由结点 b

$$-I_1 - I_2 + I_3 = 0 \tag{2.2.2}$$

经过比较，两式相同，可取其一。

再由图 2.2.1 可见，该电路一共有 3 个回路。

回路 1

$$I_1R_1 + I_3R_3 = U_{S1} \tag{2.2.3}$$

回路 2

$$I_2R_2 + I_3R_3 = U_{S2} \tag{2.2.4}$$

回路 3

$$I_1R_1 - I_2R_2 = U_{S1} - U_{S2} \tag{2.2.5}$$

由以上三式分析可知，它们中任何一个可由另两个相加减获得，它们不是独立的，所以只能任意取其中两个等式。

联立方程，得

$$\begin{cases} I_1 + I_2 - I_3 = 0 \\ I_1R_1 + I_3R_3 = U_{S1} \\ I_2R_2 + I_3R_3 = U_{S2} \end{cases} \tag{2.2.6}$$

代入数值联立求解，可得

$$I_1 = 4\ \text{A}, \quad I_2 = -1\ \text{A}, \quad I_3 = 3\ \text{A}$$

总结支路电流法的解题步骤如下。

(1)标出各支路电流的参考方向，确定支路数目。若有 b 个支路电流，列出 b 个独立方程。

(2)根据结点数目用 KCL 列写出结点的电流方程。若有 n 个结点，则可建立 $n-1$ 个独立方程。第 n 个结点的电流方程可以从已列出的 $n-1$ 个方程求得，不是独立的。

(3)根据网孔数目用 KVL 列写出网孔的电压方程。若有 m 个网孔，则可建立 $b-(n-1)$ 个独立方程。

(4)解联立方程，求出各个支路电流。

【例 2.2.1】　试用支路电流法求解图 2.2.2 所示电路中的各支路电流。

【解】

在图 2.1.2 所示电路中，因为含有恒流源的支路电流 $I_1 = I_S = 5$ A 是已知的，只有 I_2 和

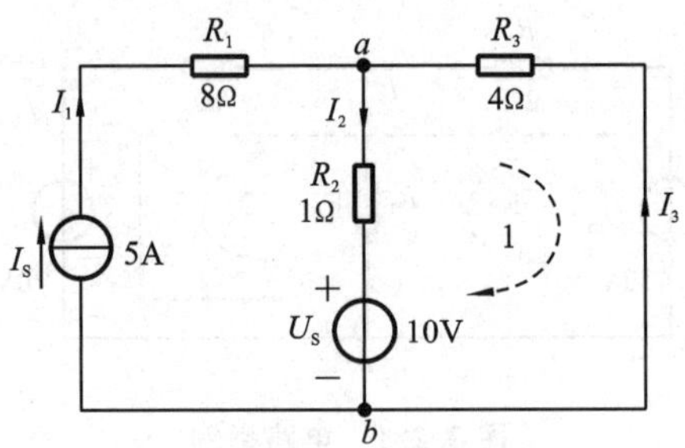

图 2.2.2　例 2.2.1 电路图

I_3是未知的,故可少列 1 个方程,只需列出 2 个方程。

结点 a

$$I_2 - I_3 = I_S$$

回路 1

$$-I_2R_2 - I_3R_3 = U_S$$

代入数值联立求解,可得 $I_1 = 5$ A,$I_2 = 2$ A,$I_3 = -3$ A。

用支路电流法求解电路必须解多元联立方程,求出每条支路的电流,在支路数比较多时,方程的数目较多,计算过程麻烦,这时应用支路电流法就显得较为烦琐。

2.2.2 网孔分析方程

网孔分析法(又称网孔电流法)是在支路电流法基础上发展起来的较为简单的分析方法。

根据电流的连续性,可以假定一个电流在指定的网孔中流动,这种电流称为网孔电流,如图 2.2.3 中的 I_{m1}、I_{m2}。对于有 b 条支路、n 个结点的平面电路,网孔电流个数为 $b-n+1$。电路图中的每一个结点,网孔电流流入一次又流出一次,所以当以网孔电流作为电路待求变量时,电路的 KCL 方程自动满足。此外,电路中所有的支路电流都可以用网孔电流来表示,即 $I_1 = I_{m1}$,$I_3 = -I_{m2}$,$I_2 = I_{m1} - I_{m2}$。所以网孔电流可作为独立的电路变量,个数为 $m = b-n+1$ 个,比支路电流法少 $n-1$ 个,网孔方程少(只剩下 KVL),便于求解。

为了求出网孔电流,关键要列出网孔方程。

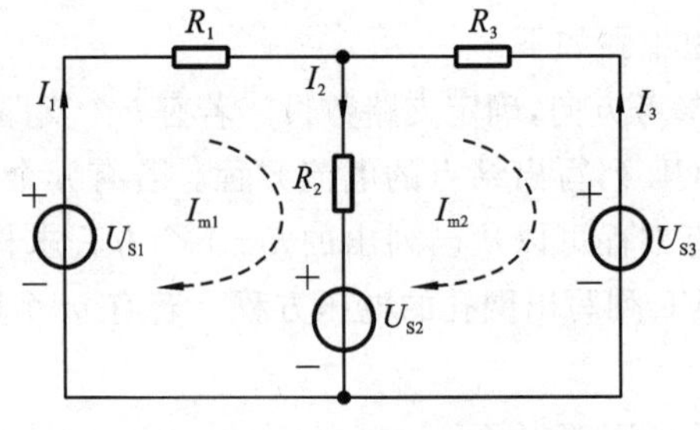

图 2.2.3　电路举例

如图 2.2.3 所示,沿回路(网孔)绕行方向列写 KCL,得

$$\begin{cases} R_1 I_{m1} + R_2 I_{m1} - R_2 I_{m2} = U_{S1} - U_{S2} \\ R_2 I_{m2} + R_3 I_{m2} - R_2 I_{m1} = U_{S2} - U_{S3} \end{cases} \tag{2.2.7}$$

经整理得

$$\begin{cases} (R_1 + R_2) I_{m1} - R_2 I_{m2} = U_{S1} - U_{S2} \\ -R_2 I_{m1} + (R_2 + R_3) I_{m2} = U_{S2} - U_{S3} \end{cases} \tag{2.2.8}$$

上式也可写成下面的形式：

$$\begin{cases} R_{11} I_{m1} + R_{12} I_{m2} = U_{S11} \\ R_{21} I_{m1} + R_{22} I_{m2} = U_{S22} \end{cases} \tag{2.2.9}$$

式中：R_{11}、R_{22}分别称为网孔 1、网孔 2 的自电阻（恒正），它们分别是各自网孔内所有电阻的总和，例如 $R_{11}=R_1+R_2$，$R_{22}=R_2+R_3$。

而 R_{12} 称为网孔 1 和网孔 2 的互电阻（可正可负），它是该两个网孔的公有电阻，即 $R_{12}=-R_2$。这里出现“－”是由于网孔电流 I_{m1} 和 I_{m2} 方向相反，如果 I_{m1} 和 I_{m2} 同方向流过，则互电阻取“＋”。

对于 m 个网孔的电路，可得网孔方程的一般形式。

$$\begin{cases} R_{11} I_{m1} + R_{12} I_{m2} + \cdots + R_{1m} I_{mm} = U_{S11} \\ R_{21} I_{m1} + R_{22} I_{m2} + \cdots + R_{2m} I_{mm} = U_{S22} \\ \qquad\qquad\qquad\qquad \vdots \\ R_{m1} I_{m1} + R_{m2} I_{m2} + \cdots + R_{mm} I_{mm} = U_{Smm} \end{cases} \tag{2.2.10}$$

其中各系数的规律如下：

(1)R_{11}，R_{22}，…，R_{mm}——网孔 1，2，…，m 的自电阻（“＋”）；

(2)R_{12}、R_{21}——网孔 1、网孔 2 的公有电阻，为互电阻，仅当 I_{m1} 和 I_{m2} 在此电阻同方向时取“＋”，反之取“－”，无受控源时，$R_{12}=R_{21}$，$R_{2m}=R_{m2}$ 等；

(3)U_{S11}，U_{S22}，…，U_{Smm}——网孔 1，2，…，m 沿 I_{m1}，I_{m2}，…，I_{mm} 方向的电压源电位升的代数和。

网孔分析法的解题步骤如下：

(1)选网孔电流为变量，并标出变量；

(2)按照规律观察法列写网孔方程；

(3)解网孔电流；

(4)解其他变量。

【例 2.2.2】　图 2.2.4 所示电路，已知 $U_{S1}=21\ \text{V}$，$U_{S2}=14\ \text{V}$，$U_{S3}=6\ \text{V}$，$U_{S4}=2\ \text{V}$，$U_{S5}=2\ \text{V}$，$R_1=3\ \Omega$，$R_2=2\ \Omega$，$R_3=3\ \Omega$，$R_4=6\ \Omega$，$R_5=2\ \Omega$，$R_6=1\ \Omega$，求各支路电流。

【解】

按照规律观察法直接列网孔方程：

$$I_{m1}:(R_1+R_4+R_6)I_{m1}-R_6 I_{m2}-R_4 I_{m3}=U_{S1}-U_{S4}$$

$$I_{m2}:-R_6 I_{m1}+(R_2+R_5+R_6)I_{m2}-R_5 I_{m3}=U_{S5}-U_{S2}$$

$$I_{m3}:-R_4 I_{m1}-R_5 I_{m2}+(R_3+R_4+R_5)I_{m3}=U_{S3}-U_{S5}+U_{S4}$$

代入数据，得

$$\begin{cases} 10I_{m1} - I_{m2} - 6I_{m3} = 19 \\ -I_{m1} + 5I_{m2} - 2I_{m3} = -12 \\ -6I_{m1} - 2I_{m2} + 11I_{m3} = 6 \end{cases}$$

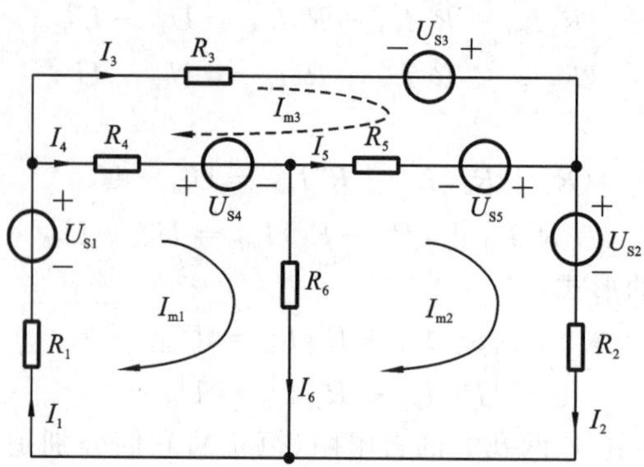

图 2.2.4　例 2.2.2 电路图

解得

$$I_{m1}=3\ \text{A},\quad I_{m2}=-1\ \text{A},\quad I_{m3}=2\ \text{A}$$

由已知网孔电流求取各支路电流：

$$I_1=I_{m1}=3\ \text{A},\quad I_2=I_{m2}=-1\ \text{A},\quad I_3=I_{m3}=2\ \text{A},$$

$$I_4=I_{m1}-I_{m3}=1\ \text{A},\quad I_5=I_{m2}-I_{m3}=-3\ \text{A},\quad I_6=I_{m1}-I_{m2}=4\ \text{A}$$

【例 2.2.3】　用网孔分析法求图 2.2.5 中流过 30 Ω电阻的电流 I。

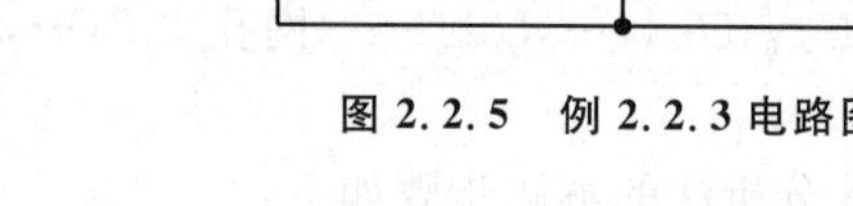

图 2.2.5　例 2.2.3 电路图

【解】

分析：电路中纯电流源处于边界网孔，这时网孔电流已知，$I_{m2}=2$ A，不需列该网孔方程。

网孔 1

$$(20+30)I_{m1}+30I_{m2}=40$$

解得

$$I_{m1}=-0.4\ \text{A}$$

则

$$I=I_{m1}+I_{m2}=1.6\ \text{A}$$

【例 2.2.4】　如图 2.2.6 所示，求解电流 I_1，I_2，I_3。

【解】

分析：电路中 2 A 的电流源处于边界网孔，这时网孔电流已知 $I_3=2$ A。对于 1 A 的电流源，可设定其电压为 U，然后列写网孔方程和一个补充方程。

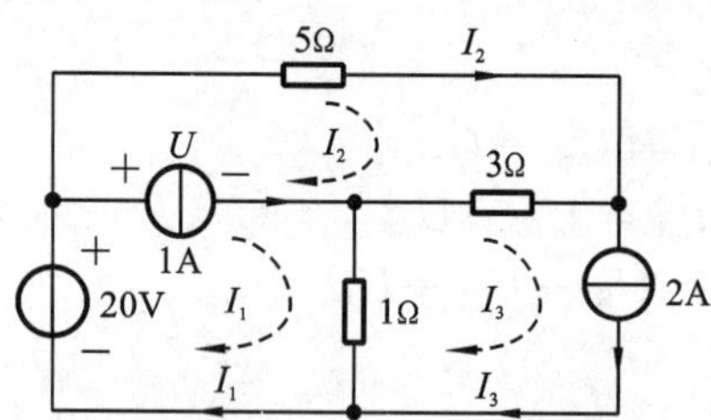

图 2.2.6　例 2.2.4 电路图

$$\begin{cases} I_1 - I_3 + U = 20 \\ (5+3)I_2 - 3I_3 - U = 0 \\ I_1 - I_2 = 1 \end{cases}$$

将 $I_3=2$ A 代入，整理后得到

$$\begin{cases} I_1 + 8I_2 = 28 \\ I_1 - I_2 = 1 \end{cases}$$

解得：

$$I_1=4\ \text{A},\quad I_2=3\ \text{A},\quad I_3=2\ \text{A}$$

2.2.3 结点分析法

结点电压指的是电路结点与参考结点(零电位)之间的电压,数目为 $n-1$ 个。支路电压等于两结点电压之差。

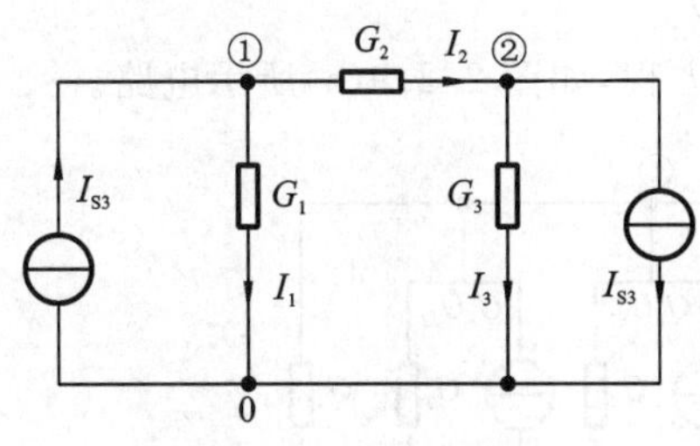

图 2.2.7 电路举例

如图 2.2.7 所示,$n=3$,需要假设的结点电压数为 $n-1=2$。

$$U_{G_1}=U_1,\quad U_{G_2}=U_1-U_2,\quad U_{G_3}=U_2$$

所以 $I_1=G_1U_1$, $I_2=G_2(U_1-U_2)$, $I_3=G_3U_2$

由 KCL 得独立结点数为 $n-1$,列写方程如下。

结点 1:

$$G_1U_1+G_2(U_1-U_2)=I_{S1}$$

结点 2:

$$-G_2(U_1-U_2)+G_3U_2=-I_{S3}$$

整理得

$$\begin{cases}(G_1+G_2)U_1-G_2U_2=I_{S1}\\-G_2U_1+(G_2+G_3)U_2=-I_{S3}\end{cases}\tag{2.2.11}$$

还可以写成另一种形式:

$$\begin{cases}G_{11}U_1+G_{12}U_2=I_{S11}\\G_{21}U_1+G_{22}U_2=I_{S22}\end{cases}\tag{2.2.12}$$

式中:G_{11}——n_1 关联的所有电导之和,自电导≥0;

G_{12}、G_{21}——n_1、n_2 共有电导之和的负值,互电导≤0;

I_{S11}——注入结点 n_1 的电流源代数和(流入为"+",流出为"-")。如果电路中存在有伴电压源,先转为有伴电流源。

对于 n 个结点(独立),一般形式如下:

$$\begin{cases}G_{11}U_1+G_{12}U_2+\cdots+G_{1n}U_n=I_{S11}\\G_{21}U_1+G_{22}U_2+\cdots+G_{2n}U_n=I_{S22}\\\qquad\vdots\\G_{n1}U_1+G_{n2}U_2+\cdots+G_{nn}U_n=I_{Snn}\end{cases}\tag{2.2.13}$$

结点分析法的列写步骤如下:

(1)指定参考结点(零电位点),标出结点号(选取变量);

(2)直接按"自电导"、"互电导"、注入某结点"电流源代数和"的概念列写结点方程(有伴电压源⇒有伴电流源);

(3)求解结点电压,再求取其他量。

【例 2.2.5】 列写图 2.2.8 所示电路的结点方程。

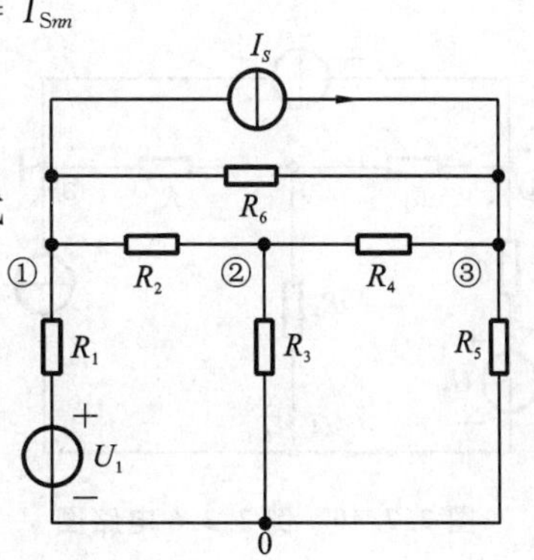

图 2.2.8 例 2.2.5 电路图

【解】

选取 0 作为参考结点。

分析:对于含有电压源串联电阻的形式,在列写方程的时候将电路转变为电流源并电阻的形式,然后直接列写方程。

$$\begin{cases}\left(\dfrac{1}{R_1}+\dfrac{1}{R_2}+\dfrac{1}{R_6}\right)U_{n1}-\dfrac{1}{R_2}U_{n2}-\dfrac{1}{R_6}U_{n3}=\dfrac{U_1}{R_1}-I_S\\ -\dfrac{1}{R_2}U_{n1}+\left(\dfrac{1}{R_2}+\dfrac{1}{R_3}+\dfrac{1}{R_4}\right)U_{n2}-\dfrac{1}{R_4}U_{n3}=0\\ -\dfrac{1}{R_6}U_{n1}-\dfrac{1}{R_4}U_{n2}+\left(\dfrac{1}{R_4}+\dfrac{1}{R_5}+\dfrac{1}{R_6}\right)U_{n3}=I_S\end{cases}$$

还有一种特例，$n=2(n-1=1)$时，只含一个结点电压方程，如图 2.2.9(a)所示电路。

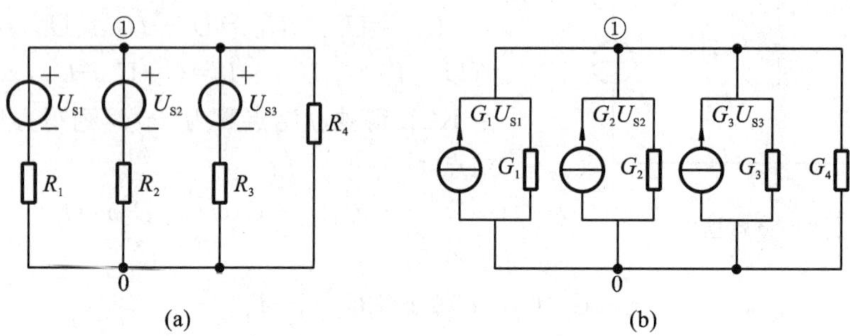

图 2.2.9　弥尔曼定理举例

图 2.2.9(a)可以变形为图 2.2.9(b)，列写结点方程为

$$(G_1+G_2+G_3+G_4)U_{n1}=G_1U_{S1}+G_2U_{S2}+G_3U_{S3}$$

可得

$$U_{n1}=\frac{\sum(GU_s)}{\sum G} \tag{2.2.14}$$

上式称为弥尔曼定理。

使用弥尔曼定理要注意以下几点。

(1)当电压源的正极与待求结点相连时，GU_S取正，反之取负。I_S流入待求结点时取正，反之取负。

(2)分母为各支路的电阻的倒数和，恒为正值。

(3)在列方程式时，与各电流源串联的电阻应当去掉，并不计入分母为各支路的电阻倒数和中。

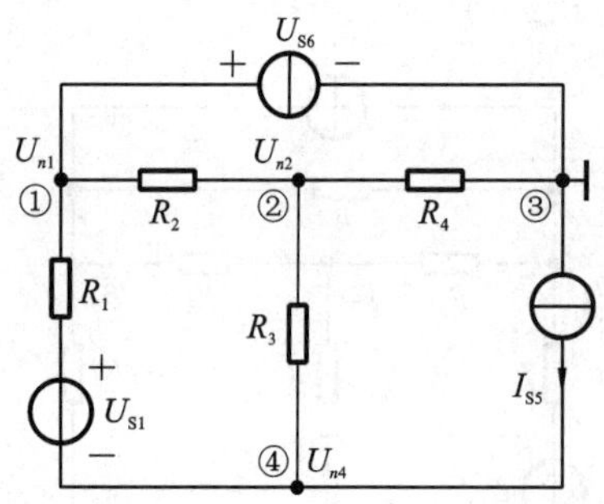

图 2.2.10　例 2.2.6 电路图

【例 2.2.6】　列写图 2.2.10 所示电路的结点方程。

【解】

分析：这是个含有一个无源电压源的电路，选择与无源电压源支路相连的一个结点作为参考结点。如图 2.2.10所示，无源电压源支路的另一结点电位由无源电压源决定，该结点方程(KCL 方程)可不列写。在本例中选择结点③为参考结点，则有

$$U_{n1}=U_{S6}$$

只需列写结点②、④的方程

$$\begin{cases}-\frac{1}{R_2}U_{n1}+(\frac{1}{R_2}+\frac{1}{R_3}+\frac{1}{R_4})U_{n2}-\frac{1}{R_3}U_{n4}=0\\-\frac{1}{R_1}U_{n1}-\frac{1}{R_3}U_{n2}+(\frac{1}{R_1}+\frac{1}{R_3})U_{n4}=I_{S5}-\frac{U_{S1}}{R_1}\end{cases}$$

2.3　叠加定理

叠加定理在分析线性电路中十分重要。叠加定理可表述为：在线性电路中，如果有多个独立源同时作用，任何一条支路上的电流或电压等于各个独立源单独作用时对该支路上产生的电流或电压的代数和。

下面通过一个例子来验证其正确性。计算图 2.3.1(a)中的电流 I_1 和电压 U_2。

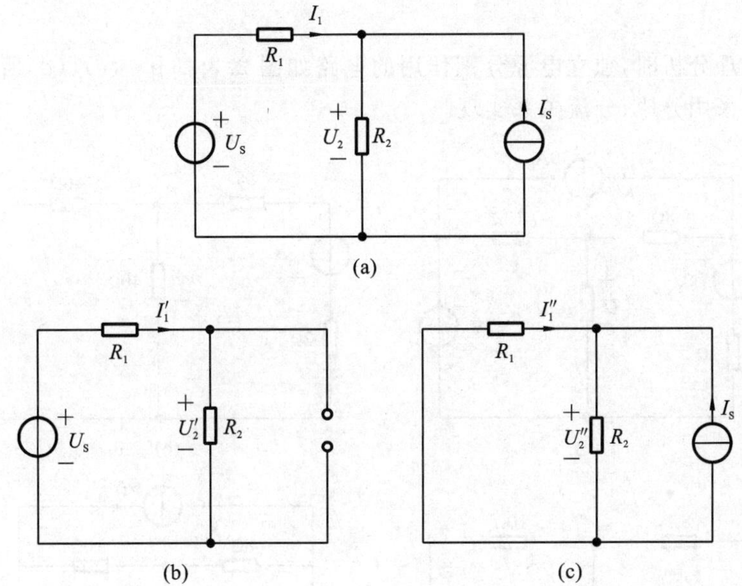

图 2.3.1　电路举例

图 2.3.1(a)所示电路中有一个独立电压源和一个独立电流源，两个电源共同作用下的响应可以由结点电压方程求得，即

$$(\frac{1}{R_1}+\frac{1}{R_2})U_2=\frac{U_S}{R_1}+I_S$$

解得

$$U_2=\frac{R_2}{R_1+R_2}U_S+\frac{R_1R_2}{R_1+R_2}I_S$$

则电流 I_1 为

$$I_1=\frac{1}{R_1+R_2}U_S-\frac{R_2}{R_1+R_2}I_S$$

通过叠加定理分析，电压源 U_S 单独作用电路如图 2.3.1(b)所示，有

$$I'_1=\frac{1}{R_1+R_2}U_S,\quad U'_1=\frac{R_2}{R_1+R_2}U_S$$

电流源 I_S单独作用电路如图 2.3.1(c)所示，有

$$I''_1=-\frac{R_2}{R_1+R_2}I_S,\quad U''_1=\frac{R_1R_2}{R_1+R_2}I_S$$

根据叠加定理，有

$$I_1=I'_1+I''_1=\frac{1}{R_1+R_2}U_S-\frac{R_2}{R_1+R_2}I_S$$

$$U_2=U'_1+U''_1=\frac{R_2}{R_1+R_2}U_S+\frac{R_1R_2}{R_1+R_2}I_S$$

可见，两电源共同作用的响应是两电源单独作用时的响应之和。本例的结果证明了叠加定理的结论。

【例 2.3.1】 应用叠加定理计算图 2.3.2(a)所示电路中的电压 U，并确定 40 Ω 电阻消耗的功率。

【解】

用叠加定理分析时，独立电源分别作用的电路如图 2.3.2(b)、(c)、(d)所示，三个电路的分析均可以采用分压、分流关系实现。

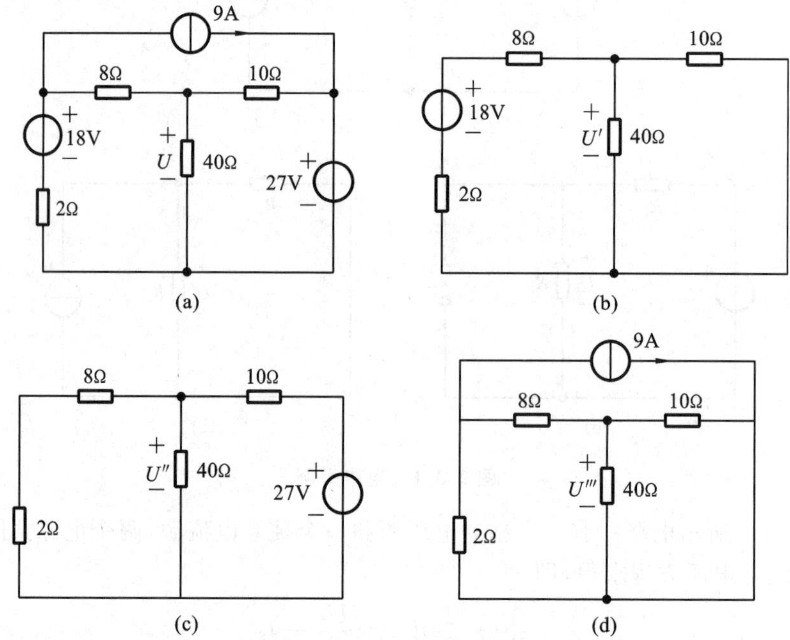

图 2.3.2　例 2.3.1 电路图

按照电阻串联、并联和分压关系，不难得到

$$U'=\frac{18}{\frac{40\times10}{40+10}+8+2}\times\frac{40\times10}{40+10}\ \text{V}=8\ \text{V}$$

$$U''=\frac{27}{\frac{40\times10}{40+10}+10}\times\frac{40\times10}{40+10}\ \text{V}=12\ \text{V}$$

在图 2.3.2(d)中，10 Ω 和 40 Ω 电阻并联，结果为 8 Ω 电阻，两个 8 Ω 电阻串联，再和 2 Ω电阻并联，由分流关系不难得到

$$U'''=\frac{2}{(8+8)+2}\times 9\times 8\ \text{V}=8\ \text{V}$$

根据叠加定理，有

$$U=U'+U''+U'''$$

得到

$$U=(8+12+8)\ \text{V}=28\ \text{V}$$

功率为

$$P=\frac{U^2}{R}=\frac{(8+12+8)^2}{40}\ \text{W}=19.6\ \text{W}$$

但 $P\neq\frac{8^2+12^2+8^2}{40}$ W，即功率不符合叠加定理。

应用叠加定理时，必须注意以下几点。

(1)叠加定理只适用于线性电路。

(2)叠加定理只适用于电压、电流的叠加，不适用于功率的叠加计算。

(3)当一个电源单独作用时，其他电源置零。其中：理想电压源置零，视为短路；理想电流源置零，视为开路。

(4)叠加时，要特别注意电压和电流的参考方向。

2.4　电源等效定理

戴维南定理表明任意一个有源二端口网络都可以用一个简单的电压源来等效代替，而诺顿定理表明任意一个有源二端口网络都可以用一个简单的电流源来等效代替。

2.4.1　戴维南定理

任意线性有源(含有独立电源)二端口电路 N，对于外电路 N′而言，总可以等效为一个电压源和一个线性电阻串联的支路(戴维南支路)。其中：电压源电压等于原有源二端口电路的端口开路电压 U_{oc}，电阻等于原有源二端口电路独立电源置零后的端口入端电阻 R_{eq}，如图 2.4.1 所示。

戴维南定理可用叠加定理加以证明，本书从略。

用戴维南定理解题的步骤如下：

(1)选择适当的内、外电路，将外电路从网络中移开，分析剩下的二端口网络；

(2)求开路电压 U_{oc}；

(3)求等效电阻 R_{eq}；

(4)画等效电路图，求解待求变量。

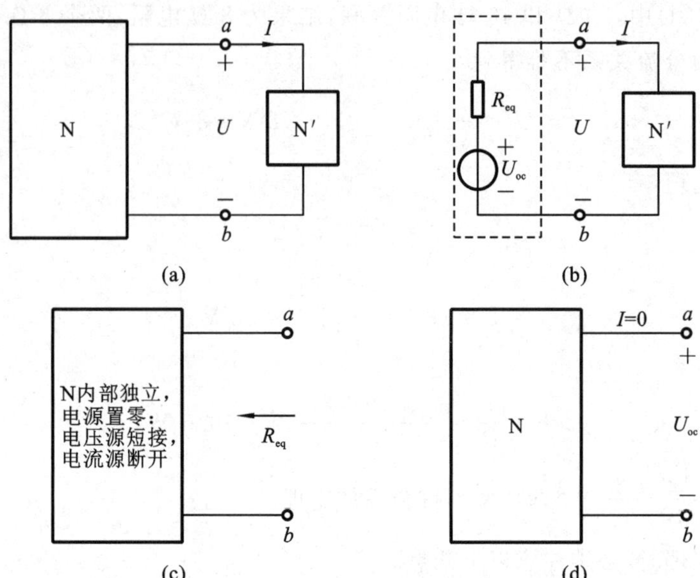

图 2.4.1　戴维南等效电路

【例 2.4.1】　用戴维南定理求解图 2.4.2 所示的电流 I。

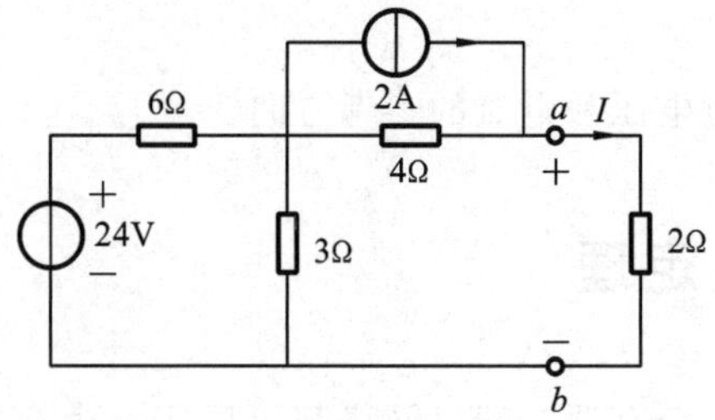

图 2.4.2　例 2.4.1 电路图

【解】

(1)求开路电压 U_{oc}。

将图 2.4.2 所示的原电路待求支路从 a、b 两端取出，断开 2 Ω 电阻，如图 2.4.3(a)所示，由 KVL 方程，得

$$U_{oc}=\left(2\times4+24\times\frac{3}{6+3}\right)\ \text{V}=16\ \text{V}$$

(2)求等效内阻 R_{eq}。

恒压源 U_S短路，恒流源 I_S开路，则

$$R_{eq}=\left[4+\frac{6\times3}{6+3}\right]\ \Omega=(4+2)\ \Omega=6\ \Omega$$

(3)求电流 I。

画出戴维南等效电路，如图 2.4.3(b)所示，从 a、b 两端接入待求支路，用全电路欧姆定律可得

$$I=\frac{U_{oc}}{R_{eq}+R}=\frac{16}{6+2}\ \Omega=2\ \Omega$$

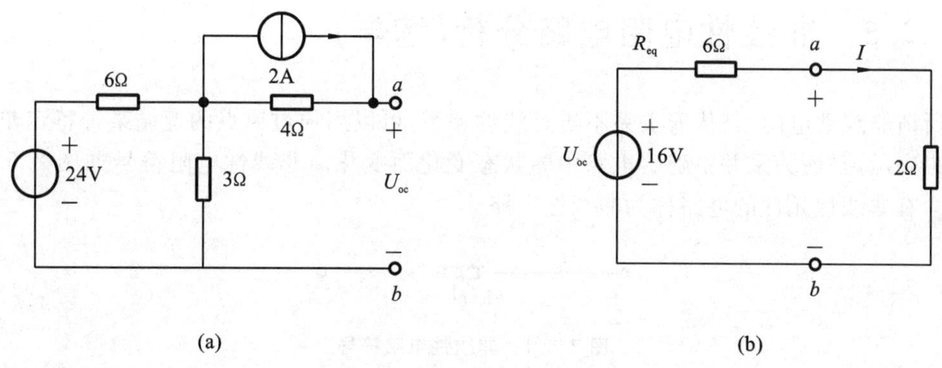

图 2.4.3　例 2.4.1(解)电路图

2.4.2　诺顿定理

任意线性有源(含有独立电源)二端口电路 N,对于外电路 N′而言,总可以等效为一个电流源和一个线性电阻并联的支路(诺顿支路)。其中:电流源的电流等于原有源二端口电路的端口短路电流 i_{sc},电阻等于原有源二端口电路独立电源置零后的端口入端电阻 R_{eq},如图2.4.4所示。

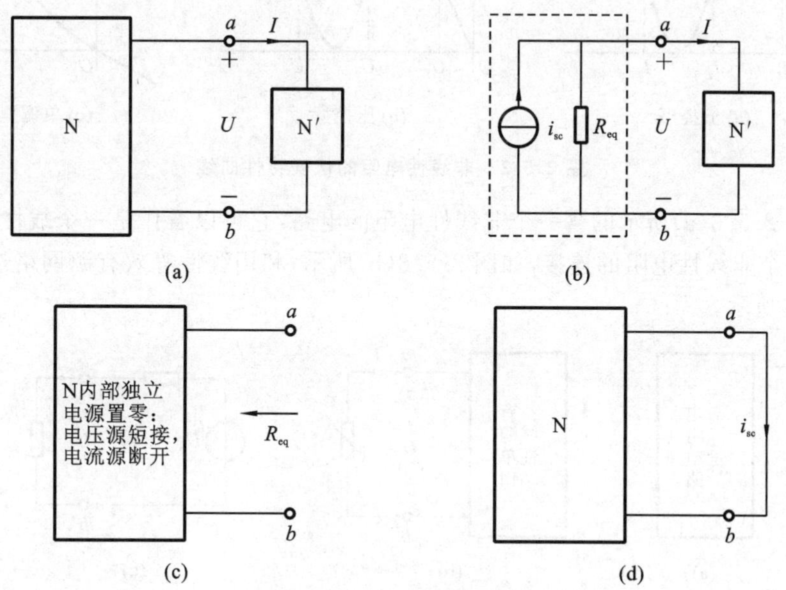

图 2.4.4　诺顿等效电路

根据戴维南支路和诺顿支路的互换关系,不难得到在图 2.4.1 和图 2.4.4 所规定的参考方向下,有 $R_{eq}=\dfrac{u_{oc}}{i_{sc}}$。

很显然,应用电压源与电流源之间的等效变换,可以从戴维南定理推导出诺顿定理。

*2.5 非线性电阻电路分析(选学)

所谓非线性电阻,其伏安关系不再是线性关系,可以用通过原点的遵循某种特定非线性关系来表示,且该关系并不随着电路中的状态变化而变化。非线性电阻符号如图 2.5.1 所示。含有非线性元件的电路称为非线性电路。

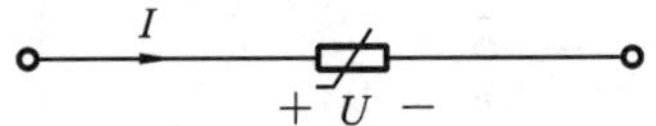

图 2.5.1 非线性电阻符号

如果电阻两端的电压是通过其电流的单值函数 $U=f(I)$,则称之为流控型电阻,伏安特性如图 2.5.2(a)所示。如果电阻两端的电流是通过其电压的单值函数 $I=f(U)$,则称之为压控型电阻,伏安特性曲线如图 2.5.2(b)所示。如果电阻伏安特性曲线单调增或单调减,则此电阻既是流控型电阻又是压控型电阻,称为单调型电阻,伏安特性曲线如图 2.5.2(c)所示。

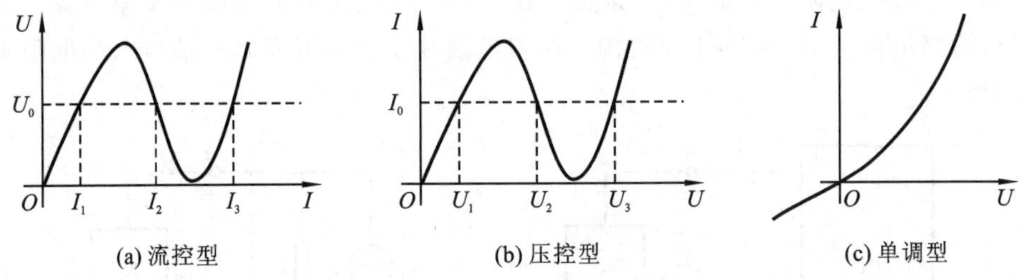

图 2.5.2 非线性电阻的伏安特性曲线

对于图 2.5.3(a)所示的含一个非线性电阻的电路,它可以看作是一个线性含源电阻单口网络和一个非线性电阻的连接,如图 2.5.3(b)所示,利用线性等效有源网络进行求解,如图 2.5.3(c)所示。

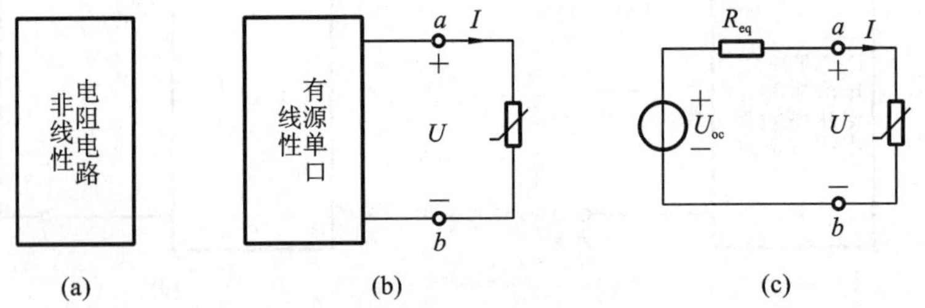

图 2.5.3 非线性电阻电路的分析

这类非线性电阻电路的分析方法如下。

(1)将线性含源电阻单口网络用戴维南等效电路代替。

(2)写出戴维南等效电路和非线性电阻的伏安特性方程。

$$\begin{cases} U = U_{oc} - R_{eq} I \\ I = g(U) \end{cases}$$

(3)联立方程，求出 U 和 I。

(4)若已知 $I=g(U)$ 的特性曲线，则可用图解法求非线性电阻上的电压和电流。

【例 2.5.1】　电路如图 2.5.4(a)所示。已知非线性电阻伏安特性曲线如图 2.5.4(b)中折线所示，用图解法求电压 U 和电流 I。

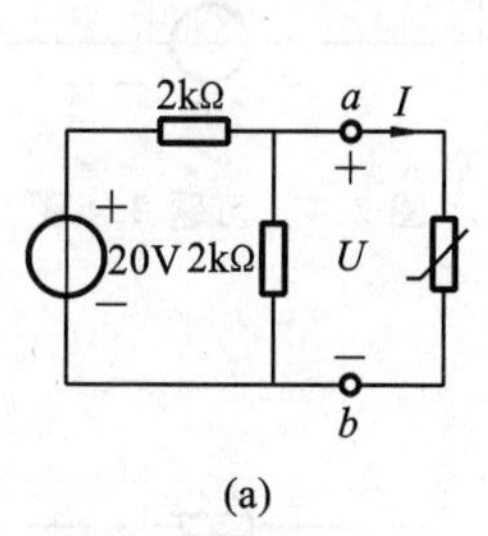

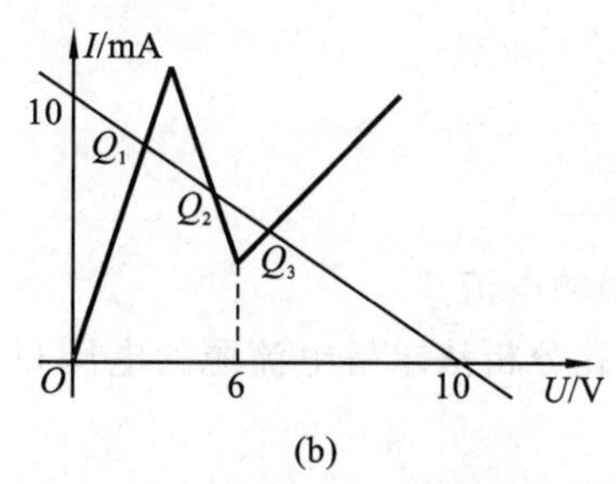

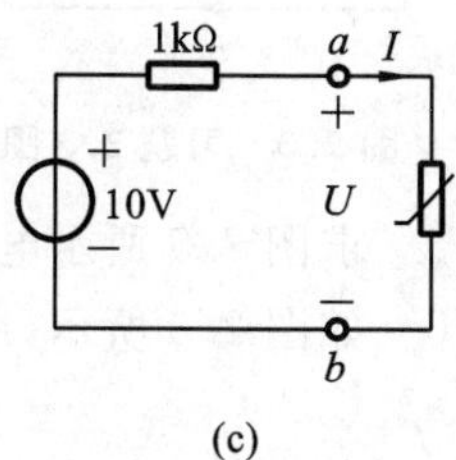

图 2.5.4　例 2.5.1 电路图

【解】

分析：这是个含有非线性元件的电路，可根据非线性电路的分析方法来求解。

(1)求戴维南等效电路。如图 2.5.4(c)所示，求得 $U_{oc}=10\ \text{V}$，$R_{eq}=1\ \text{k}\Omega$。

(2)在图 2.5.4(b)的 U-I 平面上，通过(10 V，0)和(0，10 mA)两点作直线，它与非线性伏安特性曲线交于 Q_1、Q_2 和 Q_3 三点。这三点相应的电压 U 和电流 I 分别为

Q_1：　$$U_{Q1}=3\ \text{V},\quad I_{Q1}=7\ \text{mA}$$

Q_2：　$$U_{Q2}=5\ \text{V},\quad I_{Q2}=5\ \text{mA}$$

Q_3：　$$U_{Q3}=6.5\ \text{V},\quad I_{Q3}=3.5\ \text{mA}$$

习　　题

2.1　如图 2.1 所示，若 $U_1=-2\ \text{V}$，$U_2=8\ \text{V}$，$U_3=5\ \text{V}$，$U_5=-3\ \text{V}$，$R_4=2\Omega$，求电阻 R_4 两端的电压 U_4 和电流 I_4。

2.2　用支路电流法求解图 2.2 所示电路中的电流 I_1，并求电路中电流源的功率。

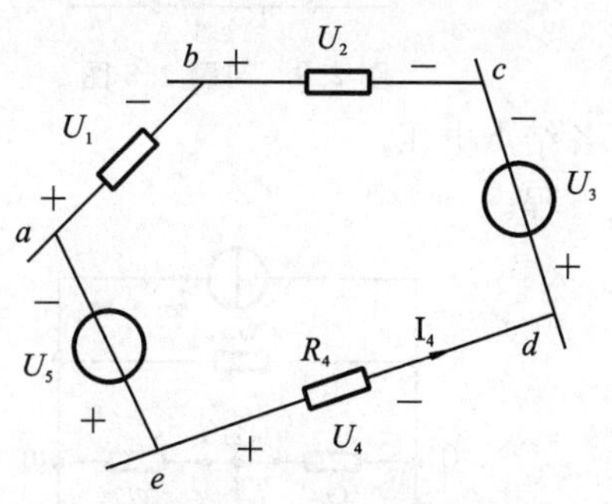

图 2.1　习题 2.1 图

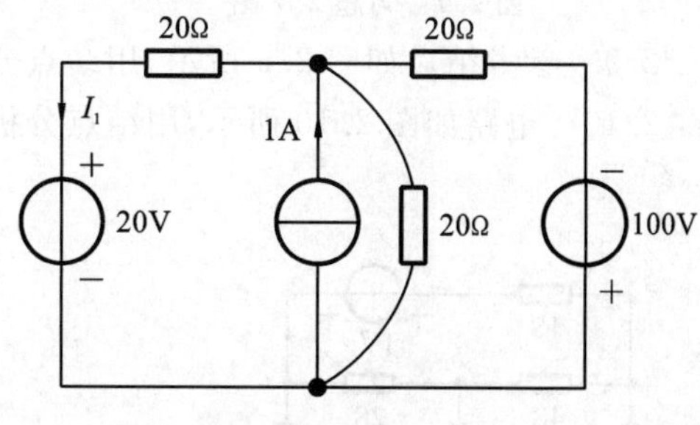

图 2.2　习题 2.2 图

2.3　如图 2.3 所示电路，用支路电流法求各支路电流及各元件功率。

2.4　求图 2.4 所示电路中 5Ω 电阻的电压 U 及功率 P。

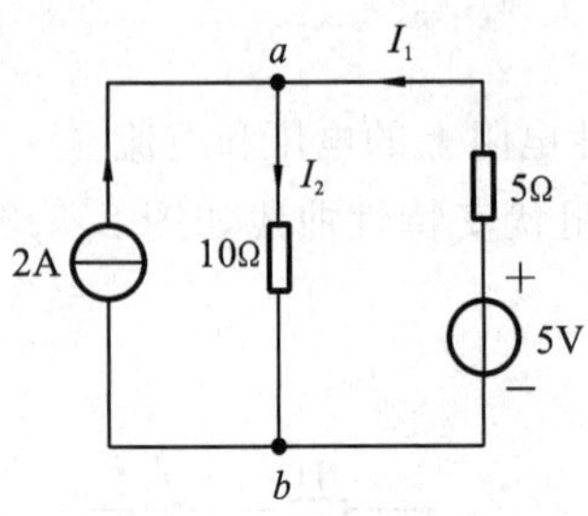

图 2.3　习题 2.3 图

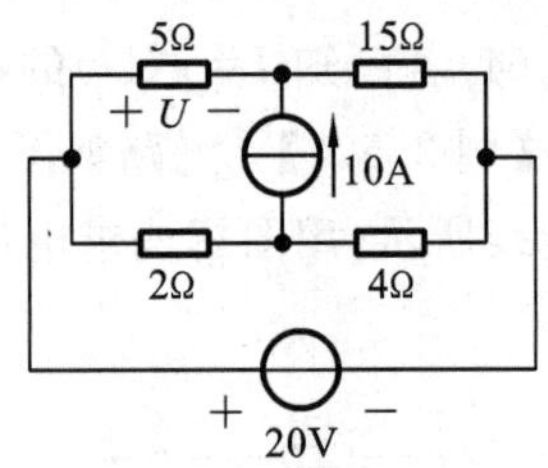

图 2.4　习题 2.4 图

2.5　求图 2.5 所示电路中的电流 I。

2.6　如图 2.6 所示，用网孔分析法求解电流源的电压 U。

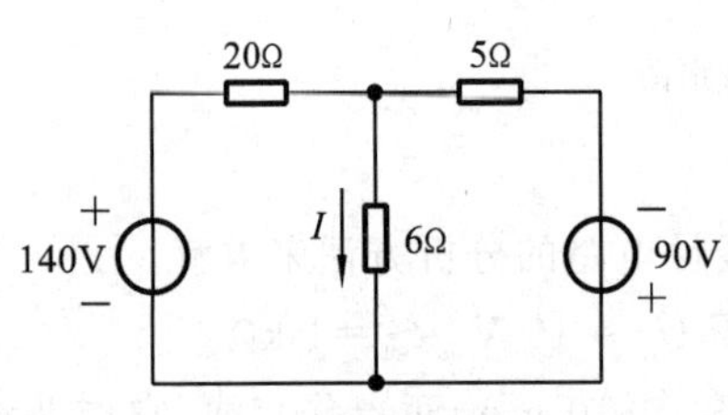

图 2.5　习题 2.5 图

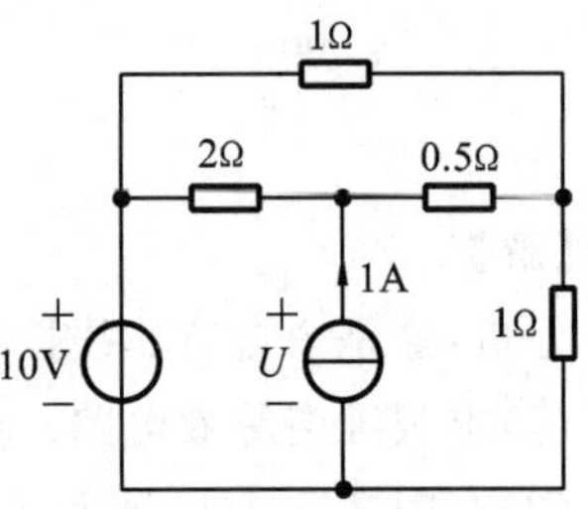

图 2.6　习题 2.6 图

2.7　如图 2.7 所示，用网孔分析法列写方程。

2.8　如图 2.8 所示，用结点分析法求解 I。

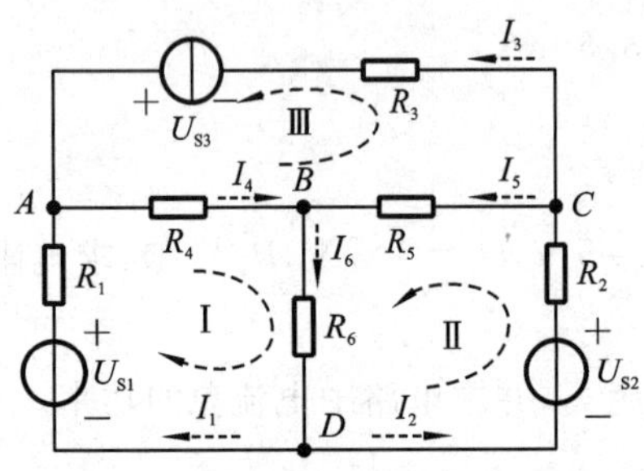

图 2.7　习题 2.7 图

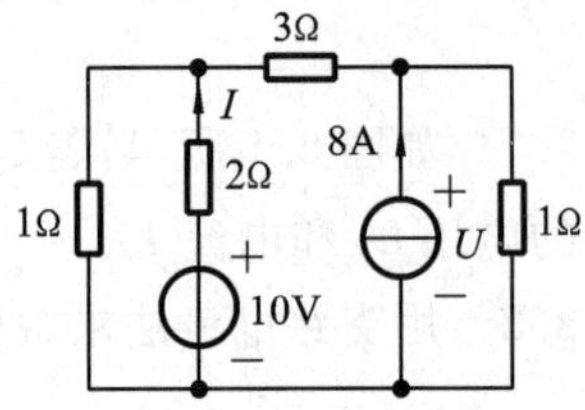

图 2.8　习题 2.8 图

2.9　参考结点如图 2.9 所示，用结点分析法求解各结点电压。

2.10　电路如图 2.10 所示，用结点分析法列结点方程。

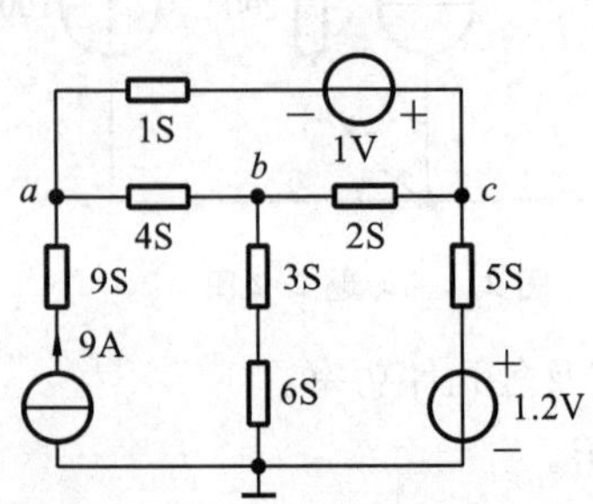

图 2.9　习题 2.9 图

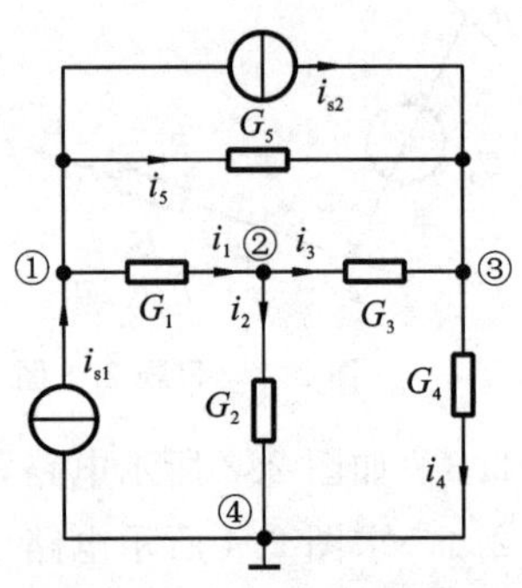

图 2.10　习题 2.10 图

2.11　求解图 2.11 所示电路中各支路电流 I_1、I_2、I。

2.12　如图 2.12 所示，按下列要求求解电路中电流源两端的电压 U。

(1)用结点分析法求解。

(2)对电流源之外的电路做等效变换后再求这一电压。

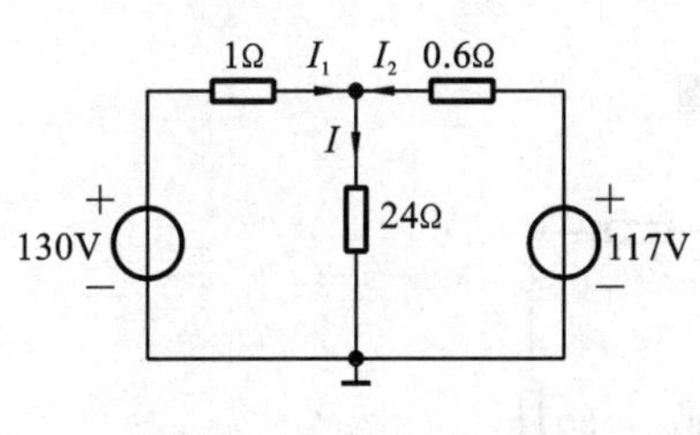

图 2.11　习题 2.11 图

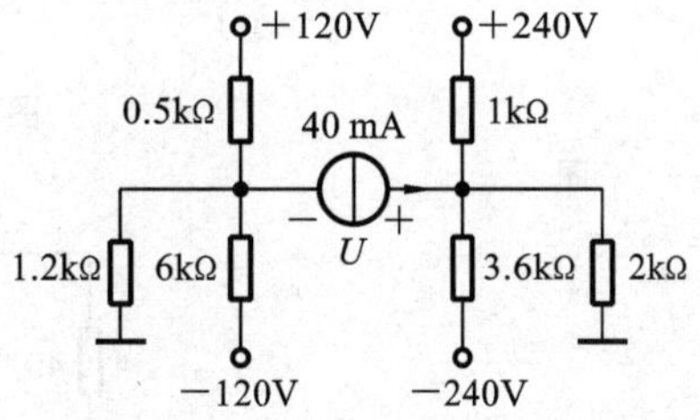

图 2.12　习题 2.12 图

2.13　电路如图 2.13 所示，用叠加定理求解电路中的电流 I。

2.14　电路如图 2.14 所示，已知 $U_S=10$ V，$I_S=2$ A，$R_1=4$ Ω，$R_2=1$ Ω，$R_3=5$ Ω，$R_4=3$ Ω，试用叠加定理求通过电压源的电流 I_5 和电流源两端的电压 U_6。

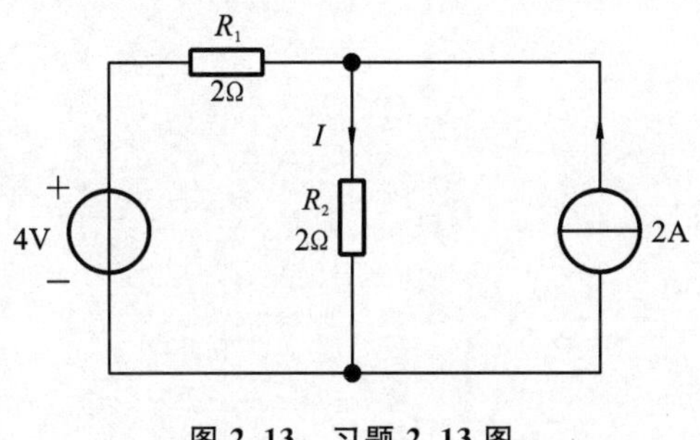

图 2.13　习题 2.13 图

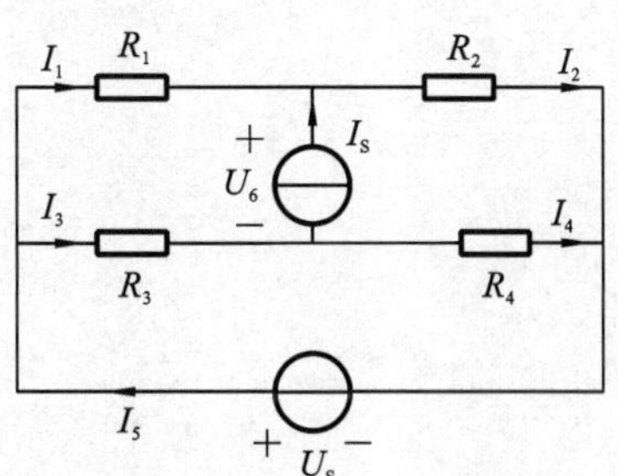

图 2.14　习题 2.14 图

2.15　电路如图 2.15 所示，用戴维南定理求解电流 I。

2.16　电路如图 2.16 所示，用戴维南定理和诺顿定理求解电流 I。

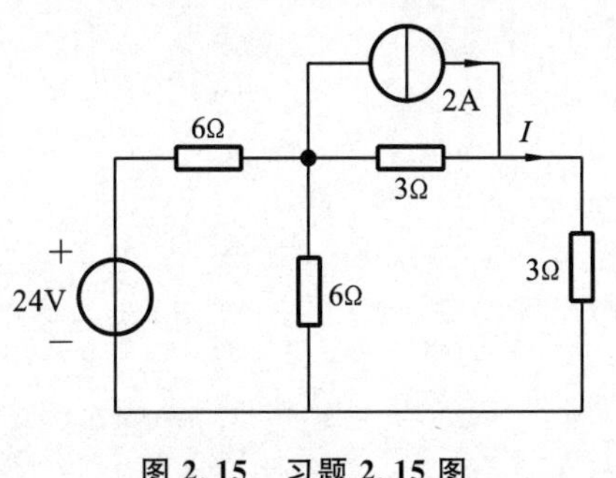

图 2.15　习题 2.15 图

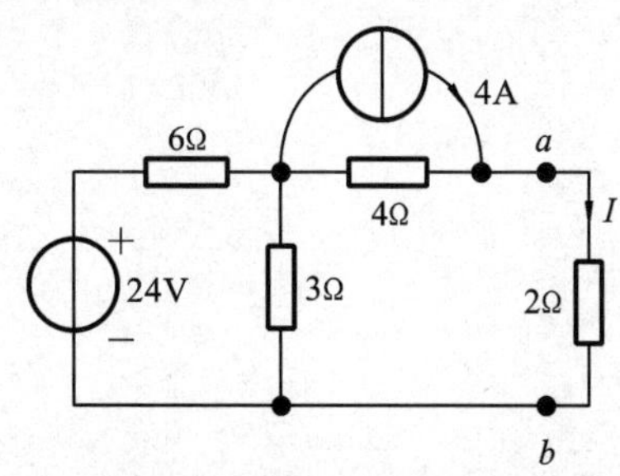

图 2.16　习题 2.16 图

2.17　电路如图 2.17 所示，在图 2.17(a)中，测得 $U_2=12.5$ V；若将 A、B 两点短路，如图 2.17(b)所示，测得电流为 $I=10$ mA，试求网络 N 的戴维南等效电路。

2.18　电路如图 2.18 所示，用戴维南定理和叠加定理分别求解图示电路中的电流 I。

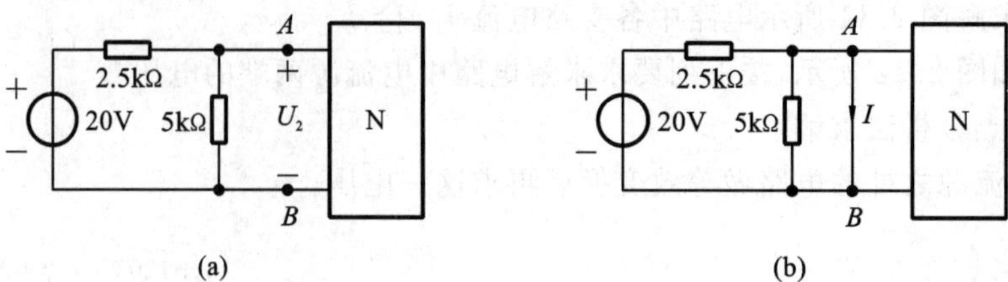

图 2.17　习题 2.17 图

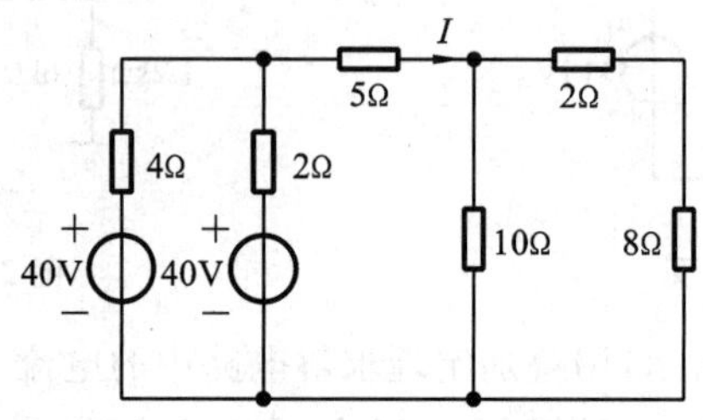

图 2.18　习题 2.18 图

第3章　正弦交流电路

前面我们分析的都是直流电路，其中电压和电流的大小和方向不随时间的改变而发生变化。

所谓正弦交流电路，是指含有正弦电源（激励），而且电路各部分所产生的电压和电流（相应）均按正弦规律变化的电路。交流电动机中所产生的感应电动势和正弦信号发生器所输出的信号电压，都是常用的正弦电源。在生产和日常生活中所用的交流电，一般都是指正弦交流电。

分析与计算正弦交流电路，主要是确定不同参数和不同结构的各种正弦交流电路中电压与电流之间的关系和功率。

3.1　正弦交流电的基本概念

随时间改变按正弦规律变化的电压或电流，称为正弦交流电。通常所说的交流电就是指正弦交流电，对正弦交流电的数学描述，可采用正弦函数描述，也可以用余弦函数描述。本书对正弦交流电采用正弦函数描述。

大小和方向随时间改变按正弦规律变化的电压或电流都称为正弦量，以正弦电流为例，其瞬时表达式为

$$i = I_{\mathrm{m}} \sin(\omega t + \psi_i) \tag{3.1.1}$$

其波形如图 3.1.1 所示，$\psi_i \geqslant 0$，横轴可用 ωt 表示，也可用 t 表示。

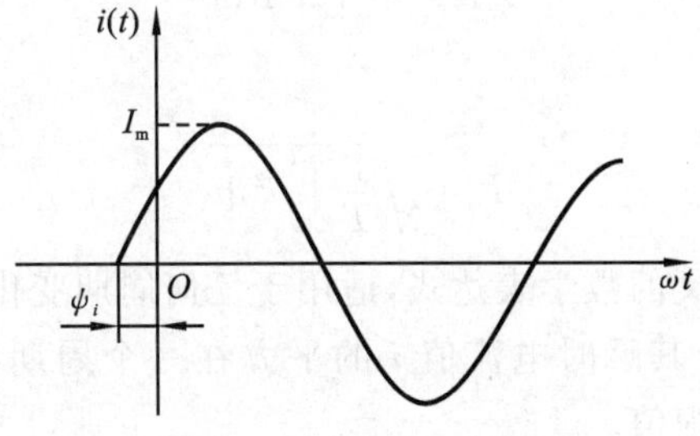

图 3.1.1　正弦交流电流波形图

3.1.1 正弦交流电的三要素

以正弦电流为例,式(3.1.1)中三个常数 I_m、ω、ψ_i 称为正弦量的三要素。

1. 周期与频率

正弦量重复变化一次所需要的时间称为周期,用 T 表示,单位为秒(s)。每秒内重复变化的次数称为频率,用 f 表示,单位为赫兹(Hz)。

周期和频率互为倒数,即

$$f=\frac{1}{T} \tag{3.1.2}$$

正弦量变化的快慢除用周期和频率表示外,还可用角频率 ω 来表示。在单位时间内正弦量变化的角度称为角频率。所以角频率为

$$\omega=\frac{2\pi}{T}=2\pi f \tag{3.1.3}$$

周期、频率、角频率从不同的角度描述了正弦交流电的变化快慢,只要知道其一,其余皆可求出。我国工业用电频率为 50 Hz,称为工频。

2. 幅值与有效值

正弦量在任一瞬间的值,称为瞬时值,用小写字母表示,如 i、u 及 e 分别表示电流、电压及电动势的瞬时值。瞬时值中最大的值称为幅值或最大值,用带下标的大写字母来表示,如 I_m、U_m 及 E_m 分别表示电流、电压及电动势的幅值。

有效值:与交流热效应相等的直流电流定义为交流电的有效值。

以交流电流为例,当某一交流电流和一直流电流分别通过同一电阻 R 时,如果在一个周期 T 内产生的热量相等,那么这个直流电流 I 的数值叫作交流电流的有效值。

正弦交流电流 $i=I_m\sin(\omega t+\psi_i)$ 一个周期内在电阻 R 上产生的能量为

$$W=\int_0^T i^2R\mathrm{d}t$$

直流电流 I 在相同时间 T 内,在电阻 R 上产生的能量为

$$W=I^2RT$$

根据有效值的定义,有

$$I^2RT=\int_0^T i^2R\mathrm{d}t$$

于是得

$$I=\sqrt{\frac{1}{T}\int_0^T i^2\mathrm{d}t} \tag{3.1.4}$$

式(3.1.4)为有效值定义的数学表达式,适用于任何周期变化的电流、电压及电动势。

正弦电流的有效值等于其瞬时电流值 i 的平方在一个周期内积分的平均值再取平方根,所以有效值又称为均方根值。

将正弦交流电流 $i=I_m\sin(\omega t+\psi_i)$ 代入式(3.1.4)得

$$I=\sqrt{\frac{1}{T}\int_0^T I_m^2\sin^2(\omega t+\psi_i)\mathrm{d}t}$$

$$= \sqrt{\frac{1}{T}\int_0^T I_m^2\left[\frac{1}{2} - \frac{1}{2}\cos 2(\omega t + \psi_i)\right]dt}$$

$$= \frac{1}{\sqrt{2}}I_m = 0.707I_m \tag{3.1.5}$$

同理可得

$$U = \frac{1}{\sqrt{2}}U_m = 0.707U_m,\quad E = \frac{E_m}{\sqrt{2}} = 0.707E_m \tag{3.1.6}$$

正弦量的最大值与有效值之间有固定的$\sqrt{2}$倍的关系。我们通常所说的交流电的数值都是指有效值。交流电压表、电流表的表盘读数及电气设备铭牌上所标的电压、电流也都是有效值。用有效值表示正弦电流的数学表达式为

$$i = \sqrt{2}I\sin(\omega t + \psi_i) \tag{3.1.7}$$

【例 3.1.1】　若购得一台耐压为 300 V 的电器，是否可用于 220 V 的线路上（见图 3.1.2）？

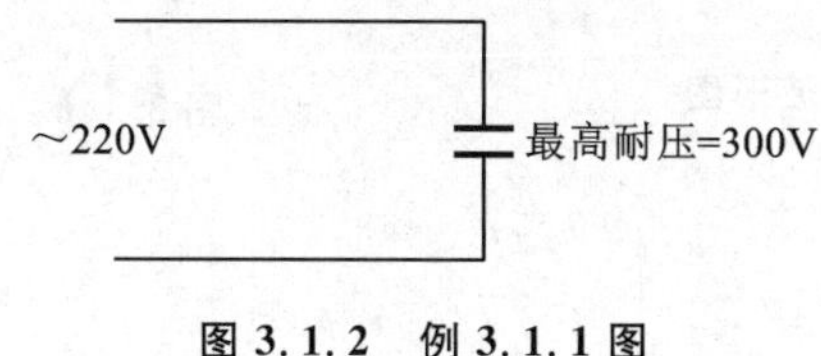

图 3.1.2　例 3.1.1 图

【解】

由题可知，该电器所加正弦交流电源参数如下。

有效值　　$U=220\ \text{V}$

最大值　　$U_m=\sqrt{2}U=\sqrt{2}\times 220\ \text{V}=311\ \text{V}$

该用电器最高耐压低于电源电压的最大值，所以不能用。

3. 相位与相位差

$\omega t+\psi_i$ 称为正弦量的相位角，简称为相位，是随时间变化的角度。ψ_i 为 $t=0$ 时的相位角，称为初相位角，简称初相。初相位的单位用弧度或度表示，通常在主值范围内取值，即 $|\psi_i|\leqslant\pi$；初相位值与计时零点有关。在工程上有时习惯以“度”为单位计量，因此在计算中应注意将 ωt 与 ψ_i 变换成相同的单位。

在分析和计算正弦电路时，电路中常引用“相位差”的概念描述两个同频率正弦量之间的相位关系，两个同频率正弦量相位之差，称为相位差。用 φ 表示。例如：设电流、电压分别为 $i=I_m\sin(\omega t+\psi_i)$，$u=U_m\sin(\omega t+\psi_u)$时，则电压与电流的相位差为

$$\varphi_{ui} = (\omega t + \psi_u) - (\omega t + \psi_i) = \psi_u - \psi_i \tag{3.1.8}$$

可见，同频率正弦量的相位差始终不变，它等于两个正弦量初相位角之差。相位差也是在主值范围内取值$|\varphi|\leqslant\pi$。

若 $\varphi_{ui}>0$，则电压 u 超前电流 i，大小为 φ_{ui}，其正弦电路的波形图如图 3.1.3 所示。

若 $\varphi_{ui}<0$，则电压 u 滞后电流 i，大小为$-\varphi_{ui}$，其正弦电路的波形图如图 3.1.4 所示。

若 $\varphi_{ui}=0$，则电压 u 与电流 i 同相位，其正弦电路的波形图如图 3.1.5 所示。

若 $\varphi_{ui}=\pm\pi$，则称 u 与 i 反相，其正弦电路的波形图如图 3.1.6 所示。

若 $\varphi_{ui}=\pm\frac{\pi}{2}$，则称 u 与 i 正交，其正弦电路的波形图如图 3.1.7 所示。

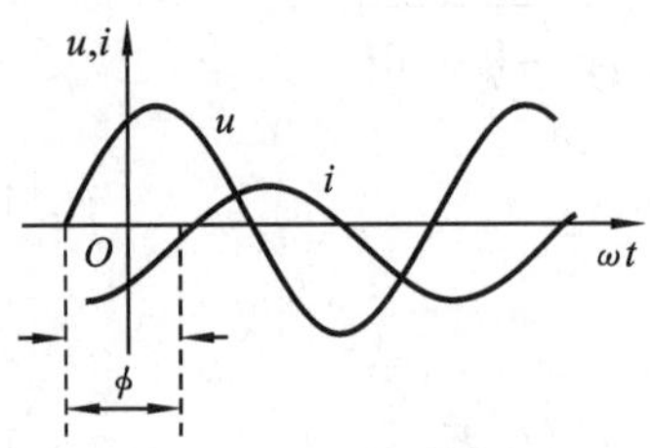

图 3.1.3　$\varphi_{ui}>0$ 的正弦电路的波形图

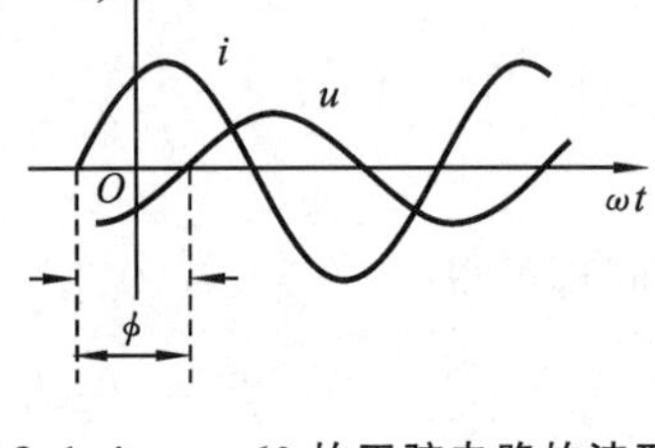

图 3.1.4　$\varphi_{ui}<0$ 的正弦电路的波形图

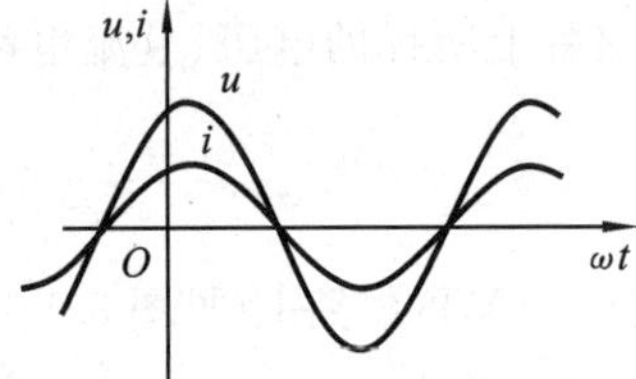

图 3.1.5　$\varphi_{ui}=0$ 的正弦电路的波形图

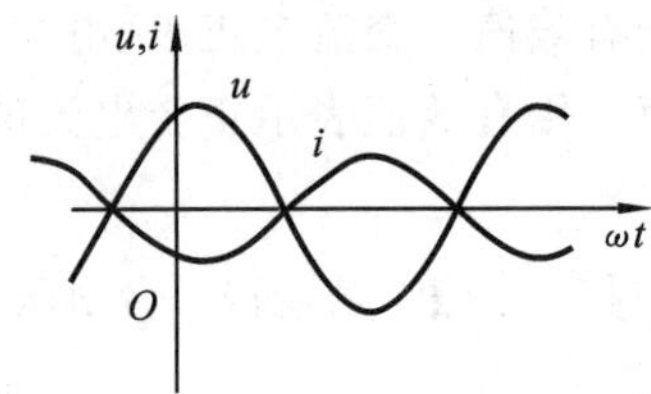

图 3.1.6　$\varphi_{ui}=\pm\pi$ 的正弦电路的波形图

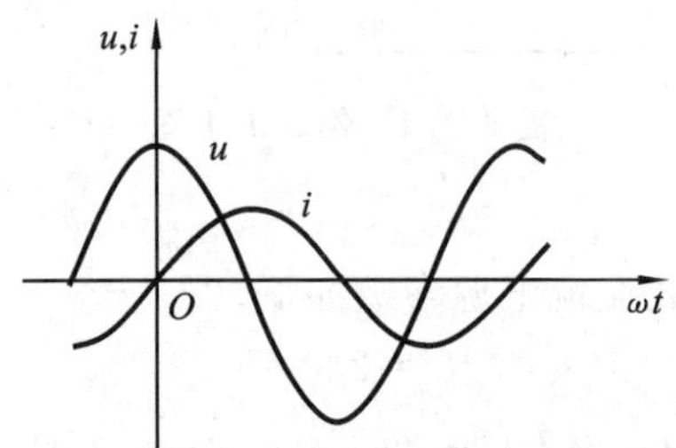

图 3.1.7　$\varphi_{ui}=\pm\frac{\pi}{2}$ 的正弦电路的波形图

【例 3.1.2】 一个正弦电压的初相位角为 45°,最大值为 537 V,角频率 $\omega=314$ rad/s,试求它的有效值、解析式,并求 $t=0.03$s 时的瞬时值。

【解】

$U_{\mathrm{m}}=537$ V,所以其有效值为

$$U=\frac{U_{\mathrm{m}}}{\sqrt{2}}=\frac{537}{\sqrt{2}}\ \mathrm{V}=380\ \mathrm{V}$$

则电压的解析式为

$$u=380\sqrt{2}\sin\left(314t+\frac{\pi}{4}\right)$$

当 $t=0.03$s 时,将 $t=0.03$s 代入上式得

$$u=380\sqrt{2}\sin\left(314\times0.03+\frac{\pi}{4}\right)=16.2\ \mathrm{V}$$

【例 3.1.3】 两个正弦电流分别为 i_1,i_2,问两个电流的相位关系如何?

$$i_1(t)=100\sqrt{2}\sin(\omega t+35°),\quad i_2(t)=50\sqrt{2}\sin(\omega t-35°)$$

【解】

$$\varphi_{12}=\psi_1-\psi_2=35°-(-35°)=70°\quad(符合取值范围|\varphi|\leqslant\pi)$$

即 i_1 相位超前 i_2 相位 70°。

3.1.2　正弦交流电的相量表示法

前面我们采用了三角函数式和波形图来表示正弦量，此外，正弦量还可以用相量来表示。相量表示法的基础是复数，就是用复数来表示正弦量。

1. 复数和常用的表示方法

如图 3.1.8 所示，向量 $\boldsymbol{F}$ 的复数的代数表达式为 $\boldsymbol{F}=a+\mathrm{j}b$，式中 $\mathrm{j}=\sqrt{-1}$ 为虚单位（与数学中常用的 i 等同）。图中 r 表示复数的大小，称为复数的模，a、b 为复数 $\boldsymbol{F}$ 的实部和虚部。有向线段与实轴正方向间的夹角，称为复数的幅角，用 φ 表示，规定幅角的绝对值小于 180°。

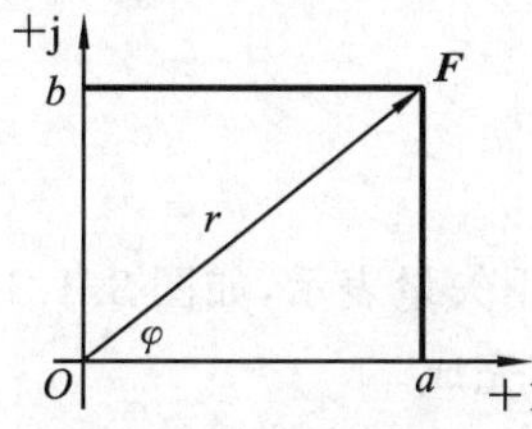

图 3.1.8　复数坐标

$$r=\sqrt{a^2+b^2},\quad \varphi=\arctan\left(\frac{b}{a}\right)$$

$$a=r\cos\varphi,\quad b=r\sin\varphi \tag{3.1.9}$$

由图 3.1.8 可得复数的代数式 $\boldsymbol{F}=a+\mathrm{j}b$ 转化为三角形式为

$$\boldsymbol{F}=r(\cos\varphi+\mathrm{j}\sin\varphi) \tag{3.1.10}$$

根据欧拉公式 $\mathrm{e}^{\mathrm{j}\varphi}=\cos\varphi+\sin\varphi$，将复数的三角形式转化为指数形式：

$$\boldsymbol{F}=r\mathrm{e}^{\mathrm{j}\varphi} \tag{3.1.11}$$

还有极坐标形式：

$$\boldsymbol{F}=r\angle\varphi \tag{3.1.12}$$

实部相等、虚部大小相等而异号的两个复数叫作共轭复数，用 $\boldsymbol{F}^*$ 表示 $\boldsymbol{F}$ 的共轭复数，则有 $\boldsymbol{F}=a+\mathrm{j}b$；$\boldsymbol{F}^*=a-\mathrm{j}b$。

复数可以进行四则运算。两个复数进行乘除运算时，可将其化为指数形式或极坐标形式来进行计算。

如将两个复数 $\boldsymbol{F}_1=a_1+\mathrm{j}b_1=r_1\angle\varphi_1$，$\boldsymbol{F}_2=a_2+\mathrm{j}b_2=r_2\angle\varphi_2$ 相除得

$$\frac{\boldsymbol{F}_1}{\boldsymbol{F}_2}=\frac{r_1\angle\varphi_1}{r_2\angle\varphi_2}=\frac{|r_1|}{|r_2|}\angle(\varphi_1-\varphi_2) \tag{3.1.13}$$

如将复数 $\boldsymbol{A}_1=r\mathrm{e}^{\mathrm{j}\varphi}$ 乘以另一个复数 $\mathrm{e}^{\mathrm{j}\omega t}$，则得 $\boldsymbol{A}_2=r\mathrm{e}^{\mathrm{j}\varphi}\mathrm{e}^{\mathrm{j}\omega t}=r\mathrm{e}^{\mathrm{j}(\omega t+\varphi)}$。

如两个复数进行加减运算，用代数形式计算。

例：$\boldsymbol{F}_1=a_1+\mathrm{j}b_1$，$\boldsymbol{F}_2=a_2+\mathrm{j}b_2$，则

$$\boldsymbol{F}_1\pm\boldsymbol{F}_2=(a_1\pm a_2)+\mathrm{j}(b_1\pm b_2)$$

也可以按平行四边形法则在复平面上作图求得，如图 3.1.9 所示。

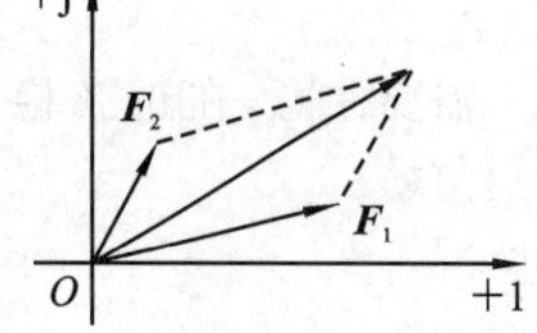

图 3.1.9　平行四边形法则

【例 3.1.4】　计算 5∠47°+10∠−25°。

【解】

$$\begin{aligned}5\angle47°+10\angle-25°&=(3.41+\mathrm{j}3.657)+(9.063-\mathrm{j}4.226)\\&=12.47-\mathrm{j}0.569\\&=12.48\angle-2.61°\end{aligned}$$

2. 正弦量的相量表示方法

正弦量的数学表达式 $i = I_{m}\sin(\omega t + \psi_{i})$ 能准确表示任意时刻 t 正弦量的值，但两个同频率正弦量之间进行加减运算时不方便，采用相量表示正弦量，可以使其运算得到简化。

用复数形式表示的正弦量称为正弦量的相量表示形式，为了与一般的复数相区别，故在大写字母上打“·”表示。在三要素中，频率可以作为已知量，要确定电路中的电压或电流，只需把电压或电流的幅值和初相位角两个要素用复数来描述。

于是表示正弦电压 $u=U_{m}\sin(\omega t+\varphi)$ 的相量为

$$\dot{U}_{m} = U_{m}\angle\varphi \quad 或 \quad \dot{U} = U\angle\varphi$$

式中：$\dot{U}_{m}$ 表示电压的幅值相量；$\dot{U}$ 表示电压的有效值相量。

一般情况下用有效值相量表示正弦量。

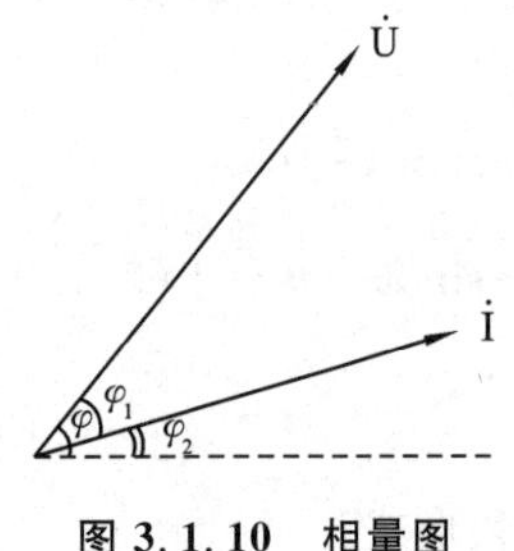

图 3.1.10 相量图

相量和复数一样，可以在复平面上用矢量表示，如图 3.1.10 所示。相量之间的运算可用复数间的运算完成。

【例 3.1.4】 已知 $i = 141.4\cos(314t+30°)$，$u = 311.1\cos(314t-60°)$，试用相量表示 i，u。

【解】

$$\dot{I}=100\angle30°\text{A}$$

$$\dot{U}=220\angle-60°\ \text{V}$$

3. 相量形式的基尔霍夫定律

前面所学的基尔霍夫电压、电流定律是一个普遍适用的定律，对于正弦交流电也是适用的。正弦交流电路中各支路电流、电压都是同频率的正弦量，可以用相量法将 KCL 和 KVL 转化为相量形式。

基尔霍夫电流定律指出：在电路中，任何时刻，对任意结点的各支路电流瞬时值的代数和为零。KCL 的瞬时值表达式为 $\sum i = 0$ 。

KCL 对每一瞬间都适用，那么对正弦交流电也适用，即在电路任一结点的各支路正弦电流的解析式代数和为零。

由于所有支路的电流都是同频率的正弦量，所以 KCL 的相量形式为

$$\sum\dot{I} = 0 \tag{3.1.14}$$

同理，KVL 的相量形式为

$$\sum\dot{U} = 0 \tag{3.1.15}$$

需要注意，在正弦稳态下，电流、电压的有效值一般情况下不满足式(3.1.14)及式(3.1.15)。

3.2 单一参数的正弦交流电路分析

在正弦稳态电路中，三种基本电路元件 R、L、C 的电压、电流之间的关系都是同频率正

弦电压、电流之间的关系，所涉及的有关运算都可以用相量进行，因此这些关系的时域形式都可以转换为相量形式。

3.2.1　电阻元件的正弦交流电路

1. 电压与电流的关系

在电阻元件的交流电路中，如图 3.2.1(a)所示，电压 u 和电流 i 取关联参考方向时，根据欧姆定律，它们的瞬时值之间的关系为

$$u = iR \tag{3.2.1}$$

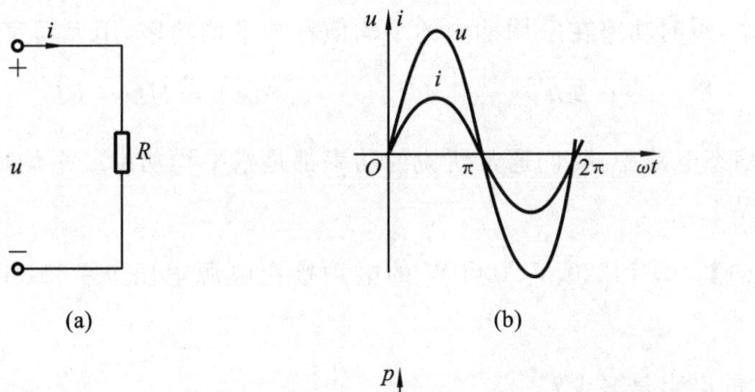

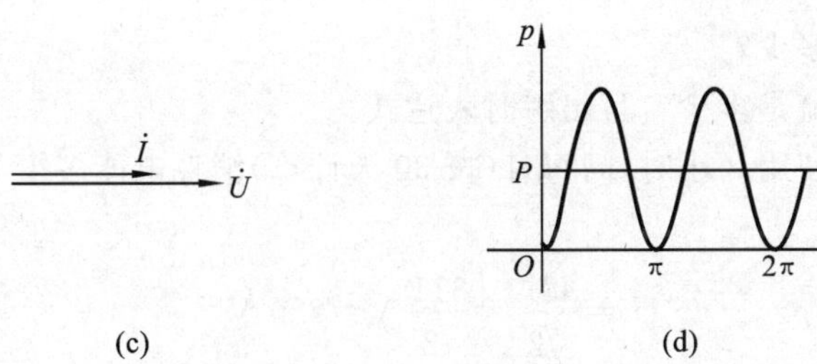

图 3.2.1　电阻元件的正弦交流电路

设通过电阻的电流为

$$i = I_{\mathrm{m}} \sin \omega t \tag{3.2.2}$$

则电阻的端电压为

$$u = iR = RI_{\mathrm{m}} \sin \omega t = U_{\mathrm{m}} \sin \omega t \tag{3.2.3}$$

$$U_{\mathrm{m}} = I_{\mathrm{m}} R \tag{3.2.4}$$

由式(3.2.2)和式(3.2.3)可见，在电阻元件交流电路中，电压和电流都是同频率的正弦量，电压的最大值(或有效值)与电流的最大值(或有效值)的比值就是电阻 R，即

$$R = \frac{U_{\mathrm{m}}}{I_{\mathrm{m}}} \quad 或 \quad R = \frac{U}{I} \tag{3.2.5}$$

电压和电流的相位差为

$$\varphi = \varphi_u - \varphi_i = 0, \quad 即\ \varphi_i = \varphi_u \tag{3.2.6}$$

由此可见，对于电阻元件，电压和电流的相位关系式是同相的。图 3.2.1(b)所示为电阻元件电压和电流的波形图。

在电阻元件交流电路中，电压和电流也可以用相量形式表示为

$$\dot{U} = R\dot{I} \tag{3.2.7}$$

电阻元件电压与电流的相量图如图 3.2.1(c)所示。

2. 功率

瞬时功率:在任意瞬间,电压瞬时值和电流瞬时值的乘积为瞬时功率,用小写字母 p 来表示,即

$$p = u \cdot i = U_m I_m \sin^2 \omega t = 2UI \sin^2 \omega t = UI(1 - \cos 2\omega t) \tag{3.2.8}$$

由式(3.2.8)可以看出,电阻吸收的功率是随时间变化的,但 p 始终大于或等于零,表明了电阻的耗能特性。式(3.2.8)还表明了电阻元件的瞬时功率包含一个常数项和一个两倍于原电流频率的正弦项,即电流或电压变化一个循环时,功率变化了两个循环。图 3.2.1(d)所示为电阻元件功率随时间变化的波形。

平均功率:瞬时功率在一周期内的平均值称为平均功率,用大写字母 P 表示,则

$$P = \frac{1}{T}\int_0^T p\mathrm{d}t = \frac{1}{T}\int_0^T UI(1 - \cos 2\omega t) = UI = RI^2 = U^2/R \tag{3.2.9}$$

在正弦稳态电路中,我们通常所说的功率都是指平均功率。平均功率又称为有功功率。它的单位为 W。

【例 3.2.1】 一个 220 V、1000W 的电炉接在电源电压 $u=311\sin\left(314t+\frac{\pi}{6}\right)$ 的电路中,求:

(1)电炉的电阻是多少?

(2)通过电炉的电流是多少?写出瞬时表达式。

(3)设此电炉每天使用 2 小时,问每月(按 30 天计算)消耗电能多少 kW·h(度)?

【解】

(1)
$$U = \frac{U_m}{\sqrt{2}} = \frac{311}{\sqrt{2}}\ \mathrm{V} = 220\ \mathrm{V}$$

则电炉的电阻为

$$R = \frac{U^2}{P} = \frac{220^2}{1000}\ \Omega = 48.4\ \Omega$$

(2)
$$\dot{I} = \frac{\dot{U}}{R} = \frac{220\angle\frac{\pi}{6}}{48.4}\ \mathrm{A} = 4.55\angle\frac{\pi}{6}\ \mathrm{A}$$

则通过电炉的电流为

$$i = 4.55\sqrt{2}\sin\left(314t + \frac{\pi}{6}\right)$$

(3)
$$W = Pt = 1000 \times 2 \times 30\ \mathrm{W \cdot h} = 60\ \mathrm{kW \cdot h}$$

3.2.2 电感元件的正弦交流电路

1. 电压与电流的关系

在电感元件的交流电路中,如图 3.2.2(a)所示,电压 u 和电流 i 取关联参考方向,设通入的正弦交流电流为

$$i = \sqrt{2}I\sin\omega t = I_m \sin\omega t \tag{3.2.10}$$

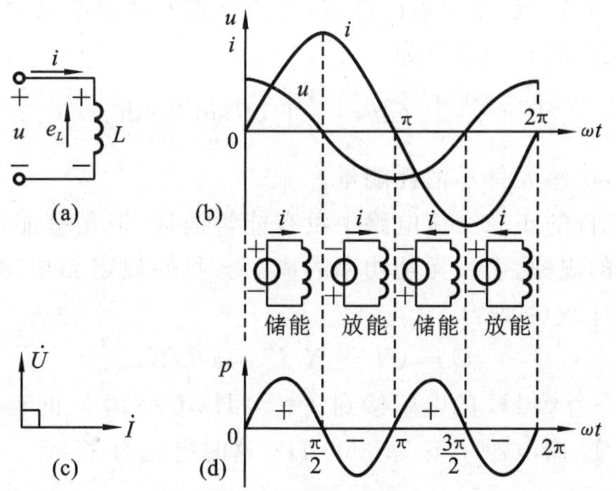

图 3.2.2　电感元件的正弦交流电路

则

$$u = L \cdot \frac{\mathrm{d}i}{\mathrm{d}t} = \omega L\sqrt{2}I\sin(\omega t + 90°) = \sqrt{2}U\sin(\omega t + 90°) \tag{3.2.11}$$

式(3.2.11)中，

$$U = \omega LI \quad 或 \quad \frac{U_\mathrm{m}}{I_\mathrm{m}} = \frac{U}{I} = \omega L \tag{3.2.12}$$

可见，当 ω 一定时，电感两端的电压有效值正比于电流有效值。当 $\omega=0$ 时，电感电压恒为 0，即电感元件在直流电路中相当于短路。当 $\omega\to\infty$时，电感元件相当于开路。

与电阻元件交流电路相比，ωL 有类似于电阻 R 的作用，当电压一定时，ωL 越大则电流越小。可见 ωL 具有阻碍交流电流通过的性质，所以称 ωL 为感抗，用 X_L 表示，即

$$X_L = \omega L = 2\pi fL \tag{3.2.13}$$

式中，f 的单位为赫兹(Hz)，L 的单位为亨利(H)，X_L的单位为欧姆(Ω)。

由式(3.2.10)和式(3.2.11)可见，电感元件端电压 u 与电流 i 的相位差为

$$\varphi = \varphi_u - \varphi_i = 90° \tag{3.2.14}$$

即电流的变化滞后电压的变化 90°，其波形如图 3.2.2(b)所示。

对电感元件的正弦交流电路，电压与电流的关系可以用相量形式表示，即

$$\dot{U} = \mathrm{j}X_L\dot{I} \tag{3.2.15}$$

图 3.2.2(c)所示为电感元件电压电流的相量图。

在正弦电流电路中，线性电感的电压和电流在瞬时值之间不成正比，而在有效值之间、相量之间成正比。

2. 功率

瞬时功率：电感元件正弦交流电路的瞬时功率为

$$p = u \cdot i = U_\mathrm{m}I_\mathrm{m}\sin\omega t\sin(\omega t + 90°) = UI\sin 2\omega t \tag{3.2.16}$$

p 随时间变化的波形如图 3.2.2(d)所示，从图中可以看出，瞬时功率有正有负。p 为正值，表示电感把从电源吸收的电能转换成磁场能；p 为负值，表示电感把磁场能转换为电能送还电源。这是一个可逆的能量转换过程，所以电感是储能元件。在正弦稳态电路中，电感

元件与外部电路间不断进行能量交换的现象,是由电感的储能本质所决定的。

有功功率:电感元件的有功功率为

$$P=\frac{1}{T}\int_{0}^{T}p\mathrm{d}t=\frac{1}{T}\int_{0}^{T}UI\sin 2\omega t\,\mathrm{d}t=0 \tag{3.2.17}$$

即在正弦电流电路中,电感元件不消耗能量。

无功功率:电感元件的正弦交流电路中没有能量消耗,但是有能量互换,为了描述电感元件与外部能量交换的规模,引入无功功率的概念。我们规定无功功率等于瞬时功率的振幅,单位为乏(Var)或千乏(kVar)。

$$Q=UI=X_{L}I^{2}=U^{2}/X_{L} \tag{3.2.18}$$

【例 3.2.2】 把一个 0.1H 的电感接到 $f=50$ Hz,$U=10$ V 的正弦电源上,问电流是多少?如保持电压值不变,而电源 f 变为 5000 Hz,这时电流为多少?

【解】

当 $f=50$ Hz 时:

$$X_{L}=2\pi fL=2\times 3.14\times 50\times 0.1\ \Omega=31.4\ \Omega$$

$$I=\frac{U}{X_{L}}=\frac{10}{31.4}\ \mathrm{A}=0.318\ \mathrm{A}=318\ \mathrm{mA}$$

当 $f=5000$ Hz 时:

$$X_{L}=2\pi fL=2\times 3.14\times 5000\times 0.1\ \Omega=3140\ \Omega$$

$$I=\frac{U}{X_{L}}=\frac{10}{3140}\ \mathrm{A}=0.00318\ \mathrm{A}=3.18\ \mathrm{mA}$$

可见,在电压有效值一定时,频率越高,通过电感元件的电流有效值越小。

3.2.3 电容元件的正弦交流电路

1. 电压与电流的关系

在电容元件的交流电路中,如图 3.2.3(a)所示,电压 u 和电流 i 取关联参考方向,设通入的正弦交流电压为

$$u=U_{\mathrm{m}}\cdot\sin\omega t=\sqrt{2}U\sin\omega t \tag{3.2.19}$$

则

$$i=C\cdot\frac{\mathrm{d}u}{\mathrm{d}t}=\omega CU_{\mathrm{m}}\sin\left(\omega t+\frac{\pi}{2}\right)=\omega C\sqrt{2}U\sin\left(\omega t+\frac{\pi}{2}\right)=\sqrt{2}I\sin\left(\omega t+90^{\circ}\right) \tag{3.2.20}$$

式(3.2.20)中,

$$U=\frac{I}{\omega C}\quad 或\quad \frac{U_{\mathrm{m}}}{I_{\mathrm{m}}}=\frac{U}{I}=\frac{1}{\omega C} \tag{3.2.21}$$

可见,当 ω 一定时,电容两端的电压有效值正比于电流有效值。当 $\omega\to\infty$ 时,电感电压恒为 0;当 $\omega=0$ 时,电容元件相当于开路。

与电阻元件交流电路相比,$\frac{1}{\omega C}$有类似于电阻 R 的作用,当电压一定时,$\frac{1}{\omega C}$越大则电流越小。可见$\frac{1}{\omega C}$具有阻碍交流电流通过的性质,所以称$\frac{1}{\omega C}$为感抗,用 X_{C} 表示,即

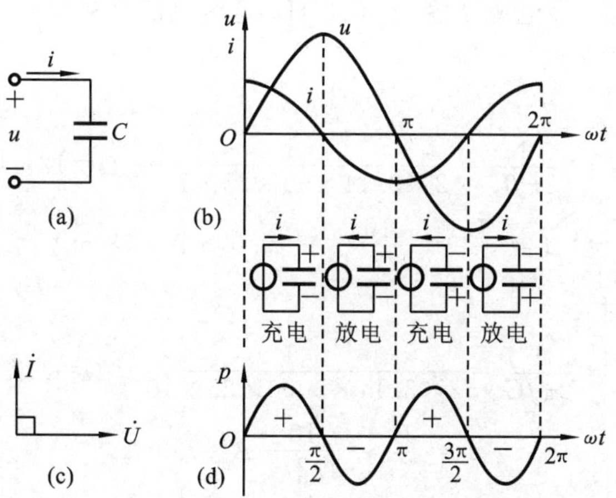

图 3.2.3　电容元件的正弦交流电路

$$X_C = \frac{1}{\omega C} = \frac{1}{2\pi fC} \tag{3.2.22}$$

式中，f 的单位为赫兹(Hz)，C 的单位为法拉(F)，X_C 的单位为欧姆(Ω)。

由式(3.2.19)和式(3.2.20)可见，电容元件端电压 u 与电流 i 的相位差为

$$\varphi = \varphi_u - \varphi_i = -90° \tag{3.2.23}$$

即电流的变化超前电压的变化 90°，其波形如图 3.2.3(b)所示。

对电容元件的正弦交流电路，电压与电流的关系可以用相量形式表示，即

$$\dot{U} = -\mathrm{j}X_C\dot{I} \tag{3.2.24}$$

图 3.2.3(c)所示为电感元件电压电流的相量图。

在正弦电流电路中，线性电感的电压和电流在瞬时值之间不成正比，而在有效值之间、相量之间成正比。

2. 功率

瞬时功率：电容元件正弦交流电路的瞬时功率为

$$p = u \cdot i = U_m I_m \sin\omega t \sin(\omega t + 90°) = UI\sin 2\omega t \tag{3.2.25}$$

p 随时间变化的波形如图 3.2.3(d)所示，从图中可以看出，瞬时功率有正有负。当电容电压增高时，p 为正值，电容元件充电，它从电源索取电能储存于两极板间的电场中；当电容电压降低时，p 为负值，电容元件放电，它把充电时所储存的电场能量归还给电源。这是一个可逆的能量转换过程，所以电容也是储能元件。

平均(有功)功率：电容元件的有功功率为

$$P = \frac{1}{T}\int_0^T p\,\mathrm{d}t = \frac{1}{T}\int_0^T UI\sin 2\omega t\,\mathrm{d}t = 0 \tag{3.2.26}$$

这说明电容元件和电感元件一样，不消耗能量。

无功功率：

$$Q = -UI = -X_C I^2 = -U^2/X_C \tag{3.2.27}$$

电容元件无功功率取负值，而电感元件无功功率取正值，以此作为区别。

【例 3.2.3】　把一个 25 μF 的电容接到 f=50 Hz，U=10 V 的正弦电源上，问电流是多

少？如保持电压值不变，而电源 f 变为 5000 Hz，这时电流为多少？

【解】

当 $f=50$ Hz 时：

$$X_C=\frac{1}{2\pi fC}=\frac{1}{2\times3.14\times50\times25\times10^{-6}}\ \Omega=127.4\ \Omega$$

$$I=\frac{U}{X_C}=\frac{10}{127.4}\ \text{A}=0.078\ \text{A}=78\ \text{mA}$$

当 $f=5000$ Hz 时：

$$X_C=\frac{1}{2\pi fC}=\frac{1}{2\times3.14\times5000\times25\times10^{-6}}\ \Omega=1.274\ \Omega$$

$$I=\frac{U}{X_C}=\frac{10}{1.274}\ \text{A}=7.8\ \text{A}$$

可见，在电压有效值一定时，频率越高，通过电感元件的电流有效值越大。

单一元件交流电路的对比分析见表 3.2.1。

表 3.2.1　单一元件交流电路的对比分析

元件	R	L	C
基本关系	$u_R=Ri$	$u_L=L\dfrac{\mathrm{d}i}{\mathrm{d}t}$	$u_C=\dfrac{1}{C}\int_0^t i\mathrm{d}t$
有效值关系	$U_R=RI$	$U_L=X_LI$	$U_C=X_CI$
相量式	$\dot{U}_R=R\dot{I}$	$\dot{U}_L=\mathrm{j}X_L\dot{I}$	$\dot{U}_C=-\mathrm{j}X_C\dot{I}$
电阻或电抗	R	$X_L=\omega L$	$X_C=\dfrac{1}{\omega C}$
相位关系	u_R 与 i 同相	u_L 超前 i 90°	u_C 滞后 i 90°
相量图	$\dot{I}$　$\dot{U}_R$	$\dot{U}_L$　$\dot{I}$	$\dot{I}$　$\dot{U}_C$
有功功率	$P_R=U_RI=I^2R$	$P_L=0$	$P_C=0$
无功功率	$Q_R=0$	$Q_L=U_LI=I^2X_L$	$Q_C=U_CI=I^2X_C$

3.3　电阻、电感和电容元件串联交流电路分析

在实际电路中，经常需要将几个理想元件相互串联作为电路模型。本节将在单一元件交流电路的基础上，进一步讨论 RLC 串联交流电路。

电阻、电感和电容串联的交流电路如图 3.3.1(a)所示。分析此电路可应用前面的结果。

1. 广义的欧姆定律

由基尔霍夫电压定律可列出

$$u=u_R+u_L+u_C=Ri+L\frac{\mathrm{d}i}{\mathrm{d}t}+\frac{1}{C}\int i\mathrm{d}t$$

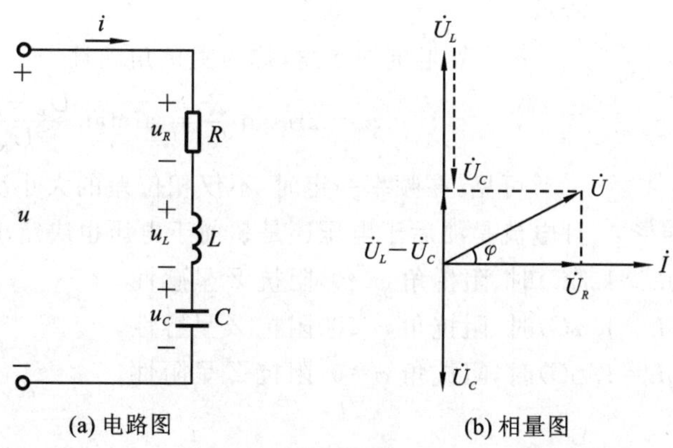

(a) 电路图　　(b) 相量图

图 3.3.1　电阻、电感与电容元件串联的交流电路

设电流 $i=\sqrt{2}I\sin\omega t$，其对应的相量为 $\dot{I}=I\angle 0°$。

各元件上的电压相量分别为

$$\dot{U}_R=R\dot{I},\quad \dot{U}_L=\mathrm{j}X_L\dot{I},\quad \dot{U}_C=-\mathrm{j}X_C\dot{I}$$

根据相量形式的 KVL 可得

$$\begin{aligned}\dot{U}&=\dot{U}_R+\dot{U}_L+\dot{U}_C=R\dot{I}+\mathrm{j}X_L\dot{I}-\mathrm{j}X_C\dot{I}\\&=[R+\mathrm{j}(X_L-X_C)]\cdot\dot{I}=Z\dot{I}\end{aligned}\tag{3.3.1}$$

式(3.3.1)的结果 $\dot{U}=Z\dot{I}$ 是在关联参考方向下，RLC 串联电路端电压与电流的相量关系式。

其中 $X=X_L-X_C=\omega L-\dfrac{1}{\omega C}$称为 RLC 串联电路的电抗，它等于感抗与容抗之差，单位是欧姆。$Z=R+\mathrm{j}X=R+\mathrm{j}(X_L-X_C)$ 为串联交流电路的复阻抗，单位为欧姆，它的实部就是所研究电路的电阻，虚部为电路的电抗。Z 本身不表示正弦量，也不是相量，所以用不加点的符号表示即可。

式(3.3.1)中，$\dot{U}=Z\dot{I}$ 的形式与欧姆定律的形式很相像，它反映了交流电路中电压相量与电流相量之间的关系，故称为广义的欧姆定律。

2. 电压与电流的关系

以电流为参考相量，RLC 串联电路各个电量之间的相量关系如图 3.3.1(b)所示。图中，$\dot{U}_R$、$\dot{U}_L-\dot{U}_C$ 和$\dot{U}$ 正好组成一个直角三角形。这个三角形称为电压三角形。根据几何关系，可得

$$\dot{U}=\sqrt{U_R^2+(U_L-U_C)^2}=\sqrt{(IR)^2+(IX_L-IX_C)^2}=I\sqrt{R^2+X^2}=I\,|Z|\tag{3.3.2}$$

Z 又可以表示为

$$Z=R+\mathrm{j}X=|Z|(\cos\varphi+\mathrm{j}\sin\varphi)=|Z|\cdot\mathrm{e}^{\mathrm{j}\varphi}=|Z|\angle\varphi\tag{3.3.3}$$

$|Z|$为复阻抗的模，称为阻抗，显然

$$|Z|=\sqrt{R^2+(X_L-X_C)^2}\tag{3.3.4}$$

$|Z|$、R、X_L-X_C 之间的关系可用一个直角三角形——阻抗三角形来表示，如图3.3.2

所示。

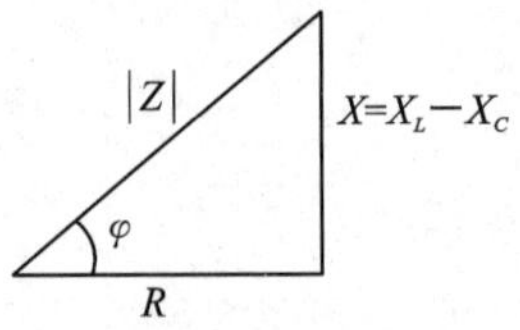

φ 为复阻抗的幅角,称为阻抗角。且

$$\varphi = \arctan\frac{X}{R} = \arctan\frac{U_L - U_C}{U_R} \tag{3.3.5}$$

图 3.3.2 阻抗三角形

可见,在频率一定时,不仅相位差的大小决定电路的性质,而且电流是滞后于电压还是超前于电压也决定了电路的性质。

当电抗 $X>0(\omega L>1/\omega C)$时,阻抗角 $\varphi>0$,阻抗 Z 呈感性。

当电抗 $X<0(\omega L<1/\omega C)$时,阻抗角 $\varphi<0$,阻抗 Z 呈容性。

当电抗 $X=0(\omega L=1/\omega C)$时,阻抗角 $\varphi=0$,阻抗 Z 呈阻性。

3. 功率关系

1)瞬时功率

知道了电压与电流的变化规律及相互关系后,便可找出瞬时功率的规律,即

$$p = ui = \sqrt{2}U\sin(\omega t + \varphi) \cdot \sqrt{2}I\sin\omega t = UI\cos\varphi - UI\cos(2\omega t + \varphi) \tag{3.3.6}$$

2)有功功率(平均功率)

由于电阻元件要消耗电能,相应的平均功率为

$$\begin{aligned} P &= \frac{1}{T}\int_0^T p\,\mathrm{d}t = \frac{1}{T}\int_0^T [UI\cos\varphi - UI\cos(2\omega t + \varphi)]\mathrm{d}t \\ &= UI\cos\varphi \end{aligned} \tag{3.3.7}$$

从电压三角形中可得出

$$U\cos\varphi = U_R = RI$$

于是

$$P = U_R I = RI^2 = UI\cos\varphi \tag{3.3.8}$$

3)无功功率

电感元件和电容元件与电源之间要进行能量互换,相应的无功功率为

$$Q = U_L I - U_C I = (U_L - U_C)I = I^2(X_L - X_C) = UI\sin\varphi \tag{3.3.9}$$

式(3.3.8)和式(3.3.9)是计算正弦交流电路中有功功率(平均功率)和无功功率的一般公式。

由上面的分析可知,一个交流发电机输出的功率不仅与发电机的端电压及其输出电流的有效值的乘积有关,而且还与电路的参数有关。电路的参数不同,电压与电流之间的相位差就不同,在同样的电压 U 和电流 I 之下,电路的有功功率和无功功率也就不同。式(3.3.8)中的 $\cos\varphi$ 称为功率因数。

4)视在功率

在交流电路中,有功功率一般不等于电压和电流有效值的乘积,如将两者的有效值相乘,则得出所谓的视在功率 S,即

$$S = UI = |Z|I^2 \tag{3.3.10}$$

交流电器设备是按照规定的额定电压和额定电流来设计和使用的,变压器的容量就是以额定电压和额定电流的乘积,即所谓视在功率

$$S_N = U_N I_N \tag{3.3.11}$$

来表示的。

视在功率的单位是伏·安(V·A)或千伏·安(kV·A)。

由于有功功率 P、无功功率 Q 和视在功率 S 三者所代表的意义不同,为了区别起见,各采用不同的单位。

这三个功率之间有一定的关系,即

$$S=\sqrt{P^2+Q^2}$$

$$P=UI\cos\varphi=S\cos\varphi$$

$$Q=S\sin\varphi$$

显然,它们也可以用一个直角三角形——功率三角形来表示,如图 3.3.3 所示。

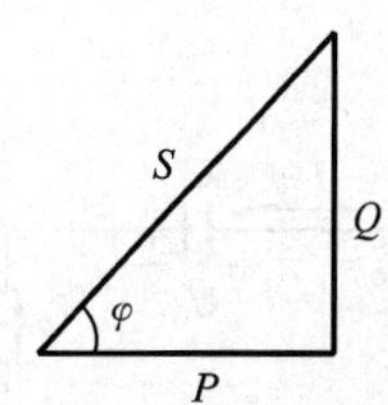

图 3.3.3　功率三角形

【例 3.3.1】 在电阻、电感、电容相串联的电路中,$R=30\ \Omega$,$L=127.4\ \text{mH}$,$C=39.8\ \mu\text{F}$,电源电压 $u=220\sqrt{2}\sin(314t+20°)$,试求:

(1)感抗、容抗和复阻抗;

(2)电流有效值及瞬时值表达式;

(3)各元件电压有效值及瞬时值表达式;

(4)电路有功功率、无功功率及视在功率、功率因数;

(5)作相量图。

【解】

(1)
$$X_L=\omega L=40\ \Omega,\quad X_C=\frac{1}{\omega C}=80\ \Omega$$

$$Z=R+\text{j}X=30-\text{j}40$$

则
$$|Z|=\sqrt{R^2+X^2}=50\ \Omega,\quad \varphi=\arctan\frac{X}{R}=-53.1°$$

$$Z=|Z|\angle\varphi=50\angle-53.1°\Omega$$

(2)
$$\dot{I}=\frac{\dot{U}}{Z}=\frac{U\angle\varphi_u}{|Z|\angle\varphi}=4.4\angle73.1°\text{A}$$

则
$$I=4.4\ \text{A}$$

$$i=4.4\sqrt{2}\sin(314t+73.1°)$$

(3)
$$\dot{U}=\dot{I}R=132\angle73.1°\ \text{V},\quad U_R=132\ \text{V}$$

$$u_R=132\sqrt{2}\sin(314t+73.1°)$$

$$\dot{U}_L=\dot{I}\text{j}X_L=176\angle163.1°\ \text{V}$$

$$U_L=176\ \text{V}$$

$$u_L=176\sqrt{2}\sin(314t+163.1°)$$

$$\dot{U}_C=\dot{I}(-\text{j}X_C)=352\angle-16.9°\ \text{V}$$

$$U_C=352\ \text{V}$$

$$u_C=352\sqrt{2}\sin(314t-16.9°)$$

(4)
$$S=UI=968\ \text{W}$$

$$P=I^2R=580.8\ \text{W},\quad Q=I^2X=-744.4\ \text{Var},\quad \cos\varphi=\frac{P}{S}=0.6$$

(5)相量图如图 3.3.4 所示。

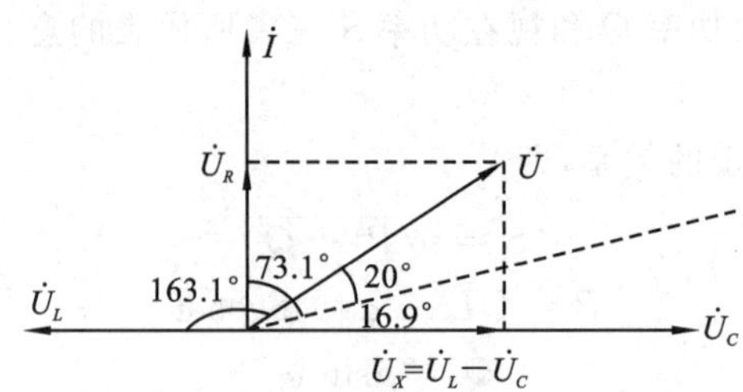

图 3.3.4 例 3.3.1 图

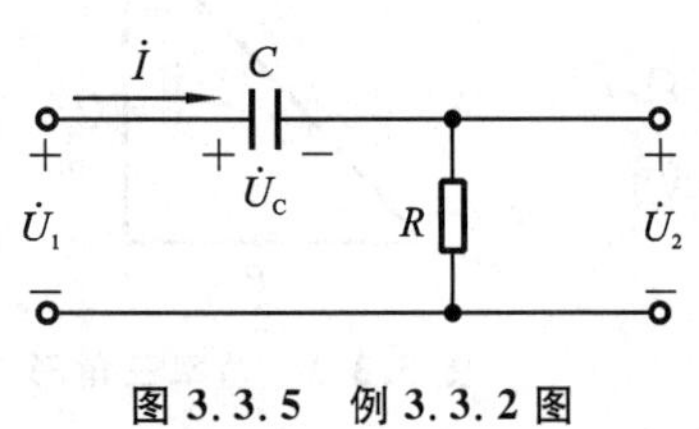

图 3.3.5 例 3.3.2 图

【例 3.3.2】 有一 RC 电路如图 3.3.5 所示，$R=20\ \Omega$，$C=0.1\ \mu F$，输入端接正弦信号源，$U_1=1\ V$，$f=500\ Hz$。

(1)试求输入电压 U_2，并讨论输入电压间的大小与相位关系；

(2)将电容 C 改为 $20\ \mu F$ 时求(1)中各项；

(3)将频率 f 改为 4000 Hz 时，再求(1)中各项。

【解】

(1)
$$X_C=\frac{1}{2\pi fC}=3.2\ k\Omega$$
$$|Z|=\sqrt{R^2+X_C^2}=3.77\ k\Omega$$
$$I=\frac{U_1}{|Z|}=0.27\ mA$$
$$U_2=RI=0.54\ V,\quad \varphi=\arctan\frac{-X_C}{R}=-58^\circ$$

(2)
$$X_C=16\ \Omega,\quad |Z|=\sqrt{2000^2+16^2}\ \Omega=2\ k\Omega$$
$$U_2\approx U_1,\quad \varphi\approx 0,\quad U_C\approx 0$$

(3)
$$X_C=0.4\ k\Omega,\quad |Z|=\sqrt{2^2+0.4^2}\ \Omega=2.04\ k\Omega$$
$$I=\frac{1}{2.04}=0.49\ mA,\quad U_2=RI=0.98\ V$$
$$\varphi=\arctan\frac{-0.4}{2}=-11.3^\circ$$

3.4 阻抗串并联交流电路分析

在分析交流电路时，常会遇到计算复阻抗的串联与并联问题，在计算时把它们等效为一个复阻抗，计算方法与电阻的串并联相似。

3.4.1 阻抗串联交流电路

图 3.4.1 所示为 n 个复阻抗串联的电路。

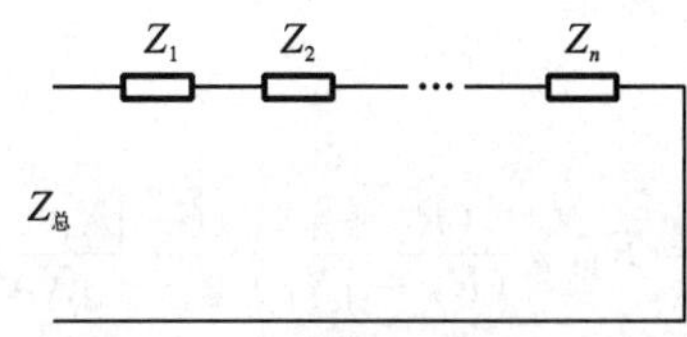

图 3.4.1　复阻抗串联电路

根据基尔霍夫定律可得

$$Z_{总}=Z_1+Z_2+\cdots+Z_n \tag{3.4.1}$$

各阻抗的电压为

$$\dot{U}_K=\frac{Z_K}{Z_{总}}\dot{U}\quad(K=1,2,3\cdots,n) \tag{3.4.2}$$

3.4.2　阻抗并联交流电路

图 3.4.2 所示为 n 个复阻抗并联的电路。

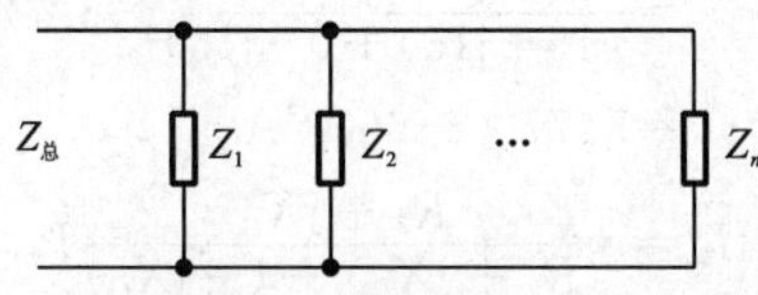

图 3.4.2　复阻抗并联电路

根据基尔霍夫定律可得

$$\frac{1}{Z_{总}}=\frac{1}{Z_1}+\frac{1}{Z_2}+\cdots+\frac{1}{Z_n} \tag{3.4.3}$$

当两个复阻抗并联时

$$Z=\frac{Z_1\cdot Z_2}{Z_1+Z_2} \tag{3.4.4}$$

各阻抗的电流为

$$\dot{I}_K=\frac{Z_{总}}{Z_K}\dot{I}\quad(K=1,2,\cdots,n) \tag{3.4.5}$$

【例 3.4.1】　电路如图 3.4.3 所示，$R_1=20\ \Omega$、$R_2=15\ \Omega$、$X_L=15\ \Omega$、$X_C=15\ \Omega$，电源电压 $\dot{U}=220\angle 0°\ \text{V}$。试求：

(1)电路的等效阻抗 Z；

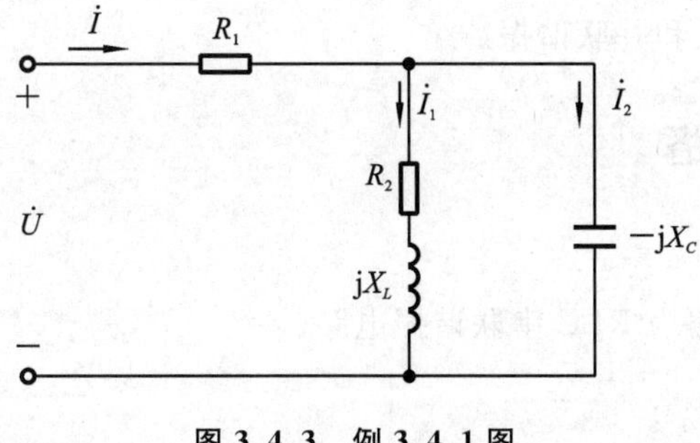

图 3.4.3　例 3.4.1 图

(2)电流 $\dot{I}_1$、$\dot{I}_2$和 $\dot{I}$。

【解】

(1)
$$Z = R_1 + \frac{(R_2 + \mathrm{j}X_L)(-\mathrm{j}X_C)}{(R_2 + \mathrm{j}X_L) + (-\mathrm{j}X_C)}$$
$$= 20 + \frac{(15+\mathrm{j}15)(-\mathrm{j}15)}{(15+\mathrm{j}15)+(-\mathrm{j}15)}$$
$$= 20 + \frac{(15\sqrt{2}\angle 45^\circ)(15\angle -90^\circ)}{15}$$
$$= 20 + 15\sqrt{2}\angle -45^\circ = 35 - \mathrm{j}15 = 38.1\angle -23.2^\circ\ \Omega$$

(2)
$$\dot{I} = \frac{\dot{U}}{Z} = \frac{220\angle 0^\circ}{38.1\angle -23.2^\circ} = 5.77\angle 23.2^\circ\ \mathrm{A}$$

由分流公式得
$$\dot{I}_1 = \frac{-\mathrm{j}X_C}{(R_2 + \mathrm{j}X_L) + (-\mathrm{j}X_C)}\dot{I}$$
$$= \frac{-\mathrm{j}15}{(15+\mathrm{j}15)+(-\mathrm{j}15)} \times 5.77\angle 23.2^\circ$$
$$= 5.77\angle -66.8^\circ \mathrm{A}$$
$$\dot{I}_2 = \frac{R_2 + \mathrm{j}X_L}{(R_2 + \mathrm{j}X_L) + (-\mathrm{j}X_C)}\dot{I}$$
$$= \frac{15+\mathrm{j}15}{(15+\mathrm{j}15)+(-\mathrm{j}15)} \times 5.77\angle 23.2^\circ$$
$$= 8.16\angle 68.2^\circ \mathrm{A}$$

*3.5 谐振电路及其应用(选学)

对于包含电容和电感及电阻元件的无源一端口网络,其端口可能呈现容性、感性及电阻性,当电路端口的电压 $\dot{U}$ 和电流 $\dot{I}$ 出现同相位,电路呈电阻性时,称之为谐振现象。实际中,谐振现象有着广泛的应用,但有时又必须避免谐振现象的出现,因此研究谐振电路具有实际的意义。

谐振的实质是电容中的电场能与电感中的磁场能相互转换,此增彼减,完全补偿。电场能和磁场能的总和时刻保持不变,电源不必与电容或电感往返转换能量,只需供给电路中电阻所消耗的电能。

谐振可分为串联谐振和并联谐振。

3.5.1 串联谐振电路

1. 原理分析

图 3.5.1(a)所示电路为 RLC 串联谐振电路。

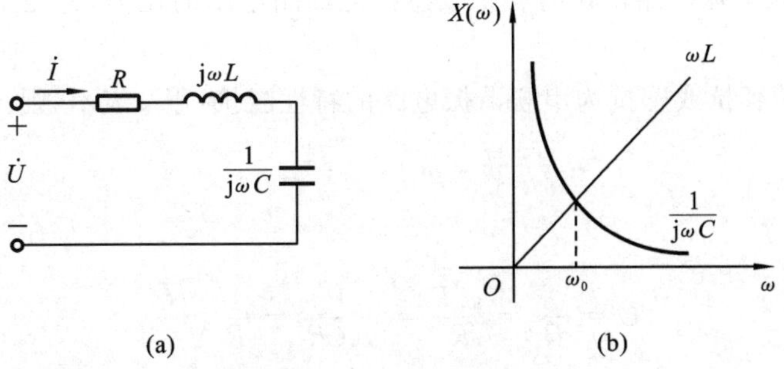

图 3.5.1　串联谐振电路

$$Z(j\omega)=\frac{\dot{U}}{\dot{I}}=R+j\omega L+\frac{1}{j\omega C}=R+j(\omega L-\frac{1}{\omega C})$$
$$=R+j(X_L-X_C)=R+jX$$

谐振的条件为电路呈电阻性，当 $X=X_L-X_C=\omega_0 L-\frac{1}{\omega_0 C}=0$ 时，$Z(j\omega_0)=R$，电路呈电阻性，电压 $\dot{U}$ 和电流 $\dot{I}$ 同相，电路发生串联谐振。由上式可见，发生谐振时角频率 ω_0 为

$$\omega_0=\frac{1}{\sqrt{LC}} \tag{3.5.1}$$

电路发生串联谐振现象，ω_0 称为电路谐振角频率。

$$f_0=\frac{1}{2\pi\sqrt{LC}} \tag{3.5.2}$$

称为电路谐振频率。

在正弦激励下，电源频率 f 取某一值 f_0，使得电压 $\dot{U}$ 和电流 $\dot{I}$ 同相位，我们把这种现象称为电路的串联谐振。此时电源的频率 f_0 称为谐振频率。

可见，串联电路的谐振频率由 L 和 C 两个参数决定。为了实现谐振或消除谐振，在激励频率确定时，可改变 L 或 C；在固定 L 和 C 时，可改变激励频率。

2. 发生串联谐振时的特征

串联谐振时电路阻抗 $Z=R$，复阻抗最小，且为一个纯电阻 R。电感、电容串联阻抗为 0，相当于短路。实验时可由此判断电路是否发生串联谐振现象。

谐振时，$\dot{I}_0$ 与 $\dot{U}$ 同相，且在外加电压一定时，电流最大。谐振时的电流为

$$\dot{I}_0=\frac{U}{Z(j\omega_0)}=\frac{\dot{U}}{R} \tag{3.5.3}$$

谐振时各元件上电压分量为

$$\dot{U}_R=R\dot{I}=R\frac{\dot{U}}{R}=\dot{U}$$

$$\dot{U}_L=Z_L\dot{I}=j\omega_0 L\frac{\dot{U}}{R}=jQ\dot{U}$$

$$\dot{U}_C=Z_C\dot{I}=-j\frac{1}{\omega_0 C}\frac{\dot{U}}{R}=-jQ\dot{U}$$

式中 Q 是串联谐振电路谐振时容抗或感抗与回路电阻的比值，称为串联谐振电路的品质因数。

定义谐振时的容抗或感抗为串联谐振电路的特性阻抗，用 ρ 表示，则

$$\rho = \omega_0 L = \frac{1}{\omega_0 C} \tag{3.5.4}$$

因此

$$Q = \frac{\rho}{R} = \frac{\omega_0 L}{R} = \frac{1}{\omega_0 CR} = \frac{1}{R}\sqrt{\frac{L}{C}} \tag{3.5.5}$$

Q 和 ρ 只有在谐振时才有意义。

电阻两端电压等于电源电压，即电源电压全加在电阻 R 上；L、C 上的电压大小为电源电压 U 的 Q 倍，但 $\dot{U}_L$ 与 $\dot{U}_C$ 大小相等，相位相反，相互抵消，故串联谐振也叫电压谐振。如果 $Q>1$，则 $U_L=U_C>U$，尤其当 $Q\gg 1$ 时，L、C 两端出现远远高于外施电压 U 的高电压，这种现象称为谐振过电压现象。

谐振时，$\varphi=0$，因而功率因数为

$$\cos\varphi = 1 \tag{3.5.6}$$

有功功率为

$$P = UI_0\cos\varphi = UI_0 = I_0^2 R = \frac{U^2}{R} \tag{3.5.7}$$

无功功率为

$$Q = UI_0\sin\varphi = 0 \tag{3.5.8}$$

故有

$$Q_L = -Q_C \tag{3.5.9}$$

谐振时，电路中只有电阻消耗有功功率，电路不消耗无功功率，仅在 L、C 之间进行磁场能和电场能的交换。

【例 3.5.1】 已知 RLC 串联电路中端口电源电压 $U=10$ mV，当电路元件的参数为 $R=5\ \Omega$，$L=20\ \mu$H，$C=200$ pF 时，若电路产生串联谐振，求电源频率 f_0、回路的特性阻抗 ρ、品质因数 Q 及 U_C。

【解】

$$f_0 = \frac{1}{2\pi\sqrt{LC}} = \frac{1}{2\times 3.14\times\sqrt{20\times 10^{-6}\times 200\times 10^{12}}}\ \text{Hz}$$
$$=2.52\times 10^6\ \text{Hz}$$

$$\rho = \sqrt{\frac{L}{C}} = \sqrt{\frac{20\times 10^{-6}}{200\times 10^{-12}}}\ \Omega = 316.23\ \Omega$$

$$Q = \frac{\rho}{R} = \frac{316.23}{5} = 63.25$$

$$U_C = QU = 63.25\times 10\times 10^{-3}\ \text{V} = 0.63\ \text{V}$$

3. RLC 串联谐振时的频率特性

在 RLC 串联电路中，当外加正弦交流电压的频率改变时，电路中的阻抗、电压、电流等随频率的变化而改变，这种随频率变化的特性，称为频率特性，或称为频率响应。它包括幅

频特性和相频特性。相应随频率变化的曲线称为谐振曲线。

各量的模(大小)随频率变化的关系称为该量的幅频特性;各量的幅角(方向)随频率变化的关系称为该量的相频特性。如$|Z(\mathrm{j}\omega)|$称为阻抗的幅频特性;$\varphi(\mathrm{j}\omega)$称为阻抗的相频特性。

$$Z(\mathrm{j}\omega)=R+\mathrm{j}\left(\omega L-\frac{1}{\omega C}\right)=R\left[1+\mathrm{j}\left(\frac{\omega L}{R}-\frac{1}{\omega CR}\right)\right]=R\left[1+\mathrm{j}Q\left(\eta-\frac{1}{\eta}\right)\right] \tag{3.5.10}$$

式中:

$$\eta=\frac{\omega}{\omega_0},\quad Q=\frac{\omega_0 L}{R}=\frac{1}{\omega_0 CR}$$

$$|Z|=\sqrt{R^2+\left(\omega L-\frac{1}{\omega C}\right)^2}$$

相应的幅频特性曲线如图 3.5.2 所示。

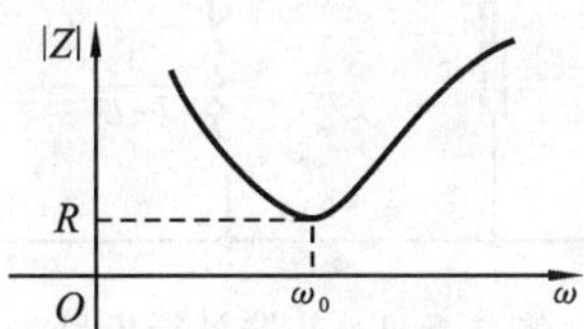

图 3.5.2　幅频特性曲线

$$U_R(\eta)=\frac{U}{|Z(\mathrm{j}\omega)|}R=\frac{U}{\sqrt{1+Q^2\left(\eta-\frac{1}{\eta}\right)^2}} \tag{3.5.11}$$

于是

$$\frac{U_R(\eta)}{U}=\frac{1}{\sqrt{1+Q^2\left(\eta-\frac{1}{\eta}\right)^2}} \tag{3.5.12}$$

上式可用于不同的 RLC 串联谐振电路,在同一个坐标下,根据不同的 Q 值,曲线有不同的形状,而且可以明显看出 Q 值对谐振曲线形状的影响。

图 3.5.3 给出不同 Q 值($Q_1<Q_2<Q_3$)的谐振曲线,根据谐振曲线可知,串联谐振回路对不同的信号具有不同的响应,它能将 ω_0 附近的信号选出来,串联谐振电路能使谐振频率 ω_0 周围的一部分频率分量通过,而对其他的频率分量呈抑制作用,电路的这种性能称为选

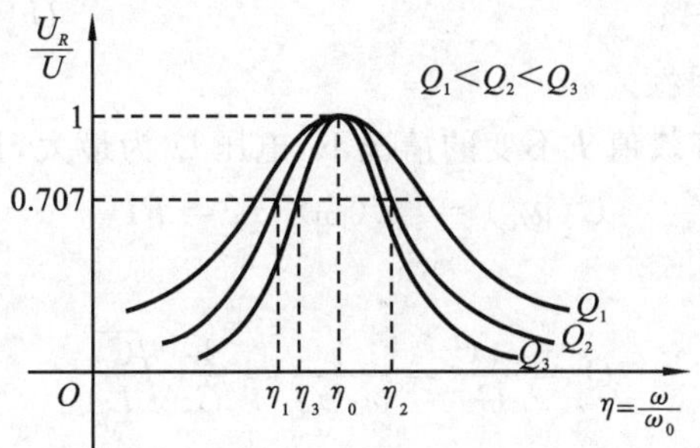

图 3.5.3　不同 Q 值的谐振曲线

择性。由图 3.5.3 可知,Q 越大,选择性越好。

在工程上,将发生在$\frac{U_R(\eta)}{U}=\frac{1}{\sqrt{2}}$时对应的两个角频率 ω_2 与 ω_1 的差定义为通频带,即 $\Delta\omega=\omega_1-\omega_2$。

3.5.2 并联谐振电路

1. 原理分析

图 3.5.4 所示 GLC 并联电路是另外一种典型的谐振电路。当端口电压 $\dot{U}$ 与端口电流 $\dot{I}_S$ 同相时的电路工作状况称为并联谐振。

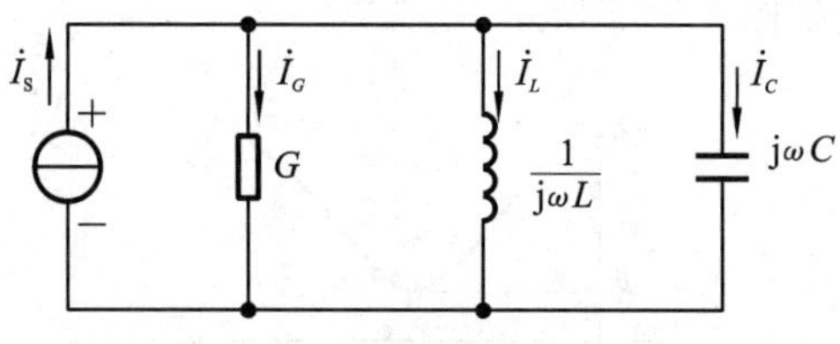

图 3.5.4 并联谐振电路

$$Y(j\omega)=\frac{\dot{I}_S}{\dot{U}}=G+j(\omega C-\frac{1}{\omega L})$$

根据谐振的定义,当 $Y(j\omega)$ 的虚部为 0 时,即 $\omega C-\frac{1}{\omega L}=0$ 时,

$$\omega_0=\frac{1}{\sqrt{LC}} \tag{3.5.13}$$

称为电路谐振角频率。

$$f_0=\frac{1}{2\pi\sqrt{LC}} \tag{3.5.14}$$

称为电路谐振频率。

2. 并联谐振的状态特征及其描述

在理想情况下,并联谐振时的输入导纳最小,且 $Y(j\omega_0)=\frac{\dot{I}_S}{\dot{U}}=G$,或者说输入阻抗最大 $Z(j\omega_0)=R$,电路呈纯电阻性。

并联谐振时,在电流有效值 I 不变的情况下,电压 U 为最大,且

$$U(j\omega_0)=|Z(j\omega)|I_S=RI_S \tag{3.5.15}$$

电路的品质因数为

$$Q=\frac{\omega_0 C}{G}=\frac{1}{\omega_0 LG}=\frac{1}{G}\sqrt{\frac{C}{L}} \tag{3.5.16}$$

并联谐振时各元件上电流为

$$\dot{I}_G=G\dot{U}=GR\dot{I}_S=\dot{I}_S$$

$$\dot{I}_L = -\mathrm{j}\,\frac{1}{\omega_0 L}\dot{U} = -\mathrm{j}\,\frac{1}{\omega_0 L}R\dot{I}_S = -\mathrm{j}Q\dot{I}_S$$

$$\dot{I}_C = \mathrm{j}\omega_0 C\dot{U} = \mathrm{j}\omega_0 CR\dot{I}_S = \mathrm{j}Q\dot{I}_S$$

$$\dot{I}_L + \dot{I}_C = 0$$

电流 $\dot{I}_G$ 等于电源电流 $\dot{I}_S$，L 中电流 $\dot{I}_L$ 与 C 中电流 $\dot{I}_C$ 大小相等，方向相反，相互抵消，其大小为电路总电流的 Q 倍，故并联谐振也称为电流谐振。如 $Q>1$，则 $L_L = I_C > I_S$，当 $Q \gg 1$ 时，则 L、C 两端出现远远高于外施电流 I_S 的高电流，称为过电流现象。

谐振时的功率为

有功功率
$$P = GU^2 \tag{3.5.17}$$

无功功率
$$Q = Q_L + Q_C = 0 \tag{3.5.18}$$

且
$$Q_L = \frac{1}{\omega_0 L}U^2,\quad Q_C = -\omega_0 CU^2 \tag{3.5.19}$$

表明电感储存的磁场能量与电容储存的电场能量彼此相互交换。

3. 常见并联电路的特性分析

工程上经常采用电感线圈和电容器组成并联谐振电路，如图 3.5.5(a)所示，其中 R(代表线圈损耗电阻)和 L 的串联支路表示实际的电感线圈。该电路导纳为

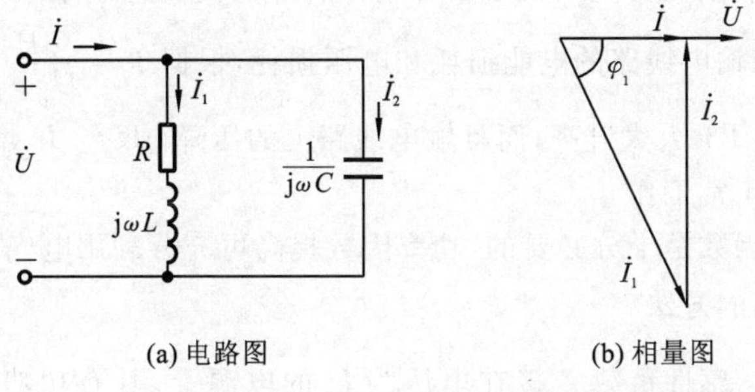

图 3.5.5　电感线圈与电容器并联谐振

$$Y(\mathrm{j}\omega) = \mathrm{j}\omega L + \frac{1}{R+\mathrm{j}\omega L} = \frac{R}{R^2+\omega^2L^2} + \mathrm{j}\left(\omega C - \frac{\omega L}{R^2+\omega^2L^2}\right) \tag{3.5.20}$$

谐振时有
$$\omega_0 C - \frac{\omega_0 L}{R^2+\omega_0^2L^2} = 0$$

故谐振角频率

$$\omega_0 = \frac{1}{\sqrt{LC}}\sqrt{1-\frac{CR^2}{L}} \tag{3.5.21}$$

谐振频率

$$f_0 = \frac{1}{2\pi\sqrt{LC}}\sqrt{1-\frac{CR^2}{L}} \tag{3.5.22}$$

显然 $1-\frac{CR^2}{L}>0$，即 $R<\sqrt{\frac{L}{C}}$ 时，ω_0 为实数，才发生谐振；$R>\sqrt{\frac{L}{C}}$ 时，ω_0 为虚数，电路不发生谐振。发生谐振时的电流相量图如图 3.5.5(b)所示。

并联谐振时的输入导纳为

$$Y(\mathrm{j}\omega_0) = \frac{R}{|Z(\mathrm{j}\omega)|} = \frac{CR}{L} \tag{3.5.23}$$

品质因数为

$$Q = \frac{\dfrac{\omega_0 L}{R^2 + \omega_0^2 L^2}}{\dfrac{R}{R^2 + \omega_0^2 L^2}} = \frac{\omega_0 L}{R} \tag{3.5.24}$$

在 $R \ll \sqrt{\dfrac{L}{C}}$ 时,谐振特点接近理想情况。

*3.6 功率因数的提高(选学)

1. 功率因数提高的意义

设电源设备的视在功率(容量)为 S,由输出的有功功率的计算公式 $P=UI\cos\varphi$ 可知,电气设备输出的有功功率与负载的功率因数有关。$\cos\varphi$ 大,输出有功多,设备的利用率高;反之,设备的利用率低。如一台 1000 kV·A 的变压器,当负载的功率因数 $\cos\varphi=0.95$ 时,变压器提供的有功功率为 950 kW;当负载的功率因数 $\cos\varphi=0.5$ 时,变压器提供的有功功率为 500 kW。可见若要充分利用设备的容量,应提高负载的功率因数。

功率因数还影响输电线路的电能损耗和电压损耗,根据 $I=\dfrac{P}{U\cos\varphi}$,功率因数小,$I$ 大,线路功率损耗 $\Delta P = I^2 r$ 大大升高;而且输电线路上的压降 $\Delta U = Ir$ 增加,加到负载上的电压降低,影响负载的正常工作。

可见,提高功率因数是十分必要的,功率因数提高可充分利用电气设备,提高供电质量。

2. 功率因数提高的方法

如图 3.6.1 所示,感性负载 Z 接在电压为 $\dot{U}$ 的电源上,其有功功率为 P,功率因数为 $\cos\varphi_1$,如要将电路的功率因数提高到 $\cos\varphi_2$,可以用在感性负载 Z 两端并联电容 C 的方法来实现。

设并联电容 C 之前电路的无功功率 $Q_1 = P\tan\varphi_1$,电路的有功功率为 P,功率因数角为 φ_1;并联电容 C 之后,功率因数角为 φ_2,电路的无功功率 $Q_2 = P\tan\varphi_2$,则电路吸收的无功功率减少量为

$$\Delta Q = P(\tan\varphi_1 - \tan\varphi_2) \tag{3.6.1}$$

即电源发出的无功功率减少,如图 3.6.2 所示。

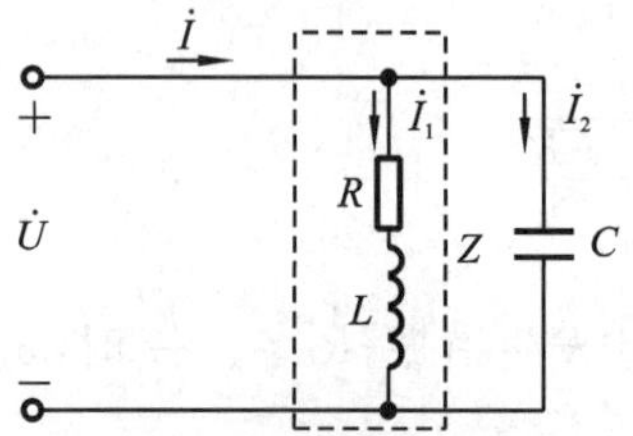

图 3.6.1 感性负载并联电容提高功率因数

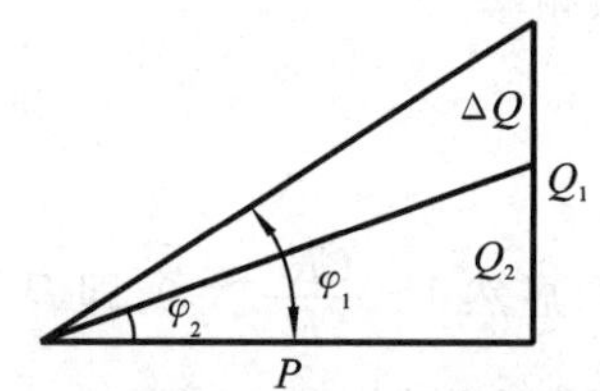

图 3.6.2 无功功率关系

并联电容提供的无功功率 $Q_C = I^2 X_C = U^2 \omega C$，但由于负载电流 $\dot{I}$ 与电压 $\dot{U}$ 均未变，因此负载 Z 吸收的无功功率 $Q_1 = Q_2 + \Delta Q$ 不变。由于无功功率守恒，电路的无功功率为

$$Q = P\tan\varphi$$

$$Q_C = \Delta Q$$

即

$$U^2 \omega C = P(\tan\varphi_1 - \tan\varphi_2)$$

电容 C 为

$$C = \frac{P(\tan\varphi_1 - \tan\varphi_2)}{\omega U^2} \tag{3.6.2}$$

式(3.6.2)为单相正弦交流电路提高功率因数计算所需并联电容 C 的表达式，今后有关计算可灵活使用。

【例 3.6.1】　有一台 220 V，50 Hz，100 kW 的电动机，功率因数为 0.8。

(1)在使用时，电源提供的电流是多少？无功功率是多少？

(2)如欲使功率因数达到 0.85，需要并联的电容器电容值是多少？此时电源提供的电流是多少？无功功率是多少？

【解】

(1)由于 $P = UI\cos\varphi$，所以电源提供的电流为

$$I_L = \frac{P}{U\cos\varphi} = \frac{100\times 10^3}{220\times 0.8}\ \text{A} = 568.18\ \text{A}$$

无功功率为

$$Q_L = UI_L\sin\varphi = 220\times 568.18\sqrt{1-0.8^2}\ \text{kVar} = 74.99\ \text{kVar}$$

(2)使功率因数提高到 0.85 时所需的电容容量为

$$C = \frac{P}{\omega U^2}(\tan\varphi_1 - \tan\varphi_2)$$

$$= \frac{100\times 10^3}{314\times 220^2}\times(0.75 - 0.62)\ \text{F} = 855.4\ \mu\text{F}$$

此时电源提供的电流为

$$I = \frac{P}{U\cos\varphi} = \frac{100\times 10^3}{220\times 0.85}\ \text{A} = 534.76\ \text{A}$$

可见，用电容进行无功补偿时，可以使电路的电流减小，提高供电质量。

*3.7　非正弦周期电路分析(选学)

在工程技术中除了大量使用正弦交流电路外，还经常遇到非正弦周期电流电路的问题。例如电子技术中的整流电路，尽管输入的是正弦电压，但因其包含非线性元件——整流二极管，使得输出电压按照非正弦周期规律变化。如图 3.7.1 所示，波形均为按非正弦规律变化的电压。

非正弦周期电路：电流电压按非正弦规律作周期性变化的电路。本节仅研究非正弦周期电路的分析和计算方法。

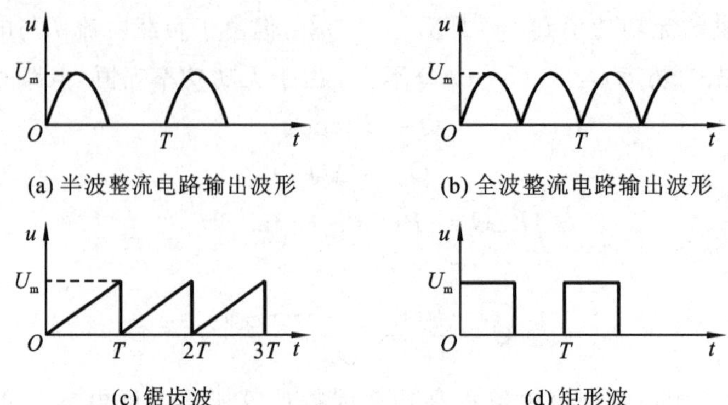

图 3.7.1 几种常见的非正弦周期电压波形

3.7.1 非正弦周期信号的分解

凡是满足狄里赫利条件的函数都可以分解成为傅里叶级数。在电工学中遇到的周期性非正选量,一般都满足狄里赫利条件,因此可分解为傅里叶级数。

$f(t)$的傅里叶展开式为

$$\begin{aligned} f(t) &= a_0 + a_1 \sin\omega t + a_2 \sin 2\omega t + \cdots + b_1 \cos\omega t + b_2 \cos 2\omega t + \cdots \\ &= a_0 + \sum_{k=1}^{\infty} (a_k \sin k\omega t + b_k \cos k\omega t) \end{aligned} \tag{3.7.1}$$

式中:$\omega = \dfrac{2\pi}{T}$;k 为 1 至 ∞ 的正整数;系数 a_0、a_k 和 b_k 的计算公式为

$$\begin{cases} a_0 = \dfrac{1}{T}\displaystyle\int_0^T f(t)\,\mathrm{d}t \\ a_k = \dfrac{2}{T}\displaystyle\int_0^T f(t)\sin k\omega t\,\mathrm{d}t \\ b_k = \dfrac{2}{T}\displaystyle\int_0^T f(t)\cos k\omega t\,\mathrm{d}t \end{cases} \tag{3.7.2}$$

其中 k=1、2、3……

若将式(3.7.1)中的同频率项合并,可得到傅里叶级数的另一种形式为

$$\begin{aligned} f(t) &= a_0 + A_{1m} \sin(\omega t + \varphi_1) + A_{1m} \sin(2\omega t + \varphi_2) + \cdots \\ &= a_0 + \sum_{k=1}^{\infty} A_{km} \sin(k\omega t + \varphi_k) \end{aligned} \tag{3.7.3}$$

式中:a_0 称为直流分量或恒定分量;$A_{1m}\sin(\omega t + \varphi_1)$ 称为一次谐波或基波;$k = 2$、3、4…… 的项分别称为二、三、四 …… 次谐波。除直流分量和一次谐波外,其余的统称为高次谐波。

式(3.7.3)中系数 A_{km} 和 φ_k 的计算公式为

$$\begin{cases} A_{km} = \sqrt{a_k^2 + b_k^2} \\ \varphi_k = \arctan \dfrac{a_k}{b_k} \end{cases}$$

例如图 3.7.1(a)所示的半波整流电路输出波形的傅里叶级数展开式为

$$u(t)=\frac{U_{\mathrm{m}}}{\pi}(1+\frac{\pi}{2}\sin\omega t-\frac{2}{3}\cos2\omega t-\frac{2}{15}\cos4\omega t-\cdots)$$

非正弦周期电压电流信号经过分解后，直流分量和各次谐波就各自相当于一个独立的电源作用于电路。对于线性电路而言，可以利用叠加定理进行分析、计算。

【例 3.7.1】　求下列周期性矩形信号 $f(t)$ 的傅里叶级数展开式。

$$f(t)=\begin{cases}E_{\mathrm{m}} & 0\leqslant t\leqslant \frac{T}{2}\\ -E_{\mathrm{m}} & \frac{T}{2}\leqslant t\leqslant T\end{cases}$$

【解】

$$a_0=\frac{1}{T}\int_0^T f(t)\mathrm{d}t=0$$

$$a_k=\frac{1}{\pi}\int_0^{2\pi} f(t)\cos k\omega_1 t\mathrm{d}(\omega_1 t)=0$$

$$b_k=\frac{1}{\pi}\int_0^{2\pi} f(t)\sin k\omega_1 t\mathrm{d}(\omega_1 t)=\frac{2E_{\mathrm{m}}}{\pi}\int_0^{\pi}\sin k\omega_1 t\mathrm{d}(\omega_1 t)=\frac{2E_{\mathrm{m}}}{k\pi}(1-\cos k\pi)$$

$$b_k=\frac{2E_{\mathrm{m}}}{k\pi}\times 2=\frac{4E_{\mathrm{m}}}{k\pi}\quad (k=1,3,5,\cdots)$$

所以

$$f(t)=\frac{4E_{\mathrm{m}}}{\pi}\left[\sin\omega_1 t+\frac{1}{3}\sin3\omega_1 t+\frac{1}{5}\sin5\omega_1 t+\cdots\right]$$

3.7.2　非正弦周期量的平均值、有效值和平均功率

1. 平均值

$$\begin{cases}U_{\mathrm{av}}=\frac{1}{T}\int_0^T u(t)\mathrm{d}t\\ I_{\mathrm{av}}=\frac{1}{T}\int_0^T i(t)\mathrm{d}t\end{cases}\tag{3.7.4}$$

由于各次谐波分量都是正弦波，它们的平均值为零。所以，非正弦周期电量的平均值就等于它的直流分量。

2. 有效值

由热等效定理可得有效值的定义式为

$$I=\sqrt{\frac{1}{T}\int_0^T i^2\mathrm{d}t}\tag{3.7.5}$$

经过计算，非正弦周期电量的有效值等于其直流分量的平方与各次谐波有效值的平方之和再开方。

$$U=\sqrt{U_0^2+U_1^2+U_2^2+\cdots}=\sqrt{U_0^2+\sum_{k=1}^{n}U_k^2}\tag{3.7.6}$$

$$I=\sqrt{I_0^2+I_1^2+I_2^2+\cdots}=\sqrt{I_0^2+\sum_{k=1}^{n}I_k^2}\tag{3.7.7}$$

3. 非正弦周期电流电路的功率

1)瞬时功率

假设一个无源一端口网络的端电压和电流均为周期性非正弦量,则该网络的瞬时功率为

$$p = ui = \left[U_0 + \sum_{k=1}^{\infty} U_{km}\cos(k\omega_1 t + \varphi_{uk})\right]\left[I_0 + \sum_{k=1}^{\infty} I_{km}\cos(k\omega_1 t + \varphi_{ik})\right] \quad (3.7.8)$$

2)平均功率

非正弦周期电路的平均功率(有功功率),仍然是按照瞬时功率的平均值来定义的,即

$$P = \frac{1}{T}\int_0^T p\mathrm{d}t = \frac{1}{T}\int_0^T ui\,\mathrm{d}t \quad (3.7.9)$$

整理可得

$$P = U_0 I_0 + U_1 I_1 \cos\varphi_1 + U_2 I_2 \cos\varphi_2 + \cdots + U_k I_k \cos\varphi_k + \cdots \quad (3.7.10)$$

$$U_k = \frac{U_{km}}{\sqrt{2}}, \quad I_k = \frac{I_{km}}{\sqrt{2}}, \quad \varphi_k = \varphi_{uk} - \varphi_{ik}(k = 1,2,\cdots) \quad (3.7.11)$$

由此可见,非正弦周期电路中的有功功率等于恒定分量构成的功率和各次谐波平均功率的代数和。

3.7.3 非正弦周期电流电路的计算

非正弦周期电流电路的计算步骤如下。

(1)把给定的非正弦周期电压或电流分解为傅里叶级数,高次谐波取到哪一项,要根据所需准确度的高低而定。

(2)分别求出电源电压或电流的恒定分量及各次谐波分量单独作用时的响应。

①恒定分量(直流)求解,电容看作开路,电感看作短路。

②各次谐波分量用相量法进行求解,但要注意感抗、容抗与频率有关。

(3)应用叠加定理,把步骤(2)所计算出的结果化为时域表达式后进行相加,最终响应是用时间函数表示的。

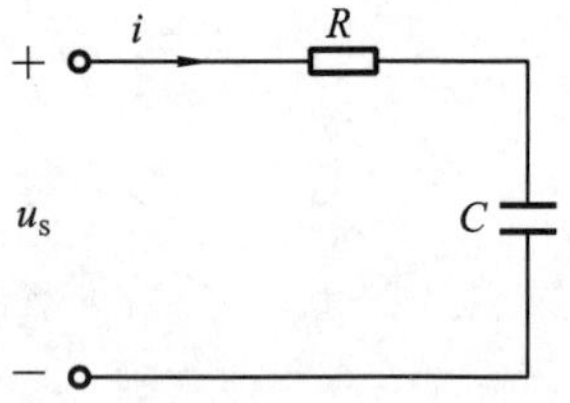

图 3.7.2 例 3.7.2 图

【例 3.7.2】 如图 3.7.2 所示电路中,已知 $R = 3\ \Omega$, $\frac{1}{\omega_1 C} = 9.45\ \Omega$,电源电压:

$$u_S = [10 + 141.4\cos(\omega_1 t) + 47.13\cos(3\omega_1 t) + 28.28\cos(5\omega_1 t) + 20.20\cos(7\omega_1 t) + 15.7\cos(9\omega_1 t) + \cdots]\ \mathrm{V}$$

求电路中的电流和功率。

【解】

电流相量的一般表达式

$$\dot{I}_{m(k)} = \frac{\dot{U}_{Sm(k)}}{R - j\dfrac{1}{k\omega_1 C}}$$

$k = 0$,此时为直流分量,有

$$U_0 = 10\ \mathrm{V}, \quad I_0 = 0, \quad P_0 = 0$$

$k=1$ 时有

$$\dot{U}_{\mathrm{Sm}(1)}=141.4\angle 0^\circ\ \mathrm{V},\quad \dot{I}_{\mathrm{m}(1)}=\frac{141.4\angle 0^\circ}{3-\mathrm{j}9.45}=14.26\angle 72.39^\circ\mathrm{A}$$

$$P_{(1)}=\frac{1}{2}I_{\mathrm{m}(1)}^2R=305.02\ \mathrm{W}$$

$k=3$ 时有

$$\dot{U}_{\mathrm{Sm}(3)}=47.13\angle 0^\circ\ \mathrm{V},\quad \dot{I}_{\mathrm{m}(3)}=\frac{47.13\angle 0^\circ}{3-\mathrm{j}3.15}=10.83\angle 46.4^\circ\mathrm{A}$$

$$P_{(3)}=\frac{1}{2}I_{\mathrm{m}(3)}^2R=175.93\ \mathrm{W}$$

$k=5$ 时有

$$\dot{U}_{\mathrm{Sm}(5)}=28.28\angle 0^\circ\ \mathrm{V},\quad \dot{I}_{\mathrm{m}(5)}=7.98\angle 32.21^\circ\mathrm{A}$$

$$P_{(5)}=\frac{1}{2}I_{\mathrm{m}(5)}^2R=95.52\ \mathrm{W}$$

$k=7$ 时有

$$\dot{U}_{\mathrm{Sm}(7)}=20.20\angle 0^\circ\ \mathrm{V},\quad \dot{I}_{\mathrm{m}(7)}=6.14\angle 24.23^\circ\mathrm{A}$$

$$P_{(7)}=\frac{1}{2}I_{\mathrm{m}(7)}^2R=56.55\ \mathrm{W}$$

$k=9$ 时有

$$\dot{U}_{\mathrm{Sm}(9)}=15.7\angle 0^\circ\ \mathrm{V},\quad \dot{I}_{\mathrm{m}(9)}=4.94\angle 19.29^\circ\mathrm{A}$$

$$P_{(9)}=\frac{1}{2}I_{\mathrm{m}(9)}^2R=36.60\ \mathrm{W}$$

所以 $i=[14.26\cos(\omega_1t+72.39^\circ)+10.83\cos(3\omega_1t+46.4^\circ)+7.98\cos(5\omega_1t+32.21^\circ)$
$+6.14\cos(7\omega_1t+24.23^\circ)+4.94\cos(9\omega_1t+19.29^\circ)+\cdots]\mathrm{A}$

$$P=P_0+P_{(1)}+P_{(3)}+P_{(5)}+P_{(7)}+P_{(9)}=669.80\ \mathrm{W}$$

习　题

3.1　已知正弦电流 $i=20\sin(314t+60^\circ)\mathrm{A}$，电压 $u=10\sqrt{2}\sin(314t-30^\circ)\mathrm{V}$。试分别画出它们的波形图，求出它们的有效值、频率及相位差。

3.2　某正弦电流的频率为 20 Hz，有效值为 $5\sqrt{2}\mathrm{A}$，在 $t=0$ 时，电流的瞬时值为 5 A，且此时刻电流在增加，求该电流的瞬时值表达式。

3.3　已知复数 $\boldsymbol{A}_1=6+\mathrm{j}8$，$\boldsymbol{A}_2=4+\mathrm{j}4$，试求它们的和、差、积、商。

3.4　在如图 3.1 所示相量图中，已知 $I_1=10\ \mathrm{A}$，$I_2=5\ \mathrm{A}$，$U=110\ \mathrm{V}$，$f=50\ \mathrm{Hz}$，试分别写出它们的相量表达式和瞬时值表达式。

3.5　已知 $i_1=5\sin\omega t\,\mathrm{A}$，$i_2=10\sin(\omega t+60^\circ)\mathrm{A}$，求 $i=i_1+i_2$。

3.6　在如图 3.2 所示电路中，$u_1(t)=3\sqrt{2}\sin314t\ \mathrm{V}$，$u_2(t)=4\sqrt{2}\sin(314t+90^\circ)\ \mathrm{V}$，求 u。

图 3.1　习题 3.4 图

图 3.2　习题 3.6 图

3.7　在图 3.3(a)所示电路中，已知 u_C 的初相角为 $\pi/6$，试确定 u_L、u_R 和 i 的初相角并画出相量图；在图 3.3(b)所示电路中，已知 i_L 的初相角为 $\pi/6$，试确定 i_C、i_R 和 u 的初相角并画出相量图。

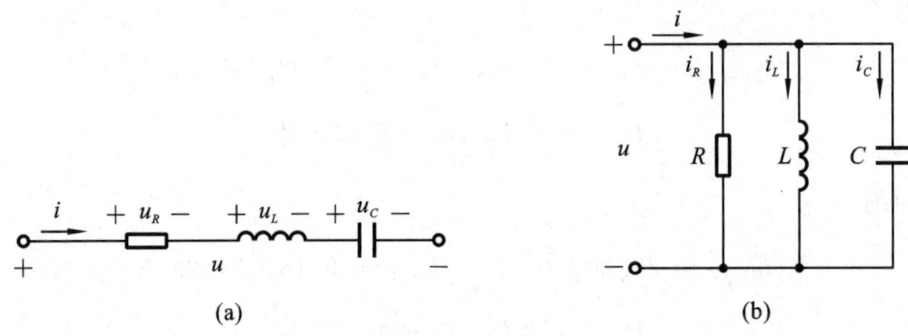

图 3.3　习题 3.7 图

3.8　在如图 3.4 所示正弦电流电路中，已知电流表 A_1 的读数为 10 A，A_2 的读数为 20 A，A_3 的读数为 30 A。求：

(1)图中电流表 A 的读数；

(2)如果维持 A_1 的读数不变，而把电源的频率提高到原来的两倍，再求电流表 A 的读数。

3.9　如图 3.5 所示，已知 $u=10\sin(\pi t-180^\circ)$ V，$R=40\ \Omega$，$\omega L=30\ \Omega$，试求电感元件的电压有效值和瞬时表达式。

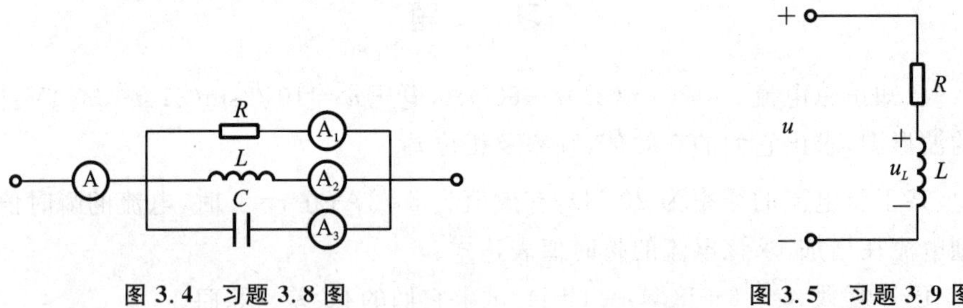

图 3.4　习题 3.8 图

图 3.5　习题 3.9 图

3.10　如图 3.6 所示，已知 RC 串联电路的电源频率为 $\frac{1}{2\pi RC}$，求 u_R 相位超前 u 多少度？

3.11　试求图 3.7 所示电路的输入阻抗 Z。

3.12　有一个 JZ7 型中间继电器，其线圈数据为 380 V、50 Hz，线圈电阻为 2 kΩ，线圈电感为 43.3H，试求线圈电流及功率因数。

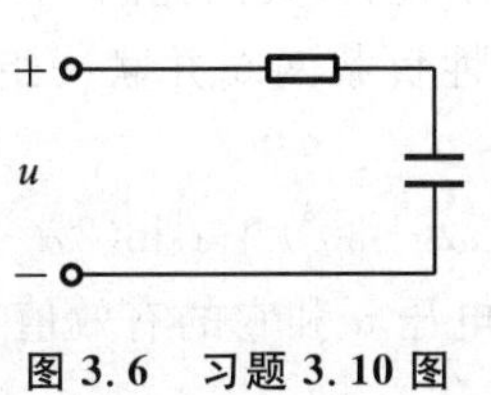

图 3.6　习题 3.10 图

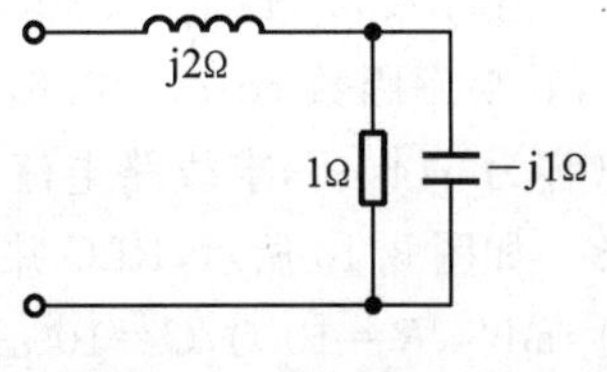

图 3.7　习题 3.11 图

3.13　将 $R_1=5\ \Omega$、$R_2=10\ \Omega$ 和电感 L 串联，已知输入端电压为 $u=50\sin\omega t\text{V}$，在 5 Ω 电阻上的有功功率为 10W，试问整个电路的功率因数是多少？

3.14　日光灯电源的电压为 220 V，频率为 50 Hz，灯管相当于 300 Ω 的电阻，与灯管串联的镇流器在没有电阻的情况下相当于 500 Ω 感抗的电感，试求灯管两端的电压和工作电流，并画出相量图。

3.15　试计算上题日光灯电路的平均功率、视在功率、无功功率和功率因数。

3.16　为了降低风扇的转速，可在电源与风扇之间串入电感，以降低风扇电动机的端电压。若电源电压为 220 V，频率为 50 Hz，电动机的电阻为 190 Ω，感抗为 260 Ω，现要求电动机的端电压降至 180 V，试求串联的电感量应为多大？

3.17　串联谐振电路如图 3.8 所示，已知电压表 V_1 和 V_2 的读数分别为 150 V 和 120 V，试问电压表 V 的读数为多少？

3.18　并联谐振电路如图 3.9 所示，已知电流表 A_1 和 A_2 的读数分别为 13 A 和 12 A。试问电流表 A 的读数为多少？

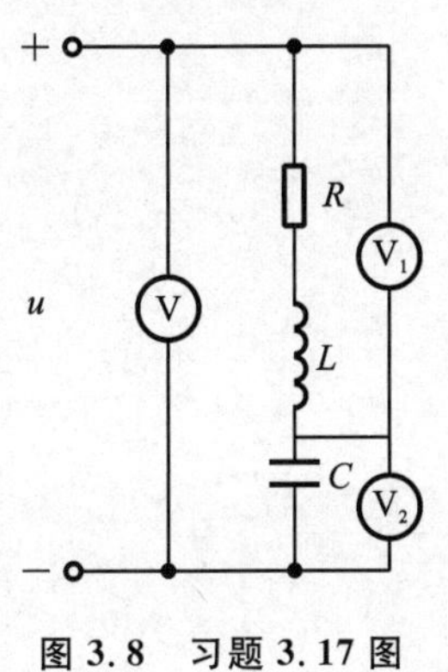

图 3.8　习题 3.17 图

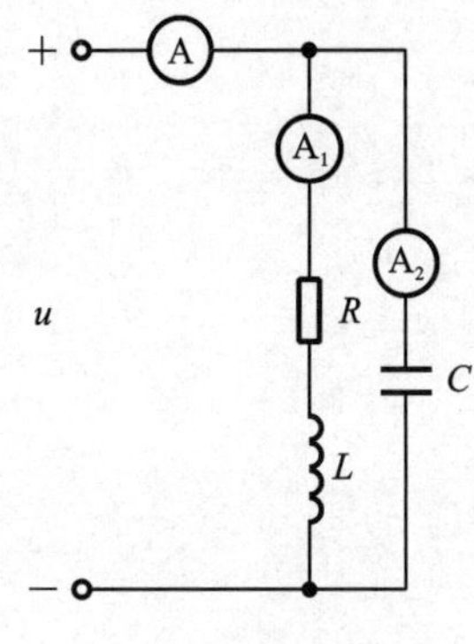

图 3.9　习题 3.18 图

3.19　含 R、L 的线圈与电容 C 串联，已知线圈电压 $U_{RL}=50$ V，电容电压 $U_C=30$ V，总电压与电流同相，试问总电压是多大？

3.20　RLC 组成的串联谐振电路中，已知 $U=10$ V，$I=1$ A，$U_C=80$ V。试问电阻 R 为多大？品质因数 Q 又是多大？

3.21　某单相 50 Hz 的交流电源，其额定容量 $S_N=40$ kV·A，额定电压 $U_N=220$ V，供给照明电路，各负载都是 40 W 的日光灯（可认为是 RL 串联电路），其功率因数为 0.5，试求：

（1）日光灯最多可点多少盏？

（2）用补偿电容将功率因数提高到 1，这时电路的总电流是多少？需用多大的补偿电容？

3.22 在 $f=50$ Hz、$U=380$ V 的交流电源上，接有一感性负载，其消耗的平均功率 $P_1=20$ kW，其功率因数 $\cos\varphi_1=0.6$。求：线路电流 I_1。若在感性负载两端并联一组电容器，其等值电容为 374 μF，求线路电流 I_2 及总功率因数 $\cos\varphi_2$。

3.23 如图 3.10 所示，RLC 并联电路中，已知 $i=1+\sin(\omega t-30°)+1\sin(2\omega t+30°)$ A，$\omega=1000$ rad/s，$R=10\ \Omega$，$C=10\ \mu$F，$L=10$ mH，求电路两端电压 u 和它的有效值。

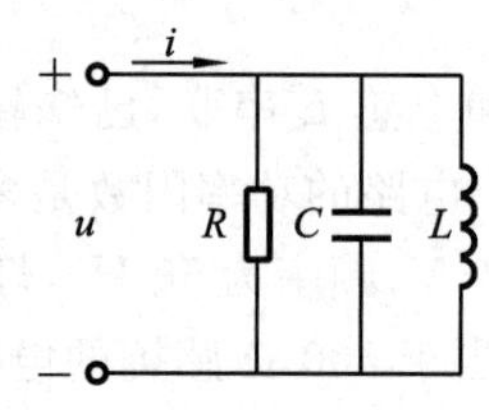

图 3.10 习题 3.23 图

第4章　三相电路

目前，世界上绝大多数电力系统都采用三相电路来产生和传输大量电能，因为与单相交流电相比，三相交流电有着以下技术和经济上的优点。

(1)在发电方面，输出同样功率的三相发电机比单相发电机体积小、重量轻。

(2)在输电方面，若输送功率相同、电压相同、距离和线路损耗相等，采用三相输电所用的有色金属仅为单相输电的75%，因而大大节省了输电线路的有色金属使用量。

(3)在变配电方面，三相变压器比单相变压器经济而且便于接入单相或三相负载。

(4)在用电方面，工农业生产中广泛应用的三相异步电动机比单相电动机的结构更简单、价格更低、性能更好、工作更平稳可靠。

上一章讨论的交流电路只是三相电路中的某一相电路，本章主要介绍三相电路中的电源、负载特点及不同的连接方式，分析三相电路中的电压电流参数之间的关系，以及三相电路的计算方法，并说明三相电路的功率及测量方法，最后介绍供电系统中安全用电的知识。

4.1　三相电源

三相对称电动势是由三相交流发电机产生的，对于一般工厂来说是由电力网经过三相变压器提供的。图4.1.1所示为三相同步发电机的结构示意图，它的主要部分是电枢和磁极。

电枢是固定的，称为定子，由硅钢片叠加而成，内壁有槽，槽内对称地放置三个匝数相等、绕法一致、几何尺寸及材料完全相同的绕组 $A-X$、$B-Y$、$C-Z$。绕组的始端(首端)标为 A、B、C，末端(尾端)标为 X、Y、Z，绕组首端之间(或末端之间)彼此相隔120°电角度。

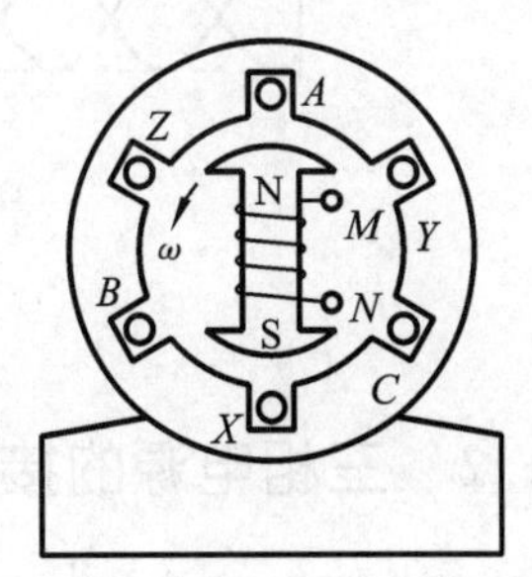

图 4.1.1　三相同步发电机的结构示意图

磁极是旋转的，称为转子。转子磁极上绕有线圈，称为励磁绕组。当通入直流电后，就形成磁场。若极面形状选择适当，可使定子与转子气隙中的磁场按正弦规律分布。转子由原动机带动，以匀速作逆时针转动。因此，每相绕组依次切割磁力线而产生正弦感应电动势，发出三相正弦交流电。

因为三相绕组的结构完全相同，且以同一转速切割磁力线。在转子为一对磁极的情况下三相绕组在空间互差120°对称分布,因而各相绕组切割磁力线的时间先后相差转子转过 120°所需的时间。三相感应电动势具有如下几个特点。

(1)感应电动势的大小(最大值或有效值)相等。

(2)感应电动势的频率相同。

(3)感应电动势的相位互差 120°电角度。

4.1.1　三相电源的表示方法

1. 波形表示

由三相交流发电机供电时,其工艺结构使得产生的三相电源具有频率相同、大小相等、相位互差 120°的特点。

三相电压的相序为三相电压依次出现波峰(零值或波谷)的顺序,工程上把三相电压之间超前滞后的次序称为相序。如图 4.1.2(a)所示,若 A 相超前 B 相,B 相超前 C 相,称为正序(或顺序);相反,若 A 相滞后 B 相,B 相滞后 C 相,称为反序(或逆序)。本章如无特殊说明,均指正序。

2. 相量表示

以 A 相为参考,对称三相电压的瞬时表达式如下:

$$\begin{cases} u_A = U_m \sin\omega t \\ u_B = U_m \sin(\omega t - 120°) \\ u_C = U_m \sin(\omega t + 120°) \end{cases} \tag{4.1.1}$$

三相电压的有效值相量表达式如下,相量图如图 4.1.2(b)所示,其中 U_P 为三相电压的有效值。

$$\begin{cases} \dot{U}_A = U_P \angle 0° \\ \dot{U}_B = U_P \angle -120° \\ \dot{U}_C = U_P \angle 120° \end{cases} \tag{4.1.2}$$

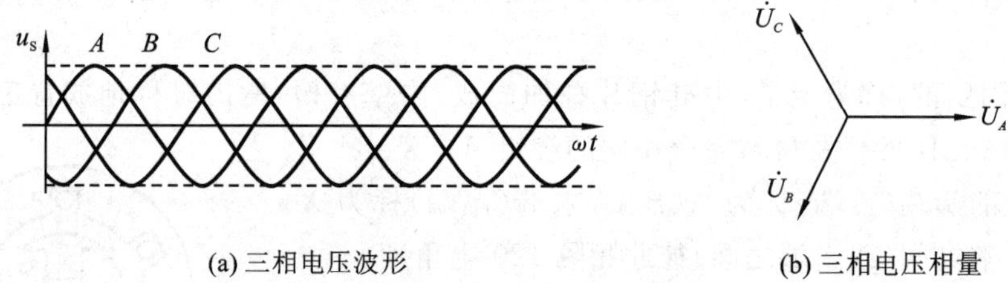

(a) 三相电压波形　　(b) 三相电压相量

图 4.1.2　三相电压的波形及相量图

4.1.2　三相电源的接法

三相电源的连接方式有星形连接与三角形连接。星形连接时,三个绕组末端 X、Y、Z 的连接点称为中性点,用 N 表示,由中性点 N 引出来的供电线称为中线,又称零线或地线。

三个绕组首端称为端点，从端点引出来的供电线称为端线，又称相线或火线。

从三相电源的三个端点 A、B、C 引出三条输电线的连接形式，称为三相电源的星形或 Y 形连接，又称为三相三线制，如图 4.1.3(a)所示。从三个端点 A、B、C 和中性点 N 引出四条输电线的连接方式，称为三相四线制，如图 4.1.3(b)所示。将三相电源中每组绕组的首端依次与另一组的末端连接起来，然后从三个连接点引出三根供电线的连接方式称为三角形连接，如图 4.1.3(c)所示，这种供电方式只能是三相三线制。

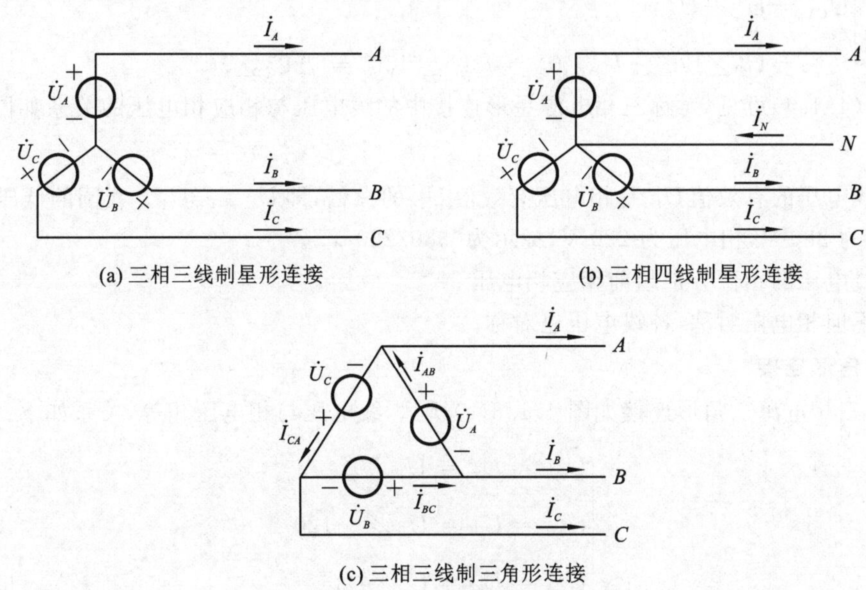

图 4.1.3　三相电源连接方式

1. 星形连接

三相电源工作时，每相绕组中的电流称为电源的相电流，如图 4.1.3(c)中电流 $\dot{I}_{AB}$、$\dot{I}_{BC}$、$\dot{I}_{CA}$，由端点输送出去的电流称为电源的线电流，如图 4.1.3(c)中电流 $\dot{I}_A$、$\dot{I}_B$、$\dot{I}_C$。相电流和线电流的大小及相位关系与负载有关。星形连接时，线电流就是对应的相电流。

电源采用三相四线制星形连接方式时，可以提供两种电压：

(1)端线之间的电压称为线电压，用 $\dot{U}_{AB}$、$\dot{U}_{BC}$、$\dot{U}_{CA}$ 表示(按正序)；

(2)端线与中线之间的电压，即每相电源的电压称为相电压，用 $\dot{U}_A$、$\dot{U}_B$、$\dot{U}_C$ 表示。

若电压采用三相三线制，只能提供一种电压，即线电压。

对称三相电源各相电压的相量表示为

$$\begin{cases}\dot{U}_A = U_P\angle 0° \\ \dot{U}_B = U_P\angle -120° \\ \dot{U}_C = U_P\angle 120°\end{cases} \tag{4.1.3}$$

根据 KVL 定律，线电压与相电压之间的关系为

$$
\begin{cases}
\dot{U}_{AB}=\dot{U}_A-\dot{U}_B \\
\quad =U_P\angle 0^\circ-U_P\angle -120^\circ=\sqrt{3}U_P\angle 30^\circ=\sqrt{3}\dot{U}_A\angle 30^\circ \\
\dot{U}_{BC}=\dot{U}_B-\dot{U}_C \\
\quad =U_P\angle -120^\circ-U_P\angle 120^\circ=\sqrt{3}U_P\angle -90^\circ=\sqrt{3}\dot{U}_B\angle 30^\circ \\
\dot{U}_{CA}=\dot{U}_C-\dot{U}_A \\
\quad =U_P\angle 120^\circ-U_P\angle 0^\circ=\sqrt{3}U_P\angle 150^\circ=\sqrt{3}\dot{U}_C\angle 30^\circ
\end{cases}
\tag{4.1.4}
$$

由式(4.1.4)可见,对称三相电源星形连接中的线电压与相应相电压的关系如图 4.1.4 所示。

(1)线电压的有效值 U_L 是相电压有效值 U_P 的$\sqrt{3}$倍,即 $U_L=\sqrt{3}U_P$。我国的低压供电系统线电压为 380 V,相电压为 220 V,标示为“380/220 V”。

(2)线电压的相位分别超前相应相电压 30°。

(3)不但相电压对称,各线电压也对称。

2. 三角形连接

对称三相电源三角形连接如图 4.1.3(c)所示,线电压与相电压相等,关系如下:

$$
\begin{cases}
\dot{U}_{AB}=\dot{U}_A=U_P\angle 0^\circ \\
\dot{U}_{BC}=\dot{U}_B=U_P\angle -120^\circ \\
\dot{U}_{CA}=\dot{U}_C=U_P\angle 120^\circ
\end{cases}
\tag{4.1.5}
$$

在图 4.1.3(c)所示的参考方向下,根据 KCL 定律,线电流与相电流的关系如下:

$$
\begin{cases}
\dot{I}_A=\dot{I}_{AB}-\dot{I}_{CA}=\sqrt{3}\,\dot{I}_{AB}\angle -30^\circ \\
\dot{I}_B=\dot{I}_{BC}-\dot{I}_{AB}=\sqrt{3}\,\dot{I}_{BC}\angle -30^\circ \\
\dot{I}_C=\dot{I}_{CA}-\dot{I}_{BC}=\sqrt{3}\,\dot{I}_{CA}\angle -30^\circ
\end{cases}
\tag{4.1.6}
$$

对称三相电源三角形连接中的线电流与相应相电流关系的相量图如图 4.1.5 所示。

(1)线电流的有效值 I_L 是相电流有效值 I_P 的$\sqrt{3}$倍,即 $I_L=\sqrt{3}I_P$。

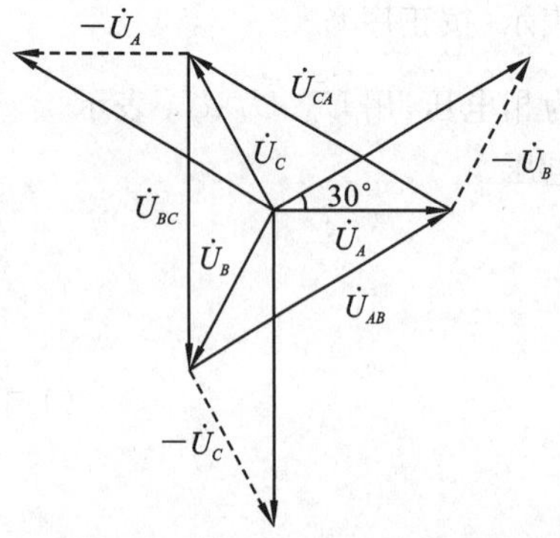

图 4.1.4　星形连接电压相量图

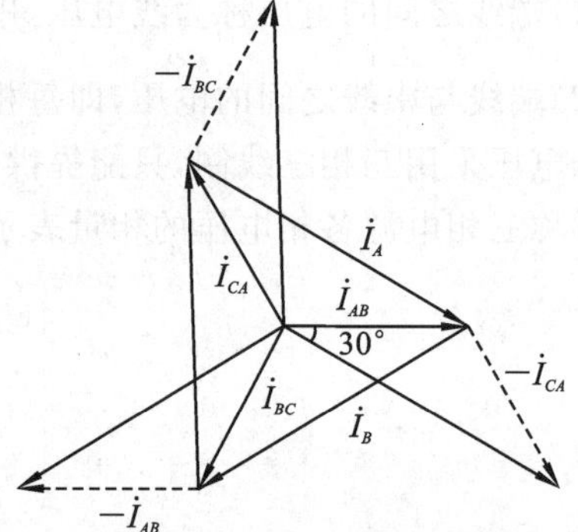

图 4.1.5　三角形连接电流相量图

(2)线电流的相位分别滞后相应相电流 30°。

(3)不但相电流对称,各线电流也对称。

4.2　三相负载

对于总线路而言,三相电路的用电负载可以分为以下两类。

一类是只需用单相电源供电,由单相负载组合而成的。一般单相负载应该尽量均匀分布在各相上,如电灯、电炉、单相电动机。至于连接在火线与零线之间还是连接在两根火线之间,取决于负载的额定电压要求,要保证负载的额定电压与电源相符,见图 4.2.1 中的负载 Z_0、Z_1、Z_2、Z_3。例如我国低压供电系统为 380/220 V,则 220 V 单相用电器应接在任一火线与中线之间,额定电压为 380 V 的单相负载则应接在任意两根火线之间,若负载的额定电压不等于电源电压,则需要用变压器。

另一类必须用三相电源供电,如各种三相交流电动机和三相变压器,这类负载本身先连成星形或三角形后,再与电源的三根端线相连,见图 4.2.1 中的负载 Z_4、Z_5。

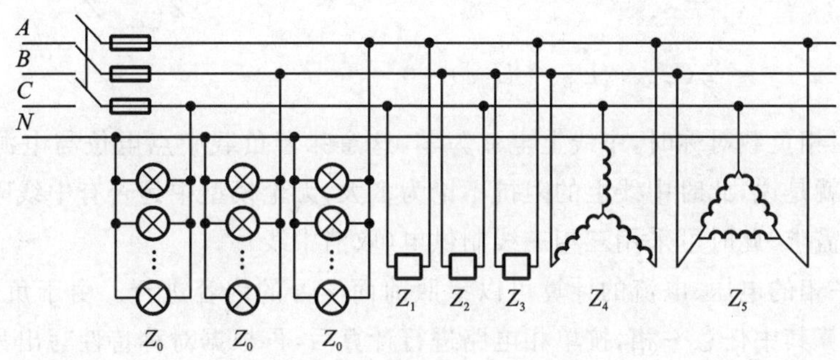

图 4.2.1　不同形式的三相负载

4.2.1　负载星形连接的三相电路

负载星形连接的三相电路如图 4.2.2 所示,若忽略输电线上的损耗,则负载上的线电压和相电压就等于电源的线电压和相电压,显然,负载的线电压与相电压之间也存在如下关系:$U_L=\sqrt{3}U_P$,线电压相位超前相应相电压 30°。

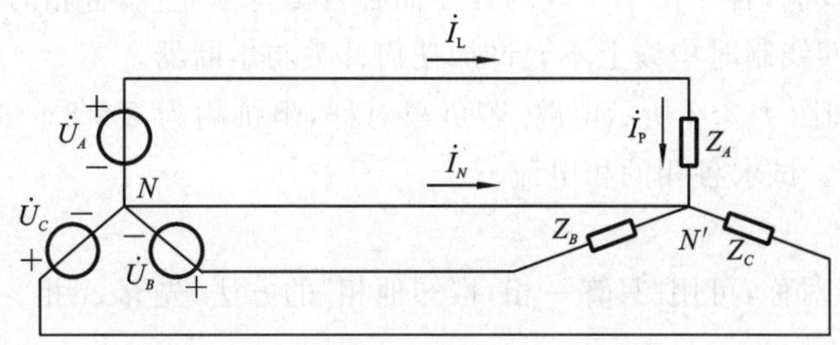

图 4.2.2　负载星形连接的三相电路

每相负载中的电流称为相电流,记为 $\dot{I}_P$;每根端线中的电流称为线电流,记为 $\dot{I}_L$。显然,负载星形连接时,线电流就是相电流,即

$$\dot{I}_P = \dot{I}_L \tag{4.2.1}$$

1. 对称负载星形连接时的计算方法

当 $Z_A = Z_B = Z_C = Z$ 时，称负载三相对称。此时有

$$\begin{cases} \dot{I}_{PA} = \dot{I}_{LA} = \dfrac{\dot{U}_{AN}}{Z_A} \\ \dot{I}_{PB} = \dot{I}_{LB} = \dfrac{\dot{U}_{BN}}{Z_B} \\ \dot{I}_{PC} = \dot{I}_{LC} = \dfrac{\dot{U}_{CN}}{Z_C} \end{cases} \tag{4.2.2}$$

因为 $|\dot{U}_{AN}| = |\dot{U}_{BN}| = |\dot{U}_{CN}| = U_P, \quad |Z_A| = |Z_B| = |Z_C| = |Z|$

则 $$|\dot{I}_{PA}| = |\dot{I}_{PB}| = |\dot{I}_{PC}| = I_P = |\dot{I}_{LA}| = |\dot{I}_{LB}| = |\dot{I}_{LC}| = I_L$$

所以 $$\dot{I}_N = \dot{I}_{LA} + \dot{I}_{LB} + \dot{I}_{LC} = \dot{I}_{PA} + \dot{I}_{PB} + \dot{I}_{PC} = \frac{\dot{U}_{AN}}{Z_A} + \frac{\dot{U}_{BN}}{Z_B} + \frac{\dot{U}_{CN}}{Z_C}$$

$$= \frac{1}{Z}(\dot{U}_{AN} + \dot{U}_{BN} + \dot{U}_{CN}) = 0$$

可见，当三相负载对称时，中线上电流为零，这意味着负载中点电位与电源中点电位相等，都为零，也就是说，此时中线上的阻抗不论为多大，无论模型中是否有中线阻抗都不会影响负载的额定需求，此时可采用三相三线制供电(取消中线)。

注意：每一相的电压、电流的计算可以参照前面学习的内容进行。由于负载三相对称，因此可以先计算其中任意一相，按单相电路进行计算后，再根据对称特性写出另外两相。

2. 不对称负载星形连接时的计算方法

采用三相三线制时，当 Z_A、Z_B、Z_C 互不相等，负载不对称时(见图 4.2.2)，每一相提供给线路的线电流仍然等于其每一相的相电流。但负载中点与电源中点不等位，这样会使得每一相负载上的电压(相电压)不再一定满足负载的额定要求，从而使负载工作不正常，甚至导致设备的损坏。

在实际生产中，除了三相异步电动机外，一般的负载很难保证负载三相对称，因此供电系统均采用三相四线制，各相由于中线的存在而各自保持独立性，各相的工作状态可以分别计算。在采用三相四线制时中线上不允许加任何开关与熔断器。

【例 4.2.1】 如图 4.2.2 所示电路，若负载对称，阻抗均为 $Z = 8 + j6\ \Omega$，电源电压也对称，线电压为 220 V。试求各相的相电流。

【解】

分析：由于负载对称，可用“只算一相，推知他相”的方法，先算 A 相。

相电压为

$$\dot{U}_A = \frac{220\angle 0^\circ}{\sqrt{3}}\ \text{V} = 127\angle 0^\circ\ \text{V}$$

相电流为

$$\dot{I}_A=\frac{\dot{U}_A}{Z}=\frac{127\angle 0^\circ}{8+j6}\ \frac{\text{V}}{\Omega}=\frac{127\angle 0^\circ}{10\angle 36.87^\circ}\ \text{A}=12.7\angle -36.87^\circ\ \text{A}$$

则

$$\dot{I}_B=\dot{I}_A\angle -120^\circ=12.7\angle -156.87^\circ\ \text{A}$$

$$\dot{I}_C=\dot{I}_A\angle 120^\circ=12.7\angle 81.13^\circ\ \text{A}$$

4.2.2　负载三角形连接的三相电路

负载三角形连接的三相电路如图 4.2.3 所示，当负载三相对称时，$Z_A=Z_B=Z_C=Z$。

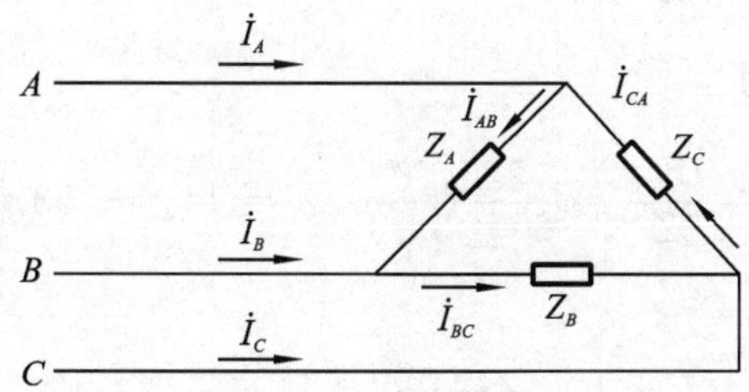

图 4.2.3　负载三角形连接的三相电路

此时负载的每一相的相电压为

$$|\dot{U}_{AB}|=|\dot{U}_{BC}|=|\dot{U}_{CA}|=U_\text{L} \tag{4.2.3}$$

负载的每一相的相电流为

$$\dot{I}_{AB}=\frac{\dot{U}_{AB}}{Z},\quad \dot{I}_{BC}=\frac{\dot{U}_{BC}}{Z},\quad \dot{I}_{CA}=\frac{\dot{U}_{CA}}{Z} \tag{4.2.4}$$

负载产生的线电流为

$$\dot{I}_A=\dot{I}_{AB}-\dot{I}_{CA}=\frac{1}{Z}(\dot{U}_{AB}-\dot{U}_{CA})=\frac{\sqrt{3}\dot{U}_{AB}\angle -30^\circ}{Z}=\sqrt{3}\dot{I}_{AB}\angle -30^\circ \tag{4.2.5}$$

$$\dot{I}_B=\dot{I}_{BC}-\dot{I}_{AB}=\frac{1}{Z}(\dot{U}_{BC}-\dot{U}_{AB})=\frac{\sqrt{3}\dot{U}_{BC}\angle -30^\circ}{Z}=\sqrt{3}\dot{I}_{BC}\angle -30^\circ \tag{4.2.6}$$

$$\dot{I}_C=\dot{I}_{CA}-\dot{I}_{BC}=\frac{1}{Z}(\dot{U}_{CA}-\dot{U}_{BC})=\frac{\sqrt{3}\dot{U}_{CA}\angle -30^\circ}{Z}=\sqrt{3}\dot{I}_{CA}\angle -30^\circ \tag{4.2.7}$$

由以上分析可绘出对称负载三角形连接的三相电路线电流与相电流的关系图，如图 4.2.4所示。

注意：每一相的电压、电流的计算可以参照前面学习的内容进行。由于负载三相对称，因此可以先计算其中任意一相，其他两相待求量可以通过角度互差 120°直接写出。

图 4.2.4　电流相量图

【例 4.2.2】　对称三相电路的计算。图 4.2.3 所示为三角形连接的对称三相电路。每相负载阻抗 $Z=20\angle 53.1^\circ\Omega$。对称三相电源电压中，$\dot{U}_{AB}=220\angle 0^\circ$ V。试计算相电流 $\dot{I}_{AB}$、$\dot{I}_{BC}$和 $\dot{I}_{CA}$，线电流 $\dot{I}_A$、

$\dot{I}_B$ 和 $\dot{I}_C$，并绘出电压和电流的相量图。

分析：本题中的三相电路负载是对称三角形连接，给定电源的线电压 $\dot{U}_{AB}=220\angle 0°$ V。

(1)按“先分离出一相计算，推知其他两相”的方法，先计算 $\dot{I}_{AB}$，再推知 $\dot{I}_{BC}$ 和 $\dot{I}_{CA}$。

(2)根据对称三角形连接线电流与相电流的关系，先计算出线电流 $\dot{I}_A$，则可推知 $\dot{I}_B$ 和 $\dot{I}_C$。

(3)根据计算结果绘出相量图。绘制相量图时，先绘出电压 $\dot{U}_{AB}$、$\dot{U}_{BC}$ 和 $\dot{U}_{CA}$ 相量，再绘出相电流 $\dot{I}_{AB}$、$\dot{I}_{BC}$ 和 $\dot{I}_{CA}$ 相量，最后绘出线电流 $\dot{I}_A$、$\dot{I}_B$ 和 $\dot{I}_C$ 相量。

【解】

(1)计算本相负载中各相的电流。

先计算一相电流 $\dot{I}_{AB}$ 为

$$\dot{I}_{AB}=\frac{\dot{U}_{AB}}{Z}=\frac{220\angle 0°}{20\angle 53.1°}\ \text{A}=11\angle -53.1°\text{A}$$

则

$$\dot{I}_{BC}=\dot{I}_{AB}\angle -120°=11\angle -173.1°\text{A}$$

$$\dot{I}_{CA}=\dot{I}_{AB}\angle -120°=11\angle 66.9°\text{A}$$

(2)计算各相的线电流。

根据三角形连接中线电流与相电流的一般关系式

$$\dot{I}_\text{L}=\sqrt{3}\dot{I}_\text{P}\angle -30°$$

先计算出线电流 $\dot{I}_A$ 为

$$\dot{I}_A=\sqrt{3}\dot{I}_\text{P}\angle -30°=\sqrt{3}\times 11\angle -53.1°-30°\ \text{A}$$
$$=19.05\angle -83.1°\text{A}$$

则
$$\dot{I}_B=\dot{I}_A\angle -120°=19.05\angle -203.1°\text{A}$$
$$=19.05\angle 156.9°\text{A}$$
$$\dot{I}_C=\dot{I}_A\angle 120°=19.05\angle 36.9°\text{A}$$

(3)根据电源和计算结果，绘出电压和电流的相量图，如图 4.2.5 所示。

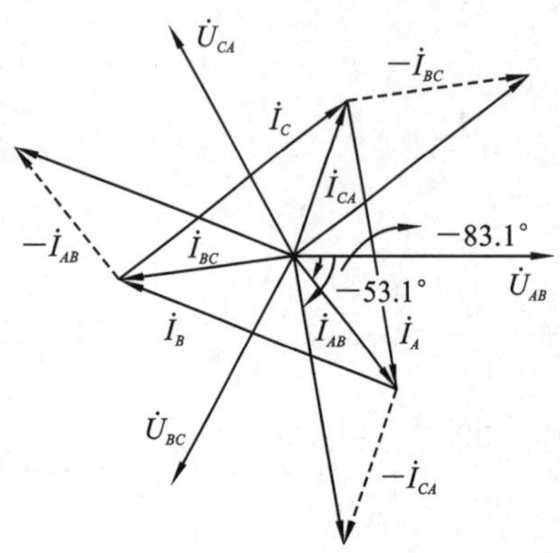

图 4.2.5　例 4.2.2 相量图

4.3　三相功率

4.3.1　三相功率的定义

1. 有功功率

在三相电路中，三相负载的有功功率是各相负载的有功功率之和，即

$$P = P_A + P_B + P_C$$
$$= U_A I_A \cos\varphi_A + U_B I_B \cos\varphi_B + U_C I_C \cos\varphi_C \quad (4.3.1)$$

式中 φ_A、φ_B、φ_C 分别为各相电压与相电流之间的相位差。

对于对称三相电路有

$$P = 3P_A = 3U_P I_P \cos\varphi_P \quad (4.3.2)$$

因为对称三相电路中，总有

$$3U_P I_P = \sqrt{3} U_L I_L$$

所以

$$P = \sqrt{3} U_L I_L \cos\varphi_P \quad (4.3.3)$$

式中：U_P、I_P 分别为相电压、相电流；U_L、I_L 分别为线电压、线电流；$\cos\varphi_P$ 是一相的功率因数，也是对称三相电路的功率因数。

需注意以下几点。

(1)不管对称三相电路的连接方式如何，三相电路的有功功率都是相同的。

(2)在对称三相电路有功功率 P 的计算式中，电压 U_L 和电流 I_L 分别是线电压和线电流的有效值，而功率因数角 φ 是相电压与相电流的相位差角，也就是负载的阻抗角。

2. 无功功率

在三相电路中，三相负载的无功功率是各相负载的无功功率之和，即

$$Q = Q_A + Q_B + Q_C$$
$$= U_A I_A \sin\varphi_A + U_B I_B \sin\varphi_B + U_C I_C \sin\varphi_C \quad (4.3.4)$$

同理，对称三相电路的无功功率用线电压与线电流可表示为

$$Q = 3U_P I_P \sin\varphi_P = \sqrt{3} U_L I_L \sin\varphi_P \quad (4.3.5)$$

3. 视在功率

三相负载的总视在功率为

$$S = \sqrt{P^2 + Q^2} \quad (4.3.6)$$

对于对称三相电路，有

$$S = 3U_P I_P = \sqrt{3} U_L I_L \quad (4.3.7)$$

三相负载的总功率因数为

$$\lambda = \frac{P}{S} \quad (4.3.8)$$

在对称三相电路中，$\lambda = \cos\varphi$，也就是一相负载的功率因数，φ 即为负载的阻抗角。

4.3.2　三相功率的测量

按三相电路连接的不同和对称与否，可用一个、两个或三个功率表测量三相有功功率。这里介绍二表法和三表法测量三相电路有功功率的方法。

1. 二表法

三相三线制电路，不论对称与否都可用两只功率表(二表法)测量三相电路功率。

接线原则：两个功率表的电流线圈分别串入两端线(如 A、B 两端线)中，电压线圈的非

电源端(即非 * 端)共同接到非电流线圈所在的第 3 条端线(如 C 端线)上。功率表 W_1 的电流线圈流过的是 A 相电流,电压线圈取的是线电压 $\dot{U}_{AC}$;功率表 W_2 的电流线圈流过的是 B 相电流,电压线圈取的是线电压 $\dot{U}_{BC}$,如图 4.3.1所示。

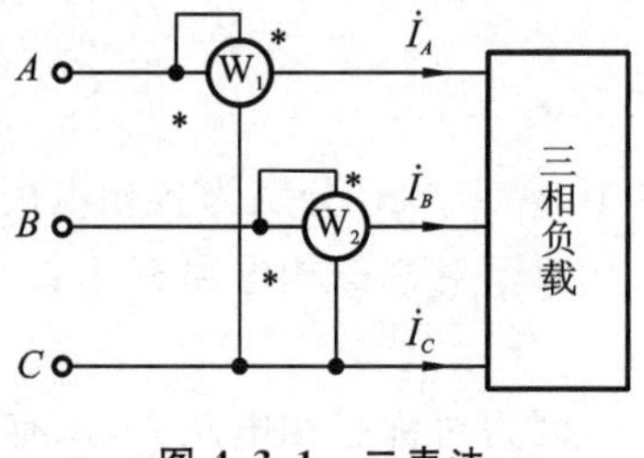

图 4.3.1　二表法

两只功率表的读数分别为

$$P_1 = U_{AC} I_A \cos\varphi_1$$
$$P_2 = U_{BC} I_B \cos\varphi_2$$

式中:φ_1 为 $\dot{U}_{AC}$ 与 $\dot{I}_A$ 之间的相位差;φ_2 为电压相量 $\dot{U}_{BC}$ 与电流相量 $\dot{I}_B$ 之间的相位差;P_1 为 W_1 的读数,P_2 为 W_2 的读数。

三相负载的有功功率为两只功率表读数之和,即

$$P = P_1 + P_2$$

注意:

(1)若 $\cos\varphi_1 < 0$ 或 $\cos\varphi_2 < 0$,P_1 或 P_2 中会有某一个的读数为负值。求代数和时该读数应取负值。

(2)对称三相四线制电路,由于中线电流为零,也可以用二瓦计法,但不对称三相四线制电路不能使用二瓦计法。

2. 三表法

对于三相四线制的星形连接电路,无论对称或不对称,一般可用三只功率表进行测量。

接线原则:三只功率表的电流线圈串入三相中,即分别流过的是三相电流;电压线圈的两端分别并在端线与中线上,即电压分别是三相的相电压,如图 4.3.2 所示。

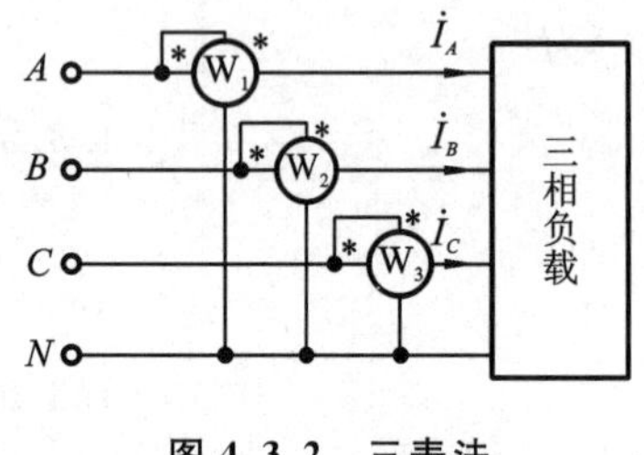

图 4.3.2　三表法

三只功率表分别测量的是 A、B、C 三相负载吸收的功率,三只功率表读数相加,就是三相负载吸收的功率。

4.4　安全用电

目前,家用电器的普及给人们的生活带来了诸多便利。但是,要注意电源的安全使用,以避免不必要的伤害。例如,触电可造成人身伤亡,设备漏电产生的电火花可能酿成火灾、发生爆炸。电器造成的火灾、触电事故每年都有发生,所以要安全科学地用电。

4.4.1　触电事故及影响因素

众所周知,触电事故是由电流形成的能量所造成的事故。为了更好地预防触电事故,首先我们应了解触电事故的种类、方式与规律。

1. 触电事故种类

按照触电事故的构成方式，触电事故可分为电击和电伤。

1)电击

电击是电流对人体内部组织的伤害，是最危险的一种伤害，绝大多数(85%以上)的触电死亡事故都是由电击造成的。

电击的主要特征有以下几点。

(1)伤害人体内部器官。

(2)在人体的外表没有显著的痕迹。

(3)致命电流较小。

按照发生电击时电气设备的状态，电击可分为直接接触电击和间接接触电击。

直接接触电击是触及设备和线路正常运行时的带电体发生的电击(如误触接线端子发生的电击)，也称为正常状态下的电击。

间接接触电击是触及正常状态下不带电，而当设备或线路发生故障时意外带电的导体发生的电击(如触及漏电设备的外壳发生的电击)，也称为故障状态下的电击。

2)电伤

电伤是由电流的热效应、化学效应、机械效应等效应对人造成的伤害。在触电伤亡事故中，纯电伤性质的及带有电伤性质的约占 75%(电烧伤约占 40%)。尽管 85%以上的触电死亡事故是电击造成的，但其中大约 70%的含有电伤成分。对专业电工自身的安全而言，预防电伤具有更加重要的意义。

(1)电烧伤。

电烧伤是人体与带电体接触，电流通过人体由电能转换成热能造成的伤害，分为电流灼伤和电弧烧伤。

电流灼伤一般发生在低压设备或低压线路上。

电弧烧伤是由弧光放电造成的伤害，分为直接电弧烧伤和间接电弧烧伤。前者是带电体与人体之间发生电弧，有电流流过人体的烧伤；后者是电弧发生在人体附近对人体的烧伤，包含熔化了的炽热金属溅出造成的烫伤。直接电弧烧伤是与电击同时发生的。

电弧温度高达 8900 ℃以上，可造成大面积、深度的烧伤，甚至烧焦、烧掉四肢及其他部位。大电流通过人体，也可能烘干、烧焦机体组织。高压电弧的烧伤较低压电弧严重，直流电弧的烧伤较工频交流电弧严重。

发生直接电弧烧伤时，电流进、出口烧伤最为严重，体内也会受到烧伤。与电击不同的是，电弧烧伤都会在人体表面留下明显痕迹，而且致命电流较大。

(2)皮肤金属化。

皮肤金属化是在电弧高温的作用下，金属熔化、汽化，金属微粒渗入皮肤，使皮肤粗糙而张紧的伤害。皮肤金属化多与电弧烧伤同时发生。

(3)电烙印。

电烙印是在人体与带电体接触的部位留下的永久性斑痕。斑痕处皮肤失去原有弹性、色泽，表皮坏死，失去知觉。

(4)机械性损伤。

机械性损伤是电流作用于人体时,由于中枢神经反射和肌肉强烈收缩等作用导致的机体组织断裂、骨折等伤害。

(5)电光眼。

电光眼是发生弧光放电时,由红外线、可见光、紫外线对眼睛造成的伤害。电光眼表现为角膜炎或结膜炎。

2. 触电事故方式

按照人体触及带电体的方式和电流流过人体的途径,电击可分为单相触电、两相触电和跨步电压触电。

1)单相触电

当人体直接触碰带电设备其中的一相时,电流通过人体流入大地,这种触电现象称为单相触电。对于高压带电体,人体虽未直接接触,但由于超过了安全距离,高电压对人体放电,造成单相接地而引起的触电,也属于单相触电。

低压电网通常采用变压器低压侧中性点直接接地和中性点不直接接地的接线方式,这两种接线方式发生单相触电的情况如图 4.4.1 所示。

(a) 中性点接地系统的单相触电

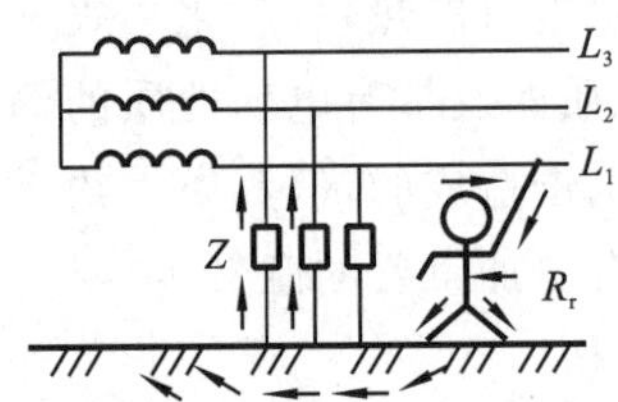

(b) 中性点不接地系统的单相触电

图 4.4.1 单相触电示意图

2)两相触电

人体同时接触带电设备或线路中的两相导体,或者在高压系统中,人体同时接近不同相的两相带电导体,而发生电弧放电,电流从一相导体通过人体流入另一相导体,构成一个闭合回路,这种触电方式称为两相触电。

发生两相触电时,作用于人体上的电压等于线电压,这种触电是最危险的。

3)跨步电压触电

当电气设备发生接地故障,接地电流通过接地体向大地流散,在地面上形成电位分布时,若人在接地短路点周围行走,其两脚之间的电位差,就是跨步电压。由跨步电压引起的人体触电,称为跨步电压触电。

下列情况和部位可能发生跨步电压电击。

(1)带电导体,特别是高压导体故障接地处,流散电流在地面各点产生的电位差造成跨步电压电击。

(2)接地装置流过故障电流时,流散电流在附近地面各点产生的电位差造成跨步电压电击。

(3)正常时有较大工作电流流过的接地装置附近,流散电流在地面各点产生的电位差造成跨步电压电击。

(4)防雷装置遭雷击时,极大的流散电流在其接地装置附近地面各点产生的电位差造成跨步电压电击。

(5)高大设施或高大树木遭受雷击时,极大的流散电流在附近地面各点产生的电位差造成跨步电压电击。

跨步电压受接地电流、鞋和地面特征、两脚之间的跨距、两脚的方位及离接地点的距离等很多因素的影响。人的跨距一般按 0.8 m 考虑。

跨步电压受很多因素的影响且地面电位分布复杂,几个人在同一地带(如同一棵大树下或同一故障接地点附近)遭到跨步电压电击时,完全可能出现截然不同的后果。

3. 触电事故的影响因素

为防止触电事故的发生,应当了解触电事故的影响因素。根据对触电事故的分析,从触电事故的发生率上看,可找到以下几个方面的影响因素。

1)触电事故季节性明显

统计资料表明,每年第二、第三季度事故多。特别是 6—9 月,事故最为集中。主要原因为:一是这段时间天气炎热、用电量增加;二是这段时间多雨、潮湿,地面导电性增强,容易构成电击电流的回路,而且电气设备的绝缘电阻降低,容易漏电。

2)低压设备触电事故多

统计资料表明,低压触电事故远远多于高压触电事故。其主要原因是低压设备远远多于高压设备,与之接触的人比与高压设备接触的人多得多,而且都比较缺乏电气安全知识。

3)携带式设备和移动式设备触电事故多

携带式设备和移动式设备触电事故多的主要原因:一方面,这些设备是在人的紧握之下运行的,不但接触电阻小,而且一旦触电就难以摆脱电源;另一方面,这些设备需要经常移动,工作条件差,设备和电源线都容易发生故障或损坏。此外,单相携带式设备的保护零线与工作零线容易接错,也会造成触电事故。

4)电气连接部位触电事故多

大量触电事故的统计资料表明,很多触电事故发生在接线端子、缠接接头、压接接头、焊接接头、电缆头、灯座、插销、插座、控制开关、接触器、熔断器等分支线、接户线处。主要是由于这些连接部位机械牢固性较差、接触电阻较大、绝缘强度较低以及可能发生化学反应的缘故。

5)错误操作和违章作业造成的触电事故多

大量触电事故的统计资料表明,有 85%以上的事故是由于错误操作和违章作业造成的。其主要原因是由于安全教育不够、安全制度不严和安全措施不完善、操作者素质不高等。

从造成事故的原因上看,电气设备或电气线路安装不符合要求,会直接造成触电事故;电气设备运行管理不当,使绝缘层损坏而漏电,又没有切实有效的安全措施,也会造成触电事故;制度不完善或违章作业,特别是非电工擅自处理电气事务,很容易造成电气事故;接线错误,特别是插头、插座接线错误造成过很多触电事故;高压线断落地面,可能造成跨步电压触电事故,等等。应当注意,很多触电事故都不是由单一原因,而是由多个原因造成的。

触电事故的规律不是一成不变的。在一定的条件下,触电事故的规律也会发生一定的变化。例如,低压触电事故多于高压触电事故在一般情况下是成立的,但对于专业电气工作人员来说,情况往往是相反的。因此,应当在实践中不断分析和总结触电事故的规律,为做好电气安全工作积累经验。

4.4.2 触电防护

为有效地防止和控制触电事故的发生,确保施工人员的人身安全,特制定以下一些措施。

1. 支线架设

(1)配电箱的电缆线应有套管,电线进出不混乱。大容量电箱上进线加滴水弯。

(2)支线绝缘性好,无老化、破损和漏电现象。

(3)支线应沿墙或电杆架空敷设,并用绝缘子固定。

(4)过道电线可采用硬质护套管埋地并做标记。

(5)室外支线应用橡皮线架空,接头不受拉力并符合绝缘要求。

2. 现场照明

(1)一般场所采用 220 V 电压。危险、潮湿场所和金属容器内的照明及手持照明灯具,应采用符合要求的安全电压。

(2)照明导线应用绝缘子固定。严禁使用花线或塑料胶质线。导线严禁随地拖拉或绑在脚手架上。

(3)照明灯具的金属外壳必须接地或接零。单相回路内的照明开关箱必须装设漏电保护器。

(4)室外照明灯具距地面不得低于 3 m;室内灯具距地面不得低于 2.4 m。碘钨灯固定架设,要保证安全。如用钠、铊等金属卤化物灯具,安装高度宜在 5m 以上。灯线不得靠近灯具表面。

3. 电箱(配电箱、开关箱)

(1)电箱应有门、锁、色标和统一编号,使用标准电箱。

(2)电箱内开关电器必须完整无损,接线正确。各类接触装置灵敏可靠,绝缘良好。无积灰、杂物,箱体不得歪斜。

(3)电箱安装高度和绝缘材料等均应符合规定。

(4)电箱内应设置漏电保护器,选用合理的额定漏电动作电流进行分级配合。

(5)配电箱应设总熔丝、分熔丝、分开关。零排、地排齐全。动力和照明装置应分别设置。

(6)配电箱的开关电器应与配电线或开关箱一一对应配合,做分路设置,以确保专路专控;总开关电器与分路开关电器的额定值、动作整定值相适应。熔丝应和用电设备的实际负荷相匹配。

(7)开关箱与用电设备实行“一机一箱一闸一漏”的 TN-S 系统。

(8)同一移动开关箱严禁配有 380 V 和 220 V 两种电压等级。

4. 接地接零

(1)接地体可用镀锌角钢、圆钢或钢管,但不得用螺纹钢,其截面面积不小于48 mm^2,一组2根接地体之间间距不小于2.5 m,入土深度不小于2m,接地电阻应符合规定。

(2)橡皮线中黑色或绿/黄双色线作为接地线。与电气设备相连接的接地或接零线应采用截面面积最小不能低于2.5 mm^2的多股芯线;手持用电设备应采用截面面积不小于1.5 mm^2的多股铜芯线。

(3)电杆转角杆、终端杆及总箱、分配电箱必须有重复接地。

4.4.3　触电急救

发生触电事故时,在保证救护者本身安全的同时,必须首先设法使触电者迅速脱离电源,然后进行以下抢修工作。

(1)解开妨碍触电者呼吸的紧身衣服。

(2)检查触电者的口腔,清理口腔的黏液,如有义齿,要取下。

(3)立即就地进行抢救。如:伤者若呼吸停止,应采用口对口人工呼吸法进行抢救;若心脏停止跳动或不规则颤动,可用人工胸外挤压法进行抢救。决不能无故中断抢救。

如果现场除救护者之外,还有第二人在场,则还应立即进行以下一些工作。

(1)提供急救用的工具和设备。

(2)劝退现场闲杂人员。

(3)保持现场有足够的照明和保持空气流通。

(4)向领导报告,并请医生前来抢救。

实验研究和统计表明:如果从触电后1分钟开始救治,则有90%的机会可以救活伤者;如果从触电后6分钟开始抢救,则仅有10%的救活机会;而从触电后12分钟开始抢救,则救活的可能性极小。因此当发现有人触电时,应争分夺秒,采用一切可能的办法进行救治。

习　题

4.1　什么是三相交流电路?什么叫相电压、线电压?什么叫相电流、线电流?

4.2　为什么在三相四线制供电系统中,中线(零线)不允许断开?

4.3　为什么在低压电网中普遍采用三相四线制?

4.4　什么是三相三线制供电?什么是三相四线制供电?

4.5　三相Y形连接电源为正相序,已知相电压$\dot{U}_B=220\angle 40^\circ$ V。试求线电压$\dot{U}_{AB}$、$\dot{U}_{BC}$和$\dot{U}_{CA}$。

4.6　在线电压为380 V的三相电源上,接有两组电阻性对称负载,如图4.1所示。试求线路上的总线电流I和所有负载的有功功率。

4.7　对称Y-Y三相电路,线电压为208 V,负载吸收的平均功率为12 kW,$\lambda=0.8$(滞后)。试求负载每相的阻抗。

4.8　Y形连接对称负载每相阻抗$Z=8+\mathrm{j}6\Omega$,线电压为220 V,求各相电流(设相序为$A\rightarrow B\rightarrow C$)。

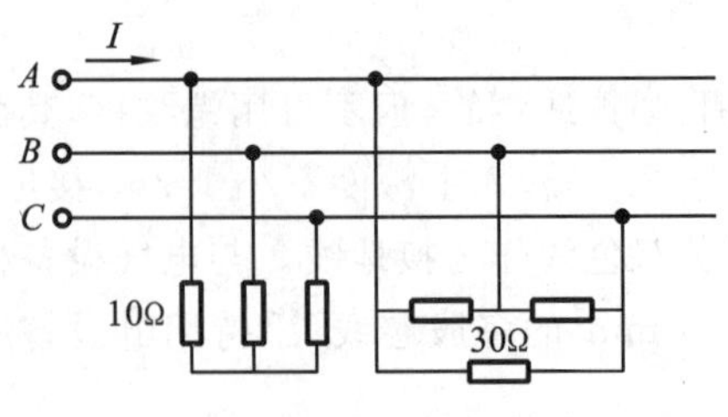

图 4.1　习题 4.6 图

4.9　正序三相对称 Y 连接电源向对称三角形负载供电。每相阻抗为 $Z=12+j8\Omega$。若负载相电流 $\dot{I}_A=14.42\angle 86.31^\circ$A。试求线电流及电源相电压。

4.10　若已知对称三角形连接负载的相电流为 $\dot{I}_{AB}=10\angle -40^\circ$A 和 $\dot{I}_{BC}=10\angle 80^\circ$A，相序为何？

4.11　在三角形连接的对称三相电路中，输电线阻抗为 $0.1+j0.2\ \Omega$(每相)，电源为正序，$\dot{U}_{AB}=208\angle 20^\circ$ V，负载每相阻抗为 $9+j6\ \Omega$，试求线电流及电源提供的功率。

4.12　对称三相负载星形连接，已知每相阻抗为 $Z=31+j22\ \Omega$，电源线电压为 380 V，求三相交流电路的有功功率、无功功率、视在功率和功率因数。

4.13　已知对称三相电源的线电压 $U_L=380$ V，对称三相感性负载作三角形连接，若测得线电流 $I_L=17.3$ A，三相功率 $P=9.12$ kW，求每相负载的电阻和感抗。

4.14　三相异步电动机的三个阻抗相同的绕组连接成三角形，接于线电压 $U_L=380$ V 的对称三相电源上，若每相阻抗 $Z=8+j6\ \Omega$，试求此电动机工作时的相电流 I_P、线电流 I_L 和三相电功率 P。

4.15　总功率为 10 kW、三角形连接的三相对称电阻炉与输入总功率为 12 kW、功率因数为 0.707 的三相异步电动机接在线电压为 380 V 的三相电源上。求电阻炉、电动机及总的线电流。

第5章 变压器

变压器是一种利用磁路传送电能，实现电压、电流和阻抗变换的重要设备，在电力系统和电子线路中应用广泛。

5.1 磁路及其分析方法

变压器是根据电磁感应原理由电路和磁路组合而成的电磁元件。考虑到磁路的一些基本概念是学习变压器、电动机等电磁器件所需的基本知识，先简要回顾一下电磁学的基本知识。

实际电路中大量电感元件的线圈中有铁芯。线圈通电后铁芯就构成磁路，即磁路是磁通的闭合路径。而磁路又影响电路。因此电工技术不仅有电路问题，同时也有磁路问题。图 5.1.1 所示为几种不同类型的磁路。

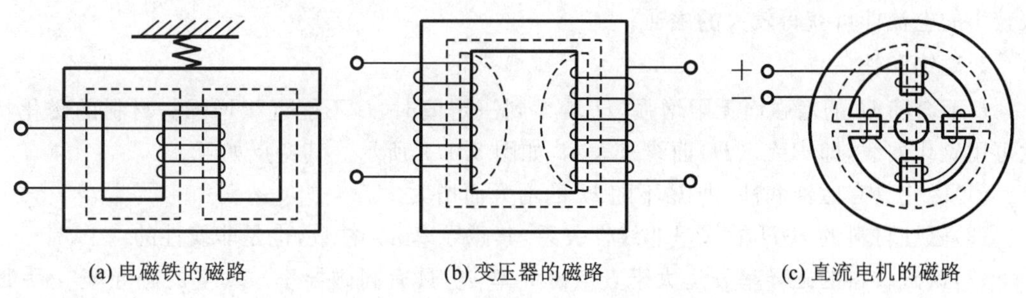

(a) 电磁铁的磁路　　(b) 变压器的磁路　　(c) 直流电机的磁路

图 5.1.1　几种不同类型的磁路

5.1.1 磁场的基本物理量

为便于学习，将电磁学中学过的有关磁路的物理量列于表 5.1.1 中，它们是分析计算磁路的基本物理量。

表 5.1.1 磁路中的基本物理量

物理量		意义	计量单位	
名称	符号		名称	符号
磁感应强度 磁通量密度 (简称磁通密度)	B	表示空间某点磁场的强弱与方向的物理量。可用垂直于磁场方向的单位面积通过的磁力线数表示	特斯拉 (简称特)	T ($1T=1\ Wb/m^2$)
磁通量 (简称磁通)	Φ	表示穿过某一截面 S 的磁感应强度矢量的通量,即穿过截面 S 的磁力线总数。在均匀磁场中,$\Phi=BS$	韦伯 (简称韦)	Wb ($1\ Wb=1\ V\cdot s$)
磁场强度	H	表示磁场中与介质无关的磁场大小和方向。它可定义为介质中某点的磁感应强度 B 与介质磁导率 μ 之比,即 $H=B/\mu$	安培每米 (简称安每米)	A/m
磁导率	μ	表示物质的导磁性能。真空的磁导率 $\mu_0=4\pi\times10^{-7}$ H/m	亨利每米 (简称亨每米)	H/m

5.1.2 磁性材料的磁性能

铁磁材料包括铁、钢、镍、钴及其合金以及铁氧体等材料,它们的磁导率很高,$\mu_r\gg1$,是制造变压器、电动机、电器铁芯等各种电工设备的主要材料。

铁磁材料的磁性能主要有以下几点。

1. 高导磁性

铁磁材料的磁导率可达 $10^2\sim10^4$ 数量级,由铁磁材料组成的磁路磁阻很小,在线圈中通入较小的电流即可获得较大的磁通。

2. 磁饱和性

B 不会随 H 的增强而无限增强,H 增大到一定值时,B 不能继续增强。材料的磁化特性可用磁化曲线,即 $B=f(H)$ 曲线来表示,如图 5.1.2 所示。其特点如下。

(1)磁化具有磁饱和性,即 B 不随 H 的增大而增大。

(2)磁性材料的 B-H 曲线呈非线性关系,其磁导率 $\mu\neq$常数,也是非线性的。

(3)铁磁材料的磁导率 μ 远大于真空磁导率 μ_0,具有高磁导率。真空的磁导率 $\mu_0=4\pi\times10^{-7}$ H/m。

3. 磁滞性

磁滞性表现在铁磁材料在交变磁场中反复变化时,磁感应强度 B 的变化滞后于磁场强度 H 的变化,其磁滞回线如图 5.1.3 所示。由图可见,当 H 减小时,B 也随之减小,但当 $H=0$ 时,B 并未回到零值,而是 $B=B_r$,B_r称为剩磁感应强度,简称剩磁。若要使 $B=0$,则应使铁磁材料反向磁化,即使磁场强度为 $-H_c$,H_c称为矫顽磁力。

不同种类的铁磁材料,磁滞回线的形状不同。如图 5.1.4 所示,在同一磁场强度下,硅钢片的 B 值比铸铁大得多,表明硅钢片的导磁能力比铸铁好,属于高导磁材料。

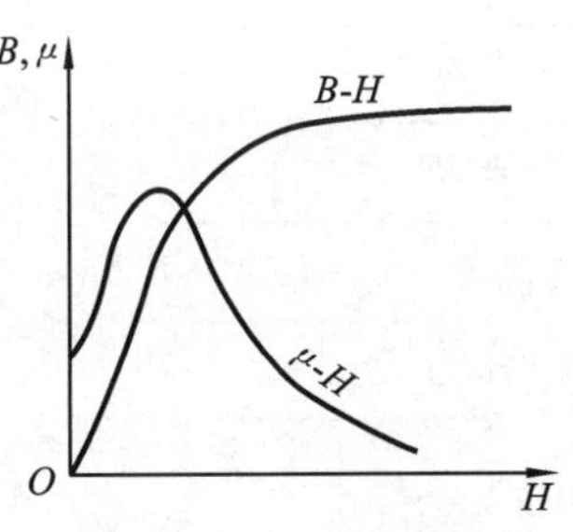

图 5.1.2　磁化曲线

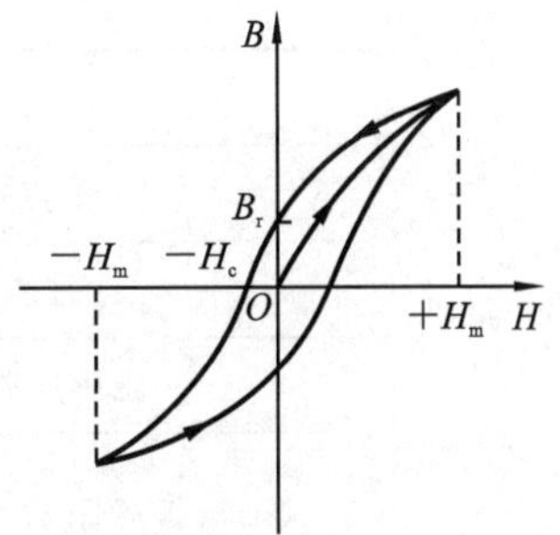

图 5.1.3　铁磁材料的磁滞回线

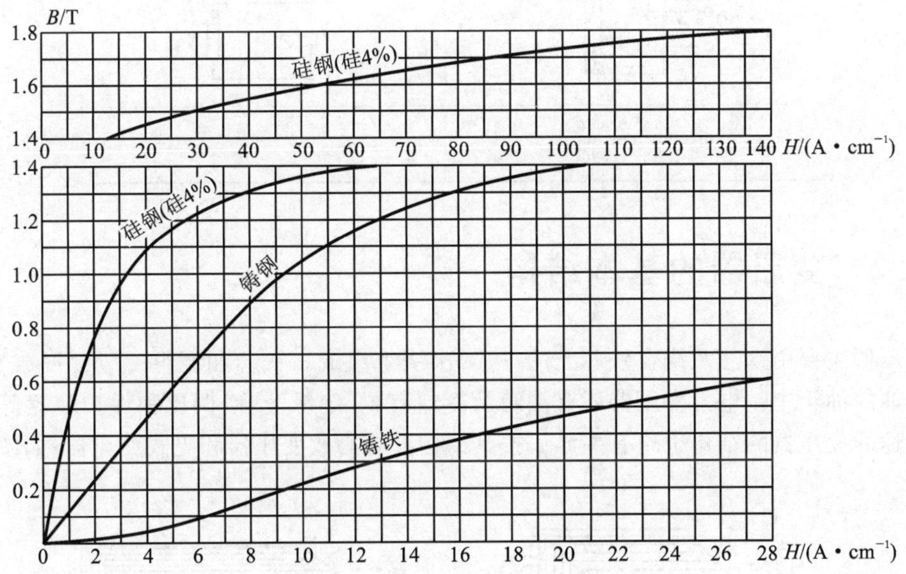

图 5.1.4　铁磁材料的磁化曲线

5.1.3　磁路的欧姆定律

$$\Phi = BS = \mu HS = \mu \frac{NI}{l} S = \frac{NI}{\frac{l}{\mu S}} = \frac{F}{R_m} \tag{5.1.1}$$

式中：F 称为磁动势，$F=IN$，磁通是由它产生的；R_m 称为磁阻，是表示磁路对磁通的阻碍作用的物理量，$R_m=\frac{l}{\mu S}$。磁路的磁阻 R_m 是个新概念，磁路的平均长度 l 越长，磁阻 R_m 就越大；铁芯截面积 S 越大，物质的导磁能力越强，磁阻就越小。

由于式 $\Phi=\frac{F}{R_m}$ 在形式上与电路的欧姆定律相似，故称为磁路的欧姆定律，即由励磁电流在磁路中产生的磁通 Φ，其大小与励磁磁动势 F 成正比，与磁路的磁阻 R_m 成反比。

表 5.1.2 列出了磁路与电路的对应关系，以便于类比学习。

表 5.1.2　磁路与电路的对应关系

磁　　路	电　　路
磁动势 F	电动势 E
磁通 Φ	电流 I
磁感应强度 B	电流密度 J
磁阻 $R_m=\frac{l}{\mu S}$	电阻 $R=\frac{l}{\gamma S}$
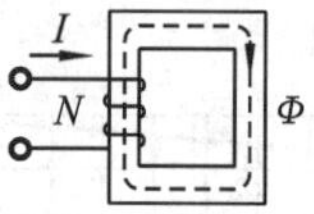	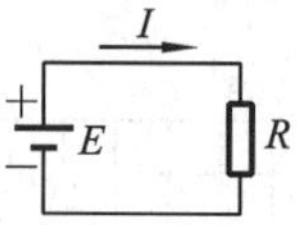
$\Phi=\frac{IN}{R_m}=\frac{F}{R_m}$	$I=\frac{E}{R}$

5.2　变压器的基本结构

变压器主要由铁芯及绕在铁芯上的一、二次绕组组成。铁芯和绕组一般都浸放在盛满变压器油的油箱中。电力变压器还有油箱及冷却装置、绝缘套管、调压和保护装置等部件。不同用途的变压器的结构也略有差异。按其结构分有心式变压器和壳式变压器，如图5.2.1所示。

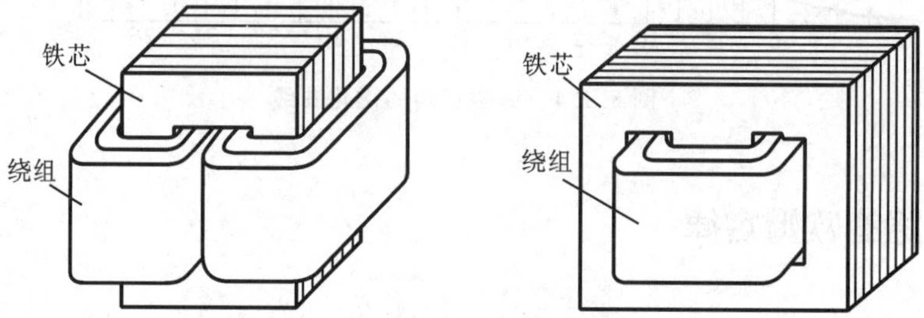

(a) 心式变压器　　(b) 壳式变压器

图 5.2.1　单相变压器的结构

变压器铁芯的作用是构成磁路，通常采用 0.35～0.5mm 厚的硅钢片叠加而成，在硅钢片表面涂有绝缘漆并经氧化处理形成绝缘层。

绕在变压器铁芯上的线圈称为绕组，其作用是构成交流电的通路，通以励磁电流后建立磁场。变压器接电源一侧的绕组称为一次绕组，接负载一侧的绕组称为二次绕组。单相小功率变压器的绕组多用高强度漆包线绕制，大功率变压器的绕组可用扁铜线或铝线绕制。变压器的铁芯、一次绕组和二次绕组之间是彼此绝缘的。

变压器的电路图形符号如图 5.2.2 所示。

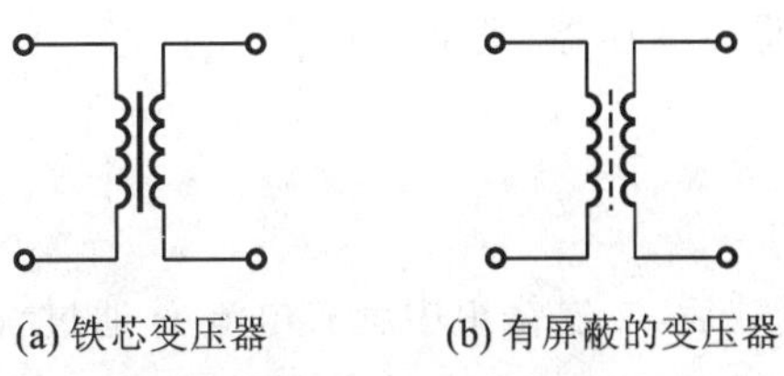

图 5.2.2 变压器的电路图形符号

5.3 变压器的工作原理

图 5.3.1 所示为一台单相双绕组变压器，它由两个互相绝缘且匝数不等的绕组套在具有良好导磁材料制成的闭合铁芯上，两绕组之间只有磁路的耦合而没有电的联系。其中一次绕组接交流电源，绕组中便有交流电流 i_1，并在铁芯中产生交变主磁通 Φ，同时也会产生漏磁通 $\Phi_{\sigma1}$（理想变压器下的计算可忽略不计）；二次绕组接负载 Z_L，主磁通 Φ 同时穿过二次绕组。因此在一、二次绕组侧将感应出同频率的电动势 e_1 和 e_2。其公式分别为：

$$\begin{cases} E_1 = 4.44fN_1\Phi \\ E_2 = 4.44fN_2\Phi \end{cases} \tag{5.3.1}$$

式中：N_1、N_2 分别为一、二次绕组的匝数；f 为电源的频率。

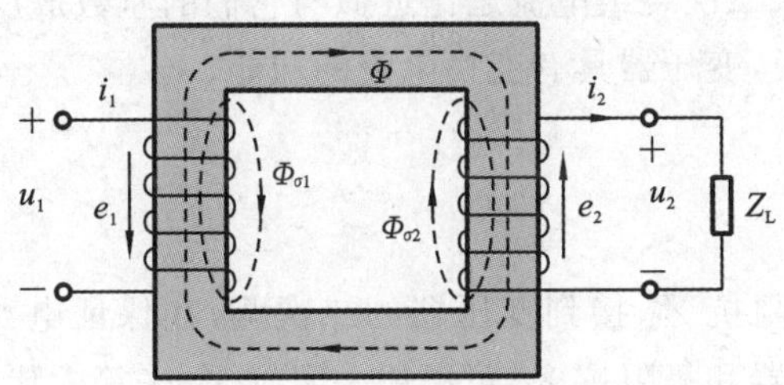

图 5.3.1 单相双绕组变压器

5.3.1 电压变换

若二次绕组侧不接负载即空载运行，即二次侧开路，其电流 $i_2=0$，此时一次绕组侧的电流称为空载电流（i_0）。根据上述电动势的关系，则在一次绕组侧，其漏磁通与主磁通相比可以忽略不计，于是 $u_1 \approx e_1$。即

$$U_1 \approx E_1 = 4.44fN_1\varphi \tag{5.3.2}$$

而二次绕组开路，其输出电压就等于二次绕组侧的感应电动势，即

$$u_2 = e_2$$

得

$$U_2 \approx E_2 = 4.44fN_2\varphi \tag{5.3.3}$$

比较一、二次绕组电压关系，得出

$$\frac{U_1}{U_2} \approx \frac{E_1}{E_2} = \frac{N_1}{N_2} = K \tag{5.3.4}$$

式中：K 称为变压器的电压比。上式说明一、二次绕组的电压与其匝数成正比。若是

升压变压器,则 $K<1$;若是降压变压器,则 $K>1$。

5.3.2 电流变换

变压器二次绕组接上负载后,二次绕组中就有电流 i_2 通过,此时一次绕组的电流为 i_1。

二次绕组电流 i_2 也要产生磁动势 i_2N_2,它作用在磁路上使主磁通 Φ 发生变化。根据 $U_1 \approx E_1 = 4.44fN_1\Phi$ 可见,当电源电压 U_1 和频率 f 不变时,E_1 和 Φ 都近似不变,说明铁芯中主磁通的最大值在变压器空载或有载时基本保持不变。所以有载时产生的主磁通 Φ 的一、二次绕组的合成磁动势 $i_1N_1 + i_2N_2$ 应该和空载时产生主磁通 Φ 的磁动势 i_0N_1 相等,即

$$i_1N_1 + i_2N_2 = i_0N_1 \tag{5.3.5}$$

由于空载电流 i_0 很小,一般不到额定电流的 10%,与有载时的 i_1 和 i_2 相比,可以忽略不计。即

$$i_1N_1 + i_2N_2 = 0 \tag{5.3.6}$$

$$i_1N_1 = -i_2N_2 \tag{5.3.7}$$

上式说明:负号表示一、二次绕组磁动势在相位上相反,即二次绕组的磁动势对一次绕组的磁动势具有去磁作用,而一、二次绕组的电流有效值之间的关系为

$$\frac{i_1}{i_2} \approx \frac{N_2}{N_1} = \frac{1}{K} \tag{5.3.8}$$

上式表明:变压器一、二次绕组电流之比近似与它们的匝数成反比,匝数多的电流小,匝数小的电流大。也就是说,变压器具有变换电流的功能。

5.3.3 阻抗变换

在图 5.3.2 中,负载阻抗 Z_L 接到变压器的二次侧,在保证电源电压、电流不变的条件下,图中虚线框内的变压器和复阻抗 Z_L 可以用一阻抗 Z_e 来等效代替。

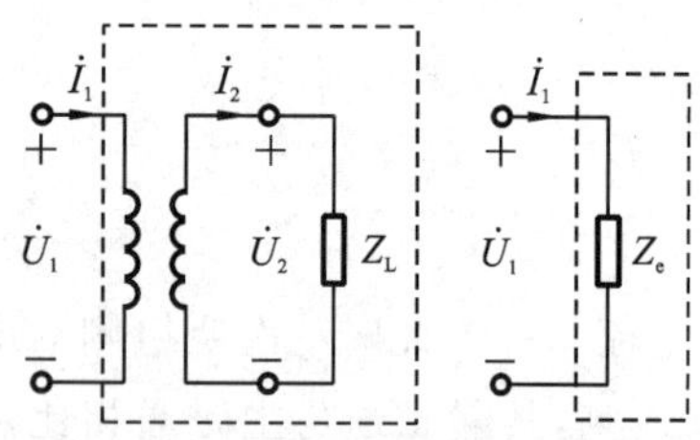

图 5.3.2 变压器的阻抗变换

因为

$$|Z_L| = \frac{U_2}{I_2}$$

可推得

$$|Z_e| = \frac{U_1}{I_1} = \frac{U_2K}{I_2/K} = K^2|Z_L| \tag{5.3.9}$$

式中,$|Z_e|$ 称为负载阻抗在变压器一次侧的等效阻抗。改变变压器一、二次绕组的匝数比,就可以将二次侧的负载阻抗变换为一次侧所需要的阻抗。变压器的这一功能,在电子技术中常用来实现阻抗匹配。

【例 5.3.1】 有一变压器,$U_1=380$ V,$U_2=36$ V,如果接入一个 36 V、60 W 的灯泡,求:

(1)一、二次侧的电流各为多少?

(2)相当于一次侧接上一个多大的电阻?

【解】

灯泡属纯电阻负载,功率因数为 1,因此二次电流为

$$I_2=\frac{P}{U_2}=\frac{60}{36}\text{A}=1.67\ \text{A}$$

一次电流 $$I_1=\frac{N_2}{N_1}I_2=\frac{U_2}{U_1}I_2=\frac{36}{380}\times 1.67\ \text{A}=0.158\ \text{A}$$

灯泡的电阻 $$R=\frac{U_2^2}{P}=\frac{36^2}{60}\ \Omega=21.6\ \Omega$$

一次侧等效电阻 $$R'=\left(\frac{N_1}{N_2}\right)^2R=\left(\frac{U_1}{U_2}\right)^2R=\left(\frac{380}{36}\right)^2\times 21.6\ \Omega=2407\ \Omega$$

5.4　变压器的外特性及效率

5.4.1　变压器的外特性

变压器的外特性如图 5.4.1 所示。变压器在负载运行时，变压器二次侧接入负载的变化，必然导致一、二次侧电流的变化，使得一、二次侧的内阻抗压降发生变化，从而使二次电压随负载的增减而变化。二次电压 U_2 随二次电流 I_2 变化的特性曲线 $U_2=f(I_2)$ 称为变压器的外特性。一般情况下，外特性曲线近似一条下倾的直线，且倾斜的程度与负载的功率因数有关，对于感性负载，功率因数越低，下倾越烈。从空载到满载（$I_2=I_{2N}$），二次电压变化的数值与空载电压的比值称为电压调整率（通常希望 U_2 的变动越小越好），即

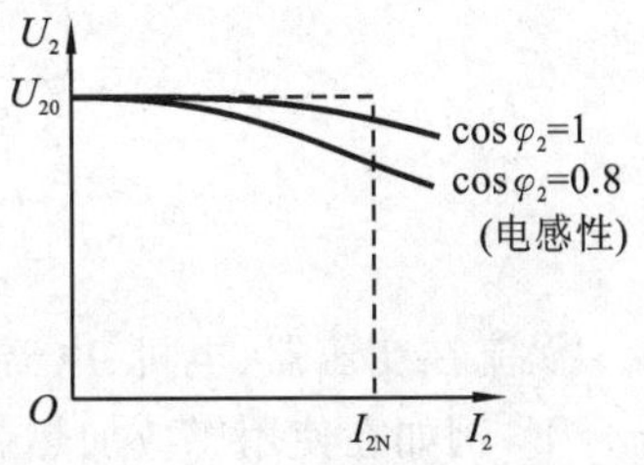

图 5.4.1　变压器的外特性

$$\Delta U=\frac{U_{20}-U_2}{U_{20}}\times 100\% \tag{5.4.1}$$

电力变压器的电压调整率一般为 2%～3%。

5.4.2　变压器的效率

在交流铁芯线圈中，除了在线圈电阻上有功率损耗（这部分损耗叫铜损，用 $\triangle P_{Cu}$ 表示），由于铁芯在交变磁化的情况下也会引起功率损耗（这部分损耗叫铁损，用 $\triangle P_{Fe}$ 表示），铁损是由铁磁物质的涡流和磁滞现象所产生的。

1. 磁滞损耗（$\triangle P_h$）

铁芯在交变磁通的作用下被反复磁化，在这一过程中，磁感应强度 B 的变化落后于 H，这种现象称为磁滞，由于磁滞现象造成的能量损耗称为磁滞损耗。

磁滞损耗的能量转变为热能而使铁芯发热。为了减小磁滞损耗，选用磁滞回线面积小的磁性材料。因此，变压器、电机、电器的铁芯应选用磁滞回线狭窄的软磁材料，如硅钢片、铁氧体、铍合金等。在制造永久磁铁时，为了获得较大的剩余磁感应强度，则选用硬磁性材料，如碳钢、钴钢及铁、镍、铝、钴合金等。

2. 涡流损耗($\triangle P_e$)

在交变磁通穿过铁芯时,铁芯中在垂直于磁通方向的平面内要产生感应电动势和感应电流,这种感应电流称为涡流。

由于铁芯本身具有电阻,涡流在铁芯中也要产生能量损耗,称为涡流损耗。涡流损耗也使铁芯发热,铁芯温度过高将影响电器设备正常工作。为了减小涡流损耗,在低频时(几十赫兹到几百赫兹),可用涂以绝缘漆的硅钢片(厚度为 0.5 mm 和 0.35 mm 两种)叠加而成的铁芯,如图 5.4.2 所示。这样可限制涡流在较小的截面内流通,增长涡流通过的路径,相应加大了铁芯的电阻,使涡流减小。对于高频铁芯线圈,可采用铁氧体磁心,这种磁心近似绝缘体,因而涡流可以大大减小。

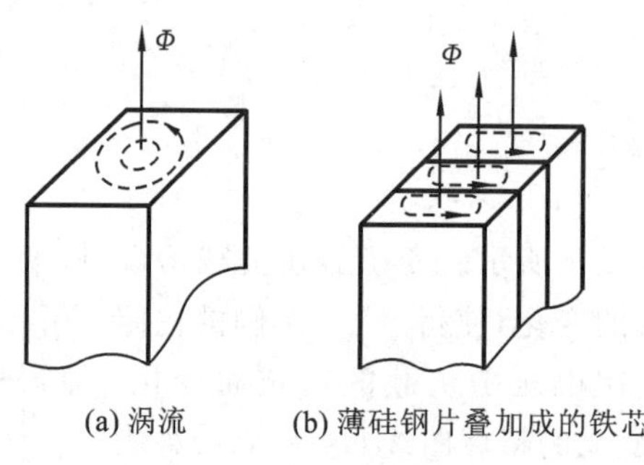

(a) 涡流　　(b) 薄硅钢片叠加成的铁芯

图 5.4.2　涡流损耗

涡流在变压器、电机、电器等电磁元件中消耗能量,引起发热,因而是有害的。但在有些场合下,例如在使用感应加热装置、涡流探伤仪等仪器设备时,却是以涡流效应为基础的。

综上所述,变压器在运行时有损耗,因此变压器的输出功率总小于输入功率。变压器的效率是指输出功率 P_2 与输入功率 P_1 比值的百分数,即

$$\eta=\frac{P_2}{P_1}\times 100\%=\frac{P_2}{P_2+\Delta P_{\mathrm{Fe}}+\Delta P_{\mathrm{Cu}}}\times 100\%$$

一般在满载时的 80%左右时,变压器的效率最高,大型电力变压器的效率可高达 98%~99%。

5.5　三相变压器

5.5.1　三相变压器绕组的连接及电压关系

1. 组式磁路变压器

组式磁路变压器的结构如图 5.5.1 所示。三相高压绕组的首端和末端分别用 U_1、V_1、W_1 和 U_2、V_2、W_2 标记,三相低压绕组的首端和末端分别用 u_1、v_1、w_1 和 u_2、v_2、w_2 标记。其特点是三相磁路彼此无关联,各相的励磁电流在数值上完全相等。对特大容量的变压器制造容易,备用量小。但铁芯用料多,占地面积大,只适用于超高压、特大容量的场合。

2. 芯式磁路变压器

三相变压器的铁芯多采用三铁芯柱式结构,如图 5.5.2 所示。它的三根铁芯柱上分别

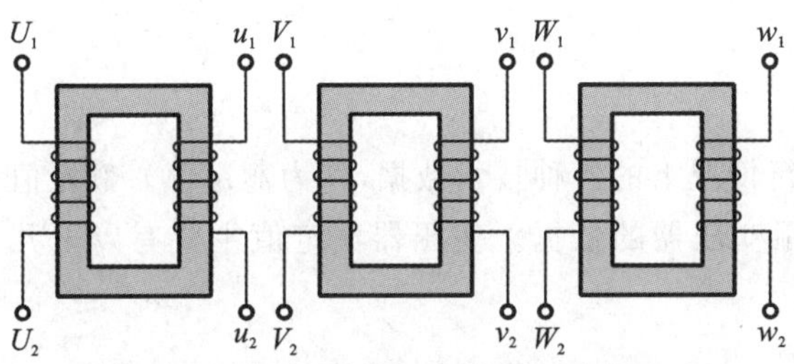

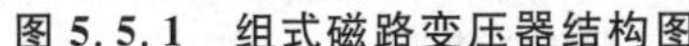

图 5.5.1　组式磁路变压器结构图

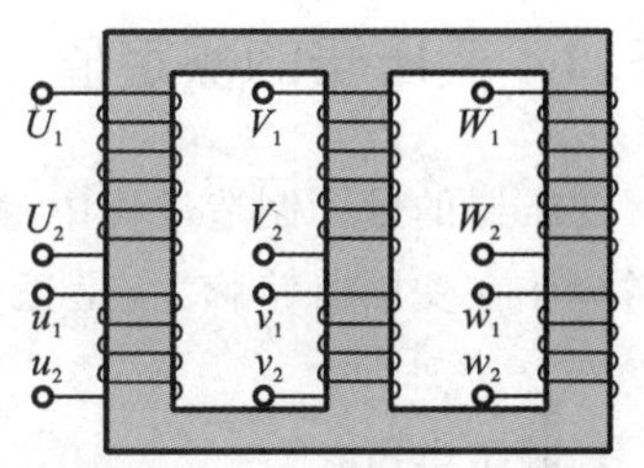

图 5.5.2　芯式磁路变压器结构图

套装有完全一样的高、低压绕组，相当于三台单相变压器。其高压端和低压端的首端与末端的表示方法与组式磁路变压器一致。三相高、低压绕组是对称的，因此电压变换也是对称的。

按照三相电路中所讲述的连接方法，三相变压器的高、低压绕组可作星形连接或三角形连接。我国国家标准规定有 Yyn、Yd、YNd、Yy 和 YNy 五种标准连接方法，目前应用较广泛的是前三种接法。其中，大写字母表示高压绕组的连接方法，小写字母表示低压绕组的连接方法，N 表示有中性线引出，例如，Yyn 表示高压绕组连接成星形，低压绕组连接成星形并有中线，如图 5.5.3 所示。

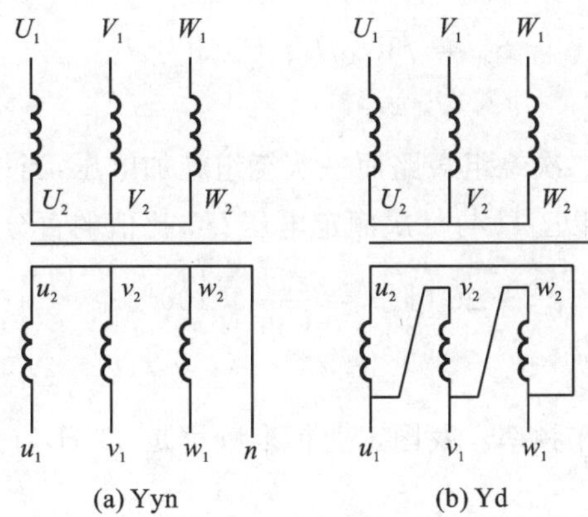

图 5.5.3　三相变压器绕组连接方法

三相变压器的电压比仍为高、低绕组的相电压之比：

$$K=\frac{U_{\mathrm{P1}}}{U_{\mathrm{P2}}}=\frac{N_1}{N_2} \tag{5.5.1}$$

三相变压器高、低压绕组接法不同，其线电压的比值就不同：

Yyn 接法
$$\frac{U_{\mathrm{L1}}}{U_{\mathrm{L2}}}=\frac{\sqrt{3}U_{\mathrm{P1}}}{\sqrt{3}U_{\mathrm{P2}}}=K \tag{5.5.2}$$

Yd 和 YNd 接法
$$\frac{U_{\mathrm{L1}}}{U_{\mathrm{L2}}}=\frac{\sqrt{3}U_{\mathrm{P1}}}{U_{\mathrm{P2}}}=\sqrt{3}K \tag{5.5.3}$$

三相变压器铭牌上给出的额定电压和额定电流是高压侧和低压侧线电压和线电流的额定值。额定容量（额定功率）是三相视在功率的额定值，即

$$S_{\mathrm{N}}=\sqrt{3}U_{2\mathrm{N}}I_{2\mathrm{N}} \tag{5.5.4}$$

5.5.2 变压器的额定值

变压器的设计制造过程中,都有额定运行情况下的各种技术数据,称为额定值。额定值通常标注在变压器铭牌上,是正确、合理使用变压器的依据。变压器额定值主要有以下几项。

1. 额定电压

一次额定电压U_{1N}是指额定运行情况下一次绕组应当施加的电压。

二次额定电压U_{2N}是指一次侧为额定电压U_{1N}时的二次侧空载电压。

2. 额定电流

一次额定电流I_{1N}是指在U_{1N}作用下一次绕组允许长期通过的最大电流。

二次额定电流I_{2N}是指一次侧为额定电压U_{1N}时二次绕组允许长期通过的最大电流。

三相变压器的额定电压、额定电流是指线电压、线电流。

3. 额定容量

额定容量是指输出的额定视在功率。

单相变压器 $S_N = U_{1N}I_{1N} = U_{2N}I_{2N}$

三相变压器 $S_N = \sqrt{3}U_{1N}I_{1N} = \sqrt{3}U_{2N}I_{2N}$

4. 阻抗电压△U(%)

阻抗电压是指变压器二次绕组短路而一次绕组施加电压,当一次电流$I_1 = I_{1N}$时一次绕组施加的电压值△U,通常以△U与一次额定电压U_{1N}比值的百分数表示,即

$$\Delta U(\%) = \frac{\Delta U}{U_{1N}} \times 100\%$$

5. 额定频率 f_N

额定频率是指电源工作频率。我国工业标准频率是 50 Hz。

6. 额定温升

额定温升是指变压器在额定运行情况下,变压器指定部位的温度与标准环境温度(一般为 40℃)之差。

使用变压器时,必须在规定额定值下运行,以确保变压器正常工作及延长使用寿命。

*5.6 特殊用途变压器(选学)

5.6.1 自耦变压器

自耦变压器分为可调式和固定抽头式两种形式。图 5.6.1 所示是可调式自耦变压器的外形图与电路原理图。这种变压器只有一个绕组,二次绕组 N_2 是一次绕组 N_1 的一部分。因此,它的工作特点是一、二次绕组不仅有磁的联系,而且有电的联系。

尽管自耦变压器只有一个绕组,但它的工作原理与双绕组变压器相同,如图 5.6.1(b)

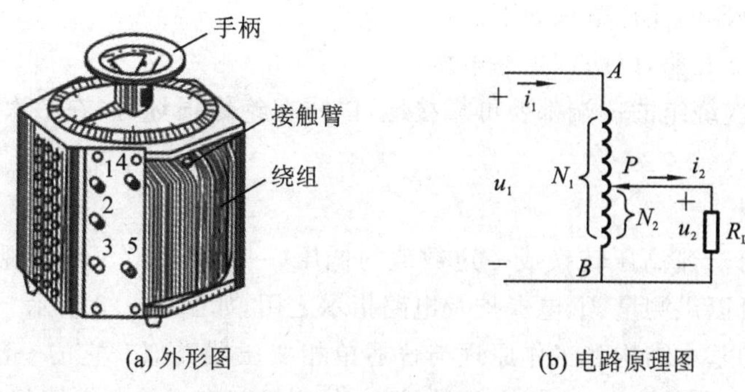

(a) 外形图　　(b) 电路原理图

图5.6.1　可调式自耦变压器

所示，接触臂 P 可借助手柄自由滑动，从而可以平滑地调节二次电压，所以这种变压器又称为自耦调压器。如果一次绕组加上电压 U_1，则可得二次电压 U_2，且一、二次侧的电压和它们的匝数成正比，即

$$\frac{U_1}{U_2}=\frac{N_1}{N_2}=K \tag{5.6.1}$$

有载时，一、二次电流和它们的匝数成反比，即

$$\frac{I_1}{I_2}=\frac{N_2}{N_1}=\frac{1}{K} \tag{5.6.2}$$

说明：当调节为自耦升压变压器时，N_2 匝数大于 N_1，即 $K<1$；当调节为自耦降升压变压器时，N_2 匝数小于 N_1，即 $K>1$。

5.6.2　互感器

互感器的工作原理与变压器是完全相同的。互感器分为电流互感器和电压互感器两大类。

1. 电流互感器

电流互感器的作用是将电路中的交流大电流转换成较小电流，用低量程的电流表测大电流。它的结构与普通变压器类似，如图5.6.2所示。它的特点是：一次绕组的导线较粗、匝数少（只有一匝或几匝），使用时一次绕组与被测电流串联，由于阻抗很小，对被测电路的电流几乎不产生影响；二次绕组的导线较细、匝数多，使用中规定与专用的5 A或1 A电流表相接。

电流互感器是根据变压器的变流原理制成的，即

$$\frac{I_1}{I_2}=\frac{N_2}{N_1}=\frac{1}{K}$$

如令 $K_i=\frac{1}{K}$，则

$$I_1=K_iI_2$$

式中：K_i 为变流比。这样，由测得的电流 I_2 乘以变流比就可算出被测电流 I_1。只要配以专用互感器（变流比已知），就可以把二次侧的电流表刻度按一次侧电流标出，从电流表上便可以直接读出一次侧所在线路中的电流值。

使用电流互感器的注意事项如下。

(1)二次侧不能开路,以防产生高电压。

(2)铁芯与二次绕组的一端都要可靠接地,以防在绝缘损坏时,在二次侧出现过高的危险电压。

2. 电压互感器

电压互感器将交流高压转换成一定数值的低压(一般为 100 V),实现用低量程的电压表测高电压。还可以供测量、继电保护及电路指示之用,如图 5.6.3 所示。

电压互感器的基本结构和工作原理与普通单相变压器类似。它的一次绕组匝数较多,导线较细,与被测电路并联;二次绕组匝数较少,与测量仪表或控制电路相连。

根据变压器的变压原理,则

$$\frac{U_1}{U_2}=\frac{N_1}{N_2}=K$$

故

$$U_1=KU_2$$

只要适当选择电压比,就能从二次侧的电压表上间接读出高压侧的电压值。

使用电压互感器的注意事项如下。

(1)二次侧不能短路,以防产生过流。

(2)铁芯与二次绕组的一端都要可靠接地,以防在绝缘损坏时,在二次侧出现高压。

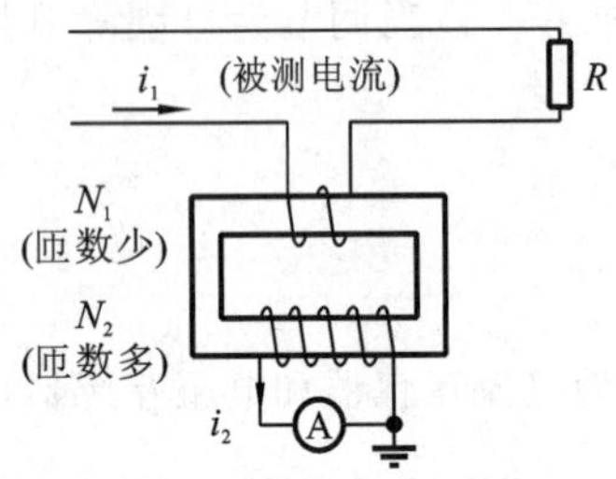

图 5.6.2 电流互感器

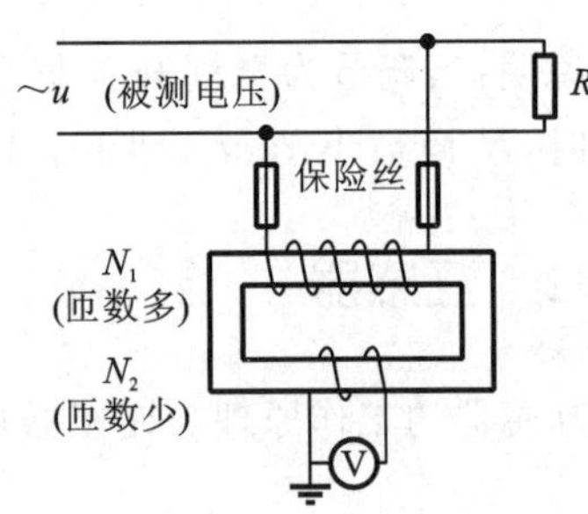

图 5.6.3 电压互感器

习 题

5.1 变压器有哪些主要部件,它们的主要作用是什么?

5.2 有一台 D-50/10 单相变压器,$S_N=50$ kV·A,$U_{1N}/U_{2N}=10500$ V/230 V,试求变压器原、副线圈的额定电流?

5.3 已知变压器的二次绕组有 400 匝,一次绕组和二次绕组的额定电压为 220 V/55 V。求一次绕组的匝数。

5.4 已知某单相变压器 $S_N=50$ kV·A,$U_{1N}/U_{2N}=6600$ V/230 V,空载电流为额定电流的 3%,铁损耗为 500 W,满载铜损耗为 1450 W。向功率因数为 0.85 的负载供电时,满载时的二次侧电压为 220 V。求:

(1)一、二次绕组的额定电流;

(2)空载时的功率因数;

(3)电压变化率;

(4)满载时的效率。

5.5 某收音机的输出变压器，一次绕组的匝数为230，二次绕组的匝数为80，原配接8 Ω的扬声器，现改用4 Ω的扬声器，问二次绕组的匝数应改为多少？

5.6 一台容量为20 kV·A的照明变压器，它的电压为6600 V/220 V，问它能够正常供应220 V、40W的白炽灯多少盏？能供给$\cos\varphi=0.6$、电压为220 V、功率40W的日光灯多少盏？

5.7 某50 kV·A、6600 V/220 V的单相变压器，若忽略电压变化率和空载电流。求：

(1)负载是220 V、40W、功率因数为0.5的440盏日光灯时，变压器一、二次绕组的电流是多少？

(2)上述负载是否已使变压器满载？若未满载，还能接入多少盏220 V、40W、功率因数为1的白炽灯？

5.8 电阻值为8 Ω的扬声器，通过变压器接到$E=10$ V、$R_0=250$ Ω的信号源上。设变压器一次绕组的匝数为500，二次绕组的匝数为100。求：

(1)变压器一次侧的等效阻抗模$|Z|$；

(2)扬声器消耗的功率。

5.9 一自耦变压器，一次绕组的匝数$N_1=1000$，接到220 V交流电源上，二次绕组的匝数$N_2=500$，接到$R=4$ Ω、$X_L=3$ Ω的感性负载上。忽略漏阻抗压降。求：

(1)二次侧电压U_2；(2)输出电流I_2；(3)输出的有功功率P_2。

5.10 有一台SSP-125000/220三相电力变压器，采用YNd接线方法，$U_{1N}/U_{2N}=$ 220 kV/10.5 kV，求：

(1)变压器额定电压和额定电流；

(2)变压器原、副线圈的额定电压和额定电流。

5.11 某三相变压器$S_N=50$ kV·A，$U_{1N}/U_{2N}=10000$ V/440 V，采用Yyn接线方法。求高、低压绕组的额定电流。

5.12 某三相变压器的容量为800 kV·A，采用Yd接线方法，额定电压为35 kV/10.5 kV。求高压绕组和低压绕组的额定相电压、相电流和线电流。

5.13 有一台三相变压器$S_N=150$ kV·A，$U_{1N}=6.3$ kV，$U_{2N}=0.4$ kV，负载的功率因数为0.8(电感性)，电压变化率为4.5%。求满载时的输出功率。

5.14 某三绕组变压器，三个绕组的额定电压和容量分别为：220 V和150 V·A、127 V和100 V·A、36 V和50 V·A。求这三个绕组的额定电流。

第6章　电动机

6.1　电机概述

电机是电能和机械能相互转换的装置。将电能转换为机械能的电机称为电动机，将机械能转换为电能的电机称为发电机。电机可分为直流电机和交流电机两大类，交流电机又有同步电机和异步电机两种。电动机根据使用场合的不同分为动力用电动机和控制用电动机。动力用电动机中以三相交流异步电动机使用最为广泛。

三相交流异步电动机以结构简单、价格低廉、坚固耐用、维护方便、工作可靠并有较高的效率及适用的特性而被广泛地应用于各种金属切削机床、起重机械和风机、水泵等各种设备中。三相交流异步电动机过去由于调速性能不如直流电动机好，因而在调速要求较高的应用场合竞争不过直流电动机。随着电力电子技术的发展，交流异步电动机的调速问题得到较为满意的解决方案，其调速性能已经可与直流电动机相比，因而目前在调速要求较高的场所使用交流异步电动机调速的设备日益增多。交流异步电动机存在的问题主要是功率因数低，满载时在 0.85 左右，空载时则只有 0.2～0.3。

6.2　三相异步电动机的构造

三相异步电动机主要由定子、转子两大部分组成，定子和转子之间存在一点气隙，如图 6.2.1 所示。

6.2.1　定子

定子是用来产生旋转磁场的。三相异步电动机的定子一般由外壳、定子铁芯、定子绕组等部分组成。

1. 外壳

三相异步电动机外壳包括机座、端盖、轴承盖、接线盒及吊环等部件。

机座：由铸铁或铸钢浇铸成型，它的作用是保护和固定三相电动机的定子绕组。中、小型三相电动机的机座还有两个端盖支承着转子，它是三相电动机机械结构的重要组成部分。

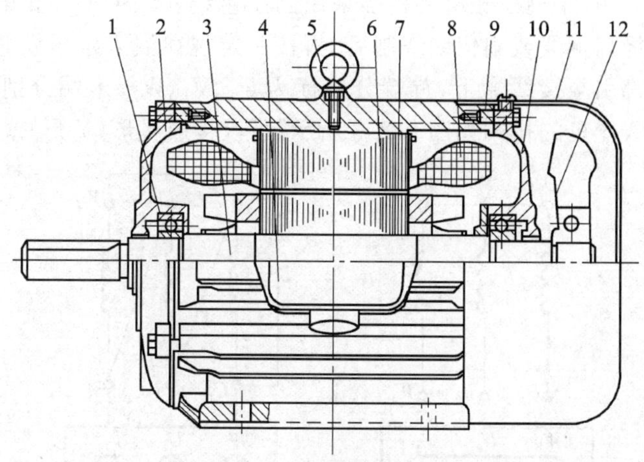

图 6.2.1　封闭式三相鼠笼型异步电动机结构图

1—轴承；2—前端盖；3—转轴；4—接线盒；5—吊环；6—定子铁芯；
7—转子；8—定子绕组；9—机座；10—后端盖；11—风罩；12—风扇

通常，机座的外表要求散热性能好，所以一般都铸有散热片。

端盖：用铸铁或铸钢浇铸成型，它的作用是把转子固定在定子内腔中心，使转子能够在定子中均匀地旋转。

轴承盖：也是由铸铁或铸钢浇铸成型的，它的作用是固定转子，使转子不能轴向移动，另外起存放润滑油和保护轴承的作用。

接线盒：一般是用铸铁浇铸，其作用是保护和固定绕组的引出线端子。

吊环：一般是用铸钢制造，安装在机座的上端，用来起吊、搬抬三相电动机。

2. 定子铁芯

异步电动机定子铁芯是电动机磁路的一部分，由 0.35～0.5 mm 厚表面涂有绝缘漆的薄硅钢片叠压而成，如图 6.2.2 所示。硅钢片较薄而且片与片之间是绝缘的，减少了由于交变磁通通过而引起的铁芯涡流损耗。铁芯内圆有均匀分布的槽口，用来嵌放定子绕圈。

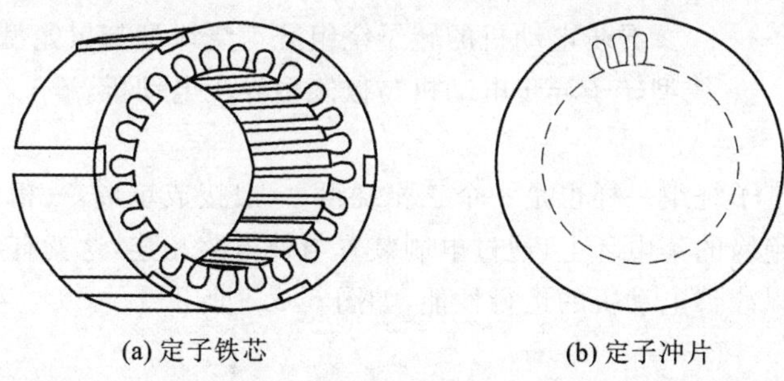

(a) 定子铁芯　　(b) 定子冲片

图 6.2.2　定子铁芯及冲片示意图

3. 定子绕组

定子绕组是三相异步电动机的电路部分，三相异步电动机有三相绕组，通入三相对称电流时，就会产生旋转磁场。三相绕组由三个彼此独立的绕组组成，且每个绕组又由若干线圈连接而成。每个绕组即为一相，每个绕组在空间相差 120°电角度。线圈由绝缘铜导线或绝缘铝导线绕制而成。中、小型三相电动机多采用圆漆包线，大、中型三相电动机的定子线圈则用较大截面的绝缘扁铜线或扁铝线绕制后，再按一定规律嵌入定子铁芯槽内。定子三相绕组的六个出线端都引至接线盒上，首端分别标为 U_1、V_1、W_1，末端分别标为 U_2、V_2、W_2。这六个出线端在接线盒里的排列如图 6.2.3 所示，可以接成星形(Y 形)或三角形(△形)。

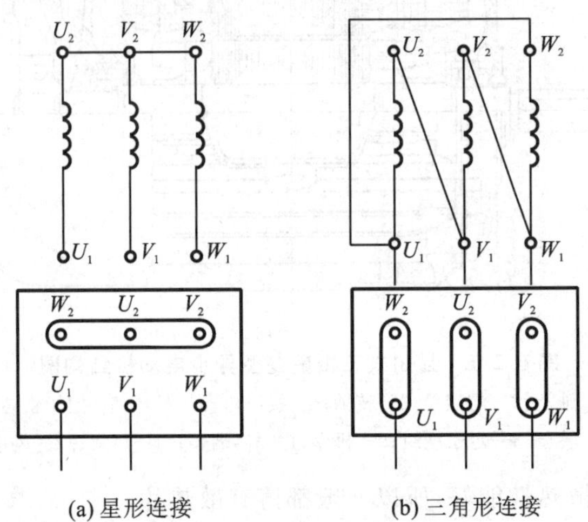

图 6.2.3　定子绕组的连接

6.2.2　转子

转子是电动机中可以转动的机构，包括以下几个部分。

1. 转子铁芯

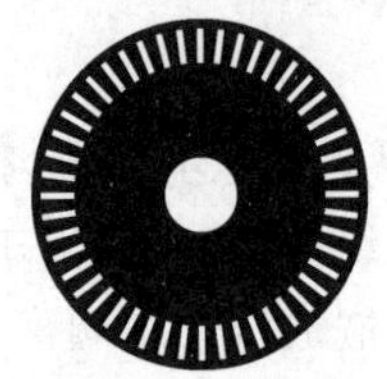

图 6.2.4　转子铁芯

转子铁芯是用 0.5mm 厚的硅钢片叠压而成，套在转轴上，作用和定子铁芯相同，一方面作为电动机磁路的一部分，另一方面用来安放转子绕组，如图 6.2.4 所示。

2. 转子绕组

异步电动机的转子绕组分为绕线型与鼠笼型两种，由此分为绕线型转子异步电动机与鼠笼型异步电动机。

1)绕线型绕组

绕线型绕组与定子绕组一样也是一个三相绕组，一般接成星形，三相引出线分别接到转轴上的三个与转轴绝缘的集电环上，通过电刷装置与外电路相连，这就有可能在转子电路中串接电阻或电动势以改善电动机的运行性能，如图 6.2.5 所示。

2)鼠笼型绕组

在转子铁芯的每一个槽中插入一根铜条，在铜条两端各用一个铜环(称为端环)把铜条连接起来，称为铜排转子，如图 6.2.6(a)所示。也可用铸铝的方法，把转子铜条和端环风扇叶片用铝液一次浇铸而成，称为铸铝转子，如图 6.2.6(b)所示。100 kW 以下的异步电动机一般采用铸铝转子。

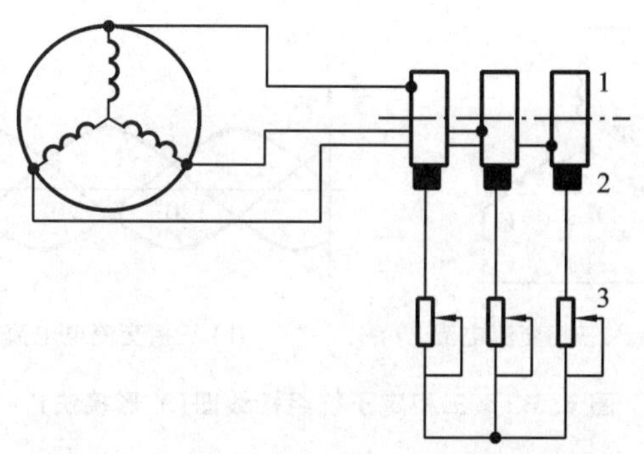

图 6.2.5　绕线型转子与外加变阻器的连接

1—集电环；2—电刷；3—变阻器

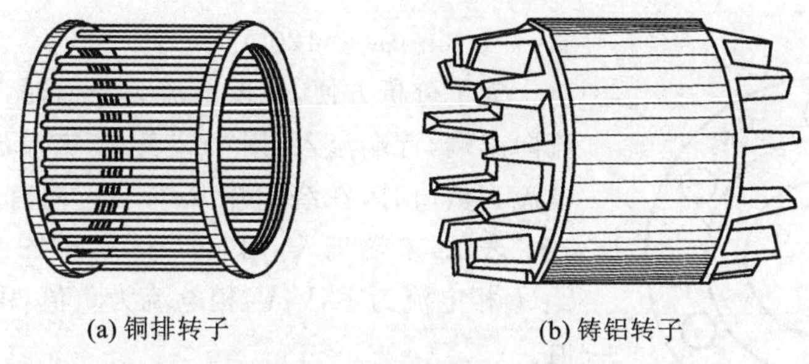

(a) 铜排转子　　(b) 铸铝转子

图 6.2.6　鼠笼型转子绕组

6.2.3　其他部分

三相异步电动机的其他部分包括端盖、风扇等。端盖除了起防护作用外，在端盖上还装有轴承，用以支承转子轴。风扇则用来通风冷却电动机。三相异步电动机的定子与转子之间的气隙，一般仅为 0.2～1.5 mm。气隙太大，电动机运行时的功率因数降低；气隙太小，使装配困难，运行不可靠，高次谐波磁场增强，从而使附加损耗增加及使启动性能变差。

6.3　三相异步电动机的工作原理

三相异步电动机的工作过程主要是利用电与磁之间的相互作用与相互转化，三相定子加入三相交流电产生了空间旋转的磁场，转子被旋转磁场切割，产生电磁力，开始旋转，从而带动机械设备发生旋转。

6.3.1　旋转磁场

三相异步电动机转子之所以会旋转，实现能量转换，是因为转子气隙内有一个旋转磁场，该磁场为三相合成磁场，下面来讨论旋转磁场的产生。

如图 6.3.1 所示，U_1U_2、V_1V_2、W_1W_2 为三相定子绕组，在空间彼此相隔 120°，接成星形。三相绕组的首端 U_1、V_1、W_1 接在三相对称电源上，有三相对称电流 i_1、i_2、i_3 通过三相绕

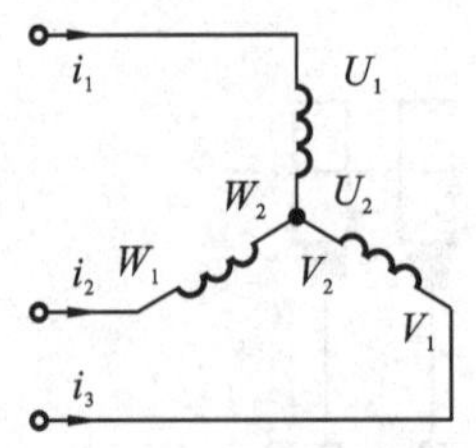

(a) 定子绕组接入三相交流电流

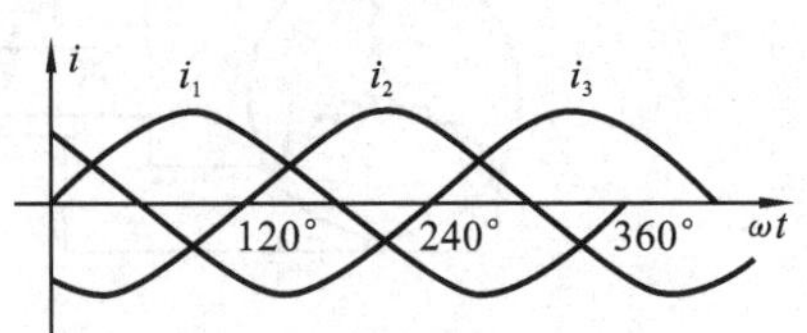

(b) 三相交流电电流波形

图 6.3.1　三相定子绕组接线图(Y 形接法)

组。设电源的相序为 U、V、W,且 U 相的初相角为零。

$$\begin{cases} i_1 = I_m \sin \omega t \\ i_2 = I_m \sin (\omega t - 120°) \\ i_3 = I_m \sin (\omega t + 120°) \end{cases}$$

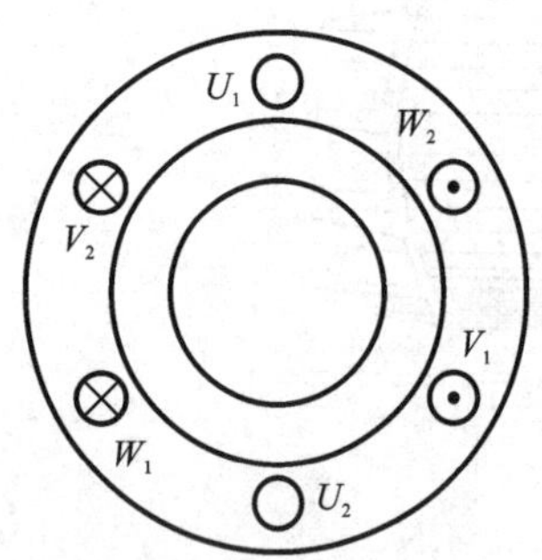

图 6.3.2　绕组电流方向标注图

为了分析方便,假设电流为正值时,在绕组中从首端流向末端,首端流入,用“×”表示,末端流出用“·”表示。电流为负值时,在绕组中从末端流向首端,首端流出,用“·”表示,末端流入,用“×”表示,如图 6.3.2 所示,此时 U_1U_2 相电流为零,V_1V_2 相电流为负值,W_1W_2 相电流为正值。

当 $\omega t=0°$ 时,$i_1=0$,$i_2<0$,$i_3<0$,即 U_1U_2 相电流为 0,V_1V_2 相电流为负值,W_1W_2 相电流为正值,根据“右手螺旋定则”,每一相上会产生一个磁场,三相电流所产生的磁场叠加的结果,便形成一个合成磁场,如图 6.3.3(a)所示,可见此时的合成磁场是一对磁极(即两极),右边是 N 极,左边是 S 极。

当 $\omega t=60°$ 时,$i_1>0$,$i_2<0$,$i_3=0$,即 U_1U_2 相电流为正值,V_1V_2 相电流为负值,W_1W_2 相电流为 0,根据“右手螺旋定则”,每一相上会产生一个磁场,三相电流所产生的磁场叠加的结果,便形成一个合成磁场,如图 6.3.3(b)所示,旋转磁场磁极方向沿顺时针方向旋转了 60°。

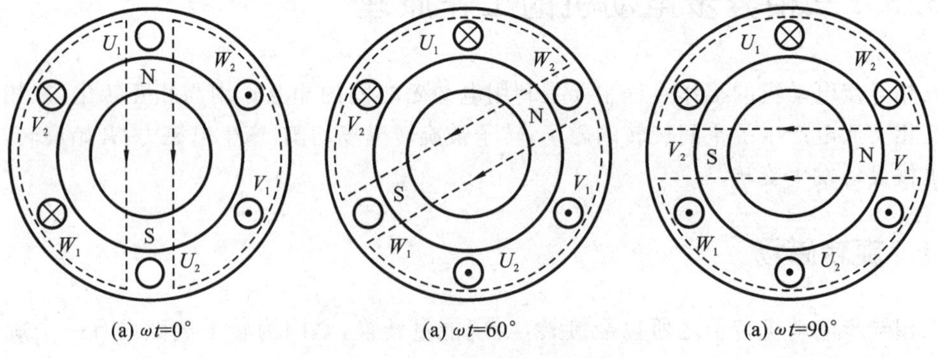

(a) ωt=0°　　(a) ωt=60°　　(a) ωt=90°

图 6.3.3　合成磁场方向示意图

当 $\omega t=90°$ 时,$i_1>0$,$i_2<0$,$i_3<0$,即 U_1U_2 相电流为正值,V_1V_2 相电流为负值,W_1W_2 相

电流也为负值，根据“右手螺旋定则”，每相产生一个磁场，三相电流所产生的磁场叠加的结果，便形成一个合成磁场，如图 6.3.3(c)所示，旋转磁场磁极方向沿顺时针方向旋转了 90°。

由此可见，三相绕组通入三相交流电流时，将产生旋转磁场。若电动机的绕组对称、通入的三相电流对称，则此旋转磁场的大小恒定不变(称为圆形旋转磁场)。

由图 6.3.3 可知，旋转磁场的旋转方向与电流相序方向一致，如果相序改变，则旋转磁场旋转方向也就随之改变。

进一步分析可以得到，旋转磁场转速 n_0(又称为同步转速)与电流工作频率 f_1 和极对数 p 的关系：$n_0=\frac{60f_1}{p}$，单位为转/分(r/min)。

我国电网频率为 50 Hz，n_0 与 p 的关系如表 6.3.1 所示。

表 6.3.1　极对数 p 与旋转磁场转速 n_0 的关系

极对数 p	1	2	3	4	5
旋转磁场转速 n_0/(r/min)	3000	1500	1000	750	600

由表 6.3.1 可见，旋转磁场转速 n_0 是有级的。

6.3.2　电动机的转动原理

三相异步电动机的工作原理如图 6.3.4 所示，其转动原理如下。

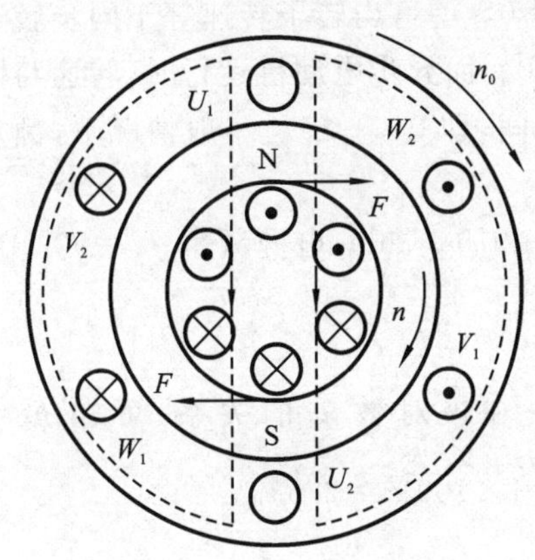

图 6.3.4　三相异步电动机的工作原理图

(1)电生磁：定子三相绕组通过三相交流电流产生旋转磁场，其转向与相序一致，为顺时针方向，同步转速 n_0 为 $n_0=\frac{60f_1}{p}$，假定该瞬间定子旋转磁场方向向下。

(2)磁生电：定子旋转磁场旋转切割转子绕组，在转子绕组中感应出电动势，其方向由“右手螺旋定则”确定。由于转子绕组自身闭合，便有电流流过，并假定电流方向与电动势方向相同。

(3)电磁力矩：转子绕组感应电流在定子旋转磁场作用下，产生电磁力，其方向由“左手螺旋定则”判断。该力对转轴形成转矩(称电磁转矩)，它的方向与定子旋转磁场(即电流相序)一致。于是，电动机在电磁转矩的驱动下，以 n 的速度顺着旋转磁场的方向旋转。

异步电动机转速 n 恒小于定子旋转磁场转速 n_0，只有这样，转子绕组与定子旋转磁场之间才有相对运动(转速差)，转子绕组才能感应出电动势和电流，从而产生电磁转矩。因而 $n<n_0$(有转速差)是异步电动机旋转的必要条件，异步的名称也由此而来。

由于三相异步电动机的旋转方向与旋转磁场的旋转方向一致，而旋转磁场的旋转方向取决于三相电流的相序。因此，要改变电动机的旋转方向，必须改变三相交流电的相序。实际上，只要将接到电源的任意两根连线对调即可，如图 6.3.5 所示。

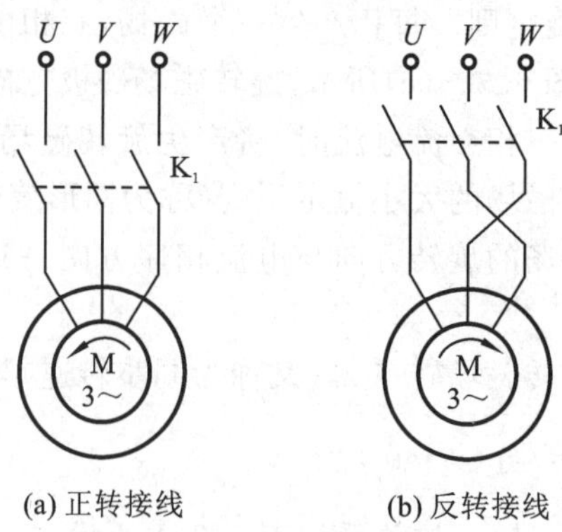

(a) 正转接线　　(b) 反转接线

图 6.3.5　电动机正反转控制接线图

6.3.3　转差率

转差率是异步电动机的一个基本参数，对分析和计算异步电动机的运行状态及其机械特性有着重要的意义。

旋转磁场转速 n_0 与转子转速 n 之差与同步转速 n_0 之比称为异步电动机的转差率 s，即

$$s=\frac{n_0-n}{n_0}\times 100\% \tag{6.3.1}$$

当电动机接通电源而尚未启动时(即启动瞬间)，$n=0$，$s=1$；当转子转速等于同步转速时(理想空载状态，实际运行时不可能出现)，$n=n_0$，$s=0$。而异步电动机运行时，转速与同步转速一般很接近，转差率很小，变化范围总在 0～1 之间，即 $0<s<1$。一般情况下，额定运行时转差率为 1%～5%。

【例 6.3.1】　一台三相异步电动机，其额定转速 $n=975$ r/min，电源频率 $f_1=50$ Hz。试求电动机的极对数和额定负载下的转差率。

【解】

根据异步电动机的旋转磁场转速 n_0 与频率 f_1 和极对数 p 的关系，可知 $n_0=1000$ r/min，即额定转差率 $s=\frac{n_0-n}{n_0}\times 100\%=\frac{1000-975}{1000}\times 100\%=2.5\%$。

6.4　三相异步电动机的电磁转矩和功率平衡

电动机的作用是把电能转换为机械能，它输送给生产机械的是电磁转矩 T(简称转矩)与转速。电动机的电磁转矩 T 是旋转磁场磁通 Φ_m 与转子电流 I_2 作用而产生的。电动机的机械特性是指电动机的转速 n 和电动机的电磁转矩 T 之间的关系，即 $n=f(T)$ 关系。机械特性是电动机的重要特性，因为不同的生产机械要求用不同机械特性的电动机拖动。

6.4.1　三相异步电动机的电磁转矩

三相异步电动机转轴上产生的电磁转矩是决定电动机输出机械功率大小的一个重要因

素，是电动机的一个重要性能指标。

1. 电磁转矩的方向和大小

三相异步电动机的工作原理表明，电磁转矩是旋转磁场与转子绕组中感应电流相互产生的，其方向与旋转磁场的转向一致，大小为：

$$T = C_T \Phi_m I_2 \cos \varphi_2 \tag{6.4.1}$$

式中：T 的单位为牛・米（N・m）；C_T是常数，与电机结构有关；Φ_m为旋转磁场的每极磁通；I_2为转子电流；φ_2为转子电路的功率因数。

由于 Φ_m与定子相电压 U_1和 f_1有关，I_2既和 U_1有关，还与 s 有关，$\cos\varphi_2$与转子每相绕组的电阻和漏抗有关，故可推导出如下公式：

$$T = K \frac{sR_2}{R_2^2 + (sX_{20})^2} \cdot U_1^2 \tag{6.4.2}$$

式中：K 为电机结构常数；R_2为转子绕组电阻；X_{20}为转子不转时转子绕组漏抗。

由上面公式可以看出：电磁转矩与电源电压的平方成正比，即其对电源电压特别敏感。

2. 转矩平衡

电动机在工作时，施加在转子上的转矩，除电磁转矩 T 外，还有空载转矩 T_0（由风阻和轴承摩擦等形成的转矩）和负载转矩 T_L（生产机械的阻转矩）。电磁转矩减去空载转矩是电动机的输出转矩 T_2，即

$$T_2 = T - T_0 \tag{6.4.3}$$

电动机只有在 $T_2 = T_L$时，才能稳定运行。也就是说，电动机在稳定运行时，应满足下述的转矩平衡方程式

$$T = T_0 + T_L \tag{6.4.4}$$

T_0一般很小，电动机在满载运行或接近满载运行时，T_0可忽略不计，这时 $T \approx T_2 = T_L$。

电动机在稳定运行时，若 T_L减小，则原来的平衡被打破。T_L减小的瞬间，$T_2 > T_L$，电动机加速，n 增加，s 减小，转子电流 I_2减小，定子电流 I_1也随之减小；I_2减小又会使 T 减小，直到恢复 $T_2 = T_L$为止，电动机便在比原来高的转速和比原来小的电流下重新稳定运行。反之，当 T_L增加时，T 相应增加，电动机将在比原来低的转速和比原来大的电流下重新稳定运行。

6.4.2　三相异步电动机的功率平衡

电动机输出的机械功率用 P_2表示：

$$P_2 = T_2 \omega = \frac{2\pi}{60} T_2 n \tag{6.4.5}$$

式中：ω 是转子的旋转角速度，单位是 rad/s（弧度/秒）；T_2的单位是 N・m（牛・米）；n 的单位是 r/min（转/分）；P_2的单位是 W（瓦）。

三相异步电动机从电源输入的有功功率为

$$P_1 = \sqrt{3} U_{1L} I_{1L} \lambda = 3 U_{1P} I_{1P} \lambda \tag{6.4.6}$$

式中：U_{1L}和 I_{1L}是定子绕组的线电压和线电流；U_{1P}和 I_{1P}是定子绕组的相电压和相电流；三相异步电动机是电感性负载，定子相电流滞后于相电压一个 φ 角；$\lambda = \cos\varphi$ 是三相异步电动

机的功率因数。

P_1和P_2之差是电动机的功率损耗P,包括铜损耗P_{Cu}、铁损耗P_{Fe}、机械损耗P_{Me},即

$$P = P_1 - P_2 = P_{Cu} + P_{Fe} + P_{Me} \tag{6.4.7}$$

三相异步电动机的效率为

$$\eta = \frac{P_2}{P_1} \times 100\% \tag{6.4.8}$$

【例 6.4.1】 某三相异步电动机,极对数$p=2$,定子绕组为三角形连接,接于 50 Hz、380 V的三相电源上工作,当负载转矩$T_L=91\ \mathrm{N \cdot m}$时,测得$I_{1L}=30\ \mathrm{A}$,$P_1=16\ \mathrm{kW}$,$n=1470\ \mathrm{r/min}$,求该电动机在此负载运行时的$s$、$P_2$、$\eta$和$\lambda$。

【解】

$$n_0=\frac{60f}{p}=\frac{60\times 50}{2}\ \mathrm{r/min}=1500\ \mathrm{r/min}$$

$$s=\frac{n_0-n}{n_0}\times 100\%=\frac{1500-1470}{1500}\times 100\%=2\%$$

$$P_2=\frac{2\pi}{60}T_2 n=\frac{2\pi}{60}T_L n=\frac{2\times 3.14}{60}\times 91\times 1470\ \mathrm{W}=14\ \mathrm{kW}$$

$$\eta=\frac{P_2}{P_1}\times 100\%=\frac{14}{16}\times 100\%=87.5\%$$

$$\lambda=\frac{P_1}{\sqrt{3}U_{1L}I_{1L}}=\frac{16\times 10^3}{\sqrt{3}\times 380\times 30}=0.81$$

6.5 三相异步电动机的机械特性

电动机是电能转换为机械能的设备,电动机的机械特性是电动机最主要的特性。电磁转矩反映了电动机做功的能力,反映了电动机的机械特性。

由式(6.4.2)可知,当定子相电压U_1和f_1恒定时,X_{20}为常数,电磁转矩T仅为转差率s的函数。将电磁转矩T与转差率s的关系曲线$T=f(s)$称为转矩特性(见图 6.5.1),转速n与电磁转矩T的关系曲线$n=f(T)$称为机械特性(见图 6.5.2),也统称为电动机的机械特性。

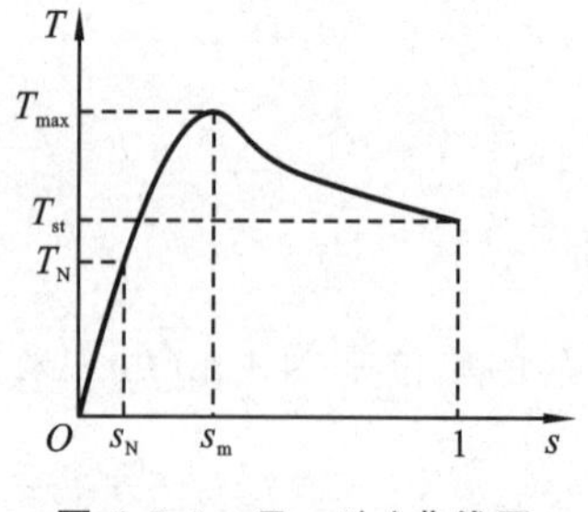

图 6.5.1 $T=f(s)$曲线图

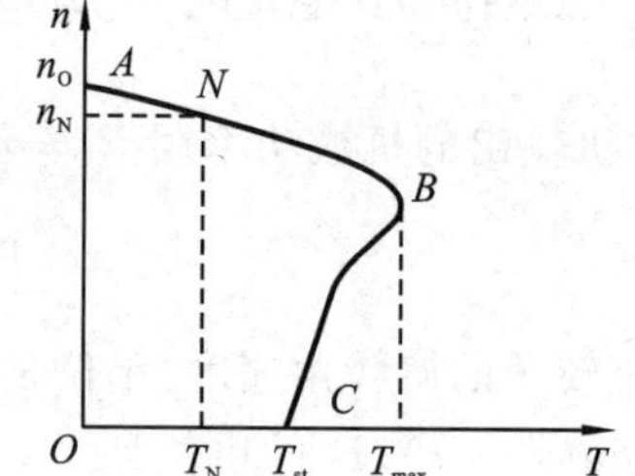

图 6.5.2 三相异步电动机的机械特性

1. 转矩特性 $T=f(s)$

由图 6.5.1 可知,在$0<s<s_m$区间,电磁转矩随转差率的增加而增加,这是因为当s很

小时，$sX_{20} \ll R_2$，略去 sX_{20} 不计，可以近似认为转矩 T 与 s 成正比。在 $s_m < s < 1$ 区间，电磁转矩随转差率的增加而减小。这是因为当 s 较大时，$sX_{20} \gg R_2$，略去 R_2 不计，可以近似认为 T 与 s 成反比。

s_N 称为额定转差率，对应 s_N 时的电磁转矩为额定电磁转矩，表示为 T_N，它可以根据电动机铭牌上的额定功率（输出机械功率）和额定转速求得：

$$T_N = \frac{P_N}{\omega_N} = \frac{P_N}{2\pi n_N/60} = 9550\ \frac{P_N(\mathrm{kW})}{n_N(\mathrm{rad/min})} \tag{6.5.1}$$

s_m 称为临界转差率，对应 s_m 时的电磁转矩最大，表示为 T_{max}。通常用最大转矩 T_{max} 和额定转矩 T_N 的比值来说明异步电动机的短时过载能力，用 K_M 表示，即

$$K_M = \frac{T_{max}}{T_N} \tag{6.5.2}$$

Y 系列三相异步电动机的 $K_M = 2 \sim 2.2$。

T_{st} 为启动转矩，是指电动机在刚接通电源启动时刻（$n=0, s=1$）的转矩，启动转矩应大于额定转矩，否则电动机将不能正常启动。通常用启动转矩 T_{st} 和额定转矩 T_N 的比值来说明异步电动机的直接启动能力，用 K_S 表示，即

$$K_S = \frac{T_{st}}{T_N} \tag{6.5.3}$$

直接启动时，启动电流远大于额定电流，这也是直接启动时应予考虑的问题。电动机的启动电流 I_{st} 和额定电流 I_N 的比值用 K_C 表示，即

$$K_C = \frac{I_{st}}{I_N} \tag{6.5.4}$$

Y 系列三相异步电动机的 $K_S = 1.6 \sim 2.2$，$K_C = 5.5 \sim 7.0$。

2. 机械特性 $n=f(T)$

$T=f(s)$ 曲线只是间接地表示了电磁转矩和转速之间的关系。若把 $T=f(s)$ 曲线的 s 轴变成 n 轴，然后把 T 轴平行移动到 $n=0, s=1$ 处，将换轴后的坐标轴顺时针旋转 90°，便可得到电动机机械特性曲线的另外一种形式：转速 n 与转矩 T 的关系曲线 $n=f(T)$，如图 6.5.2所示。

由图 6.5.2 可知，AB 区间为电动机的稳定运行区间。电动机运行在稳定区间不需要借助其他机械和人为调节，自身具有自适应负载变化的能力。它的电磁转矩随负载转矩增加而自动增加，随负载转矩减少而自动减少。电动机的稳定工作区间直线较平坦，电动机转速变化不大，这种特性称为电动机的硬特性。对某些电动机，为满足某些应用要求，可在转子电路中串接电阻。这时，电动机在稳定区工作时，电动机转速可发生较大变化，这种特性称为电动机的软特性。

【例 6.5.1】　有两台功率都为 $P_N = 7.5$ kW 的三相异步电动机，一台 $U_N = 380$ V、$n_N = 962$ r/min，另一台 $U_N = 380$ V、$n_N = 1450$ r/min，求两台电动机的额定转矩。

【解】

第一台：　$T_N = 9550\ \frac{P_N}{n_N} = 9550 \times \frac{7.5}{962}\ \mathrm{N \cdot m} = 74.45\ \mathrm{N \cdot m}$

第二台：　$T_N = 9550\ \frac{P_N}{n_N} = 9550 \times \frac{7.5}{1450}\ \mathrm{N \cdot m} = 49.4\ \mathrm{N \cdot m}$

【例 6.5.2】 一台 Y225M-4 型的三相异步电动机，定子绕组为三角形连接，其额定数据为：$P_{2N}=45\ \text{kW}$，$n_N=1480\ \text{r/min}$，$u_N=380\ \text{V}$，$\eta_N=92.3\%$，$\cos\Phi_N=0.88$，$\frac{T_{st}}{T_N}=1.9$，$\frac{T_{max}}{T_N}=2.2$，求：

(1)额定电流 I_N；

(2)额定转差率 s_N；

(3)额定转矩 T_N、最大转矩 T_{max}和启动转矩 T_{st}。

【解】

(1)
$$I_N=\frac{P_{2N}\times 10^3}{\sqrt{3}U_N\cos\Phi_N\eta_N}=\frac{45\times 10^3}{\sqrt{3}\times 380\times 0.88\times 0.923}\ \text{A}=84.2\ \text{A}$$

(2)由 $n_N=1480\ \text{r/min}$，可知 $p=2$(四极电动机)，$n_0=1500\ \text{r/min}$，则

$$s_N=\frac{n_0-n}{n_0}\times 100\%=\frac{1500-1480}{1500}\times 100\%=1.3\%$$

(3)
$$T_N=9550\ \frac{P_{2N}}{n_N}=9550\times\frac{45}{1480}\ \text{N}\cdot\text{m}=290.4\ \text{N}\cdot\text{m}$$

$$T_{max}=\left(\frac{T_{max}}{T_N}\right)T_N=2.2\times 290.4\ \text{N}\cdot\text{m}=638.9\ \text{N}\cdot\text{m}$$

$$T_{st}=\left(\frac{T_{st}}{T_N}\right)T_N=1.9\times 290.4\ \text{N}\cdot\text{m}=551.8\ \text{N}\cdot\text{m}$$

6.6 三相异步电动机的启动、调速和制动

6.6.1 三相异步电动机的启动方法

三相异步电动机根据铭牌要求连接成三角形(或 Y 形)后，接入电源，若电动机的启动转矩 T_{st}大于负载转矩 T_L，电动机就从静止状态变成运转状态，这个过程称为启动。电动机启动时，转子的转速为零，转子导体切割磁力线速度很大，产生较高的转子感应电势、转子电流和定子电流，如果频繁启动电机会造成热量积累，使电机过热，大电流使电网电压降低，影响邻近负载的工作。一般中小型鼠笼型电动机启动电流为额定电流的 5～7 倍；电动机的启动转矩为额定转矩的 1.0～2.2 倍。

1. 鼠笼型异步电动机的启动

1)全压启动(直接启动)

一台鼠笼型电动机能否直接启动与供电变压器的容量大小有关，例如，一些地区供电部门规定：当电动机由单独的变压器供电时，在频繁启动的情况下，要求电动机的容量不超过变压器容量的 20%，而不经常启动时，要求电动机容量不超过变压器容量的 30%，这两种情况都允许电动机全压启动。若电动机与照明负载共用一台变压器时，允许全压启动的电动机的最大容量，以电动机启动时电源电压降低不超过额定电压的 5%为原则。

2)降压启动

当鼠笼型异步电动机容量较大，而电源容量不够大时，为了限制启动电流，避免电网电

压显著下降，一般采用降压启动。降压启动是利用启动设备在启动时降低加在定子绕组上的电压，待启动过程结束，再给定子绕组加上全电压(正常工作的额定电压)。

由于电磁转矩正比于定子绕组电压的平方，所以电动机在启动时，启动转矩也大大降低了，因此，降压启动只适合于空载或轻载情况下启动。选择启动方法时，要同时校核启动电流和启动转矩是否满足要求。

鼠笼型降压启动方式中经常采用的两种方式，即星形-三角形(Y-△)启动和自耦变压器降压启动。

(1)星形-三角形(Y-△)启动。

如果电动机在工作时其定子绕组是连接成三角形的，那么在启动时可把它接成星形，等到转速接近额定值时再换接成三角形，这就是 Y-△启动。

由三相电路相关知识可以推导出：Y 形连接启动时的启动电流为△形连接直接启动时的 1/3，因此，启动转矩也只有后者的 1/3。由于启动转矩减小到正常运转转矩的 1/3，所以 Y-△启动方法只适用于空载或轻载情况下启动；而且 Y-△启动只能用于正常运行时定子绕组接成△的情况。图 6.6.1 所示为 Y-△启动器接线简图。

(2)自耦变压器降压启动。

自耦变压器降压启动控制如图 6.6.2 所示。这种启动方法用于正常运行时定子绕组连接成星形而不能采用星形-三角形启动或容量较大的鼠笼型异步电动机，也适用于需要较大启动转矩的场合。启动时自耦变压器高压端接电源，低压端接电动机，电动机便在低于额定电压下启动。待电动机转速上升到接近额定转速时，再将自耦变压器脱离电源和电动机，电动机直接与电源相接，进入全压运行状态。自耦变压器降压器降压启动比星形-三角形启动的价格高得多，但自耦变压器有三个接头，其输出电压分别为 80%、60%、40%额定电压，可根据需要选用，使用较灵活。

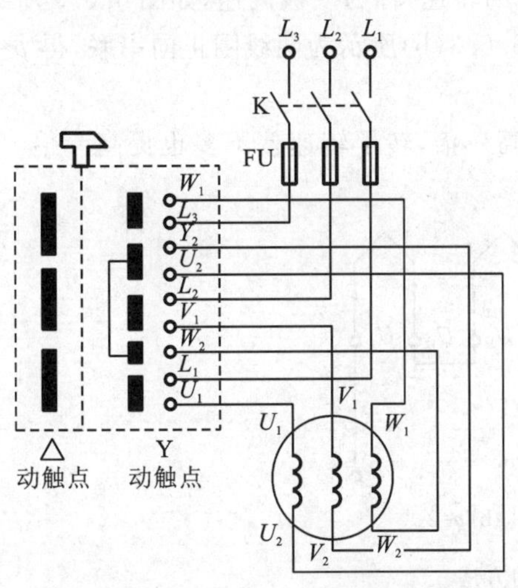

图 6.6.1 Y-△启动器接线简图

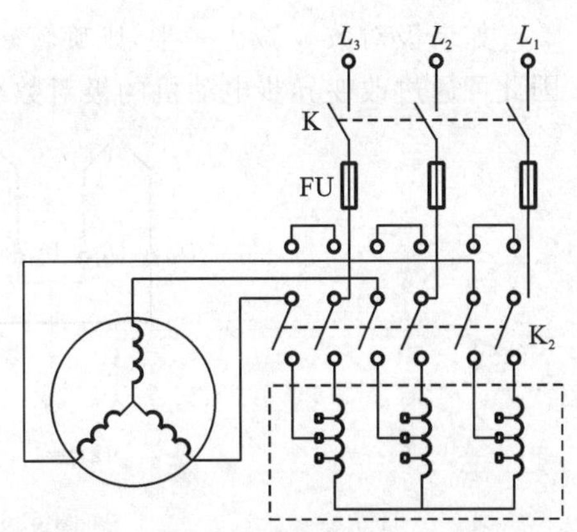

图 6.6.2 自耦变压器降压启动

2. 绕线型三相异步电动机的启动

1)转子回路串接电阻启动

绕线型三相异步电动机可以在转子回路中串入电阻进行启动，这样就减小了启动电流。

一般采用启动变阻器启动,启动时全部电阻串入转子电路中,随着电动机转速逐渐加快,利用控制器逐级切除启动电阻,最后将全部启动电阻从转子电路中切除。

2)转子回路串接频敏变阻器启动

频敏变阻器的电阻随线圈中所通过的电流频率而变。启动时,转差率 $s=1$,转子电流(即频敏电阻线圈通过的电流)频率最高,等于电源频率。因此,频敏变阻器的电阻最大,这就相当于启动时在转子回路中串接一个较大电阻,从而使启动电流减小。随着电动机转速的加快,转差率 s 逐渐减小,转子电流频率逐渐降低,频敏变阻器电阻也逐渐减小,最后把电动机的转子绕组短接,频敏变阻器从转子电路中切除。

采用频敏变阻器启动,具有启动平滑、操作简便、运行可靠、成本低廉等优点,因此在绕线型电动机中应用较广。

6.6.2 三相异步电动机的调速方法

三相异步电动机调速是指在同一负载下使电动机转速改变以满足生产机械需要。电动机运行时不需要借助其他机械和人为调节,自身具有自动适应负载变化的能力,这种情况称为电动机的转速改变,与电动机的调速是两个不同的概念。

根据转差率的定义,可以推导出异步电动机的转速公式为:

$$n = n_0(1-s) = (1-s)\frac{60f_1}{p} \tag{6.6.1}$$

由式(6.6.1)可知,三相异步电动机的转速由电源频率 f_1、旋转磁场极对数 p、转差率 s 确定。因此,改变三相异步电动机的转速有三种方法。

1. 变极调速

通过改变旋转磁场极对数 p 的方法来改变电动机的转速,称为变极调速,如图 6.6.3 所示。图 6.6.3(a)所示为两线圈反向并联,得 $p=1$;图 6.6.3(b)所示为两线圈正向串联,得 $p=2$。

如果极对数 p 减少一半,则旋转磁场的转速便提高一倍,转子转速差不多也提高一倍。因此可通过改变异步电动机的极对数来实现调速。

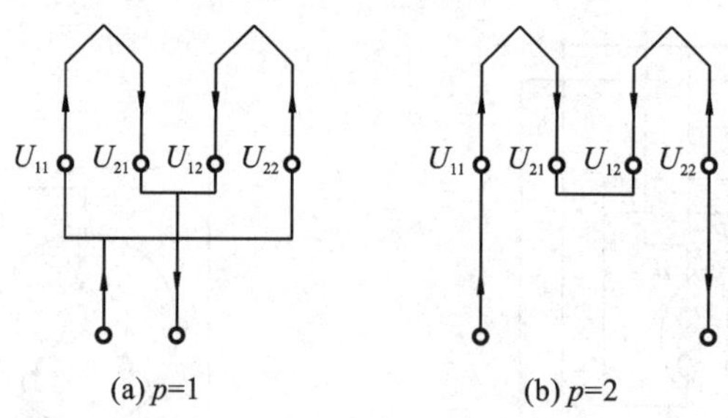

图 6.6.3 改变极对数的方法

采用变极调速方法的电动机称作多速电动机,由于调速时其转速呈跳跃性变化,因而只用在对调速性能要求不高的场合,如铣床、磨床等机床上。

2. 变频调速

通过改变电源频率 f_1 的方法来改变电动机的转速,称为变频调速,如图 6.6.4 所示。变频调速方法可实现无级平滑调速，调速性能优异，是当前鼠笼型异步电动机的主要调速方法。

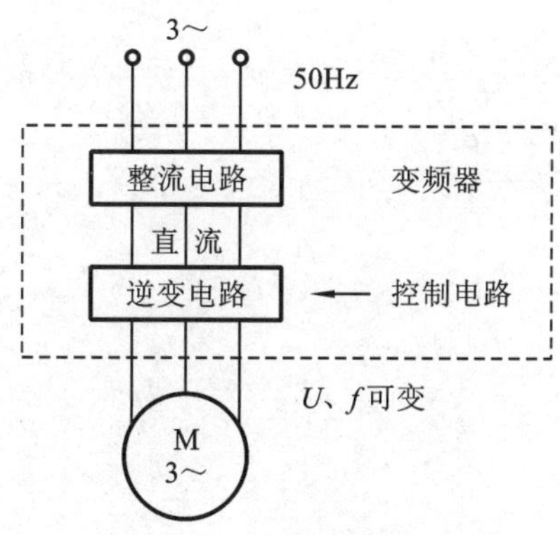

图 6.6.4　变频调速控制图

3. 变转差率调速

通过改变电压、改变转子电阻改变电动机的转差率，这种调速方法的优点是有一定的调速范围，设备简单，但能耗较大，效率较低，广泛用于起重设备。

变频调速和变极调速两种调速方法适合于鼠笼型异步电动机，变转差率调速主要用于绕线型异步电动机。

6.6.3　三相异步电动机的制动方法

电动机电源断开后，由于惯性的作用，电动机尚需一段时间才能完全停下来。在某些应用场合下，要求电动机能够准确停位和迅速停车，以提高生产效率，保证生产安全。在电动机断开电源后，采用一定措施使电动机停下来称为电动机的制动(俗称刹车)。

制动的方法有机械制动和电气制动两种。常用的电气制动方法有能耗制动、反接制动、发电反馈制动等。

1. 能耗制动

能耗制动的原理如图 6.6.5 所示，当切断三相电源时，接通直流电源，使直流电源在定子绕组中产生静止磁场。而转子因惯性仍继续旋转，则转子导体切割静止磁场而产生感应电动势和电流，转子电流与静止磁场相互作用并产生电磁转矩。电磁转矩方向与转子转动的方向相反，为制动转矩，使转速下降，实现制动。这种制动是利用转子惯性，消耗转子的动能(转换为电能)来制动的，因而称为能耗制动。制动的转矩的大小与直流电流的大小有关，一般为电动机额定电流的 0.5～1 倍。

能耗制动的优点是制动力强、制动较平稳，无大冲击，对电网影响小。缺点是需要一套专门的直流电源，低速时制动转矩小，电动机功率较大时，制动的直流设备投资大。

2. 反接制动

反接制动的原理如图 6.6.6 所示。在电动机停机时，将接到电源的三根导线中的任意两根对调位置，旋转磁场将反向旋转，产生与转子惯性转动方向相反的转矩，实现制动。

需要特别指出的是，当转速接近零时，应利用某种控制电器将电源自动切断，否则电动机反转。反接制动时，由于旋转磁场与转子的相对转速很大，因而电流较大，对功率较大的

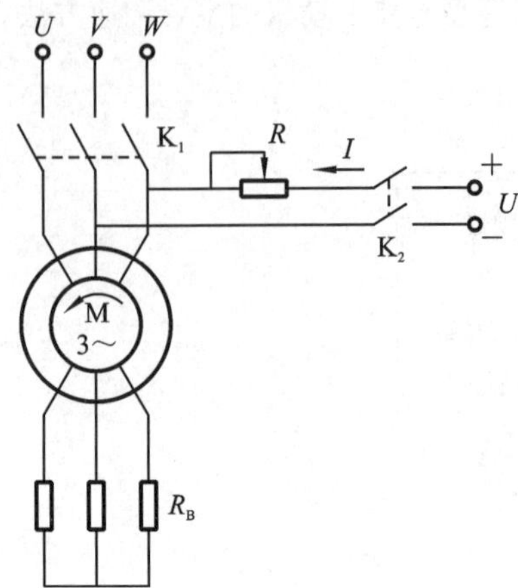

图 6.6.5　能耗制动

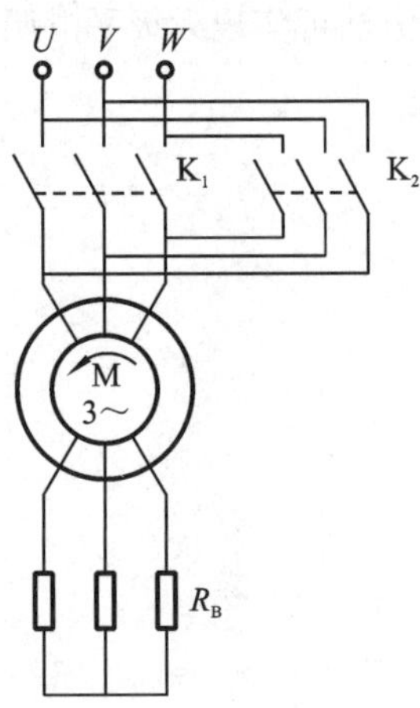

图 6.6.6　反接制动

电动机进行制动时应考虑限流。

反接制动方法简单,效果较好,但能耗较大,常用于电动机启停不频繁、功率较小的金属切削机床(如车床、铣床)的主轴制动。

3. 发电反馈制动

当转子的转速 n 超过旋转磁场的转速 n_0 时,电动机已转入发电机运行,这时的转矩也是制动的,称为发电反馈制动。

6.7　三相异步电动机的铭牌参数

电动机的外壳上附有铭牌,上面标有该电动机的主要技术数据,是选择、安装、使用和修理(包括重绕组)三相电动机的重要依据,铭牌参数的主要内容如表 6.7.1 所示。

表 6.7.1　三相异步电动机铭牌参数

型号	Y132S-6	功率	3 kW	频率	50 Hz
电压	380 V	电流	7.2 A	连接方式	Y
转速	960 r/min	功率因数	0.76	绝缘等级	B

1. 型号

Y 是指产品代号,国产中小型三相电动机型号的系列为 Y 系列,是按国际电工委员会 IEC 标准设计生产的三相异步电动机,它是以电机中心高度为依据编制型谱的,其中:132 为机座中心高度;S 为机座长度代号;6 为磁极数。

2. 额定功率 P_N

额定功率是指在满载运行时三相电动机轴上所输出的额定机械功率,用 P_N 表示,以千瓦(kW)或瓦(W)为单位。

3. 额定电压 U_N

额定电压是指接到电动机绕组上的线电压,用 U_N 表示。三相电动机要求所接的电源电

压值的变动一般不应超过额定电压的±5%。电压过高，电动机容易烧毁；电压过低，电动机难以启动，即使启动后电动机也可能带不动负载，容易烧坏。

4. 额定电流 I_N

额定电流是指三相电动机在额定电源电压下，输出额定功率时，流入定子绕组的线电流，用 I_N 表示，以安(A)为单位。若超过额定电流过载运行，三相电动机就会过热乃至烧毁。三相异步电动机的额定功率与其他额定数据之间有如下关系式

$$P_N = \sqrt{3} U_N I_N \cos \varphi_N \eta_N \tag{6.7.1}$$

式中：$\cos\varphi_N$——额定功率因数；

η_N——额定效率。

5. 额定频率 f_N

额定频率是指电动机所接的交流电源每秒钟内周期变化的次数，用 f_N 表示。我国规定标准电源频率为 50 Hz。

6. 额定转速 n_N

额定转速表示三相电动机在额定工作情况下运行时每分钟的转速，用 n_N 表示，一般是略小于对应的同步转速 n_0。如 $n_0=1500$ r/min，则 $n_N=1440$ r/min。

7. 额定功率因数 λ_N

额定功率因数是指在额定状态下运行时的功率因数，用 λ_N 表示，即 $\lambda_N=\cos\varphi_N$。额定功率因数 λ_N 和额定效率 η_N 是三相异步电动机的重要技术经济指标。电动机在额定状态或近额定状态运行时，λ 和 η 比较高，而在轻载或空载下运行时，λ 和 η 都很低，这是不经济的。所以，在选用电动机时，额定功率要选得合适，应使它等于或略大于负载所需要的 P_2 值，尽量避免用大容量的电动机带小的负载运行，即要防止“大马拉小车”的现象。

8. 绝缘等级

绝缘等级是指三相电动机所采用的绝缘材料的耐热能力，它表明三相电动机允许的最高工作温度。目前，一般电动机采用E级绝缘，Y系列电动机采用B级绝缘，它们允许的最高温度分别为120 ℃和130 ℃。

9. 连接

三相电动机定子绕组的连接方法有星形(Y)连接和三角形(△)连接两种。定子绕组的连接只能按规定方法连接，不能任意改变接法，否则会损坏三相电动机。

*6.8 三相异步电动机的选择(选学)

1. 按现有的电源供电方式及容量选用电机额定电压及功率

(1)目前我国供电电网频率为50 Hz，主要常用电压等级为110 V、220 V、380 V、660 V、1000 V(1140 V)、3000 V、6000 V、10000 V。

(2)电机功率的选用除了满足拖动的机械负载要求外，还应考虑是否具备足够容量的供电网。

2. 电机类型选择

电机类型的选择与使用要求、运行地点环境污染情况和气候条件等有关。

3. 外壳防护等级

外壳防护等级的选用直接涉及人身安全和设备可靠运行，应根据电机使用场合，防止人体接触到电机内部危险部件，防止固体异物和水等进入机壳内对电机造成有害影响。

电机外壳防护等级由字母 IP 加两位特征数字组成，第一位特征数字表示防固体，第二位特征数字表示防液体。

特征数字越大表示防护等级越高，可查阅 GB/T 4942.1—2006《旋转电机整体结构的防护等级(IP 代码)-分级》标准。

4. 安装结构型式

应按配套设备的安装要求选用合适的电机安装型式，安装型式采用的代号“IM”为国际统一标注形式。再由大写字母代表卧式安装(B)或立式安装(V)，连同 1 位或 2 位阿拉伯数字表示结构特点和类型型式。一般卧式安装电机为 IMB3，即两个端盖，有机底、底脚，有轴伸安装在基础构件上。另外，一般立式安装电机为 IMV1，即两个端盖，无底脚、轴伸向下，端盖上带凸缘，凸缘有通孔，凸缘在电机的传动端，借凸缘在底部安装，其他安装结构可查阅 GB/T 997—2008《旋转电机结构型式、安装型式及接线盒位置的分类(IM 代码)》标准。

习　　题

6.1　如何使三相异步电动机反转?

6.2　在额定工作情况下的三相异步电动机，已知其转速为 960 r/min，试问电动机的同步转速是多少? 有几对磁极? 转差率是多大?

6.3　一台六极三相绕线型异步电动机，在 $f=50$ Hz 的电源上带额定负载运行，其转差率为 0.02，求定子磁场的转速及频率和转子磁场的频率及转速。

6.4　已知一台三相异步电动机，额定转速 $n_N=960$ r/min，电源频率 $f=50$ Hz，求：

(1)同步转速；

(2)额定负载时的转子电流频率；

(3)转子转速为同步转速的 7/8 时，定子旋转磁场相对转子的转速。

6.5　Y180L-4 型电动机的额定功率为 22 kW，额定转速为 1470 r/min，频率为 50 Hz，最大电磁转矩为 314.6 N·m。试求电动机的过载系数 λ?

6.6　已知 Y180M-4 型三相异步电动机，其额定数据如表 6.1 所示，求：

(1)额定电流 I_N；

(2)额定转差率 s_N；

(3)额定转矩 T_N、最大转矩 T_{max}、启动转矩 T_{st}。

表 6.1　Y180M-4 型三相异步电动机的额定数据

额定功率/kW	额定电压/V	满载时			启动电流/A	启动转矩/N·m	最大转矩/N·m	接法
		转速/(r/min)	效率/(%)	功率因数	额定电流/A	额定转矩/N·m	额定转矩/N·m	
18.5	380	1470	91	0.86	7.0	2.0	2.2	△

6.7　某 4.5 kW 三相异步电动机的额定电压为 380 V，额定转速为 950 r/min，过载系

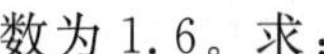

数为1.6。求：

(1)T_N、T_{max}；

(2)当电压下降至300 V时，能否带额定负载运行？

6.8 一台三相异步电动机的额定功率为4 kW，额定电压为220 V/380 V，采用Δ-Y形连接方式，额定转速为1450 r/min，额定功率因数为0.85，额定效率为0.86。求：

(1)额定运行时的输入功率；

(2)定子绕组连接成Y形和△形时的额定电流；

(3)额定转矩。

6.9 一台Y225M-4型的三相异步电动机，定子绕组采用△形连接，其额定数据为：$P_{2N}=45$ kW，$n_N=1480$ r/min，$U_N=380$ V，$\eta_N=92.3\%$，$\cos\varphi_N=0.88$，$I_{st}/I_N=7.0$，$T_{st}/T_N=1.9$，$T_{max}/T_N=2.2$，求：

(1)额定电流 I_N；

(2)额定转差率 s_N；

(3)额定转矩 T_N、最大转矩 T_{max}和启动转矩 T_{st}。

6.10 在上例中，(1)如果负载转矩为510.2 N·m，试问在$U=U_N$和$U'=0.9U_N$两种情况下电动机能否启动？(2)采用Y-△换接启动时，求启动电流和启动转矩。又当负载转矩为启动转矩的80%和50%时，电动机能否启动？

6.11 有一台三相鼠笼型异步电动机数据如下：$P_N=15$ kW，$U_N=380$ V，$I_N=31.6$ A，$n_N=980$ r/min，采用三角形接法，$I_{st}/I_N=7.0$，$T_{st}/T_N=2.0$，求：

(1)直接启动时的启动电流和启动转矩；

(2)Y-△启动时的启动电流和启动转矩。

第7章 常用控制电器与电气控制技术

本章介绍常用电器，泛指所有用电的器具，从专业角度上来讲，主要指用于对电路进行接通、分断，对电路参数进行变换，以实现对电路或用电设备的控制、调节、切换、检测和保护等作用的电工装置、设备和元件。但现在这一名词已经广泛扩展到民用角度，从普通民众的角度来讲，主要是指家庭常用的一些为生活提供便利的用电设备，如电视机、空调、冰箱、洗衣机及各种小家电等。

7.1 常用控制电器

常用控制电器主要针对低压电器，通常是指工作在直流电压1500 V、交流电压1200 V及以下电路中的电器设备。按照不同分类方法可以对常用控制电器进行分类。

首先，按照不同用途，可以把常用电器分为配电器和控制器两类，配电器主要指闸刀开关、空气开关、按钮开关、熔断器等，控制器则包括接触器、各种继电器、启动器等。其次，按工作原理可以分为状态电器(双稳态)和暂态电器(单稳态)。状态电器主要指闸刀开关、组合开关、空气开关等，暂态电器主要包括熔断器、接触器、各种继电器、按钮开关、行程开关等。最后，按操作方式可分为非自动电器(机械控制)和自动电器(电气控制)两大类，非自动电器包括闸刀开关、组合开关、按钮开关、行程开关等，自动电器包括熔断器、接触器、各种继电器、空气开关等。下面分别对几种常用的控制电器进行说明。

7.1.1 刀开关

刀开关(英文：knife switch)是一种带刀刃形触头的开关电器，主要作电路中隔离电源用，或者作为不频繁地接通和分断额定电流以下的负载用。刀开关处于断开位置时，可明显观察到，能确保电路检修人员的安全。

刀开关通常由绝缘底板、动触刀、静触座、灭弧装置和操作机构组成。只作为电源隔离用的刀开关则不需要灭弧装置。用于电解、电镀等设备中的大电流刀开关的额定电流可高达数万安。这类刀开关一般采用多回路导体并联的结构，并可用水冷却的方式散热来提高刀开关导体所能承载的电流密度。

刀开关在电路中要求能承受短路电流产生的电动力和热的作用。因此，在进行刀开关结构设计时，要确保在很大的短路电流作用下，触刀不会弹开、焊牢或烧毁。对要求分断负载电流的刀开关，则装有快速刀刃或灭弧室等灭弧装置。

刀开关有不同的分类方式，按操作方式可分为手柄直接操作式和杠杆式刀开关。按极数分有单极、双极、三极三种，每种又有单投和双投之分，图 7.1.1 描述了单极、双极、三极三种不同类型的刀开关。

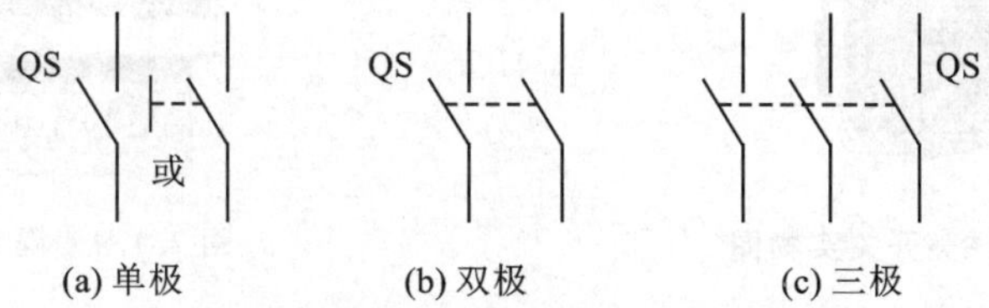

图 7.1.1　刀开关极数分类示意图

刀开关根据闸刀的构造，可分为胶盖开关、铁壳开关和隔离开关三种。

1. 胶盖开关

胶盖开关实物如图 7.1.2 所示，这种开关的主要特点是容量小，常用的有 15 A、30 A，最大为 60 A；没有灭弧能力，容易损伤刀片，只用于不频繁操作的照明电路前端和容量小于 3 kW 的电机控制，还可做电源的隔离开关使用，其构造简单，价格低廉。

图 7.1.2　胶盖开关实物图

胶盖开关主要由操作手柄、刀刃、刀夹和绝缘底座组成，内装有熔丝。它常用于分隔电弧和遮挡由于电弧引起的金属飞溅，以保证人的安全。

选用时，用于照明电路时可选用额定电压 220 V 或 250 V，额定电流大于或等于电路最大工作电流的两极开关。用于电动机的直接启动，可选用 U_N 为 380 V 或 500 V，额定电流等于或大于电机额定电流 3 倍的三极开关。

安装与操作时注意胶盖开关必须垂直安装在控制屏或开关板上，不能倒装。即接通状态时手柄朝上，否则有可能在分断状态时刀闸开关松动落下，造成误接通。安装接线时，刀闸上桩头接电源下桩头接负载，接线时进线和出线不能接反，否则在更换熔断丝时会发生触电事故。

2. 铁壳开关

铁壳开关又称为封闭式负荷开关，它由刀开关、熔断器和速断弹簧等组成，装在有钢板防护的外壳内，其实物如图 7.1.3 所示。

开关采用侧面手柄操作，并设有机械联锁装置，箱盖打开时不能合闸，刀开关合闸时，箱盖不能打开保证了用电安全。手柄与底座间的速断弹簧使开关通断动作迅速，灭弧性能好。封闭式负荷开关能工作于粉尘飞扬的场所。铁壳开关常用规格有 10 A、15 A、20 A、30 A、60 A、100 A、200 A、300 A、400 A 等。

3. 隔离开关

隔离开关是由动触头（活动刀刃）、静触头（固定触头或刀嘴）所组成。隔离开关实物如图 7.1.4 所示。

图 7.1.3　铁壳开关实物图

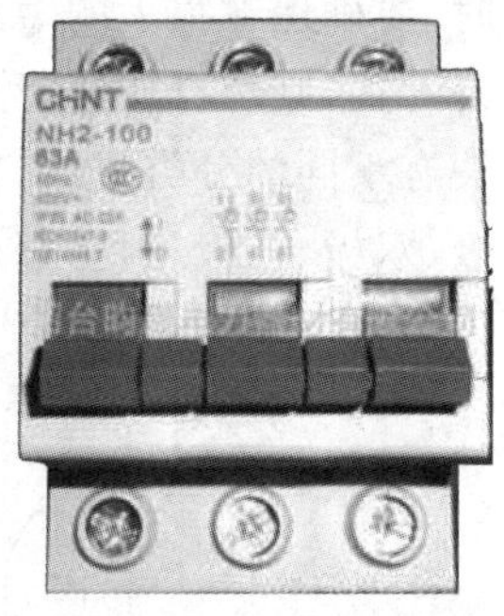

图 7.1.4　隔离开关实物图

隔离开关的主要用途是保证电气设备检修工作的安全。隔离开关没有灭弧装置，不能断开负荷电流和短路电流。只能用来切断电压，不能用来切断电流。注意：在建筑工地的施工临时用电的低压配电箱中，必须安装隔离开关。

7.1.2　按钮

按钮(英文：button)是一种常用的控制电器元件，常用来接通或断开"控制电路"(其中电流很小)，从而达到控制电动机或其他电气设备运行目的的一种开关。按钮开关一般由按钮帽、恢复弹簧、桥式动触头、静触头和外壳等组成，按钮结构示意图如图 7.1.5 所示。

按钮内部有两组触点，原来就接通的触点，称为常闭触点；原来就断开的触点，称为常开触点，如图 7.1.6 所示。当按下按钮时两组开关改变状态，放手时立即复位。

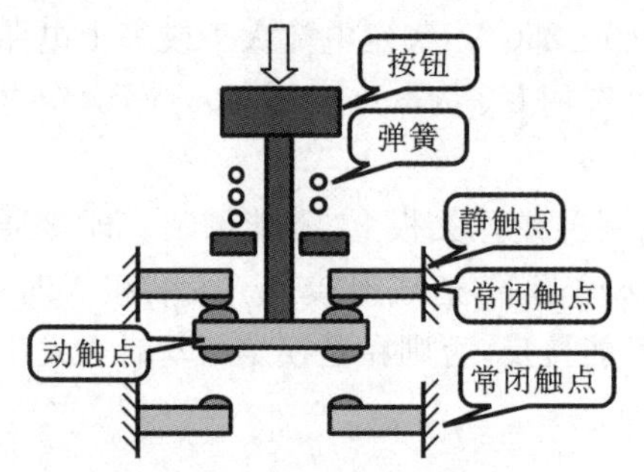

图 7.1.5　按钮结构示意图

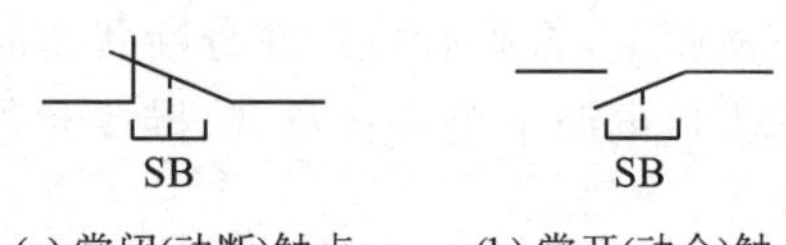

(a) 常闭(动断)触点　(b) 常开(动合)触点

图 7.1.6　按钮内部的两组触点

按钮开关根据静态时触头的分合状况，分为三种：常开按钮(启动按钮)、常闭按钮(停止按钮)及复合按钮(常开、常闭组合为一体的按钮)。

(1)常开按钮——开关触点断开的按钮；

(2)常闭按钮——开关触点接通的按钮；

(3)常开常闭按钮——开关触点既有接通也有断开的按钮。

按钮的用途很广，例如车床的启动与停机、正转与反转等；塔式吊车的启动，停止，上升，下降，前、后、左、右、慢速或快速运行等，都需要按钮控制。

7.1.3　熔断器

熔断器(英文:fuse)用来防止电路和设备长期通过过载电流和短路电流,是有断路功能的保护元件。熔断器是一种最简单的保护电器,它可以实现短路保护。它由金属熔件(熔体、熔丝)、支持熔件的接触结构组成。熔件由熔点较低的金属如铅、锡、锌、铜、银、铝等制成。其图文符号如图 7.1.7 所示。

图 7.1.7　熔断器图文符号图

熔断器是根据电流超过规定值一定时间后,以其自身产生的热量使熔体熔化,从而使电路断开的原理制成的一种电流保护器。熔断器广泛应用于低压配电系统和控制系统及用电设备中,作为短路和过电流保护,是应用最普遍的保护器件之一。熔断器具有结构简单、体积小、质量轻、价格低廉、可靠性高等优点,获得了广泛应用,但是保护后需要更换熔体方可重新使用。

熔断器可以分为不同的种类,按结构形式可分为瓷插式熔断器、螺旋式熔断器、密封管式熔断器等;按有无填料可分为有填料熔断器和无填料熔断器;按工作特性可分为有限流作用熔断器和无限流作用熔断器;按熔体的更换可分为易拆换式熔断器和不易拆换式熔断器等。图 7.1.8～图 7.1.11 所示为几种不同类型的熔断器。

实际应用中,RC1A、RL1、RM10 和 RT0 为几种常用的熔断器,下面分别对这几种不同类型的熔断器进行介绍。

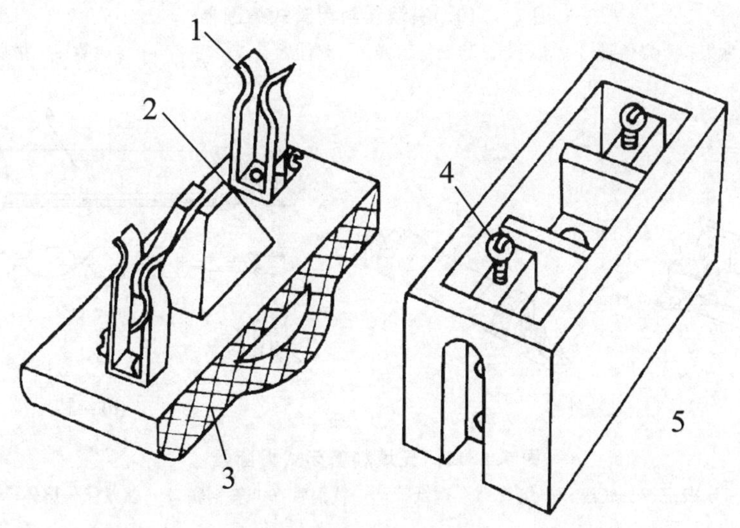

图 7.1.8　瓷插式熔断器

1—动触点;2—熔丝;3—瓷盖;4—静触点;5—瓷座

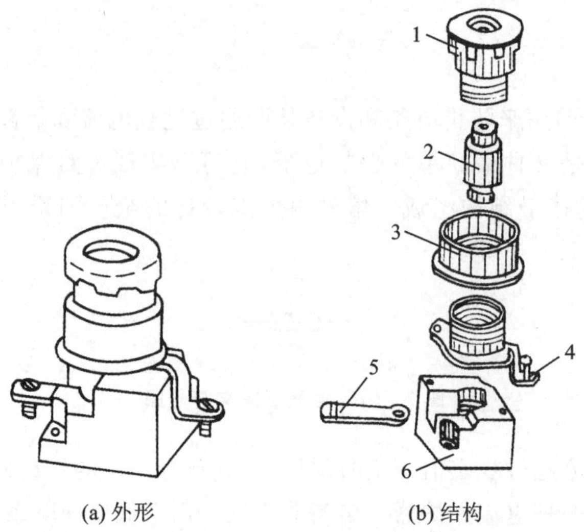

图 7.1.9　螺旋式熔断器

1—瓷帽;2—熔断管;3—瓷套;4—上接线端;5—下接线端;6—底座

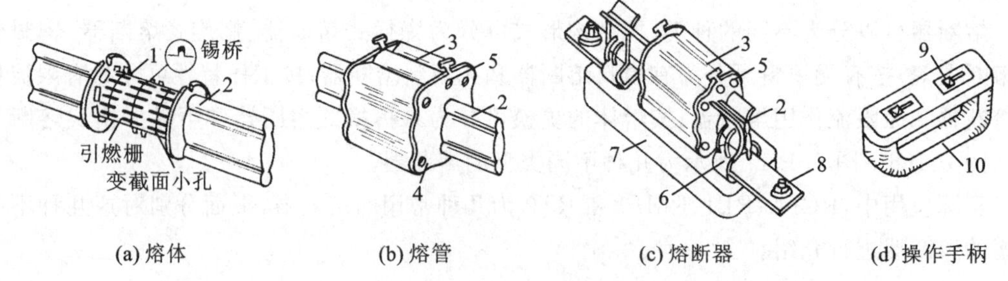

图 7.1.10　有填料封闭管式熔断器

1—工作熔体;2—触刀;3—瓷熔管;4—盖板;5—熔断指示器;6—弹性触点;7—底座;8—接线端;9—扣眼;10—操作手柄

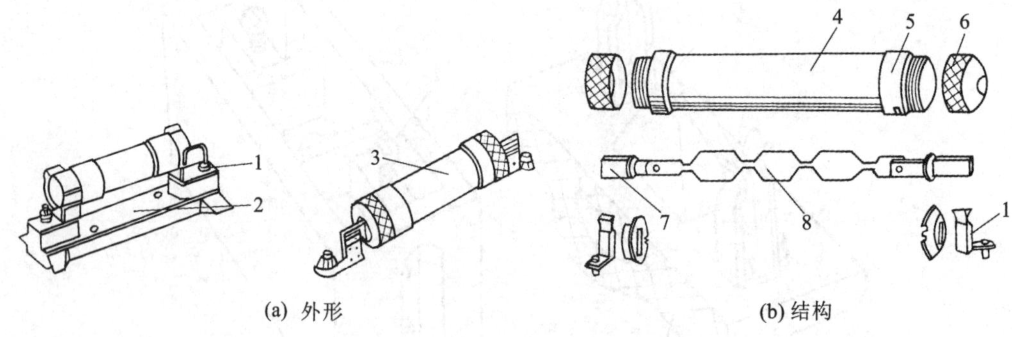

图 7.1.11　无填料密闭式熔断器

1—夹座;2—底座;3—熔管;4—钢纸管;5—黄铜管;6—黄铜帽;7—触刀;8—熔体

1. RC1A 系列瓷插式熔断器

RC1A 系列瓷插式熔断器结构简单,价格低廉,更换方便,使用时将瓷盖插入瓷座,拔下瓷盖便可更换熔丝。但其灭弧能力差,极限分断能力较低,且熔丝的融化特性不稳定。其实

物如图 7.1.12 所示。

这种熔断器在额定电压 380 V 及以下，额定电流为 5～200 A 的低压线路末端或分支电路中，做线路和用电设备的短路保护，在照明线路中还可做过载保护使用。

2. RL1 系列螺旋式熔断器

RL1 系列螺旋式熔断器熔断管内装有石英砂、熔丝和带小红点的熔断指示器，石英砂用以增强灭弧性能，熔丝熔断后有明显指示。其实物如图 7.1.13 所示。

这种熔断器在交流额定电压 500 V、额定电流 200 A 及以下的电路中，作为短路保护器件，RL1 系列螺旋式熔断器上端接线柱只能接进线，下端接线端只能接出线，否则会发生安全事故。

图 7.1.12　RC1A 系列瓷插式熔断器实物图

图 7.1.13　RL1 系列螺旋式熔断器实物图

3. RM10 系列封闭式熔断器

RM10 系列封闭式熔断器的熔断管为钢纸制成，两端为黄铜制成的可拆式管帽，管内熔体为变截面的熔片，更换熔体较方便，其实物如图 7.1.14 所示。

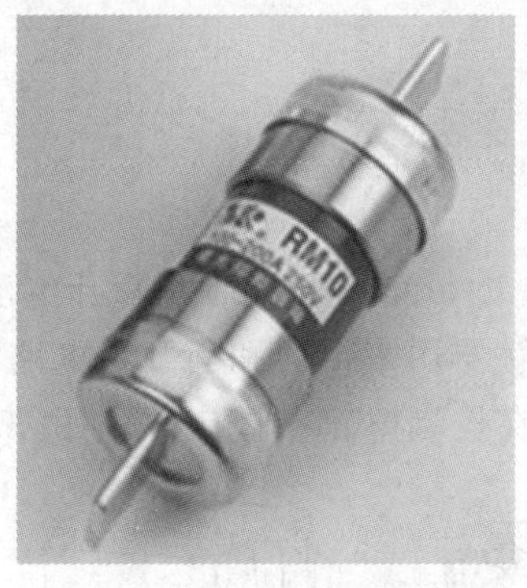

图 7.1.14　RM10 系列封闭式熔断器实物图

这种熔断器用于在交流额定电压 380 V 及以下，直流 400 V 以下，电流在 600 A 以下的电力线路中。

4. RT0 系列填充料式熔断器

RT0 系列填充料式熔断器的熔体是两片网状紫铜片，中间用锡桥连接，熔体周围填满石英砂起灭弧作用。其结构如图 7.1.15 所示。

这种熔断器用于交流 380 V 及以下，短路电流较大的电力输配电系统中，作为线路及电

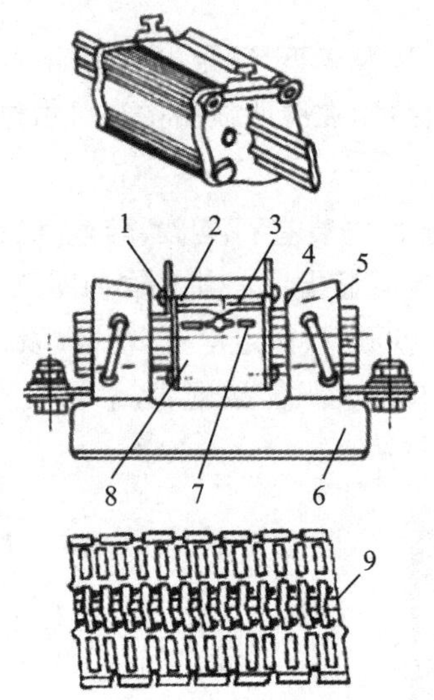

图 7.1.15 RM10 系列填充料式熔断器结构图

1—熔断指示器；2—石英砂填料；3—指示器熔丝；4—夹头；5—夹座；6—底座；7—熔体；8—熔管；9—锡桥

气设备的短路保护及过载保护。

在熔断器的选用方面，应根据使用环境、负载性质和短路电流的大小选用适当类型的熔断器。其额定电压必须等于或大于线路的额定电压；额定电流必须等于或大于所装熔体的额定电流；熔体额定电流对照明电路和电热的短路保护，应等于或稍大于负载的额定电流。对电机应是大于或等于 $2.5I_N$。

熔断器安装时应注意用于安装使用的熔断器是否完整无损；熔断器安装时应保证熔体与夹头、夹头与夹座接触良好；熔断器内要安装合格的熔体；更换熔体或熔管时必须切断电源。

7.1.4 交流接触器

交流接触器(英文:AC contractor)，用于接通和断开电动机或其他设备的电源连接，作为主电路通断控制开关，交流接触器用来接通和断开主电路。它具有控制容量大、可以频繁操作、工作可靠、寿命长的特点，在控制电路中被广泛应用，其一般外形如图 7.1.16 所示。

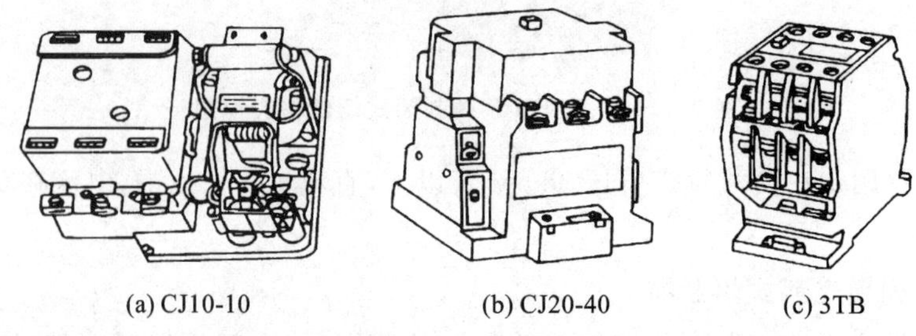

(a) CJ10-10　(b) CJ20-40　(c) 3TB

图 7.1.16 几种交流接触器的一般外形

交流接触器结构图如图 7.1.17 所示，交流接触器由电磁机构、触头系统和灭弧装置三

部分构成。电磁机构由励磁线圈、铁芯、衔铁组成。

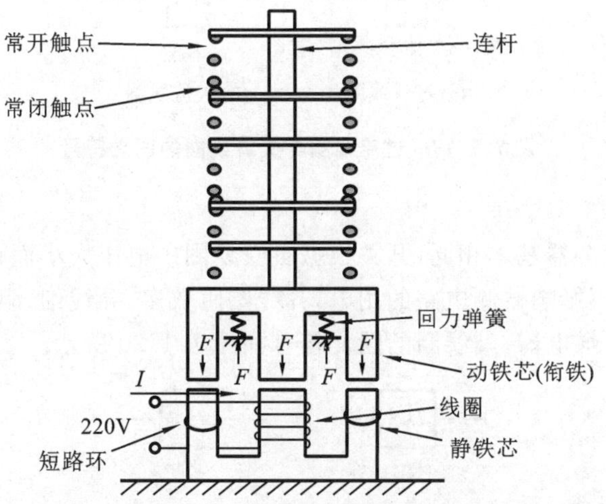

图 7.1.17　交流接触器的结构图

触头根据通过电流大小的不同分为主触头和辅助触头。主触头接在主电路中，用来通断大电流电路；辅助触头接在控制电路中，用来控制小电流电路。触头根据自身特点的不同还可以分为常开触头和常闭触头。交流接触器的图文符号如图 7.1.18 所示。

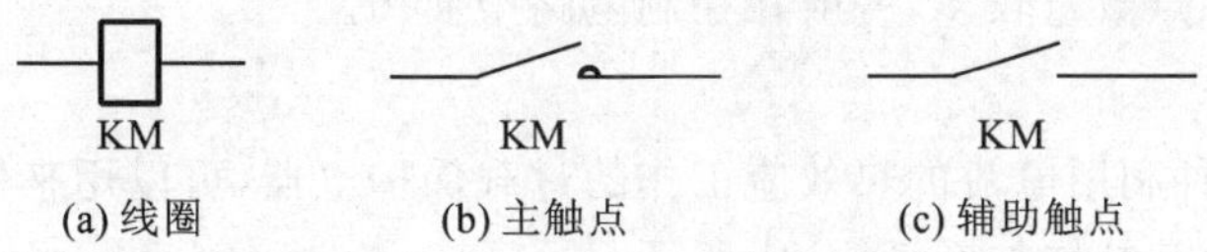

图 7.1.18　交流接触器的图文符号

选用时，应注意它的触点数量、触点额定电流、线圈电压等参数的选取，注意根据 $U=4.44fN\varphi_m$ 的关系来进行选择。交流接触器不适合控制动作过于频繁的工作环境。

7.1.5　继电器

继电器(英文：relay)是用于控制负载的电器，由电磁系统、触头系统(常开触头和常闭触头)和灭弧装置组成。其原理是当继电器的电磁线圈通电后，会产生很强的磁场，使静铁芯产生电磁吸力吸引衔铁，并带动触头动作：常闭触头断开，常开触头闭合，两者是联动的。当线圈断电时，电磁吸力消失，衔铁在释放弹簧的作用下释放，使触头复原：常闭触头闭合，常开触头断开。

继电器根据功能可分为电流继电器、电压继电器、中间继电器、热继电器、时间继电器等。

1. 电流继电器

电流继电器其结构和交流接触器基本相同，开关根据自身线圈中电流大小而动作，使用时线圈串联在被测电路中，为了不影响被测电路的用电，其线圈匝数少、导线粗、阻抗小。电流继电器分为过流继电器与欠流继电器，其线圈的图文符号如图 7.1.19 所示。

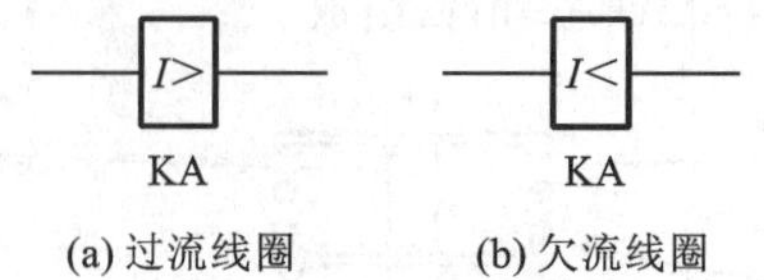

(a) 过流线圈　　(b) 欠流线圈

图 7.1.19　过流线圈与欠流线圈的图文符号

2. 电压继电器

其结构和交流接触器基本相同,开关根据自身线圈中电压大小而动作,使用时线圈并联在被测电路中,为了不影响被测电路的用电,其线圈匝数多、导线细、阻抗大。电压继电器分为过压继电器与欠压继电器,其线圈的图文符号如图 7.1.20 所示。

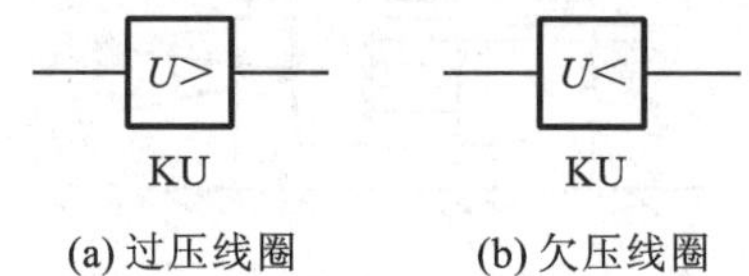

(a) 过压线圈　　(b) 欠压线圈

图 7.1.20　过压线圈与欠压线圈的图文符号

3. 中间继电器

中间继电器的结构、工作原理和交流接触器相同,只是体积小些,电磁系统小些,触点额定电流小些,辅助触点数量较多,一般在控制电路中使用。

4. 热继电器

热继电器是一种利用电流的热效应工作的过载保护电器,可以用来保护电动机,以免电动机因过载而损坏,其结构如图 7.1.21 所示。

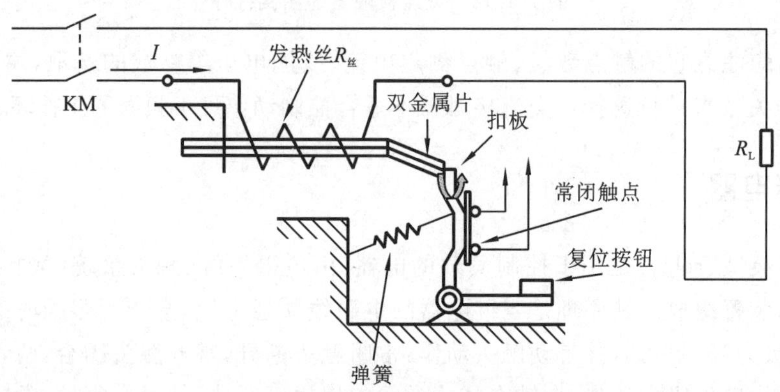

图 7.1.21　热继电器结构图

加热元件串接在电动机主电路中,当电动机在额定电流下运行时,加热元件虽有电流通过,但因电流不大,动断触头仍处于闭合状态。当电动机过载后,热继电器的电流增大,经过一定时间后,发热元件产生的热量使双金属片遇热后膨胀并弯曲,推动导板移动,导板又推动温度补偿双金属片与推杆,使动触头与静触头分开,使电动机的控制回路断电,将电动机的电源切断,起到保护作用。

热继电器的主要技术数据是整定电流。所谓整定电流,就是热元件中通过电流超过此值的 20%时,热继电器应当在 20 min 内动作。热继电器的整定电流可以调节,整定电流应

与电动机(负载)的额定电流基本上一致。热继电器的图文符号如图 7.1.22 所示。

图 7.1.22　热继电器的图文符号

5. 时间继电器

时间继电器接收到控制信息后,开关会延时执行动作。时间继电器按结构方式分,大致有空气阻尼式时间继电器、电磁式时间继电器、电动式时间继电器、晶体管式时间继电器等。目前应用最广的是空气阻尼式时间继电器和晶体管式时间继电器两种。

时间继电器可分为通电延时型和断电延时型两种类型。下面以空气阻尼式时间继电器为例来说明时间继电器的工作原理,其结构如图 7.1.23 所示。

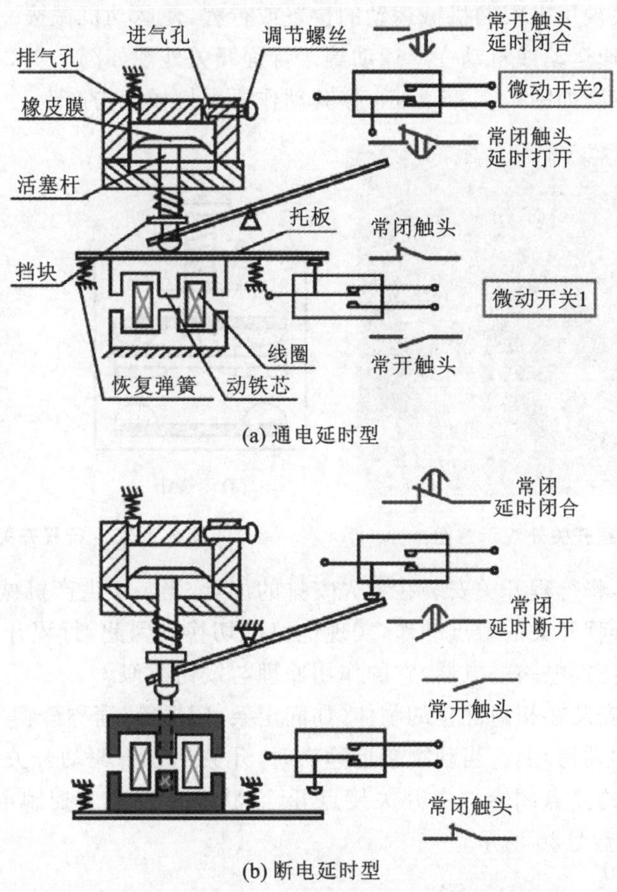

图 7.1.23　空气阻尼式时间继电器结构图

空气阻尼式时间继电器的延时范围大(有 0.4～60 s 和 0.4～180 s 两种),结构简单,但准确度较低。

当线圈通电时,衔铁及托板被铁芯吸引而瞬时下移,使瞬时动作触点接通或断开。但是活塞杆和杠杆不能同时跟着衔铁一起下落,因为活塞杆的上端连着气室中的橡皮膜,当活塞杆在释放弹簧的作用下开始向下运动时,橡皮膜随之向下凹,上面空气室的空气变得稀薄而使活塞杆受到阻尼作用而缓慢下降。经过一定时间,活塞杆下降到一定位置,便通过杠杆推动延时触点动作,使动断触点断开,动合触点闭合。从线圈通电到延时触点完成动作,这段时间就是继电器的延时时间。延时时间的长短可以用螺钉调节空气室进气孔的大小来改变。

吸引线圈断电后,继电器依靠恢复弹簧的作用而复原。空气经出气孔被迅速排出。

7.1.6 行程开关

行程开关(英文:travel switch),主要用于将机械位移转变成电信号,使电动机的运行状态得以改变,从而控制机械动作或用作程序控制。它是一种常用的小电流主令电器。利用生产机械运动部件的碰撞使其触头动作来实现接通或分断控制电路,达到一定的控制目的。通常,这类开关被用来限制机械运动的位置或行程,使运动机械按一定位置或行程自动停止、反向运动、变速运动或自动往返运动等。行程开关外观如图 7.1.24 所示,其结构与按钮类似,其结构示意图如图 7.1.25 所示,但其动作要由机械撞击产生。

图 7.1.24 行程开关外观示意图

(a) 未撞击　　(b) 撞击

图 7.1.25 行程开关结构示意图

在实际生产中,将行程开关安装在预先安排的位置,当装于生产机械运动部件上的模块撞击行程开关时,行程开关的触点动作,实现电路的切换。因此,行程开关是一种根据运动部件的行程位置而切换电路的电器,它的作用原理与按钮类似。

行程开关可以安装在相对静止的物体(如固定架、门框等,简称静物)上或者运动的物体(如行车、门等,简称动物)上。当动物接近静物时,开关的连杆驱动开关的接点引起闭合的接点分断或者断开的接点闭合。由开关接点开、合状态的改变去控制电路和机构的动作。其符号示意图如图 7.1.26 所示。

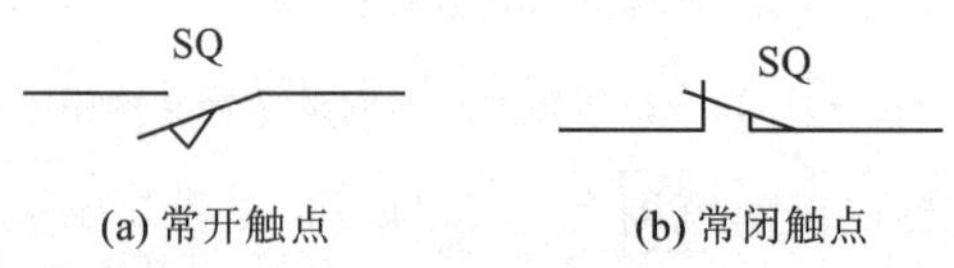

(a) 常开触点　　(b) 常闭触点

图 7.1.26 行程开关符号示意图

其中，接近开关又称无触点行程开关，它除可以完成行程控制和限位保护外，还是一种非接触型的检测装置，用于检测零件尺寸和测速等，也可用于变频计数器、变频脉冲发生器、液面控制和加工程序的自动衔接等。特点有工作可靠、寿命长、功耗低、复定位精度高、操作频率高及适应恶劣的工作环境等。

行程开关按其结构可分为直动式行程开关、滚轮式行程开关、微动式行程开关和组合式行程开关。下面就前三种行程开关进行介绍。

1. 直动式行程开关

直动式行程开关组成如图 7.1.27 中所示，其动作原理与按钮开关相同，但其触点的分合速度取决于生产机械的运行速度，不宜用于速度低于 0.4 m/min 的场所。

2. 滚轮式行程开关

滚轮式行程开关组成如图 7.1.28 所示，当被控机械上的撞块撞击带有滚轮的撞杆时，撞杆转向右边，带动凸轮转动，顶下推杆，使微动开关中的触点迅速动作。当运动机械返回时，在复位弹簧的作用下，各部分动作部件复位。

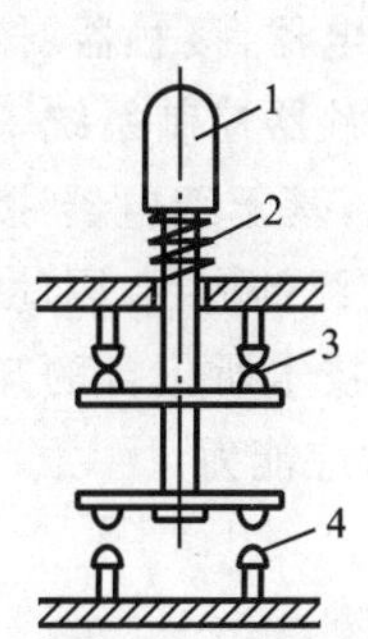

图 7.1.27　直动式行程开关组成图

1—推杆；2—弹簧；

3—动断触点；4—动合触点

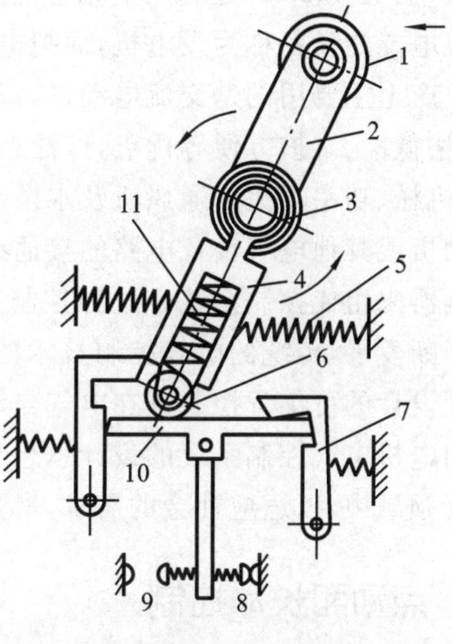

图 7.1.28　滚轮式行程开关组成图

1—滚轮；2—上转臂；3、5、11—弹簧；4—套架；

6—滑轮；7—压板；8、9—触点；10—横板

滚轮式行程开关又分为单滚轮自动复位和双滚轮（羊角式）非自动复位式，双滚轮行移开关具有两个稳态位置，有“记忆”作用，在某些情况下可以简化线路。

3. 微动式行程开关

和滚轮式及直动式行程开关相比，微动式行程开关的动作行程小，定位精度高，通常触点容量也较小，微动行程开关结构如图 7.1.29 所示，微动式行程开关常用的有 LXW-11 系列产品。

行程开关在工业及生产生活的各个方面应用广泛，在机床上行程开关应用广泛，用它控制工件运动或自动进刀的行程，避免发生碰撞事故，提高设备的自动化水平。

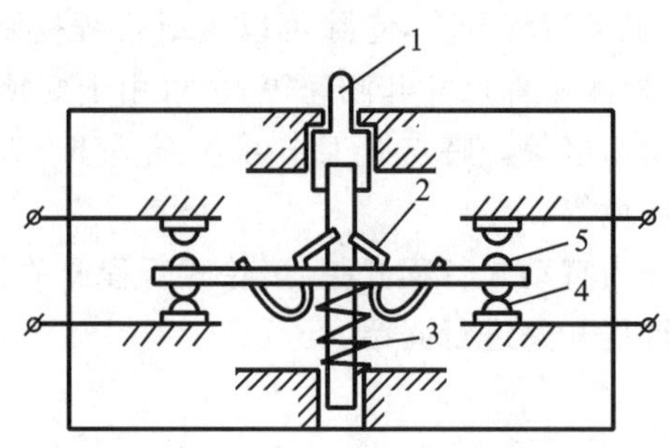

图 7.1.29 微动式行程开关结构图

1—推杆;2—弹簧;3—压缩弹簧;4—动断触点;5—动合触点

7.2 电气控制技术

电机(英文:motor)是利用电磁感应原理实现电能与机械能的相互转换。通常,把机械能转换成电能的设备称为发电机,而把电能转换成机械能的设备叫作电动机。

在生产上主要用的是交流电动机,特别三相异步电动机,具有结构简单、坚固耐用、运行可靠、价格低廉、维护方便等优点,广泛地用来驱动各种金属切削机床、起重机、锻压机、传送带、铸造机械、功率不大的通风机及水泵等。

电动机或其他电气设备电路的接通或断开,目前普遍采用继电器、接触器、按钮及开关等控制电器来组成控制系统。这种控制系统一般称为继电器-接触器控制系统。随着科学技术的不断发展,传统的电气控制技术的内容发生了很大的变化,基于继电器-接触器控制系统原理设计的可编程控制器在电气自动化领域中得到越来越广泛的应用,因此,本节通过着重介绍电机电气控制系统的设计思想与方法,将现代电气控制技术所包含的知识运用到现代生产领域中,以适应社会的需求,增强学生面向工程实际的适应能力。

7.2.1 点动和长动控制

点动(英文:inching control)与长动控制(英文:long dynamic control)是电器控制中的两种基本方式,所谓点动控制是指通过一个按钮开关控制接触器的线圈,实现用弱电来控制强电的功能,即点动控制是指按下按钮后接触器线圈的电吸合触点,电动机得电旋转,松开按钮,接触器失电,电动机也停转。长动控制指接触器的自锁控制,长动控制中在按下按钮后,接触器的线圈在电吸合后,接触器自身带的辅助触点也同时吸合,此时即使按钮松开,接触器的线圈也因辅助触点接通,始终处于吸合状态而得电,只有按下停止按钮后线圈才会断开,使电动机停止转动。

1. 点动控制

点动控制如图 7.2.1 中所示,当合上开关 QS 时,三相电源被引入控制电路,但电动机还不能启动。按下按钮 SB,接触器 KM 线圈通电,衔铁吸合,常开主触点接通,电动机定子接入三相电源启动运转。松开按钮 SB,接触器 KM 线圈断电,衔铁松开,常开主触点断开,电动机因断电而停转。

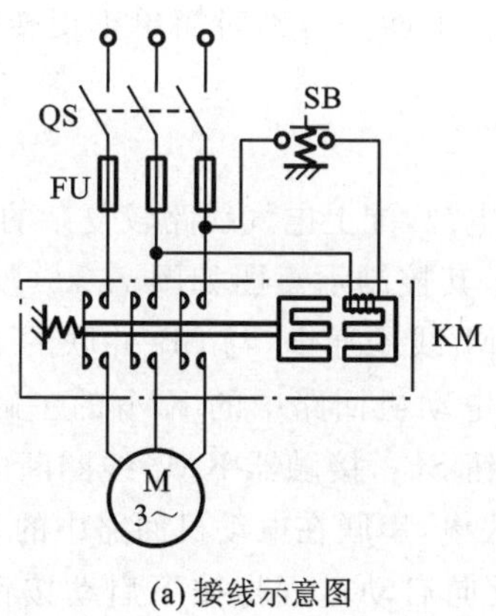

(a) 接线示意图

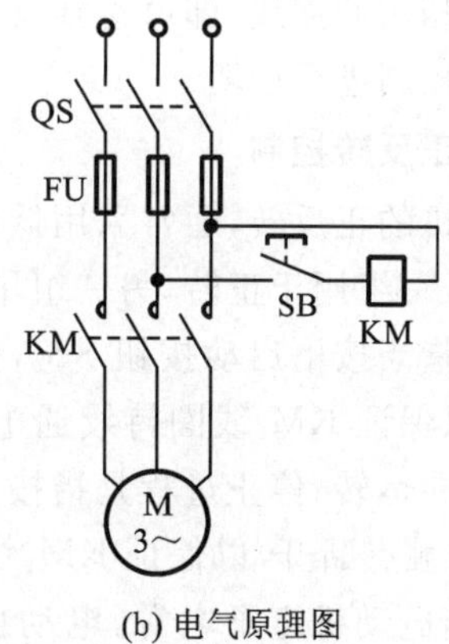

(b) 电气原理图

图 7.2.1　点接控制示意图

2. 长动控制

长动控制电路是指控制电机长时间连续工作，其控制示意图如图 7.2.2 所示。

(1)启动过程。按下启动按钮 SB_1，接触器 KM 线圈通电，与 SB_1 并联的 KM 的辅助常开触点闭合，以保证松开按钮 SB_1 后 KM 线圈持续通电，串联在电动机回路中的 KM 的主触点持续闭合，电动机连续运转，从而实现连续运转控制。

(2)停止过程。按下停止按钮 SB_2，接触器 KM 线圈断电，与 SB_1 并联的 KM 的辅助常开触点断开，以保证松开按钮 SB_2 后 KM 线圈持续失电，串联在电动机回路中的 KM 的主触点持续断开，电动机停转。

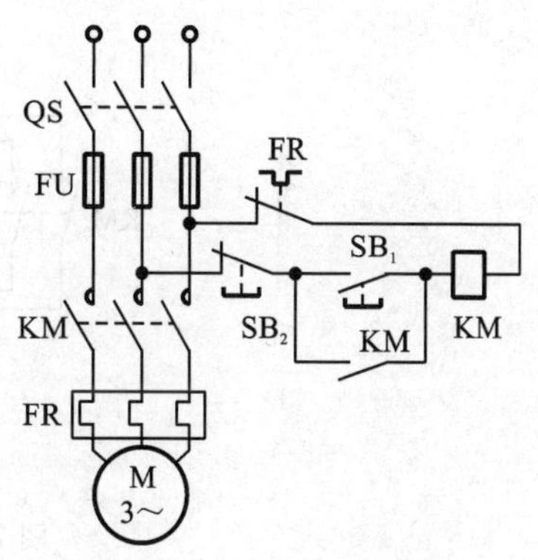

图 7.2.2　长动控制示意图

图 7.2.2 中与 SB_1 并联的 KM 的辅助常开触点的这种作用称为自锁，图示控制电路还可实现短路保护、过载保护和零压保护等功能。

(1)起短路保护的是串接在主电路中的熔断器 FU。一旦电路发生短路故障，熔体立即熔断，电动机立即停转。

(2)起过载保护的是热继电器 FR。当过载时，热继电器的发热元件发热，将其常闭触点断开，使接触器 KM 线圈断电，串联在电动机回路中的 KM 的主触点断开，电动机停转。同时 KM 辅助触点也断开，解除自锁。故障排除后若要重新启动，需按下 FR 的复位按钮，使 FR 的常闭触点复位(闭合)即可。

(3)起零压(或欠压)保护的是接触器 KM 本身。当电源暂时断电或电压严重下降时，接触器 KM 线圈的电磁吸力不足，衔铁自行释放，使主、辅触点自行复位，切断电源，电动机停转，同时解除自锁。

7.2.2　正反转控制

正反转控制(英文：positive and negative rotation control)指将接至电动机三相电源进

线中的任意两相对调接线，即可达到反转的目的。下面是分别对简单正反转控制和带电气互锁的正反转控制进行说明。

1. 简单的正反转控制

简易电动机的正反转，通常采用低电压直流电源，配上电气线路较复杂的或是使用正负两组直流电源，一组用于正转，另一组用于反转。其控制示意图如图 7.2.3 所示。图中，正向启动过程是指当按下启动按钮 SB_1，接触器 KM_1 线圈通电，与 SB_1 并联的 KM_1 的辅助常开触点闭合，以保证 KM_1 线圈持续通电，串联在电动机回路中的 KM_1 的主触点持续闭合，电动机连续正向运转；停止过程是指按下停止按钮 SB_3，接触器 KM_1 线圈断电，与 SB_1 并联的 KM_1 的辅助触点断开，以保证 KM_1 线圈持续失电，串联在电动机回路中的 KM_1 的主触点持续断开，切断电动机定子电源，电动机停转；反向启动过程指按下启动按钮 SB_2，接触器 KM_2 线圈通电，与 SB_2 并联的 KM_2 的辅助常开触点闭合，以保证线圈持续通电，串联在电动机回路中的 KM_2 的主触点持续闭合，电动机连续反向运转。

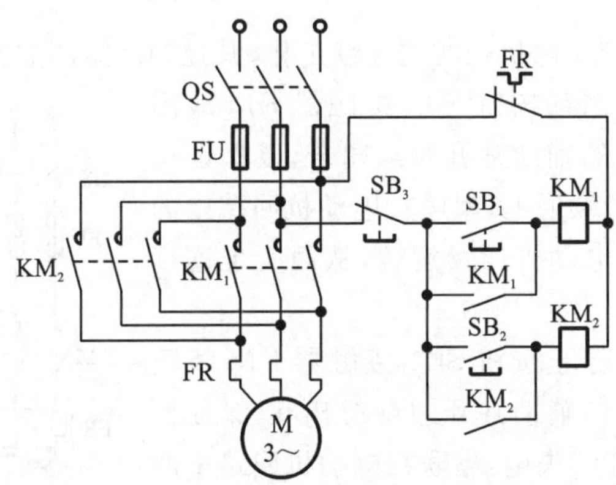

图 7.2.3　简单的正反转控制示意图

这种启动方式可以实现电机的正反转控制，但是 KM_1 和 KM_2 线圈不能同时通电，因此不能同时按下 SB_1 和 SB_2，也不能在电动机正转时按下反转启动按钮，或者在电动机反转时按下正转启动按钮。如果操作错误，将引起主回路电源短路。

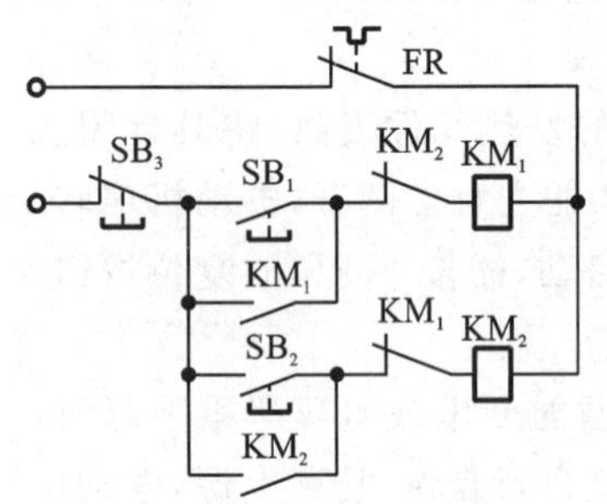

图 7.2.4　带电气互锁的正反转控制示意图

2. 带电气互锁的正反转控制

将接触器 KM_1 的辅助常闭触点串入 KM_2 的线圈回路中，从而保证在 KM_1 线圈通电时 KM_2 线圈回路总是断开的；将接触器 KM_2 的辅助常闭触点串入 KM_1 的线圈回路中，从而保证在 KM_2 线圈通电时 KM_1 线圈回路总是断开的。这样接触器的辅助常闭触点 KM_1 和 KM_2 保证了两个接触器线圈不能同时通电，这种控制方式称为互锁或联锁，这两个辅助常开触点称为互锁或者联锁触点，其控制示意图如图 7.2.4 所示。

这种电路中若电动机处于正转状态要反转时必须先按停止按钮 SB_3，使互锁触点 KM_1 闭合后按下反转启动按钮 SB_2 才能使电动机反转；若电动机处于反转状态要正转时必须先按停止按钮 SB_3，使互锁触点 KM_2 闭合后按下正转启动按钮

SB_1才能使电动机正转。

7.2.3　顺序控制和多地点控制

1. 顺序控制

顺序控制(英文:sequence control)指几台电动机的启动或停止必须按一定的先后顺序来完成的控制方式,在装有多台电动机的生产机械上,各电动机所起的作用是不同的,有时需要按一定的顺序启动或停止,才能保证操作过程的合理和工作的安全可靠。下面以两台电机顺序控制为例进行说明,顺序控制电路原理如图 7.2.5 中所示。

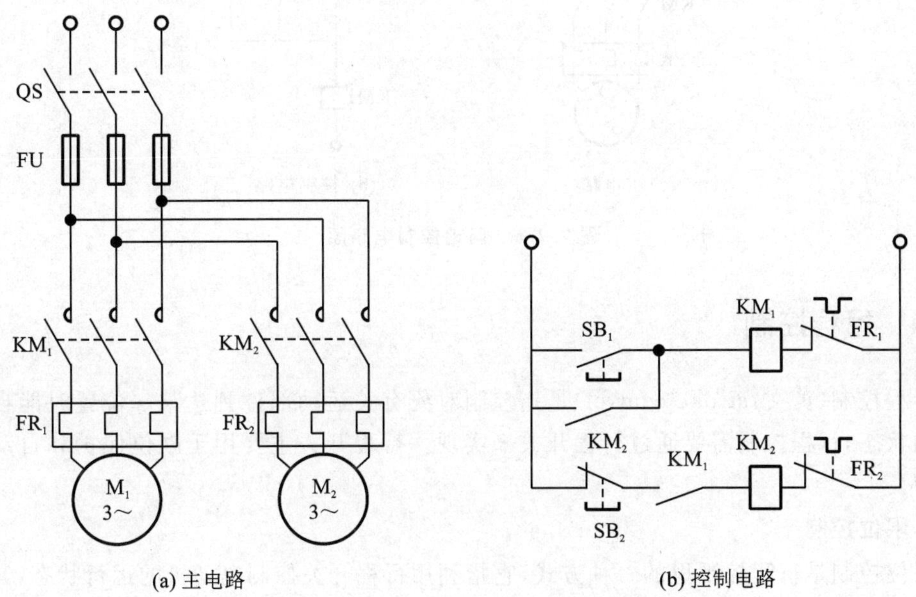

(a) 主电路　　(b) 控制电路

图 7.2.5　两台电机顺序控制示意图

图 7.2.5 所示电路的工作过程具体如下。

(1)按下控制按钮 SB_1 使接触器 KM_1 线圈得电,主触点 KM_1 闭合,电机 M_1 运行工作;接触器 KM_1 辅助常开触点闭合,电机 M_2 运行工作;接触器 KM_2 辅助常开触点闭合,实现自锁;电路正常运行。

(2)按下控制按钮 SB_2 按钮,接触器 KM_2 线圈失电,电机 M_2 停止运行;接触器 KM_2 常开辅助触点断开,电机 M_1 停止运行。

2. 多地点控制

多地点控制(英文:multi-position control)就是要在两个或者多个的地点根据实际的情况设置控制按钮,在不同的地点进行相同的控制。两地控制电路图如图 7.2.6 中所示,从图中可以看出,SB_1 和 SB_3 为安装在地点一的启动和停止按钮,SB_2 和 SB_4 为安装在地点二的启动和停止按钮,此时,两地的启动按钮 SB_1、SB_2 并联在一起;停止按钮 SB_3、SB_4 串联在一起,这样就可以分别在甲、乙两地启动和停止同一台电动机,以达到操作方便之目的。对于三地点或者多地点控制,可以将各地的启动按钮并联,停止按钮串联就可以实现。

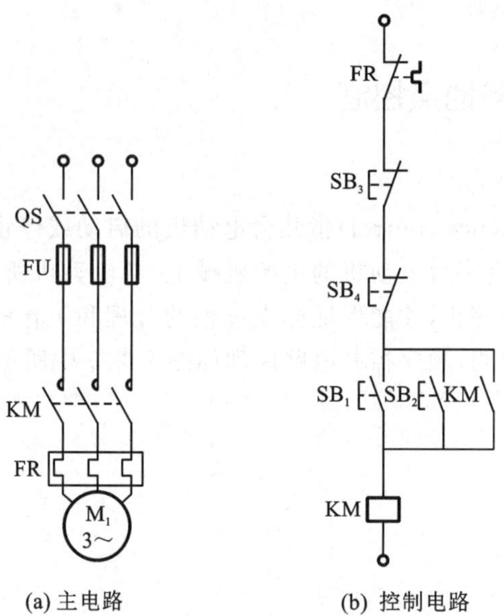

(a) 主电路　　(b) 控制电路

图 7.2.6　两地控制电路图

7.2.4　行程控制

行程控制(英文:stroke control)是指控制对象有关运动部件到达某一位置时能自动改变运动状态,行程控制需要通过行程开关来实现。行程开关主要用于限位保护和自动往复控制中。

1. 限位控制

限位控制是行程控制里的一种方式,它指利用行程开关控制电动机的运行状态,其原理图如图 7.2.7 所示。当生产机械的运动部件到达预定的位置时压下行程开关的触杆,将常闭触点断开,接触器线圈断电,使电动机断电而停止运行。

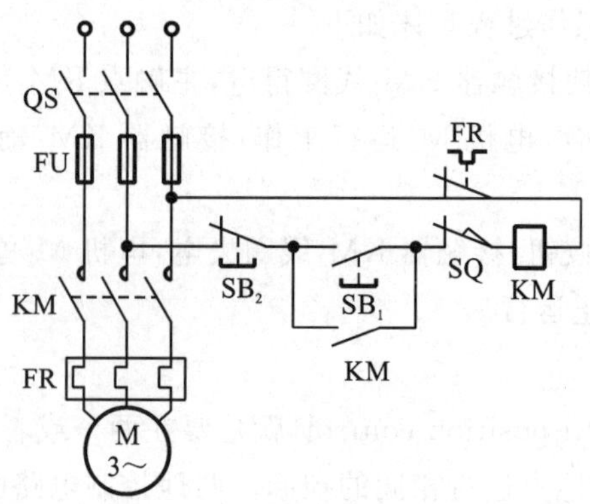

图 7.2.7　限位控制原理图

2. 行程往返控制

行程往返控制利用三相电机控制物体在两个位置间往返运动,行程往返控制原理图如

图 7.2.8 所示，从图中可以看出，按下正向启动按钮 SB_1，电动机正向启动运行，带动工作台向前运动。当运行到 SQ_2 位置时，挡块压下 SQ_2，接触器 KM_1 断电释放，KM_2 通电吸合，电动机反向启动运行，使工作台后退。工作台退到 SQ_1 位置时，挡块压下 SQ_1，KM_2 断电释放，KM_1 通电吸合，电动机又正向启动运行，工作台又向前进，如此一直循环下去，直到需要停止时按下 SB_3，KM_1 和 KM_2 线圈同时断电释放，电动机脱离电源停止转动。

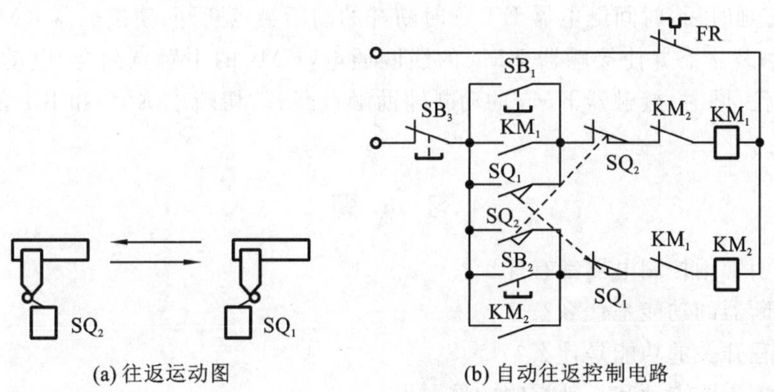

(a) 往返运动图　　(b) 自动往返控制电路

图 7.2.8　行程往返控制原理图

7.2.5　时间控制

时间控制(英文：time control)或称时限控制，是按照所需的时间间隔来接通、断开或换接被控制的电路，以协调和控制生产机械的各种动作。例如三相笼型异步电动机的星形-三角形减压启动，启动时定子三相绕组连接成星形，经过一段时间，转速上升到接近正常转速时换接成三角形，像这一类的时间控制可以利用时间继电器来实现。

三相笼型异步电动机的星形-三角形启动的控制电路如图 7.2.9 所示。

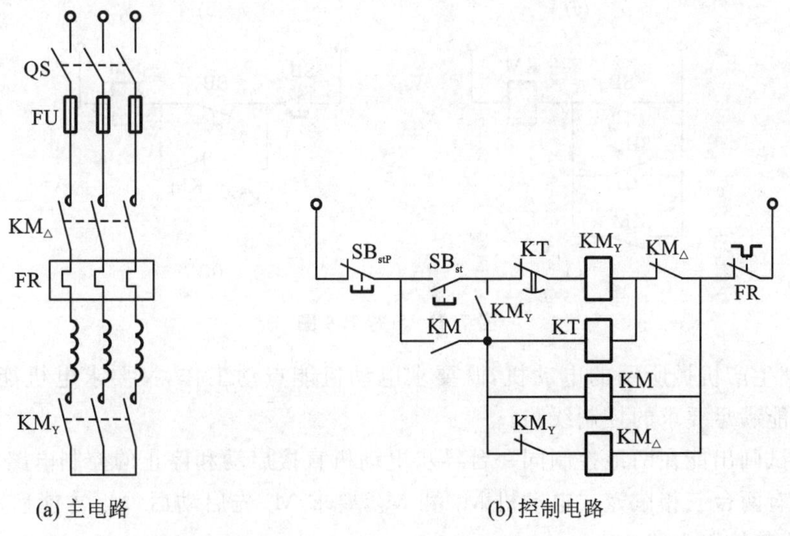

(a) 主电路　　(b) 控制电路

图 7.2.9　星形-三角形启动控制电路

按下启动按钮 SB_{st}，接触器 KM_Y 线圈通电，KM_Y 主触点闭合，使电动机接成 Y 形。KM_Y 的动断辅助触点断开，切断了 $KM_{\triangle}$ 的线圈电路，实现互锁。

KM_Y 的动合辅助触点闭合，使接触器 KM 和时间继电器 KT 的线圈通电，KM 的主触点闭合，使电动机在星形联结下启动。同时，KM 的动合辅助触点闭合，把启动按钮 SB_{st} 短接，实现自锁。

经过一定延时后，时间继电器 KT 延时断开的动断触点断开，使接触器 KM_Y 线圈断电，KM_Y 各触点恢复常态并使接触器 $KM_{\triangle}$ 的线圈通电，$KM_{\triangle}$ 的主触点闭合，电动机便改成三角形正常运行。同时，接触器 $KM_{\triangle}$ 的动断辅助触点断开，切断了 KM_Y 和 KT 的线圈电路，实现互锁。

习　题

7.1　说明常用控制电器都有什么?

7.2　熔断器的功能是什么?

7.3　行程开关的功能是什么?

7.4　举例说明点动和长动控制的异同点。

7.5　如何实现三相异步电机正反转控制?

7.6　何谓行程控制，试设计一个往返于 AB 两点间的控制电路原理图。

7.7　何谓空气继电器，都有哪几种形式?

7.8　试说明图 7.1 所示各电路能否控制异步电动机的起停? 为什么?

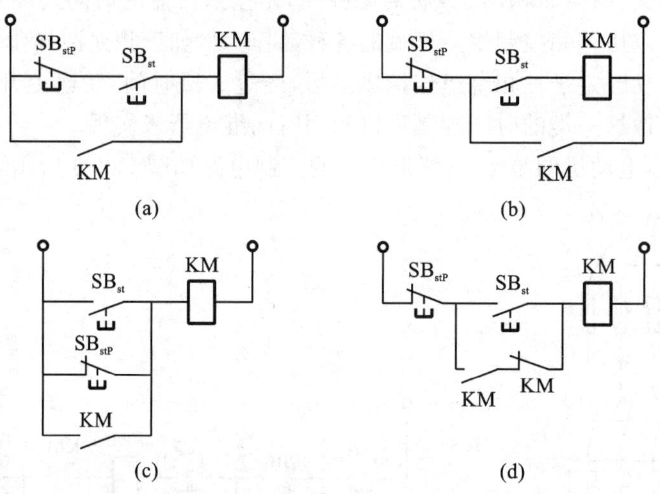

图 7.1　习题 7.8 图

7.9　某生产机械所用的电动机，既要求电动机能点动工作，又要求电机能连续运行。试绘制一个能满足要求的控制线路。

7.10　试画出能在两地控制同一台异步电动机直接启动和停止的控制电路。

7.11　有两台三相鼠笼式电动机 M_1 和 M_2，要求 M_1 先启动后，M_2 才能启动，M_2 能单独停车，绘出其控制电路。

7.12　有两台三相鼠笼式电动机 M_1 和 M_2，要求 M_1 先启动，经过一定延时后 M_2 能自

行启动，绘出其控制电路。

7.13　根据下列要求，分别绘出控制电路（M_1 和 M_2 都是三相鼠笼式电动机）：

(1)M_1 先启动，经过一定延时后 M_2 能自行启动，M_2 启动后，M_1 立即停车；

(2)启动时，M_1 启动后 M_2 才能启动；停止时，M_2 停车后 M_1 才能停止。

下篇　电子学部分

第8章 半导体器件

半导体的导电性和PN结的构成是研究各种半导体器件的基础。本章首先研究PN结的结构及其导电性，然后进一步讨论半导体二极管和三极管的结构、工作原理、特性曲线、主要参数及其应用等，为以后的学习打下基础。

8.1 半导体基础知识

8.1.1 本征半导体

自然界的各种物质就其导电性能来说，可以分为导体、绝缘体和半导体三大类。

导体具有良好的导电特性，常温下，其内部存在着大量的自由电子，它们在外电场的作用下定向运动形成较大的电流。因而导体的电阻率很小，金属一般为导体，如铜、铝、银等。

绝缘体几乎不导电，如橡胶、陶瓷、塑料等。在这类材料中，几乎没有自由电子，即使受外电场作用也不会形成电流，其电阻率很大。

半导体的导电能力介于导体和绝缘体之间，如硅、锗、硒等。半导体之所以得到广泛应用，是因为它的导电能力受掺杂、温度和光照等影响十分显著。如纯净的半导体单晶硅在室温下电阻率约为 $2.14\times10^5\ \Omega/\text{cm}$，若按百万分之一的比例掺入少量杂质（如硼）后，其电阻率急剧下降为 $0.4\ \Omega/\text{cm}$。因此，人们可以给半导体掺入微量的某种特定杂质元素，精确控制它的导电能力，用以制作各种各样的半导体器件。

纯净晶体结构的半导体我们称之为本征半导体。常用的半导体材料有硅和锗。它们都是四价元素，原子结构的最外层轨道上有四个价电子，如图8.1.1所示，当把硅或锗制成晶体时，它们是靠共价键的作用而紧密联系在一起，如图8.1.2所示。

一般来说，半导体中的价电子不完全像绝缘体中价电子所受束缚那样强，如果能从外界获得一定的能量（如光照、温升、电磁场激发等），一些价电子就可能挣脱共价键的束缚而成为自由电子，这种现象称为本征激发，如图8.1.3所示。这时，共价键中就留下一个空位，这个空位称为空穴。空穴的出现是半导体区别于导体的一个重要特点。

在外电场作用下，自由电子产生定向移动，形成电子电流，称为漂移电流。

共价键中失去价电子而形成的空穴对相邻共价键中的价电子也具有相当的吸引力，容

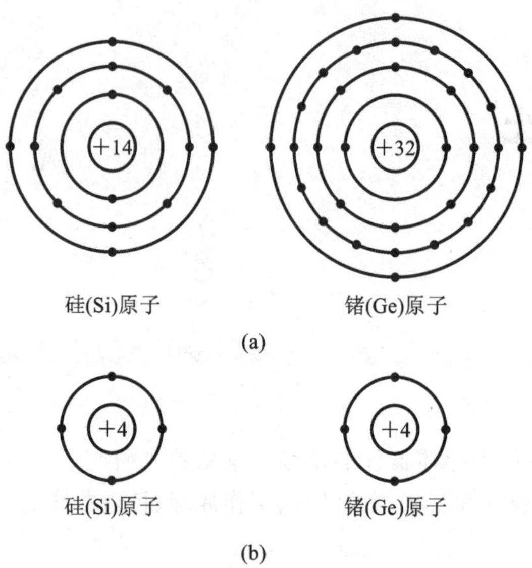

图 8.1.1　半导体原子结构图

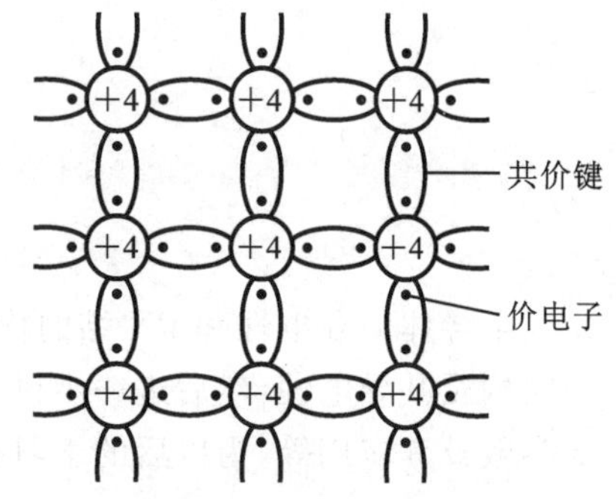

图 8.1.2　本征半导体结构图

易造成临近共价键中价电子离开自己原有的共价键而替补到这个空穴中(称为复合)。这样,在消灭了一个共价键中的空穴的同时,又在另一个共价键中形成一个空穴,如图 8.1.4 所示。在本征半导体中空穴产生和消失的过程都离不开价电子的运动,价电子填补空穴的运动在形式和效果上都可以看成是带正电荷的空穴与带负电荷的电子在从事着相反方向的运动。因此,在半导体中间存在着带负电的自由电子和带正电的空穴都能参与导电的特性,这两种参与导电的粒子就称为载流子,它们是成对出现的。

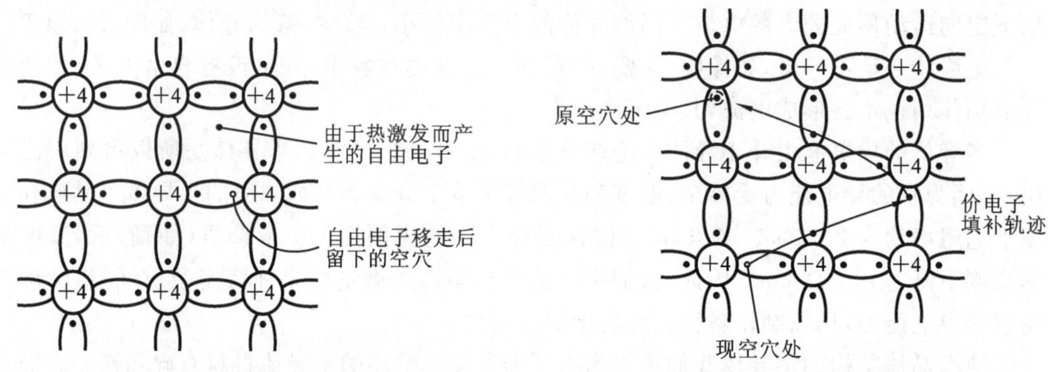

图 8.1.3　本征激发产生电子空穴对示意图

图 8.1.4　电子与空穴的移动

当环境温度、光照等变化时,被激发出的自由电子数就会增加,空穴数也增加,半导体内载流子浓度就大大增加,半导体的电阻率就减小,这是半导体电阻率不稳定的原因之一。

8.1.2　N 型和 P 型半导体

本征半导体中虽然有自由电子和空穴两种载流子,但在常温下,其数量少,导电能力差。如果在本征半导体硅中掺入微量的杂质,其导电能力就会显著变化。根据掺入杂质的不同,

可以分为 N 型半导体和 P 型半导体。

1. N **型半导体**

在本征半导体硅中掺入微量的五价元素磷(P)就形成 N 型(电子型)半导体，如图8.1.5所示。拥有 5 个价电子的磷原子与周围的硅原子组成共价键时，会多出一个价电子，这个电子很容易成为自由电子。

与本征半导体相比，这种杂质半导体产生的自由电子数目大量增加，导电能力显著增强。这种半导体中自由电子是多数载流子，空穴是少数载流子，它主要靠电子导电。

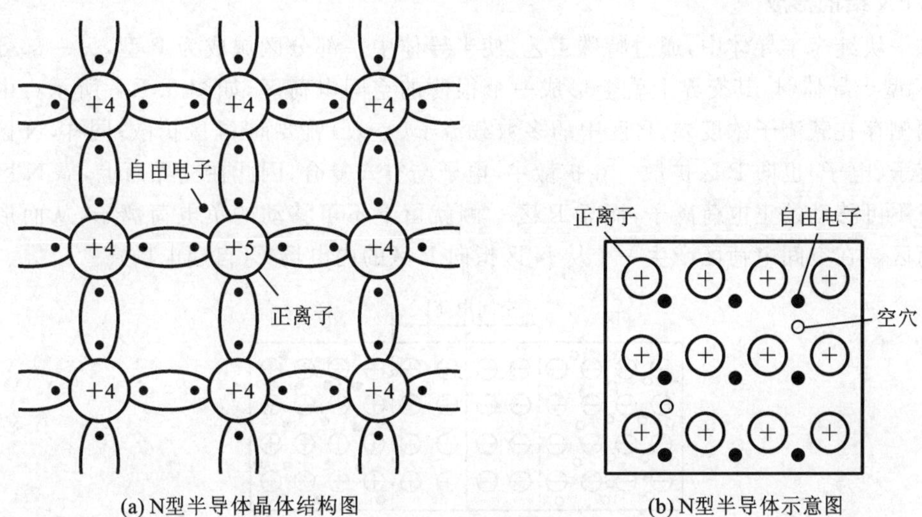

(a) N型半导体晶体结构图　　(b) N型半导体示意图

图 8.1.5　N 型半导体结构图

2. P **型半导体**

在本征半导体硅中掺入微量的三价元素硼(B)就形成 P 型(空穴型)半导体，如图 8.1.6所示。硅原子与硼原子组成共价键时少一个电子，即产生一个空穴。每掺入一个硼原子就

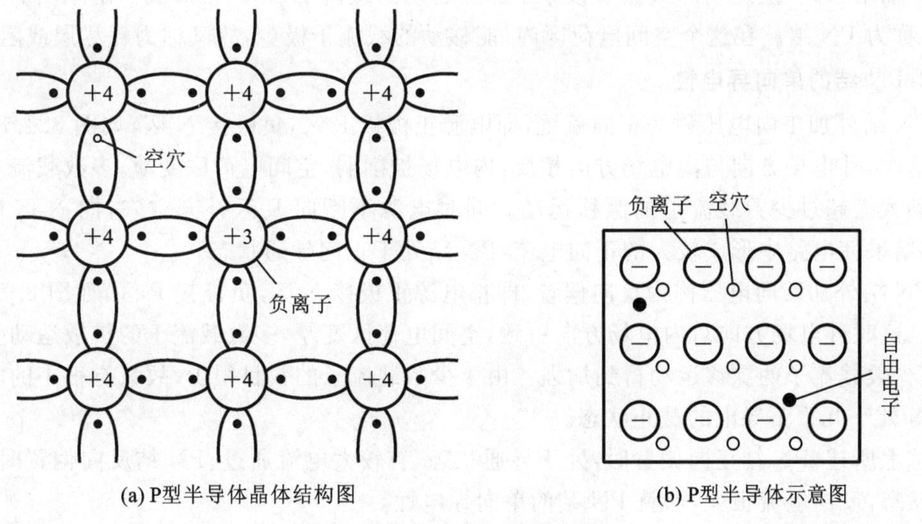

(a) P型半导体晶体结构图　　(b) P型半导体示意图

图 8.1.6　P 型半导体结构图

提供一个空穴,而相邻硅原子中的价电子有可能过来填补这个空穴,于是相邻硅原子又因缺少价电子而产生空穴,硼原子却因得到一个电子,成为带负电的离子。

与本征半导体相比,这种杂质半导体产生的空穴数目大量增加,导电能力显著增强。这种半导体中空穴是多数载流子,自由电子是少数载流子,它主要靠空穴导电。

8.1.3 PN 结及其单向导电性

1. PN 结的形成

在一块纯净半导体中,通过特殊工艺,使半导体中一部分区域成为 P 型,另一部分区域成为 N 型半导体时,其交界上就会形成一个很薄的空间电荷区,如图 8.1.7 所示。由于交界面两侧存在载流子浓度差,P 区中的多数载流子(空穴)就要向 N 区扩散;同样,N 区的多数载流子(电子)也向 P 区扩散。在扩散中,电子与空穴复合,因此在交界面上,靠 N 区一侧就留下不可移动的正电荷离子,而靠 P 区一侧就留下不可移动的负电荷离子,从而形成空间电荷区。在空间电荷区产生一个从 N 区指向 P 区的内电场 E(自建电场)。

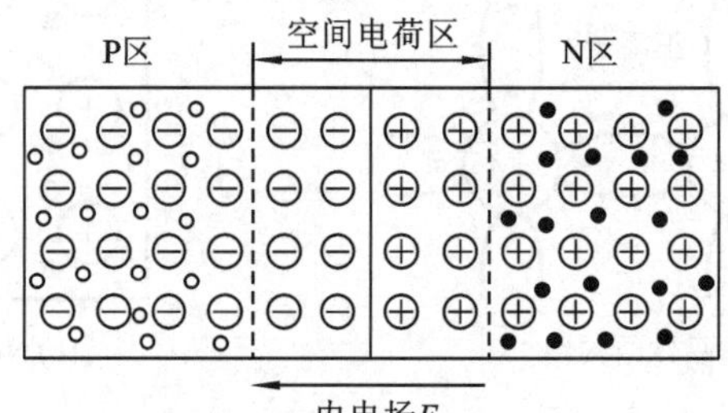

图 8.1.7　PN 结的形成

随着扩散的进行,内电场不断增强。内电场的加强又反过来阻碍扩散运动,但有利于 P 区的少数载流子电子向 N 区漂移,N 区的少数载流子空穴向 P 区漂移。当扩散和漂移达到动态平衡时,即扩散运动的载流子数等于漂移运动的载流子数时,就形成一定厚度的空间电荷区,称为 PN 结。在这个空间电荷区内,能移动的载流子极少,故又称为耗尽层或阻挡层。

2. PN 结的单向导电性

PN 结外加正向电压称为正向偏置,即电源正极接 P 区,负极接 N 区,如图 8.1.8(a)所示。这时,外电场方向与内电场方向相反,内电场被削弱,空间电荷区变薄,多数载流子的扩散运动大大超过少数载流子的漂移运动。同时电源不断向 P 区补充空穴,向 N 区补充电子,其结果使电路中形成较大的正向电流,PN 结处于正向导通状态。

PN 结外加反向电压称为反向偏置,即将电源正极接 N 区,负极接 P 区,如图 8.1.8(b)所示。这时外电场方向与内电场方向一致,空间电荷区变厚,多数载流子的扩散运动受到阻碍,但少数载流子的漂移运动得到加强。由于少数载流子的数目很少,故只有很小的电流通过,PN 处于几乎不导电的截止状态。

综上所述,PN 结正向偏置时,处于导通状态,有较大电流通过;PN 结反向偏置时,处于截止状态,反向电流很少,这就 PN 结的单向导电性。

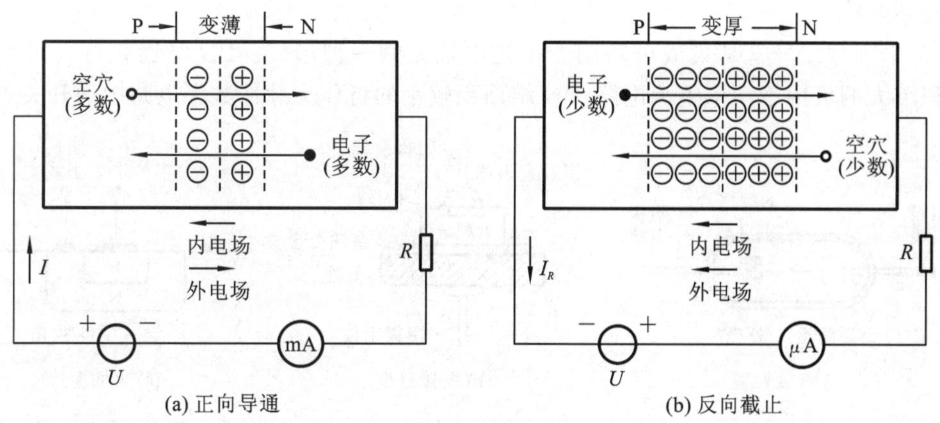

(a) 正向导通　　(b) 反向截止

图 8.1.8　PN 结的单向导电性

8.2　普通二极管

8.2.1　二极管的基本结构和类型

半导体二极管的主要构成部分就是一个 PN 结，在一个 PN 结两端接上相应的电极引线，从 P 端引出的电极称为阳极（正极），从 N 端引出的电极称为阴极（负极），外面用塑料、玻璃或金属管壳封装起来就组成了半导体二极管，常见二极管的外形如图 8.2.1 所示。二极管的结构外形及电路符号如图 8.2.2 所示，在图 8.2.2(b)所示电路符号中，箭头指向为正向导通电流方向。

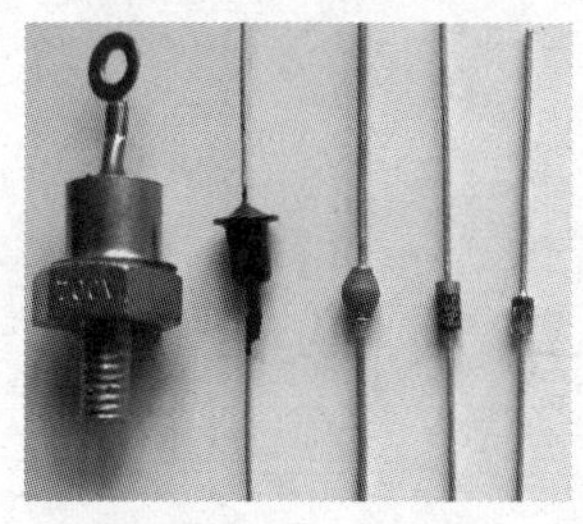

图 8.2.1　二极管外形图

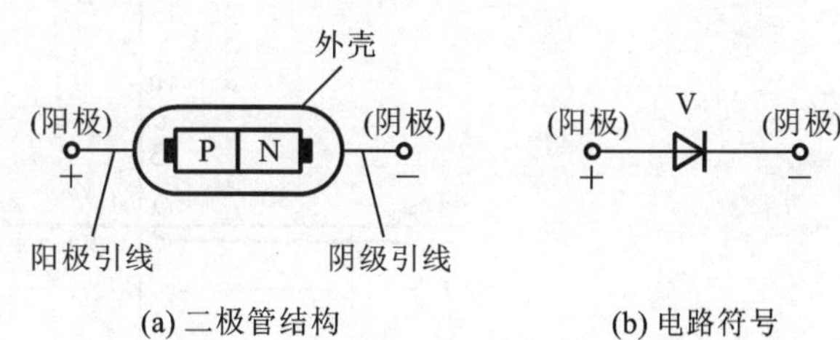

(a) 二极管结构　　(b) 电路符号

图 8.2.2　二极管结构外形及电路符号

二极管的类型很多，按制造二极管的材料不同，可分为硅管和锗管两种；按用途不同，可分为整流二极管、开关二极管、稳压二极管、快速二极管等；按照管芯结构不同，可分为点接触型二极管、面接触型二极管和平面型二极管三种，它们的结构示意图如图 8.2.3(a)、(b)、(c)所示，其特点及应用如下。

(1)点接触型二极管是用一根很细的金属丝压在光洁的半导体晶片表面，通以脉冲电流，使触丝一端与晶片牢固地烧结在一起，形成一个“PN 结”。由于 PN 结面积很小，只允许通过较小的电流，适用于高频检波和脉冲数字电路。

(2)面接触型二极管的 PN 结面积较大，允许通过较大的电流，适用于整流电路，而不宜用于高频电路。

(3)平面型二极管是集成电路制造工艺中常见的一种形式。PN 结面积可大可小,PN 结面积较大的可用于功率整流电路,PN 结面积较小的可作为脉冲数字电路中的开关管。

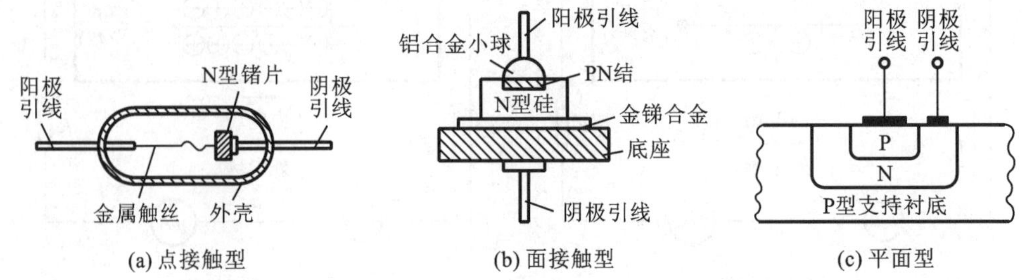

图 8.2.3　二极管主要结构类型

8.2.2　二极管的伏安特性

半导体二极管的伏安特性曲线如图 8.2.4 所示,处于第一象限的是正向伏安特性曲线,处于第三象限的是反向伏安特性曲线。根据理论推导,二极管的伏安特性 i_D和 v_D可用下式表示

$$i_D = I_S(e^{\frac{v_D}{V_T}} - 1) \tag{8.2.1}$$

式中:I_S——反向饱和电流;

V_T——温度的电压当量,$V_T = kT/q$,其中 k 为玻耳兹曼常数,q 为电子电荷量,T 为热力学温度。对于室温(相当 $T=300\text{K}$),则有 $V_T = 26$ mV。

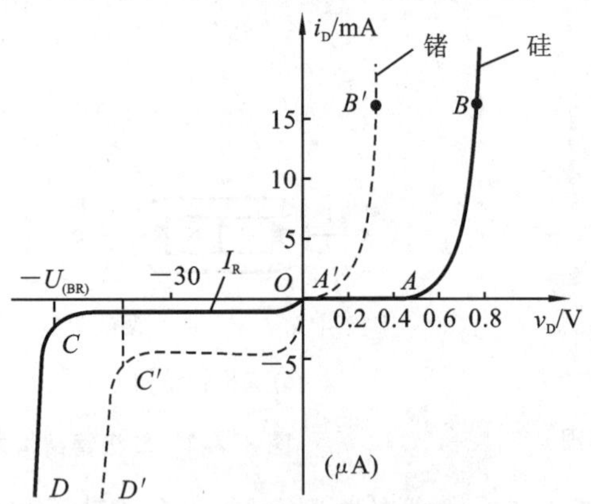

图 8.2.4　二极管的伏安特性曲线

1. 正向特性

当正向电压较小时,由于外电场不足以克服 PN 结内电场对多数载流子扩散运动的阻力,因此,这时正向电流极小(几乎为零),呈较大电阻。这一段曲线称为二极管的死区,相应的 $A(A')$点的电压称为死区电压或门槛电压(也称阈值电压),如图 8.2.4 中 $OA(OA')$段。死区电压的大小与材料的类型有关,一般硅二极管为 0.5 V 左右,锗二极管为 0.1 V 左右。

当正向电压超过门槛电压后,内电场被大大削弱,二极管的电阻变得很小,正向电流就

会急剧地增大，此时二极管才处于导通状态，这一段曲线很陡，如图 8.2.4 中 $AB(A'B')$段。在正常工作范围内，正向导通压降很小，硅管的正向导通压降为 0.6～0.7 V，锗管为 0.2～0.3 V，当电流较小时取下限值，电流较大时取上限值。

二极管正向导通时，要特别注意它的正向电流不能超过最大值，否则将烧坏 PN 结。

2. 反向特性

当二极管加反向电压时，外电场增强了内电场对扩散运动的阻力，扩散运动很难进行，但少数载流子在这两个电场的作用下很容易通过 PN 结，形成很小的反向电流。由于少数载流子的数目很少，即使增加反向电压，反向电流仍基本保持不变，故称此电流为反向饱和电流 I_R，如图 8.2.4 中 $OC(OC')$段。反向饱和电流是衡量二极管质量好坏的重要参数之一，其值越小越好。

3. 反向击穿特性

如果继续增加反向电压，当超过电压 U_{BR} 时，反向电流急剧增大，这种现象称为反向击穿，此时对应的电压 U_{BR} 称为反向击穿电压，如图 8.2.4 中 $CD(C'D')$段。

对普通二极管而言，反向击穿又称为雪崩击穿，意味着二极管丧失了单向导电特性，而且不可能再恢复其原有特性，将造成永久损坏，所以普通二极管不允许工作在反向击穿区。

4. 温度对特性的影响

二极管的核心是一个 PN 结，它的导电性能与温度有关，温度升高时二极管正向特性曲线向左移动，正向导通电压将略微下降；反向特性曲线向下移动，反向电流显著增加，而反向击穿电压则显著下降，尤其是锗管，对温度更为敏感。实验和理论研究都表明，温度每升高 10℃，反向饱和电流增加约一倍。

8.2.3 二极管的主要参数

二极管的参数是正确选择和使用二极管的依据，其主要参数有以下几个。

1. 最大正向平均电流 I_F

最大正向平均电流有时又称为最大整流电流，是指二极管长时间使用时，允许通过二极管的最大正向平均电流。当实际电流超过该值时，二极管将因 PN 结过热而损坏。大功率二极管在使用时，应按规定加装散热片才能在该值下工作。

2. 最高反向工作电压 U_{RM}

最高反向工作电压指保证二极管不被击穿允许施加反向电压的最大值，一般手册上给出的最高反向工作电压约为击穿电压的一半，以确保管子安全运行。

3. 最大反向电流 I_R

最大反向电流指在室温下，二极管两端加上最高反向工作电压时的反向电流。其数值越小，说明二极管的单向导电性越好。硅管的反向电流较小，一般在几个微安以下；锗管的反向电流较大，一般在几十微安至几百微安之间。另外，二极管受温度的影响较大，当温度增加时，反向电流会急剧增加，在使用需要加以注意。

4. 最高工作频率 f_M

指二极管允许工作的最高频率，当外加信号频率高于此值时，二极管将失去单向导电性。该特性主要是由二极管的结电容大小决定的。在 50 Hz 的工频场合，一般二极管都可符合要求，但在一些高频电子设备、开关电源等装置中，某些二极管的工作频率比较高，选用二极管的时候应当注意。

8.2.4 二极管的应用

二极管的特性是非线性的，为了方便分析计算，通常根据二极管在电路中的实际状态，在分析误差允许的条件下，把非线性的二极管电路转化为线性电路模型来求解。

1. 二极管的常用模型

1)理想模型

当二极管的正向压降远小于外接电路的等效电压时，可用图 8.2.5 中与坐标轴重合的折线近似代替二极管的伏安特性，这样的二极管称为理想二极管。它在电路中相当于一个理想开关，只要二极管外加正向电压稍大于零，它就导通，其管压降为零，相当于开关闭合；当反偏时，二极管截止，其电阻无穷大，相当于开关断开。

2)恒压降模型

当二极管的正向压降与外加电压相比不能忽略时，可采用图 8.2.6 所示的模型近似代替二极管，该模型由理想二极管与接近实际工作电压的电压源 U_F 串联构成，U_F 不随电流而变。硅二极管的 U_F 通常取为 0.7 V，锗二极管取为 0.2 V。显然，这种模型较理想模型更接近实际二极管。

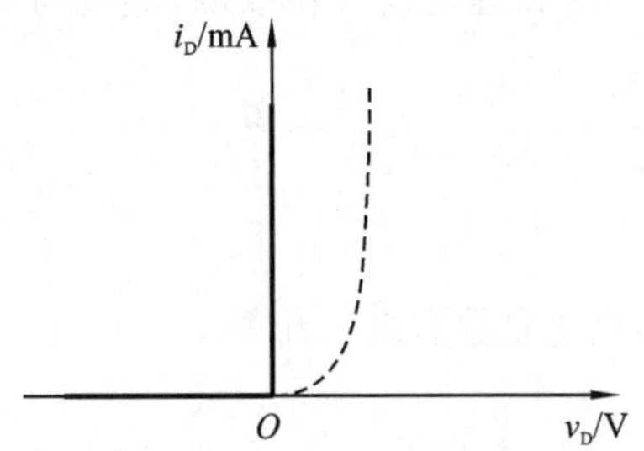

图 8.2.5 二极管的理想模型图

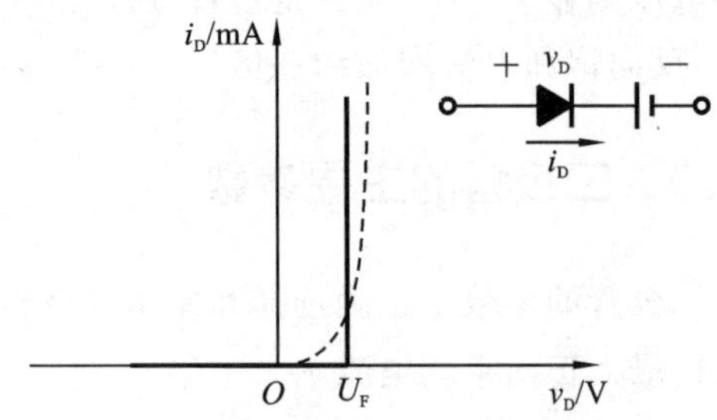

图 8.2.6 二极管的恒压降模型

2. 二极管的应用举例

二极管的应用范围很广，利用它的单向导电性和正向导通、反向截止、反向击穿(详见本章 8.3 节)等工作状态，可以组成各种应用电路。

下面就具体介绍几种简单的应用电路。

1)二极管半波整流电路

利用二极管的单向导电性可以将交流电变为脉动的直流电，这种变换称为整流。

【例 8.2.1】 如图 8.2.7 所示电路，已知输入电压 u_i 为正弦波，试利用二极管理想模型，定性地绘出输出电压 u_o 的波形。

【解】

输入电压 u_i 为正弦波，当 u_i 为正半周期时，二极管正向偏置，根据二极管理想模型特性，此时二极管导通，且输出电压 $u_o=u_i$。

当 u_i 为负半周期时，二极管反向偏置，此时二极管截止，输出电压 $u_o=0$。

所以，u_i 和 u_o 的波形如图8.2.8所示。

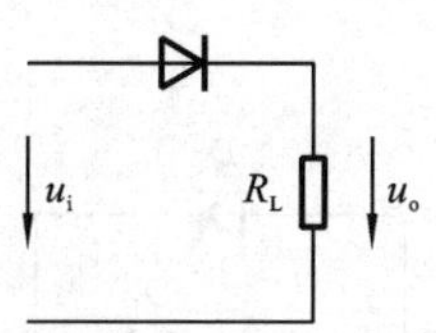

图8.2.7　例8.2.1电路

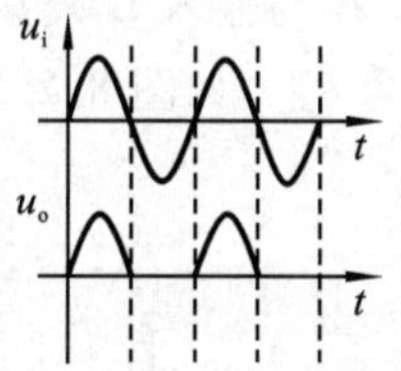

图8.2.8　u_i 和 u_o 的波形

2)限幅电路

利用二极管的单向导电性和导通后两端电压基本不变的特点，可组成限幅(削波)电路，用来限制输出电压的幅值。

【例8.2.2】　如图8.2.9所示电路，已知 $v_i=V_m\sin\omega t$，且 $V_m>V_S$，假设二极管D为理想模型，试分析工作原理，并作出输出电压 v_o 的波形。

【解】

由于D为理想二极管，当 $v_i>V_S$，二极管导通，管压降为零，此时 $v_o=V_S$。

当 $v_i\leqslant V_S$ 时，二极管截止，该支路断开，R 中无电流，其压降为0，此时 $v_o=v_i$。

根据以上分析，可作出 v_o 的波形，如图8.2.10所示。

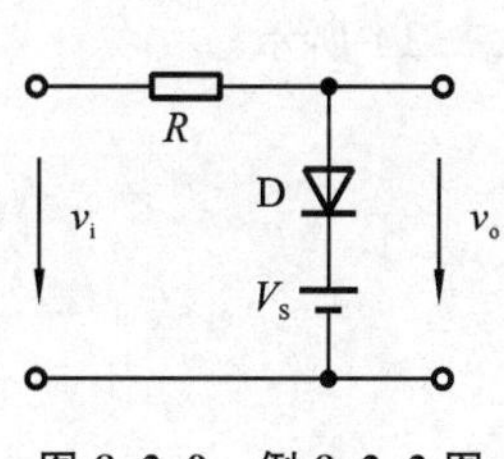

图8.2.9　例8.2.2图

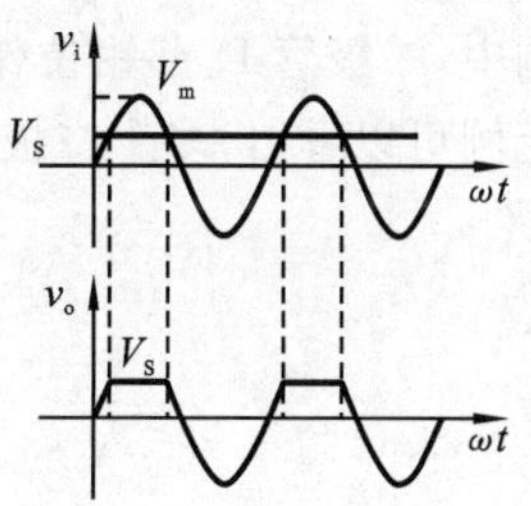

图8.2.10　v_i 和 v_o 波形

由图可见，输出电压的正向幅度被限制在 V_S 值。

3)钳位电路

二极管的钳位作用是指利用二极管正向导通压降相对稳定且数值较小(有时可近似为零)的特点，来限制电路中某点的电位。

【例8.2.3】　如图8.2.11所示电路，求：U_{AB}。

【解】

取 B 点作参考点，断开二极管，分析二极管阳极和阴极的电位。

$V_{阳}=-6$ V，$V_{阴}=-12$ V，因而 $V_{阳}>V_{阴}$，二极管导通。

若忽略管压降，二极管可看作短路，$U_{AB}=-6$ V。

否则，U_{AB} 低于 -6 V一个管压降，为 -6.3 V或 -6.7 V。

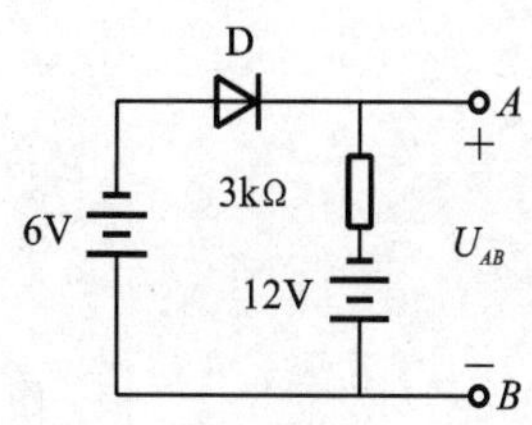

图8.2.11　例8.2.3图

4)隔离作用

二极管的隔离作用是指利用二极管截止时，通过电流近似为零，两级之间相当于断路的特点,来隔断电路或者信号的联系。如图 8.2.12 所示,当 A 点电位 $V_A=0$ 时,二极管 D_1 导通,起钳位作用,使 $v_o=0$。这时,如 $V_B=+6$ V,则 D_2 截止,B 点的电位对 v_o 没有影响,D_2 起到了将输入 A 与输入 B 隔离的作用。

【例 8.2.4】 如图 8.2.13 所示电路,求:U_{AB}。

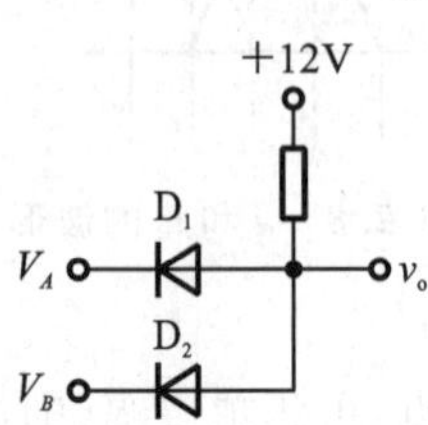

图 8.2.12 隔离电路

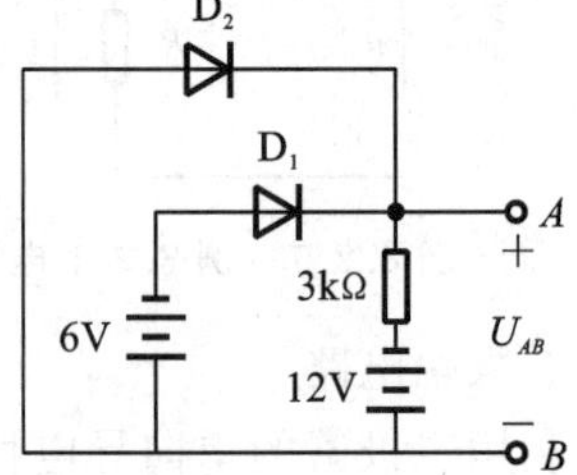

图 8.2.13 例 8.2.4 图

【解】

取 B 点作参考点,断开二极管,分析二极管阳极和阴极的电位。

由图可知,$V_{1阳}=-6$ V,$V_{2阳}=0$ V,$V_{1阴}=V_{2阴}=-12$ V,因而 $v_{D1}=V_{1阳}-V_{1阴}=6$ V,$v_{D2}=V_{2阳}-V_{2阴}=12$ V。

$\because v_{D2}>v_{D1}$ $\therefore D_2$ 优先导通,D_1 截止。

若忽略管压降,二极管可看作短路,$U_{AB}=0$ V。

本例中,二极管 D_2 起钳位作用,D_1 起隔离作用。

由上例可以看出,多个二极管工作状态的判断过程如图 8.2.14 所示。

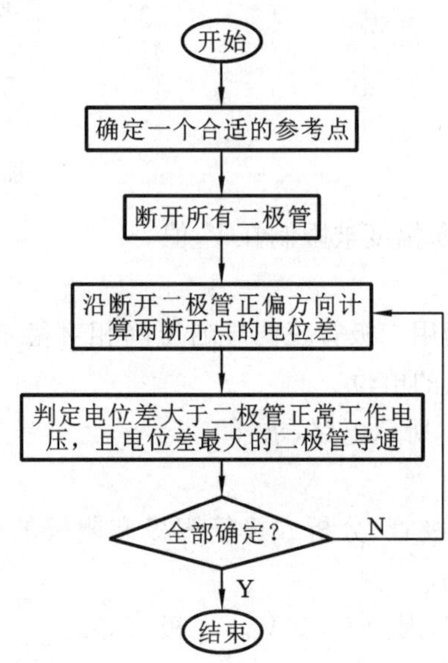

图 8.2.14 含多个二极管电路工作状态的判断过程

8.3　特殊用途二极管

8.3.1　稳压二极管

稳压二极管又称齐纳二极管，是一种用特殊工艺制造的面接触型硅半导体二极管，具有稳定电压的作用，其电路符号如图8.3.1所示。稳压管与普通二极管的主要区别在于，稳压管工作在PN结的反向击穿状态。它的反向击穿是可逆的，只要不超过稳压管的允许值，PN结就不会过热损坏，当外加反向电压去除后，稳压管恢复原性能，具有良好的重复击穿特性。

稳压二极管的伏安特性如图8.3.2所示。从稳压管的伏安特性曲线可以看出，当稳压管正偏时，它相当于一个普通二极管；当反向电压较小时，反向电流几乎为零；当反向电压增高到击穿电压V_Z(也是稳压管的工作电压)时，反向电流I_Z(稳压管的工作电流)会急剧增加，稳压管反向击穿。在特性曲线AB段，当I_Z在较大范围内变化时，稳压管两端电压V_Z基本不变，具有恒压特性，利用这一特性可以起到稳定电压的作用。反向击穿曲线越陡，动态电阻越小，稳压管的稳压性能越好。

稳压管在电路中的正确连接方法如图8.3.3所示。稳压管在工作时应反接，并串入一只限流电阻R，使稳压管电流工作在I_{Zmax}和I_{Zmin}的稳压范围，以保护稳压管不会因过热而烧坏。同时，当输入电压V_i或负载R_L变化时，电路能自动地调整I_Z的大小，以改变R上的压降IR，从而达到维持输出电压$V_o(V_Z)$基本恒定的目的。例如，当V_i恒定而R_L减小时，将产生如下的自动调整过程：

$$R_L\downarrow - I_o\uparrow - IR\uparrow - V_o\downarrow - I_Z\downarrow - IR\downarrow - V_o\uparrow$$

图8.3.1　稳压二极管的电路符号

图8.3.2　稳压二极管的伏安特性

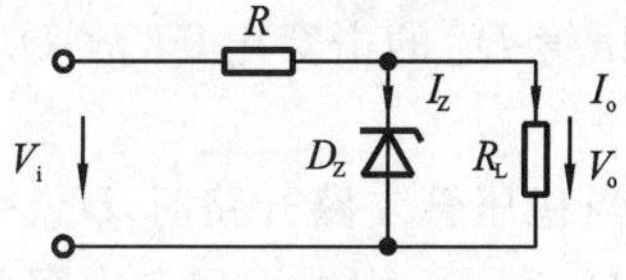

图8.3.3　稳压二极管的工作电路

稳压管的主要参数有以下几个。

1. 稳定电压 V_Z

稳定电压 V_Z 指稳压管正常工作时，管子两端的电压，由于制造工艺的原因，稳压值也有一定的分散性，如 2CW14 型稳压值为 6.0～7.5 V。

2. 动态电阻 r_Z

动态电阻是指稳压管在正常工作范围内，端电压的变化量与相应电流的变化量的比值。

$$r_Z = \frac{\Delta V_Z}{\Delta I_Z}$$

稳压管的反向特性越陡，r_Z 越小，稳压性能就越好。

3. 稳定电流 I_Z

稳压管正常工作时的参考电流值，只有 $I \geqslant I_Z$，才能保证稳压管有较好的稳压性能。

4. 最大稳定电流 I_{Zmax}

允许通过的最大反向电流，$I > I_{Zmax}$ 管子会因过热而损坏。

5. 最大允许功耗 P_{ZM}

管子允许的最大功率损耗 $P_{ZM} = V_Z I_{Zmax}$，当 $P > P_{ZM}$ 时管子因发热而击穿。

6. 电压温度系数 α_V

当温度变化 1 ℃时，稳定电压变化的百分数定义为电压温度系数。电压温度系数越小，温度稳定性越好，通常硅稳压管在 V_Z 低于 4 V 时具有负温度系数，高于 6 V 时具有正温度系数，V_Z 在 4～6 V 之间，温度系数很小。

【例 8.3.1】 如图 8.3.4(a)、(b)所示电路，其中限流电阻 $R = 2\text{k}\Omega$，硅稳压管 D_{Z1}、D_{Z2} 的稳定电压 V_{Z1}、V_{Z2} 分别为 6 V 和 8 V，正向压降为 0.7 V，动态电阻可以忽略。试求电路输出端 A、B 两端之间电压 U_{AB} 的值。

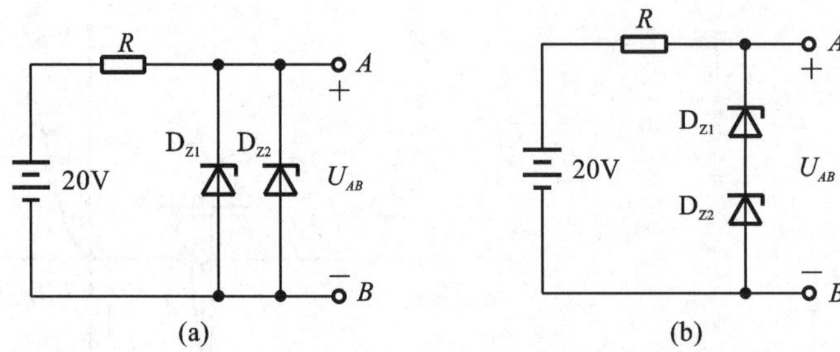

图 8.3.4 例 8.3.1 图

【解】

在图 8.3.4(a)所示电路中，当稳压管支路开路时，两只稳压管的反向电压均为 20 V。由于稳压管 D_{Z1} 的稳定电压低，所以 D_{Z1} 优先反向击穿，处于稳压状态。当稳压管 D_{Z1} 反向击穿后，$U_{AB} = V_{Z1} = 6$ V，低于稳压管 D_{Z2} 的击穿电压，故 D_{Z2} 未击穿，处于截止状态。因而，输出电压 $U_{AB} = 6$ V。

在图 8.3.4(b)所示电路中，当稳压管支路开路时，$U_{AB} = 20$ V，大于稳压管 D_{Z1} 与 D_{Z2} 的稳定电压之和(6+8=14 V)，故 D_{Z1} 和 D_{Z2} 均处于反向击穿状态，实现稳压作用。因而，输出电压 $U_{AB} = 14$ V。

8.3.2 光电器件

1. 光电二极管

光电二极管又称光敏二极管，电路符号如图8.3.5所示。光电二极管作为光控元件可用于各种物体检测、光电控制、自动报警等方面。当制成大面积的光电二极管时，可当作一种能源而称为光电池。此时它不需要外加电源，能够直接把光能变成电能。

它的管壳上备有一个玻璃窗口，以便于接受光照。其特点是，当光线照射于它的PN结时，可以成对地产生自由电子和空穴，使半导体中少数载流子的浓度提高。这些载流子在一定的反向偏置电压作用下可以产生漂移电流，使反向电流增加。因此，它的反向电流随光照强度的增加而线性增加，这时光电二极管等效于一个恒流源；当无光照时，光电二极管的伏安特性与普通二极管一样。光电二极管的等效电路如图8.3.6所示。

图8.3.5 光电二极管的电路符号

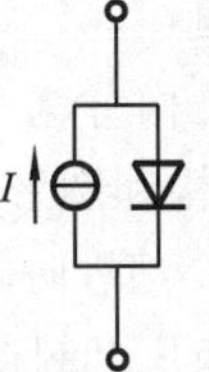

图8.3.6 光电二极管的等效电路

2. 发光二极管

发光二极管是一种将电能直接转换成光能的半导体固体显示器件，简称LED(light emitting diode)，其电路符号如图8.3.7所示。和普通二极管相似，发光二极管也是由PN结构成。发光二极管的驱动电压低、工作电流小，具有很强的抗振动和抗冲击能力，以及体积小、可靠性高、耗电省和寿命长等优点，广泛用于信号指示等电路中。在电子技术中常用的数码管，就是用发光二极管排列组成的。

发光二极管的原理与光电二极管相反。当管子通过正向偏置电流时，电子与空穴直接复合所释放的能量会使二极管发光。它的光谱范围比较窄，其波长由所使用的基本材料而定。不同半导体材料制造的发光二极管发出不同颜色的光，如磷砷化镓(GaAsP)材料发红光或黄光，磷化镓(GaP)材料发红光或绿光，氮化镓(GaN)材料发蓝光，碳化硅(SiC)材料发黄光，砷化镓(GaAs)材料发不可见的红外线等。

3. 光电耦合器

光电耦合器又称光电隔离器，是发光器件和受光器件的组合体。图8.3.8所示为光电耦合器的一种，发光器件采用发光二极管，受光器件采用光电二极管，两者封装在同一外壳内，由透明的绝缘材料隔开。

图8.3.7 发光二极管的电路符号

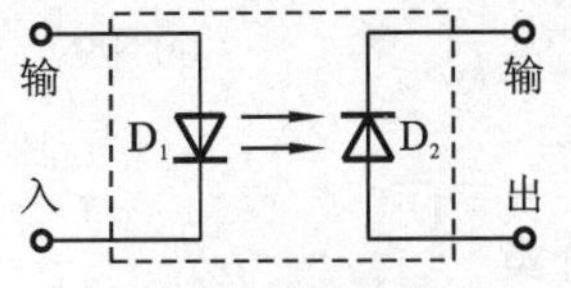

图8.3.8 光电耦合器

工作时,发光二极管将电路输入的电信号转换成光信号,光电二极管再将光信号转换成电信号输出。这样输入电路与输出电路之间没有直接电的联系,可以实现两电路之间的电气隔离,避免相互影响,从而使系统具有良好的抗干扰性。

8.4 晶体管

晶体管分为双极型晶体管(bipolar junction transistor,BJT)和场效应管(field effect transistor,FET)两大类。BJT在工作过程中两种极性载流子(自由电子和空穴)都参与导电,故称为双极型晶体管,简称晶体管。

8.4.1 晶体管的基本结构和分类

1. 基本结构

BJT按其结构分为NPN型和PNP型两类,两者除了电源极性不同,工作原理都是相同的,其基本结构和图形符号如图8.4.1所示,箭头方向表示正常工作时实际电流方向,箭头向外的是NPN型,向内的是PNP型。BJT在结构上并不是两个PN结的简单组合,而是在一块半导体基片上制造出三个掺杂区,形成两个有内在联系的PN结。在制造BJT时,应使发射区的掺杂浓度较高;基区很薄,且掺杂浓度较低;集电区掺杂浓度最低而且面积大。

由图8.4.1可见,BJT的基本结构有三个区——发射区、基区、集电区;两个结——发射结、集电结;三个电极——发射极、基极、集电极。其中,中间部分称为基区,相连电极称为基极,用B或b表示(Base);一侧称为发射区,相连电极称为发射极,用E或e表示(Emitter);另一侧称为集电区,相连电极称为集电极,用C或c表示(Collector);E-B间的PN结称为发射结(J_e),C-B间的PN结称为集电结(J_c)。

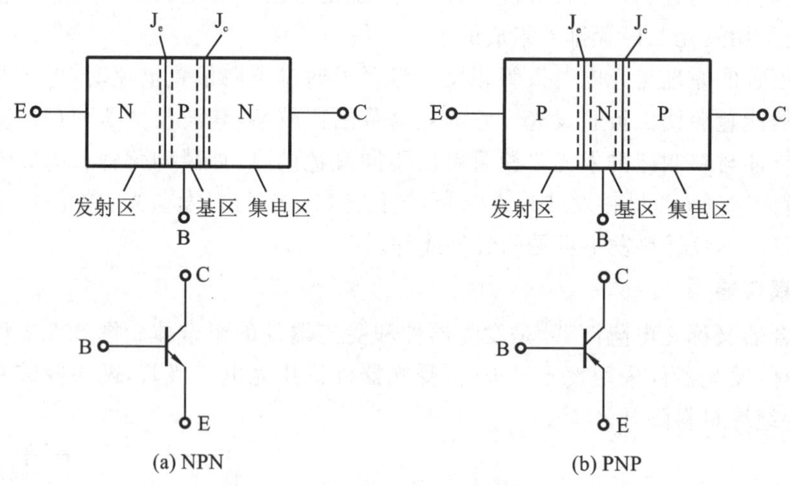

图8.4.1 BJT的基本结构和符号

2. 分类

(1)按管芯所用的半导体材料不同,分为硅管和锗管。硅管受温度影响小,工作较稳定。

(2)按内部结构不同分为 NPN 型和 PNP 型两类，我国生产的硅管多为 NPN 型，锗管多为 PNP 型。

(3)按使用功率分，有大功率管($P_c>1$ W)、中功率管(P_c 在 0.5～1 W)和小功率管($P_c<0.5$ W)。

(4)按照工作频率分，有高频管($f\geqslant 3$ MHz)和低频管($f\leqslant 3$ MHz)。

(5)按用途不同，分为普通放大三极管和开关三极管。

(6)按封装形式不同，分为金属壳封装管、塑料封装管和陶瓷环氧封装管。

8.4.2　晶体管的电流放大原理和电流分配关系

为了使 BJT 具有放大作用，一定要加上适当的直流偏置电压。外接电源应保证 BJT 的发射结正向偏置，集电结反向偏置，即对 NPN 管，要求 $U_C>U_B>U_E$；对 PNP 管，则为 $U_C<U_B<U_E$。

下面以 NPN 型三极管为例讨论三极管的电流放大原理。

如图 8.4.2 所示，当发射结处于正向偏置，发射区的大量电子因扩散运动而越过发射结进入基区。同时基区的空穴也会向发射区扩散，但是基区很薄，且杂质浓度低，扩散的空穴数量很少，可以忽略。所以发射极电流 I_E 主要是由发射区电子扩散运动形成的。

电子进入基区后，有少数与基区的空穴复合，为了维持基区空穴数目不变，电源将不断地向基区提供空穴(实际上是抽走电子)，从而在基极形成基极电流 I_B。进入基区的大多数电流继续向集电极扩散，在集电结反向电压的作用下很容易越过集电结到达集电极，形成集电极电流 I_C。上述暂不考虑集电区少子(空穴)和基区少子(电子)在反偏作用下形成的反向饱和电流 I_{CBO}，其值虽小，但受温度影响变化很大。

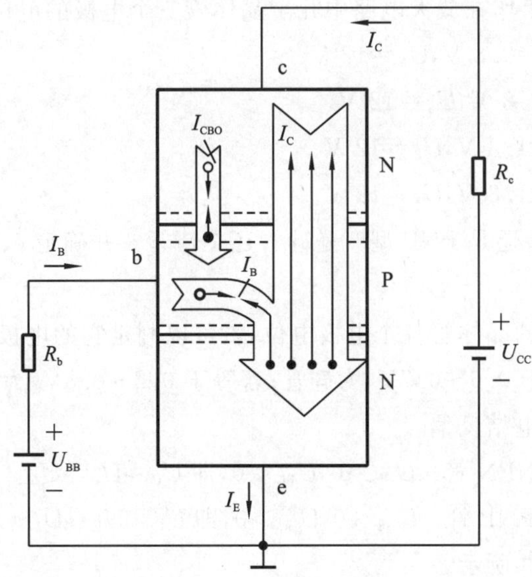

图 8.4.2　NPN 型 BJT 中载流子的运动和各极电流

当基极开路时,$I_B=0$,此时的集电极电流用I_{CEO}表示,称为穿透电流。在常温下,I_{CEO}很小,通常可以忽略不计。但随着温度的增加,I_{CEO}会明显增加,因而它的存在是一种不稳定的因素。

三极管在制成后,三个区的厚薄及掺杂浓度便确定,因此发射区所发射的电子在基区复合的百分数和到达集电极的百分数大体确定。当三极管工作时,基极电流由零增加到I_B,集电极电流由I_{CEO}增加到I_C,两者的增量之比满足以下关系式

$$\bar{\beta}=\frac{I_C-I_{CEO}}{I_B}\approx\frac{I_C}{I_B} \tag{8.4.1}$$

式中:$\bar{\beta}$——晶体管的直流(或静态)电流放大系数,一般$\bar{\beta}\gg1$。

当I_B变化时,I_C也随之变化,集电极电流与基极电流的变化量之比,即

$$\beta=\frac{\Delta I_C}{\Delta I_B} \tag{8.4.2}$$

β称为晶体管的交流(或动态)电流放大系数。$\bar{\beta}$和β一般不等,且非常数,但工作在放大状态时,两者数值相近,可近似认为两者相等且为一常数,故今后一律用β。

由上述两式可见,如果基极电流I_B增大,集电极电流I_C也按比例相应增大;反之,I_B减少时,I_C也按比例减小。通常,基极电流I_B的值为几十微安,而集电极电流为毫安级,两者相差几十倍以上。因此,$I_C\gg I_B$,用很小的基极电流就可以控制很大的集电极电流,这就是三极管电流放大原理,BJT是一种电流控制型器件。

根据电路原理,可得出BJT各极电流之间的关系为

$$I_E=I_B+I_C=I_B+\beta I_B=(1+\beta)I_B \tag{8.4.3}$$

值得注意的是,在三极管的放大作用中,被放大的集电极电流I_C是由电源V_{CC}供给的,而不是由三极管自身产生的,它实现的是用小信号去控制大信号的一种控制方法。

【例8.4.1】 测得工作在放大电路中几个晶体管三个电极的电位U_1、U_2、U_3分别为:

(1)$U_1=3.5$ V,$U_2=2.8$ V,$U_3=12$ V;

(2)$U_1=3$ V,$U_2=2.8$ V,$U_3=12$ V;

(3)$U_1=6$ V,$U_2=11.3$ V,$U_3=12$ V;

(4)$U_1=6$ V,$U_2=11.8$ V,$U_3=12$ V。

判断它们是NPN型还是PNP型?是硅管还是锗管?并确定e、b、c。

【解】

已知工作在放大区的晶体管各个电极电位,就可以判定它的电极、类型和材料,原则:

(1)先求U_{BE},若等于0.6~0.7V,为硅管;若等于0.2~0.3V,为锗管。

(2)发射结正偏,集电结反偏。

NPN管 $U_{BE}>0$,$U_{BC}<0$,即$U_C>U_B>U_E$。

PNP管 $U_{BE}<0$,$U_{BC}>0$,即$U_C<U_B<U_E$。

判定过程如图8.4.3所示。

各晶体管判定结果如下表8.4.1所示。

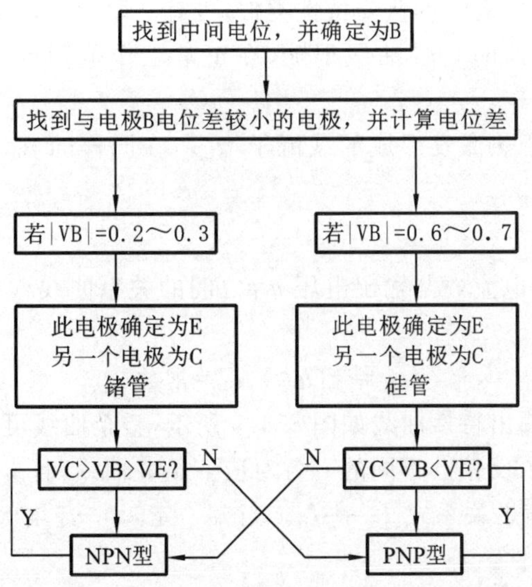

图 8.4.3　晶体管电极、类型和材料的判定过程

表 8.4.1　例 8.4.1 晶体管判定结果

序　号	电　极			类　型	材　料
	U_1	U_2	U_3		
1	b	e	c	NPN	硅管
2	b	e	c	NPN	锗管
3	c	b	e	PNP	硅管
4	c	b	e	PNP	锗管

8.4.3　晶体管的特性曲线

BJT 和二极管一样也是非线性元件，通常用它的特性曲线进行描述，即用各极电压电流之间的相互关系描述。

由于 BJT 有两个 PN 结，三个电极，故其输入输出电压必然有一个是公用的。按公用极的不同，晶体管电路可分为共发射极、共基极和共集电极三种接法。无论采用哪一种接法，无论是哪一种类型的晶体管，其工作原理都是相同的。现以 NPN 型晶体管构成的共发射极电路为例来说明晶体管的特性曲线，电路工作情况分析详见下一章。

1. 输入特性曲线

当 u_{CE}＝常数时，输入电流 i_B 与输入电压 u_{BE} 之间的关系曲线称为晶体管的输入特性，其函数式为

$$i_B = f(u_{BE})\,|\,u_{CE} = 常数$$

实验测得的晶体管输入特性曲线如图 8.4.4 所示，从图中可以看出以下几点。

(1) u_{CE} 从 0 增大到约 1 V，曲线逐渐右移；当 $u_{CE}>1$ V 后，曲线几乎不再移动。因此，在工程分析时，近似认为输入特性曲线是一条不随 u_{CE} 而移动的曲线。

(2)输入特性形状与二极管的伏安特性类似,也有一段死区,u_{BE}大于死区电压后晶体管才完全进入放大状态。这时特性曲线很陡,在正常工作范围内,u_{BE}几乎不变,硅管约为0.7 V,锗管约为0.3 V。

(3)温度增加时,由于热激发形成的载流子增多,在同样的u_{BE}下,I_B增加,若想保持I_B不变,可减小u_{BE}。

2. 输出特性曲线

当i_B=常数时,输出电流i_C与输出电压u_{CE}之间的关系曲线称为晶体管的输出特性,其函数式为

$$i_C = f(u_{CE})\,|\,i_B = 常数$$

实验测得晶体管的输出特性曲线如图8.4.5所示,整个曲线可划分为四个区域。

(1)放大区:J_e正偏、J_c反偏。不同的i_B各对应一条i_C曲线,且i_C主要受i_B的控制,i_B变化很小,i_C变化很大,电流满足关系式$I_C=\beta I_B$。当i_B一定,而u_{CE}增大时,i_C略有增加,基本保持不变,表现为恒流源特性。

(2)截止区:J_e、J_c均反偏。曲线$i_B=-I_{CBO}$与横轴间的区域。此时,$i_B\approx 0$,$i_C\approx 0$。

(3)饱和区:J_e、J_c均正偏。对应于不同i_B的输出特性曲线几乎重合,i_C不受i_B控制,只随u_{CE}增大而增大。

(4)击穿区:随着u_{CE}增大,J_c的反偏压增大。当u_{CE}增大到一定值时,J_c反向击穿,造成i_C剧增。集电极反向击穿电压$U_{BR(CEO)}$随i_B的增大而减小。

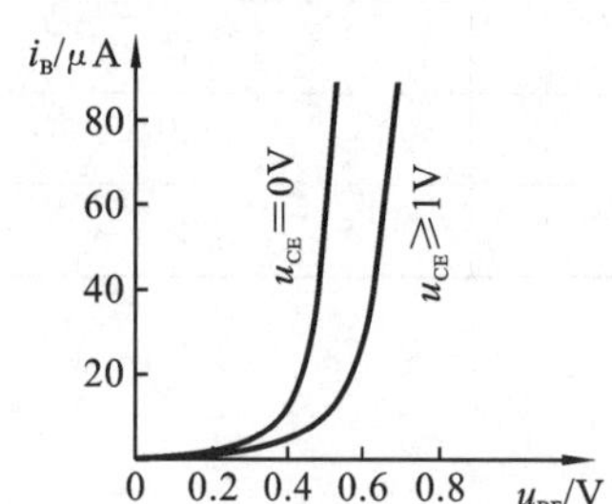

图8.4.4　共射极电路输入特性曲线

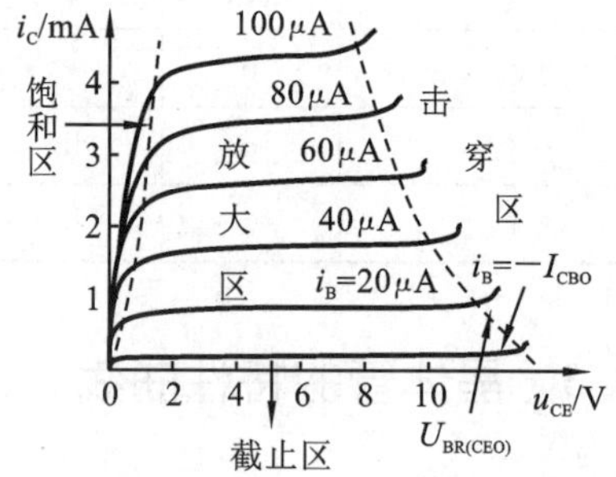

图8.4.5　共射极电路输出特性曲线

8.4.4 晶体管的主要参数

1. 电流放大系数$\bar{\beta}$和β

$\bar{\beta}$和β的定义前面已经介绍过了。在电路手册中$\bar{\beta}$常用h_{FE}表示,β常用h_{fe}表示。手册中给出的数值都是在一定的测试条件下得到的,由于制造工艺和原材料的分散性,同一型号三极管的β值差异较大。常用的小功率三极管,β值一般为20~100。β过小,管子的电流放大作用小,β过大,管子工作的稳定性差,一般选用β在40~80之间的管子较为合适。

2. 极间反向饱和电流I_{CBO}和I_{CEO}

(1)集电结反向饱和电流I_{CBO}是指发射极开路,集电结加反向电压时测得的集电极电流。常温下,硅管的I_{CBO}在nA(10^{-9})的量级,通常可忽略。

(2)集电极-发射极反向饱和电流 I_{CEO} 是指基极开路时,集电极与发射极之间的反向电流,又称穿透电流。穿透电流的大小受温度的影响较大,在数值上约为 I_{CBO} 的 β 倍,穿透电流小的管子热稳定性好。

3. 极限参数

1)集电极最大允许电流 I_{CM}

晶体管的集电极电流 I_C 在相当大的范围内 β 值基本保持不变,但当 I_C 的数值大到一定程度时,电流放大系数 β 值将下降。β 下降到正常值的 2/3 时的集电极电流,称为集电极最大允许电流 I_{CM}。在使用 BJT 时,I_C 超过 I_{CM} 并不一定会使 BJT 损坏,但要以降低 β 为代价,为了使三极管在放大电路中能正常工作,I_C 不应超过 I_{CM}。

2)反向击穿电压 $U_{BR(CEO)}$

反向击穿电压 $U_{BR(CEO)}$ 是指基极开路时,加在集电极与发射极之间的最大允许电压。使用中如果管子两端的电压 $U_{CE} > U_{BR(CEO)}$,集电极电流 I_C 将急剧增大,这种现象称为击穿,此时将造成三极管永久性的损坏。手册中给出的 $U_{BR(CEO)}$ 一般是常温(25 ℃)时的值,温度升高后,其数值要降低,使用时应特别注意。

3)集电极最大允许功耗 P_{CM}

晶体管工作时,集电极电流在集电结上将产生热量,使结温升高,从而会引起三极管参数变化。过高的结温会烧毁三极管,为确保安全,规定当三极管因受热而引起的参数变化不超过允许值时,集电极产生热量所消耗的功率就是集电极的功耗 P_{CM},用公式表示为

$$P_{CM} = I_C U_{CE} \tag{8.4.4}$$

功耗与三极管的结温有关,结温又与环境温度、管子是否有散热器等条件相关。根据式(8.4.4)可在输出特性曲线上作出三极管的允许功耗线,如图 8.4.6 所示。功耗线的左下方为安全工作区,右上方为过损耗区。

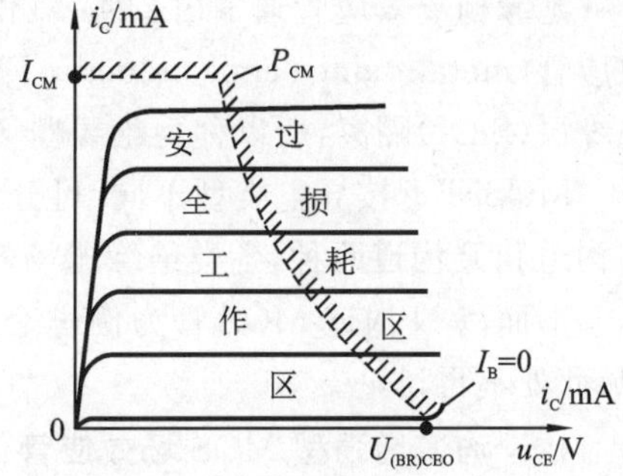

图 8.4.6　BJT 的安全工作区

手册上给出的 P_{CM} 值是在常温下 25 ℃时测得的。硅管集电结的上限温度为 150 ℃左右,锗管为 70 ℃左右,使用时应注意不要超过此值,否则管子将损坏。

4. 温度

几乎所有三极管的参数都与温度有关,因此不容忽视。温度对下列的三个参数影响最大。

1)对 β 的影响

三极管的 β 随温度的升高将增大,温度每上升 1 ℃,β 值增大 0.5～1%,其结果是在相同的 I_B 情况下,集电极电流 I_C 随温度上升而增大。

2)对反向饱和电流 I_{CEO} 的影响

I_{CEO} 是由少数载流子漂移运动形成的,它与环境温度关系很大,I_{CEO} 随温度上升会急剧增加。温度上升 10 ℃,I_{CEO} 将增加一倍。由于硅管的 I_{CEO} 很小,因而温度对硅管 I_{CEO} 的影响不大,其工作比锗管稳定。

3)对发射结电压 u_{BE} 的影响

和二极管的正向特性一样,温度上升 1 ℃,u_{BE} 将下降 2～2.5 mV。

综上所述,随着温度的上升,β 值将增大,i_C 也将增大,u_{CE} 将下降,这对三极管放大作用不利,使用中应采取相应的措施克服温度对其的影响。

*8.5 绝缘栅场效应管(选学)

双极型晶体管 BJT 是利用基极电流 I_B 控制集电极电流 I_C 工作的电流型控制器件,而场效应管 FET 是一种由输入电压来控制其输出电流大小的半导体三极管,所以是电压控制型器件。场效应管工作时,内部参与导电的只有一种载流子,因此又称为单极型晶体管。在场效应管中,导电的途径称为沟道。场效应管的基本工作原理是通过外加电场对沟道的厚度和形状进行控制,来改变沟道的电阻,从而改变电流的大小。

按结构不同,场效应管分为结型场效应管(junction field effect transistor,JFET)和绝缘栅场效应管(insulated gate field effect transistor,IGFET)。由于后者的性能更为优越,并且制造工艺简单,便于集成化,无论是在分立元件还是在集成电路中,其应用范围远胜于前者,所以这里仅介绍后者。

基本结构和工作原理

绝缘栅场效应管通常由金属、氧化物和半导体制成,所以又称为金属-氧化物-半导体场效应管(metal-oxide-semiconductor FET),简称为 MOSFET。由于这种场效应管的栅极被绝缘层(SiO_2)隔离,所以称为绝缘栅场效应管。

MOSFET 按导电类型不同,可分为增强型场效应管和耗尽型场效应管,每类又可分为 N 沟道和 P 沟道两种,各类绝缘栅场效应管(MOS 场效应管)在电路中的符号如图 8.5.1 所示。下面以 N 沟道 MOS 管为例讨论其工作原理,P 沟道场效应管的工作原理与 N 沟道类似,此处不再讨论。

1. N 沟道增强型 MOS 场效应管

1)结构

N 沟道增强型 MOS 场效应管的结构示意图如图 8.5.2 所示。把一块掺杂浓度较低的 P 型半导体作为衬底,然后在其表面上覆盖一层 SiO_2 绝缘层,再在 SiO_2 绝缘层上刻出两个窗口,通过扩散工艺形成两个高掺杂的 N 型区(用 N^+ 表示),并在 N^+ 区和 SiO_2 的表面各自喷上一层金属铝,分别引出源极 S、漏极 D 和控制栅极 G。B 为从衬底引出的金属电极,通常情况下将它和源极在内部相连。

2)工作原理

绝缘栅场效应管是利用 u_{GS} 来控制"感应电荷"的多少,以改变由这些"感应电荷"形成的导电沟道的状况,达到控制漏极电流 i_D 的目的。

当 $u_{GS}=0$ 时,N 沟道增强型 MOS 场效应管在漏极和源极的两个 N^+ 区之间是 P 型衬底,漏、源之间相当于两个背靠背的 PN 结,所以无论漏、源之间加上何种极性的电压,总是不导通的,$i_D=0$。

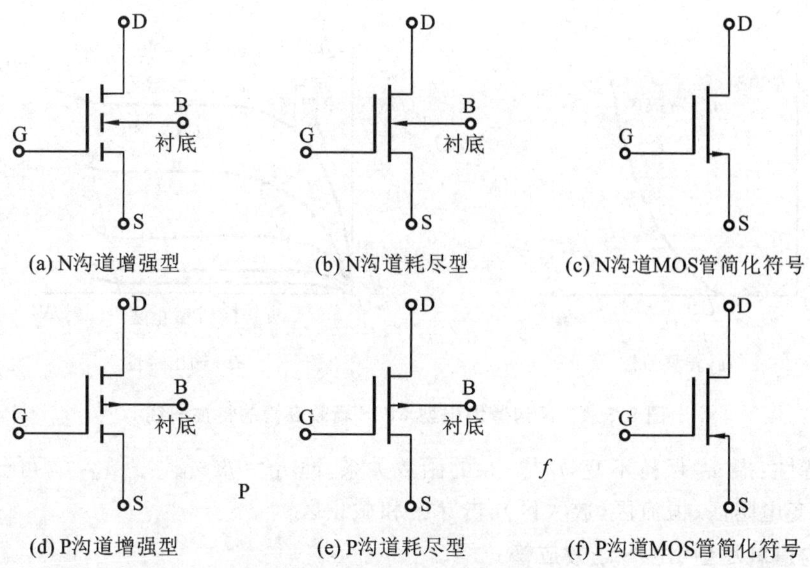

图 8.5.1 绝缘栅场效应管的符号

当 $u_{GS}>0$ 时(为方便假定 $u_{DS}=0$),则在 SiO_2 的绝缘层中,产生了一个垂直半导体表面,由栅极指向 P 型衬底的电场。这个电场排斥空穴吸引电子,当 $u_{GS}>U_T$ 时,在绝缘栅下的 P 型区中形成了一层以电子为主的 N 型层。由于源极和漏极均为 N^+ 型,故此 N 型层在漏、源极间形成电子导电的沟道,称为 N 型沟道,如图 8.5.3 所示。U_T 称为开启电压,此时在漏、源极间加 u_{DS},则形成电流 i_D。显然,此时改变 u_{GS} 则可改变沟道的宽窄,即改变沟道电阻大小,从而控制了漏极电流 i_D 的大小。由于这类场效应管在 $u_{GS}=0$ 时,$i_D=0$,只有在 $u_{GS}>U_T$ 后才出现沟道,形成电流,故称为增强型。

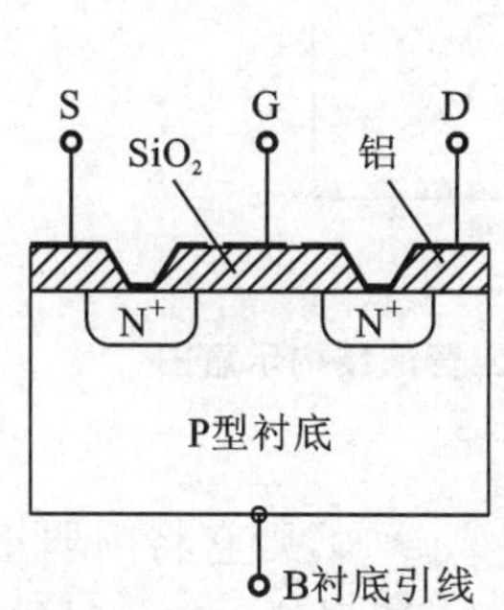

图 8.5.2 N 沟道增强型 MOS 场效应管结构示意图

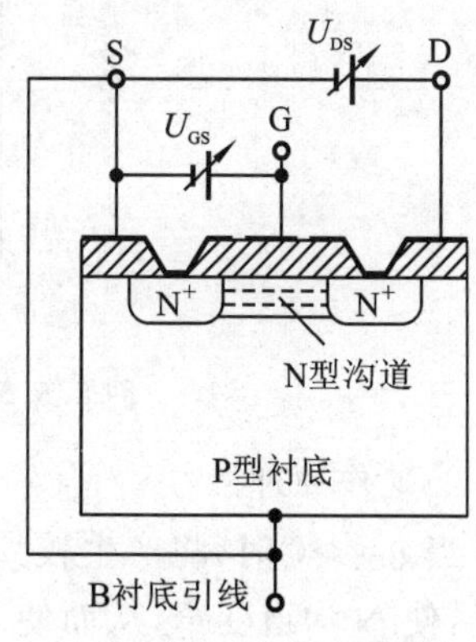

图 8.5.3 导电沟道形成

3)特性曲线

由于场效应管的输入电流近乎零,故不讨论其输入特性。

N 沟道增强型场效应管可以用转移特性、输出特性来表示 i_D、u_{GS}、u_{DS} 之间的关系,如图 8.5.4 所示。

转移特性:指 u_{DS} 保持不变,i_D 与 u_{GS} 的函数关系,即 $i_D=f(u_{GS})\big|_{u_{DS}=\text{常数}}$。当 $u_{GS}<U_T$ 时,因没有导电沟道,$i_D=0$;当 $u_{GS}\geqslant U_T$ 后形成导电沟道,产生漏极电流 i_D;u_{GS} 增大,i_D 随之增大。

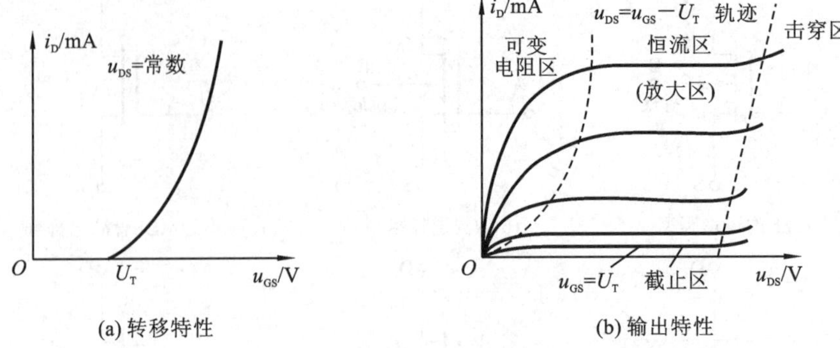

图 8.5.4 N 沟道增强型 MOS 场效应管的特性曲线

输出特性:指 u_{GS}保持不变,i_D与 u_{DS}的函数关系,即 $i_D=f(u_{DS})|_{u_{GS}=常数}$。可分为 4 个工作区,即可变电阻区、恒流区(放大区)、击穿区和截止区。

2. N 沟道耗尽型 MOS 场效应管

1)结构

耗尽型 MOS 场效应管在制造过程中,预先在 SiO_2绝缘层中掺入大量的正离子。因此,在 $u_{GS}=0$ 时,这些正离子产生的电场也能在 P 型衬底中"感应"出足够的电子,形成 N 型导电沟道,如图 8.5.5 所示。

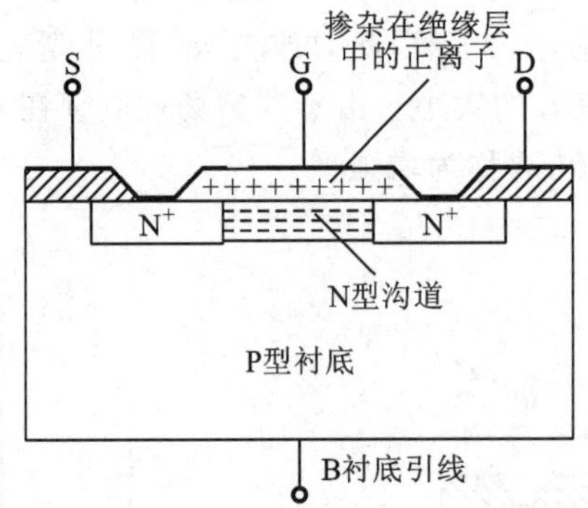

图 8.5.5 N 沟道耗尽型 MOS 场效应管的结构示意图

2)工作原理

当 $u_{DS}>0$ 时,将产生较大的漏极电流 i_D。如果使 $u_{GS}<0$,则它将削弱正离子所形成的电场,使 N 沟道变窄,从而使 i_D减小。当 u_{GS}的负值更大,达到某一数值时导电沟道会消失,$i_D=0$。使 $i_D=0$ 的 u_{GS}我们也称为夹断电压,用 U_P表示。$u_{GS}<U_P$时导电沟道消失,故称为耗尽型。

3)特性曲线

N 沟道 MOS 耗尽型场效应管的特性曲线如图 8.5.6 所示,也分为转移特性和输出特性。其中:I_{DSS}——$u_{GS}=0$ 时的漏极电流;

U_P——夹断电压,使 $i_D=0$ 对应的 u_{GS}的值。

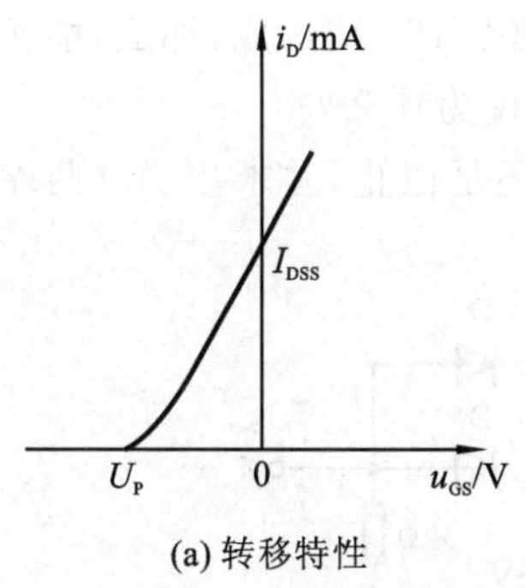

(a) 转移特性

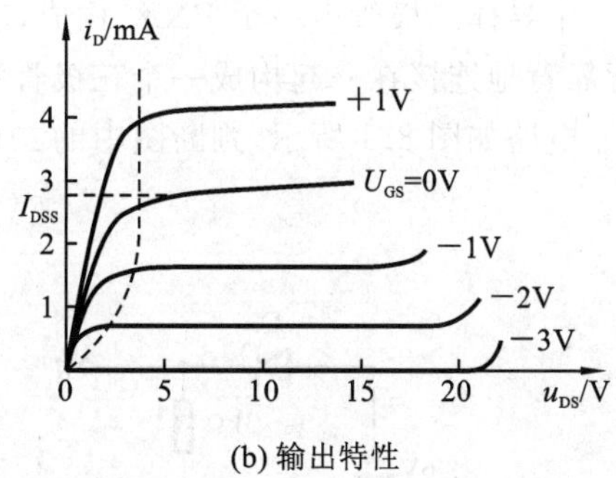

(b) 输出特性

图 8.5.6　N 沟道耗尽型 MOS 场效应管的特性曲线

3. 场效应管的主要参数

1)开启电压 U_T

U_T是增强型场效应管的重要参数。

定义:当 u_{DS}一定时,漏极电流 i_D达到某一数值(如 10 μA)时所需加的 u_{GS}值。

2)夹断电压 U_P

U_P是耗尽型和结型场效应管的重要参数。

定义:当 u_{DS}一定时,使 i_D减小到某一个微小电流(如 1 μA,50 μA)时所需 u_{GS}的值。

3)低频跨导 g_m

此参数是描述栅、源电压 u_{GS}对漏极电流 i_D的控制作用,它的定义是当 u_{DS}一定时,i_D与 u_{GS}的变化量之比,即

$$g_m = \frac{\partial i_D}{\partial u_{GS}} \Big|_{u_{DS}=常数}$$

式中:跨导 g_m的单位是西门子(S)。

4)漏源间击穿电压 $U_{DS(BR)}$

在场效应管输出特性曲线上,当漏极电流 i_D急剧上升产生雪崩击穿时的电压 u_{DS}。工作时,外加在漏极、源极之间的电压不得超过此值。

5)最大漏极电流 I_{DM}

I_{DM}场效应管在给定的散热条件下所允许的最大漏极电流。

6)漏极最大允许耗散功率 P_{DM}

$P_{DM}=i_D u_{DS}$,它受管子的最高工作温度的限制。

习　题

8.1　什么是本征半导体?什么是杂质半导体?各有什么特征?

8.2　掺杂半导体中多数载流子和少数载流子是如何产生的?

8.3　N 型半导体中的多子是带负电的自由电子载流子,P 型半导体中的多子是带正电的空穴载流子,因此说 N 型半导体带负电,P 型半导体带正电。上述说法对吗?为什么?

8.4　半导体和金属导体的导电机理有什么不同?单极型和双极型晶体管导电情况有何不同?

8.5　试比较硅稳压管与普通二极管在结构和运用上有何异同?

8.6　半导体二极管由一个 PN 结构成,三极管则由两个 PN 结构成,那么,能否将两个二极管背靠背地连接在一起构成一个三极管?如不能,说说为什么?

8.7　电路如图 8.1 所示,判断图中的二极管是导通还是截止,并求出 AO 两端的电压 U_{AO}。

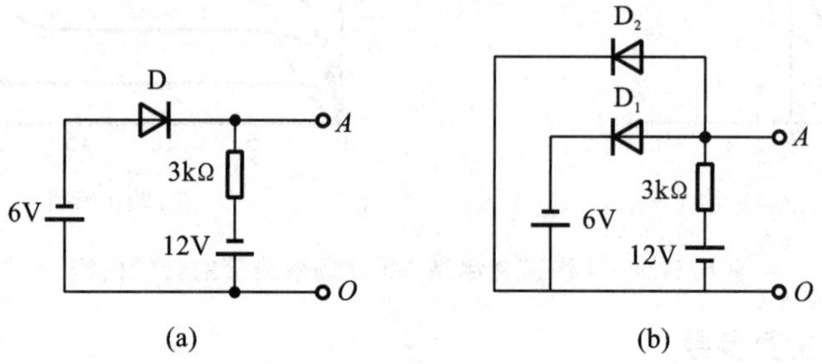

图 8.1　习题 8.7 图

8.8　电路如图 8.2 所示,已知 u_i 的波形如图所示,其中二极管的正向压降忽略不计,试画出 u_o 的波形。

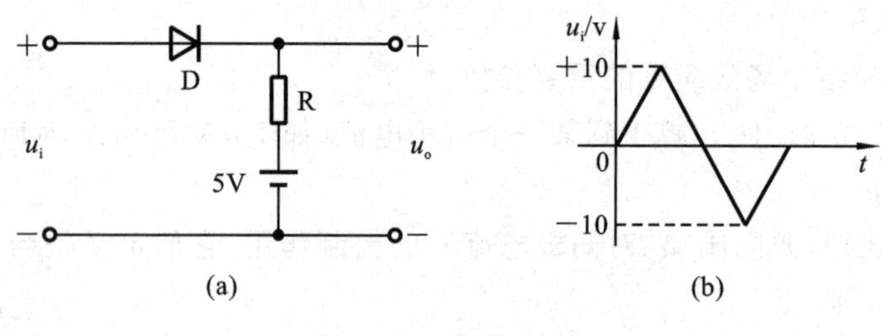

图 8.2　习题 8.8 图

8.9　电路如图 8.3 所示,已知 $u_i = 8\sin \omega t$ V,其中二极管的正向压降忽略不计,试画出 u_i 和 u_o 的波形。

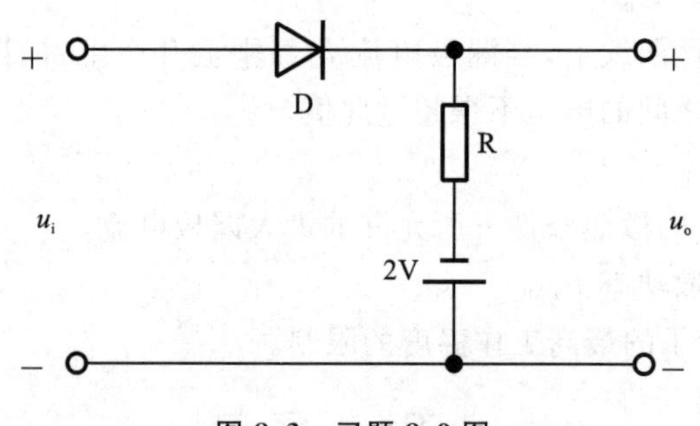

图 8.3　习题 8.9 图

8.10　设硅稳压管 VD_{Z1} 和 VD_{Z2} 的稳定电压分别为 5 V 和 10 V,正向压降均为 0.7 V。求如图 8.4 所示各电路中的输出电压 U_o。

8.11　有两个晶体管分别接在电路中,已知它们均工作在放大区,测得各管脚的对地电压分别如表 8.1 和表 8.2 所示。试判别管子的三个电极,并说明是硅管还是锗管?是 NPN 型还是 PNP 型?

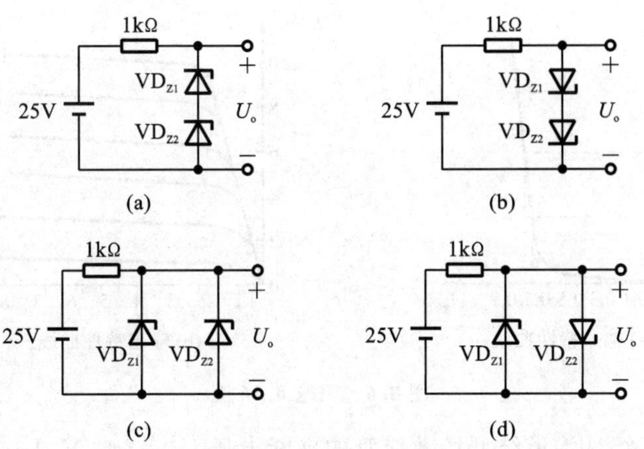

图 8.4　习题 8.10 图

表 8.1　晶体管 Ⅰ

管脚号	1	2	3
电压/V	4	3.4	9

表 8.2　晶体管 Ⅱ

管脚号	1	2	3
电压/V	−6	−2.3	−2

8.12　工作在放大区的某个三极管，当 I_B 从 20 μA 增大到 40 μA 时，I_C 从 1 mA 变成 2 mA。它的 β 值约为多少？

8.13　已知三极管的 $P_{CM}=100$ mW，$I_{CM}=20$ mA，$U_{(BR)CEO}=15$ V，试问在下列几种情况下，哪个能正常工作？哪个不能正常工作？为什么？

(1)$U_{CE}=3$ V，$I_C=10$ mA；(2)$U_{CE}=2$ V，$I_C=40$ mA；(3)$U_{CE}=10$ V，$I_C=20$ mA。

8.14　已知某一晶体三极管(BJT)的共基极电流放大倍数 $\alpha=0.99$。

(1)在放大状态下，当其发射极的电流 $I_E=5$ mA 时，求 I_B 的值。

(2)如果耗散功率 $P_{CM}=100$ mW，此时 U_{CE} 最大为多少是安全的？

(3)当 $I_{CM}=20$ mA 时，若要正常放大，I_B 最大为多少？

8.15　已测得三极管的各极电位如图 8.5 所示，试判别它们各处于放大、饱和与截止中的哪种工作状态？

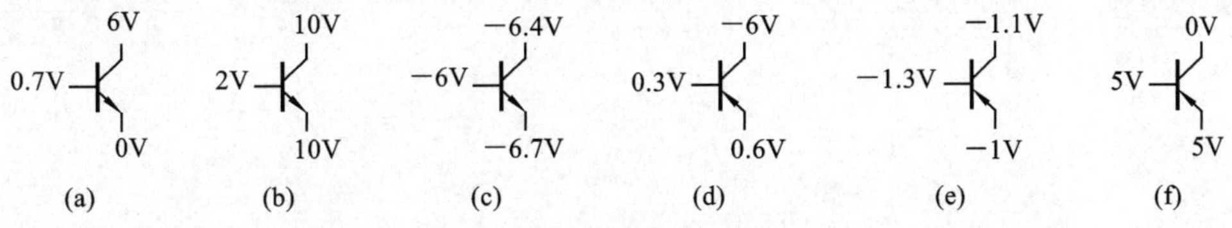

图 8.5　习题 8.15 图

8.16　已知 NPN 型三极管的输入-输出特性曲线如图 8.6 所示，试回答下列问题。

(1)$U_{BE}=0.7$ V，$U_{CE}=6$ V，I_C 为多少？

(2)$I_B=50\mu$A，$U_{CE}=5$ V，I_C 为多少？

(3)$U_{CE}=6$ V，U_{BE} 从 0.7 V 变到 0.75 V 时，求 I_B 和 I_C 的变化量，此时的 β 为多少？

8.17　已知一个 N 沟道增强型 MOS 场效应管的开启电压 $U_T=3$ V，$I_{DO}=4$ mA，请画出转移特性曲线示意图。

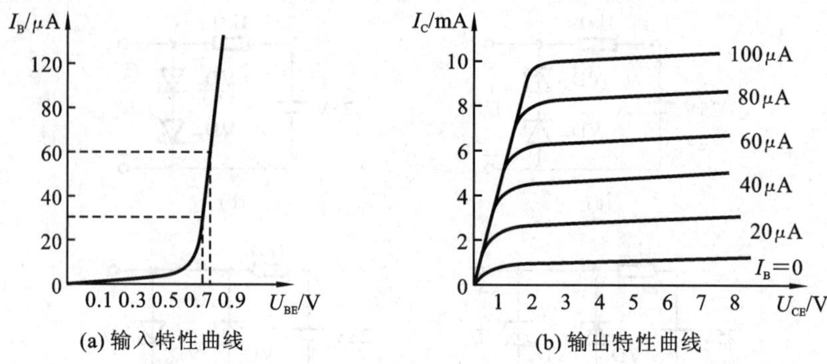

(a) 输入特性曲线　　(b) 输出特性曲线

图 8.6　习题 8.16 图

8.18　已知一个 N 沟道结型场效应管的夹断电压 $U_P=-4$ V，$I_{DSS}=5$ mA，请画出其转移特性曲线示意图，并计算当 $u_{GS}=-2$ V 时 i_D 的值。

第9章 基本放大电路

在工程检测中，往往需要检测某些微弱信号或者利用这些微弱信号去控制执行机构，通常这些微弱信号需要进行放大才能加以利用。完成这一放大功能的电路称为放大电路。放大电路用来放大微弱信号，广泛用于音像设备、电子仪器、测量控制系统等多个领域。

放大电路主要用于放大微弱信号，输出电压或输出电流在幅度上得到了放大，输出信号的能量得到了加强，结构示意图如图 9.1 所示。

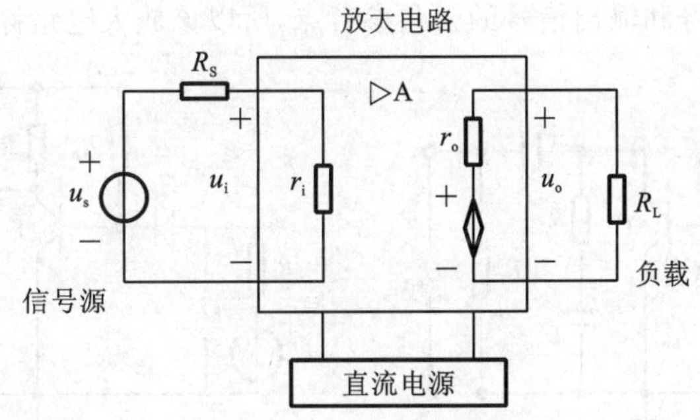

图 9.1 放大电路的示意图

放大电路放大的本质是在输入信号的作用下，通过元件对直流电源的能量进行控制和转换，使负载从电源中获得输出信号的能量，比信号源向放大电路提供的能量大得多。因此，电子电路放大的基本特征是功率放大，表现为输出电压大于输入电压，或者输出电流大于输入电流，或者两者兼而有之。根据用途可分为电压(或电流)放大器和功率放大器。

本章首先以共发射极放大电路为对象，介绍了基本放大电路的组成、工作原理及基本分析方法，在此基础上讨论共集电极放大电路和共基极放大电路的结构原理。然后介绍了多级放大电路的特点，并针对多级放大电路的直接耦合方式引出零点漂移问题，提出抑制零点漂移的差分放大电路；在差分放大电路中建立了“差模”“共模”等概念，为后续集成运算放大器的讨论打下基础；同时介绍了通常作为多级放大电路末级的功率放大电路。最后还介绍了场效晶体管放大电路的结构及工作原理。

9.1 共射极放大电路

基本放大电路一般是由三极管组成的放大电路，其基本器件半导体三极管又可分为双极性晶体管和场效晶体管。双极性晶体管是电流放大器件,分成 NPN 和 PNP 两种。这里仅以 NPN 型晶体管的共发射极放大电路为例,来说明放大电路的基本原理和分析方法。对于 PNP 型晶体管,分析方法类似。

分析放大电路时,一般要求解决两个问题,即确定放大电路的静态和动态时的工作情况。放大电路按信号波形的不同可分为交流放大电路和直流放大电路。静态分析就是利用放大电路的直流通路,来确定没有输入交流信号时各极的电流和电压。动态分析则是研究在正弦波信号作用下,利用交流通路来分析放大电路的电压放大倍数、输入电阻和输出电阻等。

在对放大电路进行性能分析和测试时,常常以正弦信号作为输入信号,这里也以正弦信号作为输入信号来说明放大电路的工作原理。

9.1.1 电路结构

1. 共发射极基本放大电路

单管放大电路是构成各种类型放大器和多级放大器的基本单元,双电源画法如图 9.1.1(a)所示,一般习惯画法如图 9.1.1(b)所示,只标出电源正极电位 $+U_{CC}$。由于动态分析中,晶体管的发射极是输入信号和输出信号的公共参考点,所以该放大电路称为共发射极放大电路。

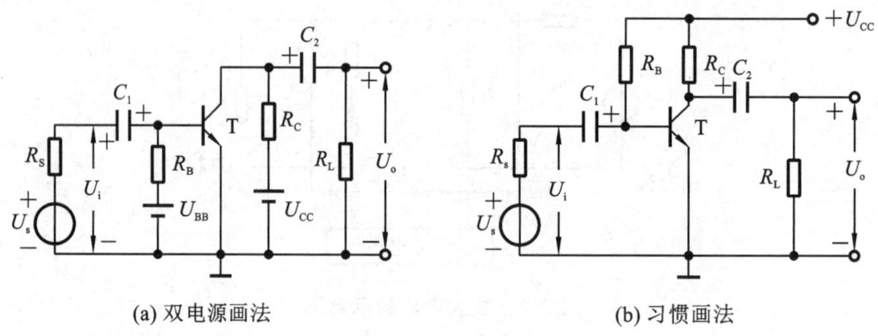

图 9.1.1 共发射极基本放大电路

构成元件的作用具体如下。

(1)晶体管 T 起放大作用,是整个电路的核心器件。

(2)基极电阻 R_B:又称为偏置电阻,为三极管提供一个合适的基极电流,使三极管发射结处于正向偏置,处于放大状态。R_B的阻值一般在几十千欧至几百千欧之间。

(3)集电极负载电阻 R_C:能将集电极电流 I_C 的变化转换成电压变化,实现电压放大作用。R_C的阻值一般为几千欧至几十千欧。

(4)耦合电容 C_1 和 C_2 的作用是隔直流、通交流。它既可以将交流信号源与放大电路、放大电路与负载之间的直流通路隔开,又能让交流信号顺利通过。输入电容 C_1 保证交流信号加到发射结,输出电容 C_2 保证交流信号输送到负载。C_1、C_2 一般采用容量较大的电解电容器。

(5)供电电源 U_{CC} 除为放大电路提供能源之外,还通过 R_B、R_C 给三极管提供工作电压,使三极管处于放大状态。

由此分析,判断一个放大电路能否放大输入,可参照下列条件。

(1)放大器件工作在放大区(三极管的发射结正向偏置,集电结反向偏置)。

(2)输入信号能输送至放大器件的输入端(三极管的发射结)。

(3)有信号电压输出至负载。

2. 直流通路和交流通路

1)直流通路

无交流信号输入时,放大电路的工作状态称为静态。此时将放大电路中的电容视为开路,电感视为短路,所得放大电路各支路的电压和电流都是直流分量。通常把直流电流通过的路径称为直流通路,如图 9.1.2(a)所示。

2)交流通路

当输入交流信号时,放大器的工作状态称为动态。这时将放大电路中的电容视为短路,电感视为开路,直流电源视为短路,所得各支路分量的电压和电流都是交流分量。通常把交流电流所通过的路径称为交流通路,如图 9.1.2(b)所示。

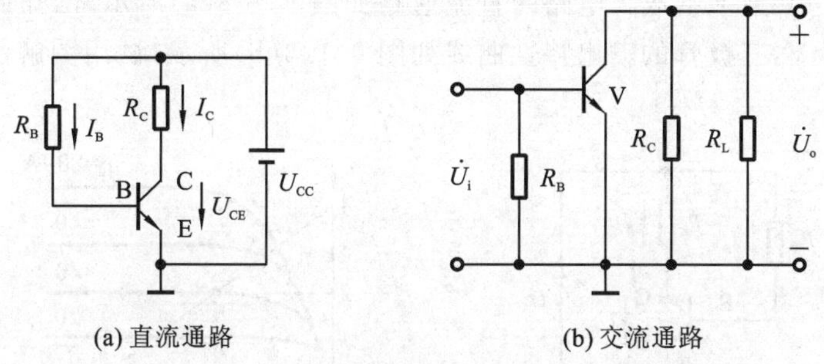

(a) 直流通路　　(b) 交流通路

图 9.1.2　共发射极基本放大电路的交直流通路

9.1.2　静态分析

三极管放大电路的静态值,即直流 I_{BQ}、I_{CQ}、U_{CEQ}的值在输出特性上反映为一个点,称为静态工作点 Q。静态工作点的分析方法有估算法和图解法。

1. 估算法

根据放大电路的直流通路图 9.1.2(a),估算出放大电路的静态工作点。I_{BQ}、I_{CQ}、U_{CEQ}的公式如下:

$$\left.\begin{aligned}&\text{基极电流 } I_{BQ}=\frac{U_{CC}-U_{BEQ}}{R_B}\approx\frac{U_{CC}}{R_B}\\&\text{集电极电流 } I_{CQ}=\beta I_{BQ}\\&\text{集电极电压 } U_{CEQ}=U_{CC}-I_{CQ}R_C\end{aligned}\right\}\tag{9.1.1}$$

其中 U_{BEQ}为三极管发射结压降,可视为常数,一般认为硅管为 0.6～0.7 V,锗管为 0.2～0.3 V。在进行静态工作点估算时,需要把 β 值作为已知量。

【例 9.1.1】　在图 9.1.2(a)中,已知 $U_{CC}=12\ \text{V}$,$R_C=4\ \text{k}\Omega$,$R_B=300\ \text{k}\Omega$,$\beta=37.5$。用估算法计算静态工作点。

【解】

基极电流　$$I_{BQ}=\frac{U_{CC}-U_{BEQ}}{R_B}\approx\frac{U_{CC}}{R_B}=\frac{12}{300\times10^3}\ \text{A}=0.04\ \text{mA}$$

集电极电流　　$I_{CQ}=\beta I_{BQ}=37.5\times0.04\times10^{-3}\ \text{A}=1.5\ \text{mA}$

集电极电压　　$U_{CEQ}=U_{CC}-I_{CQ}R_C=(12-1.5\times4)\ \text{V}=6\ \text{V}$

通过求出的I_{BQ}、I_{CQ}、I_{CEQ}值,可在特性曲线上找出静态工作点Q。

2. 图解法

三极管的电流、电压关系可用输入特性曲线和输出特性曲线表示,我们可以在特性曲线上,直接用作图的方法来确定静态工作点。用图解法的关键是正确地作出直流负载线,通过直流负载线与$i_B=I_{BQ}$的特性曲线的交点,即为Q点。读出它的坐标即得I_C和U_{CE}。

图解法求Q点的步骤如下:

(1)通过直流负载方程画出直流负载线,直流负载方程为$U_{CE}=U_{CC}-i_CR_C$;

(2)由基极回路求出I_B;

(3)找出$i_B=I_{BQ}$这一条特性曲线与直流负载线的交点就是Q点,读出Q点的坐标即可。

【例 9.1.2】 共射基本放大电路的直流通路如图 9.1.3(a)所示,已知$R_B=280\ \text{k}\Omega$,$R_C=3\ \text{k}\Omega$,$U_{CC}=12\ \text{V}$,三极管的输出特性曲线如图 9.1.3(b)所示,试用图解法确定其静态工作点。

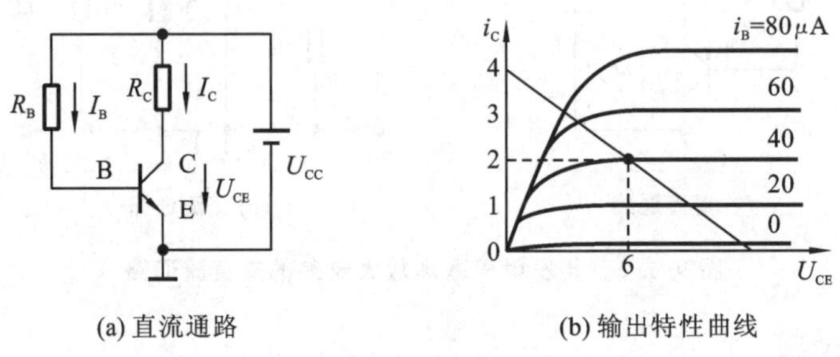

(a) 直流通路　　(b) 输出特性曲线

图 9.1.3　共射基本放大电路的直流通路及特性曲线

【解】

(1)画直流负载线。

因直流负载方程为$U_{CE}=U_{CC}-i_CR_C$,若$i_C=0$,则$U_{CE}=U_{CC}=12\ \text{V}$;若$U_{CE}=0$,则$i_C=U_{CC}/R_C=4\ \text{mA}$,连接这两点,即得直流负载线,如图 9.1.3(b)中所示的直线。

(2)通过基极输入回路,求得I_{BQ}。

$$I_{BQ}=\frac{U_{CC}-U_{BE}}{R_B}\approx\frac{U_{CC}}{R_B}=\frac{12}{300}\ \text{A}=40\ \mu\text{A}$$

(3)找出Q点:$I_{BQ}=40\ \mu\text{A}$的输出特性曲线与直流负载线的交点即为Q点,所对应的坐标$I_{CQ}=2\ \text{mA}$,$U_{CEQ}=6\ \text{V}$为所求的静态值。

图解法是在晶体管的特性曲线上,通过作图的方法来分析放大电路的工作情况,其优点是比较直观。改变电路的参数可改变静态值,例如在图 9.1.3 中,减小R_B使I_{BQ}增大,静态工作点Q将上移;若增大R_B,直流负载线斜率减小,静态工作点Q下移。

3. 静态工作点的设置

放大的前提是不失真,即只有在不失真的情况下放大才有意义。如果Q点设置不合适,信号进入截止区或饱和区,会造成非线性失真。

(1)静态工作点 Q 过低，晶体管处于截止引起的输出变形，称截止失真，如图 9.1.4(b)所示，观察 i_B、i_C、u_{CE} 的波形失真情况。

(2)静态工作点 Q 太高，晶体管进入饱和引起输出畸形的失真，称饱和失真，如图 9.1.4(c)所示，观察 i_C、u_{CE} 的波形失真情况。

为了得到尽量大的输出信号，尽可能把 Q 设置在交流负载线的中间部分，如图 9.1.4(d)所示。设置合适的静态工作点，可避免放大电路产生非线性失真。

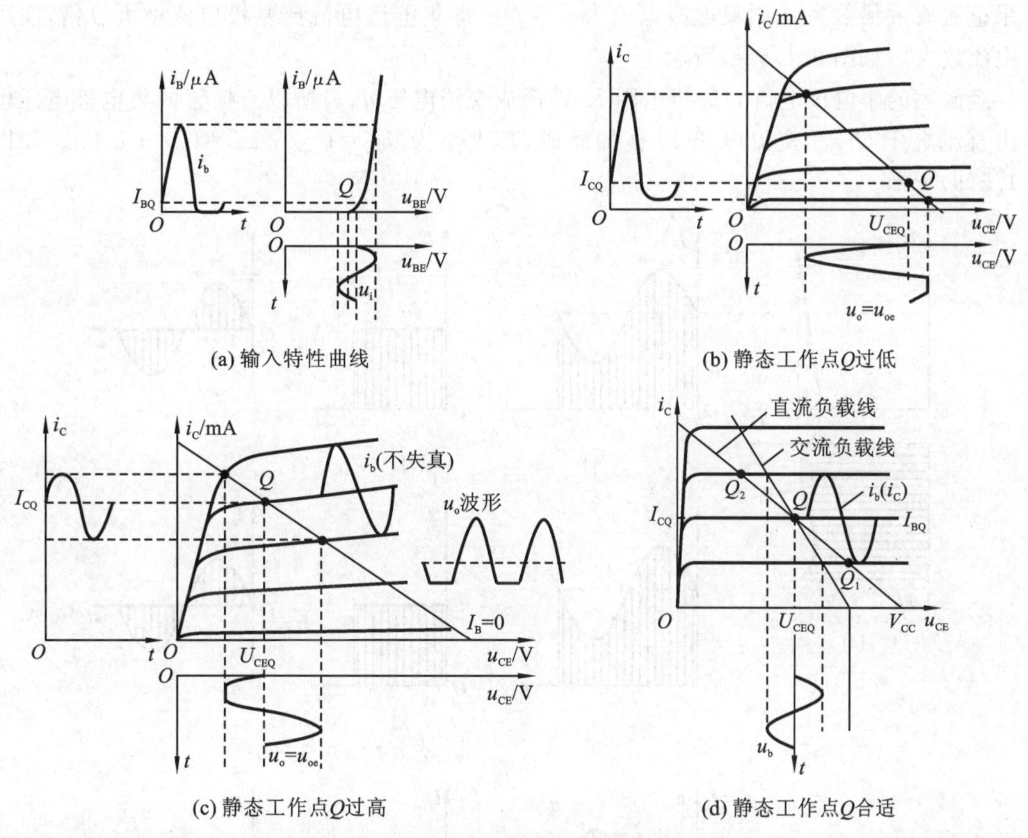

图 9.1.4　不同静态工作点的设置

静态工作点 Q 不仅影响放大电路是否会失真，而且影响放大电路的几乎所有的动态参数，因此必须设置合适的静态工作点。

9.1.3　动态分析

放大电路按信号波形的不同可分为交流放大电路和直流放大电路。在对放大电路进行性能分析和测试时，常常以正弦信号作为输入信号，这里也以正弦信号作为输入信号来说明放大电路的工作原理。

动态分析是在电路的静态基础上，研究交流电压和电流信号的传输情况和相互关系，一般可通过微变等效电路和图解法进行。这里先介绍基本放大电路的信号特点，然后主要介绍动态分析中应用较多的微变等效电路法。

1. 基本放大电路的信号波形

在放大电路(如图 9.1.1(b)所示)的输入端加入一个交流电压信号 u_i,使电路处于交流信号放大状态。当交变信号 u_i 经 C_1 加到三极管 T 的基极时,它与原来的直流电压 U_{BE}(设为 0.7 V)进行叠加,使发射结的电压为 $u_{BE}=U_{BE}+u_i$。基极电压的变化必然导致基极电流随之发生变化,此时基极电流为 $i_B=I_B+i_b$,如图 9.1.5(a)、(b)所示。

由于三极管具有电流放大作用,基极电流的微小变化可以引起集电极电流较大的变化。如果电流放大倍数为 β,则集电极电流为 $i_C=\beta i_B$,即集电极电流比基极电流增大 β 倍,实现了电流放大。如图 9.1.5(c)所示。

经放大的集电极电流 i_C 通过电阻 R_C 转换成交流电压 u_{ce}。所以三极管的集电极电压也是由直流电压 U_{CE} 和交流电压 u_{ce} 叠加而成,其大小为 $u_{CE}=U_{CE}+u_{ce}=U_{CC}-i_C R_C$。如图 9.1.5(d)所示。

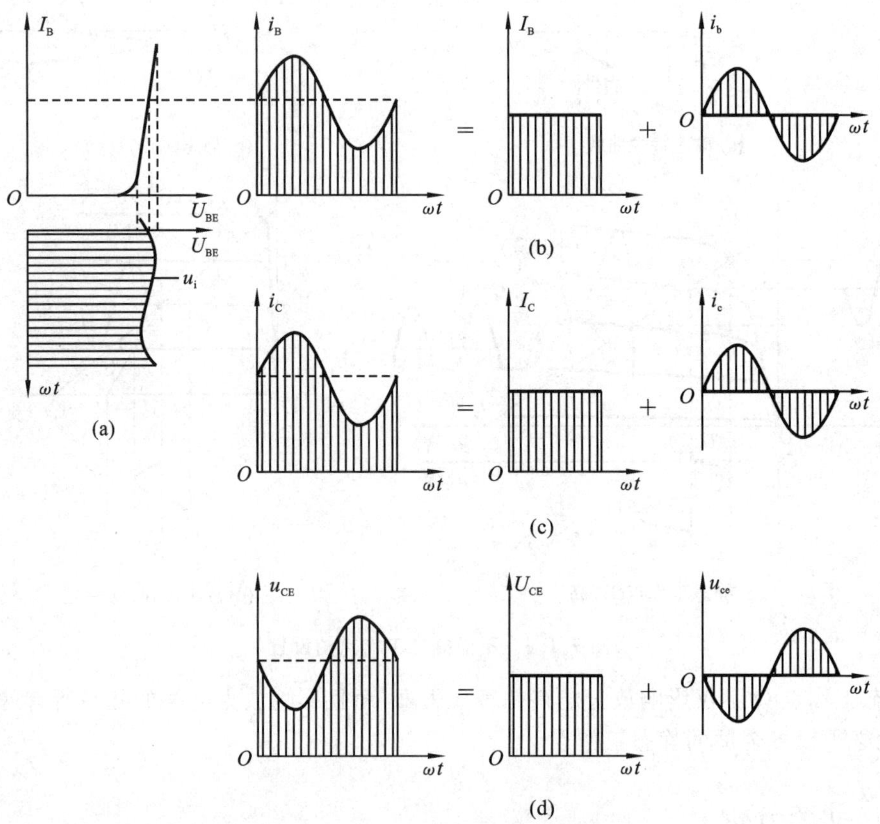

图 9.1.5　放大电路各极的电压电流波形

放大后的信号经 C_2 加到负载 R_L 上。由于 C_2 的隔直作用,在负载上便得电压的交流分量 u_{ce},即 $u_o=u_{ce}=-i_C R_C$。

式中"$-$"号表示输出信号电压 U_o 与输入信号电压 U_i 相位相反(相差 180°),这种现象称为放大器的反相放大。

通过上述分析可知,共射极放大电路的信号有如下一些特点。

(1)无输入信号时,晶体管的电压、电流都是直流分量;有输入信号时,i_B、i_C、u_{CE} 是直流

分量与交流分量的叠加。

(2)u_o与 u_i频率相同。

(3)i_b、i_c与 u_i同相,u_o与 u_i反相。

2. 微变等效电路法

晶体管是非线性器件,当输入信号变化的范围很小(微变)时,三极管电压、电流变化量之间的关系基本上是线性的。即在一个很小的范围内,输入特性、输出特性(见图 9.1.6)均可近似用一个线性电路代替,给三极管建立一个小信号模型,这就是微变等效电路法。因此,利用微变等效电路,可以将含有非线性元件(三极管)的放大电路转化成为线性电路来分析求解。

1)晶体管的微变等效电路

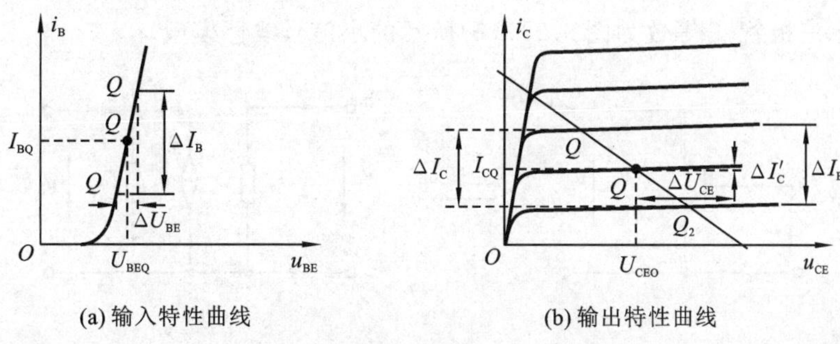

(a) 输入特性曲线　　(b) 输出特性曲线

图 9.1.6 晶体管的特性曲线

(1)输入特性。

图 9.1.6(a)所示为晶体管输入特性曲线(伏安特性关系)。输入信号 u_i在很小的范围内变化时,静态工作点 Q 附近的 ΔU_{BE}和 ΔI_B近似为线性关系,即三极管输入回路基极和发射极之间可用等效电阻 r_{be}替代:

$$r_{be}=\left.\frac{\Delta U_{BE}}{\Delta I_B}\right|_{U_{CE}=\text{常数}}=\left.\frac{u_{be}}{i_b}\right|_{U_{CE}=\text{常数}} \quad \text{(一般为几百欧到几千欧)} \tag{9.1.2}$$

r_{be}称为晶体管输入电阻,其阻值与晶体管内部结构及静态工作点有关,在手册中 r_{be}常用 h_{ie}表示。

低频小功率晶体管的输入电阻可以用下面的公式估算:

$$r_{be}\approx r_{bb'}+(1+\beta)\frac{U_T}{I_{EQ}} \tag{9.1.3}$$

式中,$r_{bb'}$ 是与晶体管制造工艺相关的基区体电阻,一般为 200～300 Ω;I_{EQ}为静态发射极电流,单位 mA;U_T为温度电压当量,常温下 $U_T=26$ mV。

由此,上式可以简化为:

$$r_{be}\approx 200+(1+\beta)\frac{26(\text{mV})}{I_{EQ}(\text{mA})} \quad \text{(本书一般取 } r_{bb'}=200\ \Omega\text{)}$$

(2)输出特性。

图 9.1.6(b)所示为晶体管输出特性曲线(伏安特性关系)。当晶体管工作于放大区时,输出特性曲线是一组近似等距的平行直线,$\Delta I_C=\beta\Delta I_B$,$\Delta I_C$的大小只受 ΔI_B控制,与 ΔU_{CE}几乎无关。因此,从晶体管输出端看,可用一个等效电流源表示,其电流值 ΔI_C不是固定值,

而受 ΔI_B控制,故称为电流控制电流源,简称受控电流源。

$$电流放大系数\beta=\left.\frac{\Delta I_C}{\Delta I_B}\right|_{U_{CE}=常数}=\left.\frac{i_c}{i_b}\right|_{U_{CE}=常数}$$

但实际晶体管的输出特性曲线并非与横轴绝对平行,当 I_B为常数时,ΔU_{CE}的变化会引起 ΔI_C变化,其线性关系可用等效电阻 r_{be}表示:

$$r_{ce}=\left.\frac{\Delta U_{CE}}{\Delta I_C}\right|_{I_B=常数}=\left.\frac{u_{ce}}{i_c}\right|_{I_B=常数}\text{(一般为几十千欧到几百千欧)}\tag{9.1.4}$$

r_{ce}为晶体管的输出电阻,r_{ce}与大小为 βi_b 的受控恒流源并联作为输出回路集电极与发射极之间的等效电阻,r_{ce}可看成电流源的内阻。r_{ce}越大,恒流特性越好。因 r_{ce}阻值很高,一般可以忽略不计。

由此可知,在一个很小的范围内,输入特性、输出特性均可近似看作是一段直线,可将图 9.1.7(a)所示三极管 T 等效为图 9.1.7(b)所示的小信号线性模型。

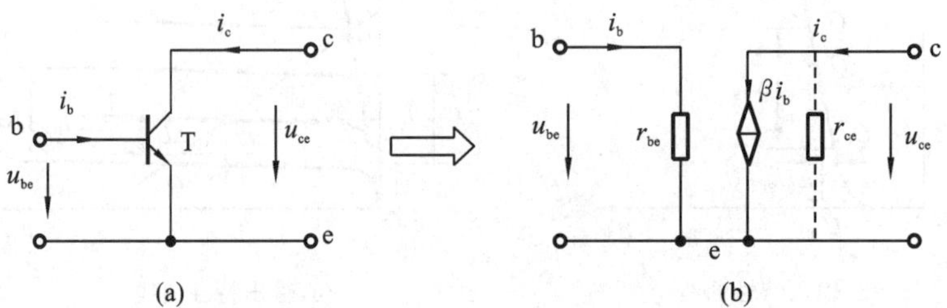

图 9.1.7　晶体管的微变等效模型

2)共射放大电路的微变等效电路

根据晶体管的等效模型,可由放大电路的交流通路(如图 9.1.8(a)所示)进一步转换为放大电路的微变等效电路(如图 9.1.8(b)所示)。

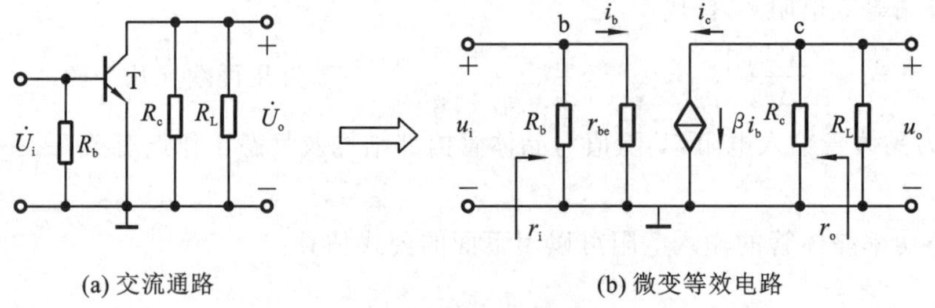

图 9.1.8　放大电路的微变等效电路

3)动态性能指标的计算

(1)电压放大倍数。

放大倍数定义为输出电压与输入电压之比,即:

$$\dot{A}_u=\frac{\dot{U}_o}{\dot{U}_i}\tag{9.1.5}$$

由图 9.1.8(b)得:

输入电压为

$$\dot{U}_i = \dot{I}_b r_{be}$$

输出电压为

$$\dot{U}_o = -\dot{I}_C(R_C \,/\!/\, R_L) = -\dot{I}_C R'_L$$

其中，$R'_L = R_C \,/\!/\, R_L$，所以

$$\dot{A}_u = \frac{\dot{U}_o}{\dot{U}_i} = \frac{-\dot{I}_C R'_L}{\dot{I}_b r_{be}} = -\frac{\beta R'_L}{r_{be}} \tag{9.1.6}$$

电压放大倍数说明了放大器的电压放大能力，是放大器的一项很重要的性能指标。它与静态工作点和负载大小有关。若放大电路的输出没有带负载，则对应空载时的电压放大倍数，空载电压放大倍数为

$$A_{uo} = -\beta\frac{R_C}{r_{be}} \tag{9.1.7}$$

(2)输入电阻。

放大电路的输入端与信号源(或前一级放大电路)相通，输出端与负载(或后一级放大电路)相连，如图9.1所示。所以，放大电路与信号源、负载之间是互相联系又互相影响的，这种影响可以用输入电阻和输出电阻表示。

放大电路一定要有前级(信号源)为其提供信号，那么就要从信号源取电流。输入电阻是衡量放大电路从其前级取电流大小的参数。输入电阻越大，从其前级取得的电流越小，对前级的影响越小。一般希望放大电路的输入电阻大一些。

$$r_i = \frac{\dot{U}_i}{\dot{I}_i} = R_b \,/\!/\, r_{be} \tag{9.1.8}$$

一般有 $R_b \gg r_{be}$，所以 $r_i \approx r_{be}$。

(3)输出电阻。

输出电阻是从放大电路输出端(不包括负载电阻 R_L)看进去的交流等效电阻。输出电阻越小，带载能力越强。一般希望放大电路的输出电阻小一些。

$$r_o = \left.\frac{\dot{U}'_o}{\dot{I}'_o}\right|_{\dot{U}_S=0,R_L=\infty} = R_C \tag{9.1.9}$$

【例9.1.3】　如图9.1.9(a)所示放大电路中，已知 $U_{CC}=6$ V，$R_B=180$ kΩ，$R_C=2$ kΩ，$\beta=50$，晶体管为硅管。求：

(1)静态工作点 Q；

(2)求放大电路的空载电压放大倍数 A_{uo}、输入电阻 r_i 和输出电阻 r_o。

【解】

(1)由直流通路(如图9.1.2(a)所示)求静态工作点：

$$I_B = \frac{U_{CC}-U_{BE}}{R_E} = \frac{6-0.7}{180}\text{ mA}=0.029\text{ mA}$$

$$I_E \approx I_C = \beta I_B = 50\times 0.0294\text{ mA}=1.47\text{ mA}$$

$$U_{CE} = U_{CC} - R_C I_C = (6-2\times 1.47)\text{ V}=3.06\text{ V}$$

(2)由微变等效电路(如图9.1.9(b)所示)求动态参数：

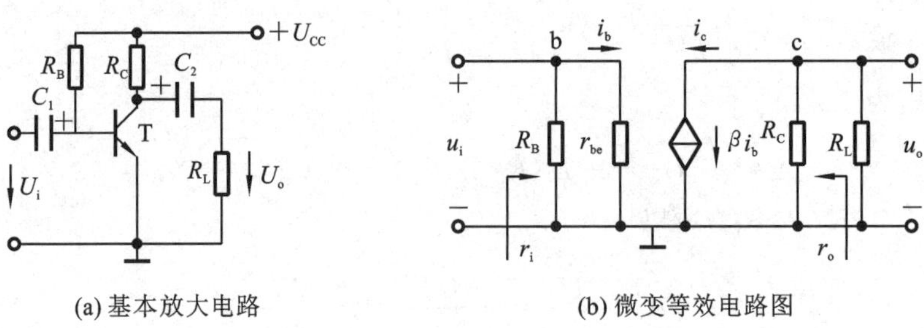

(a) 基本放大电路　　(b) 微变等效电路图

图 9.1.9　例 9.1.3 图

$$r_{be}=200+(1+\beta)\frac{26}{I_E}=\left(200+51\times\frac{26}{1.47}\right)\ \Omega=1102\ \Omega$$

空载电压放大倍数　$A_{uo}=-\frac{\beta R_C}{r_{be}}=-\frac{50\times2}{1.102}=-90.744$

输入电阻　$r_i=R_B\ /\!/\ r_{be}=\frac{180\times1.102}{180+1.102}\ \text{k}\Omega=1.095\ \text{k}\Omega$

输出电阻　$r_o=R_C=2\ \text{k}\Omega$

9.1.4　静态工作点的稳定

三极管是一种对温度很敏感的元件，前面介绍的放大电路，R_B一定，I_B基本恒定，这种电路称为固定偏置电路。当环境温度变化时，由于I_C随温度变化，而I_B基本不变，使工作点Q上移，波形容易失真。因而固定偏置电路不能保证工作点稳定，这将影响放大电路的性能。稳定Q点常引入直流负反馈或温度补偿的方法，使I_{BQ}在温度变化时与I_{CQ}产生相反的变化。这里介绍一种具有稳定工作点的分压式偏置放大电路，如图 9.1.10(a)所示。

在设计时选择适当电阻，满足$I_1=I_2\gg I_B$。并联在R_E两端的电容称为射极旁路电容C_E，通常选择较大的容量，在动态时C_E可看作短路，所以此电路仍是共射极放大电路。

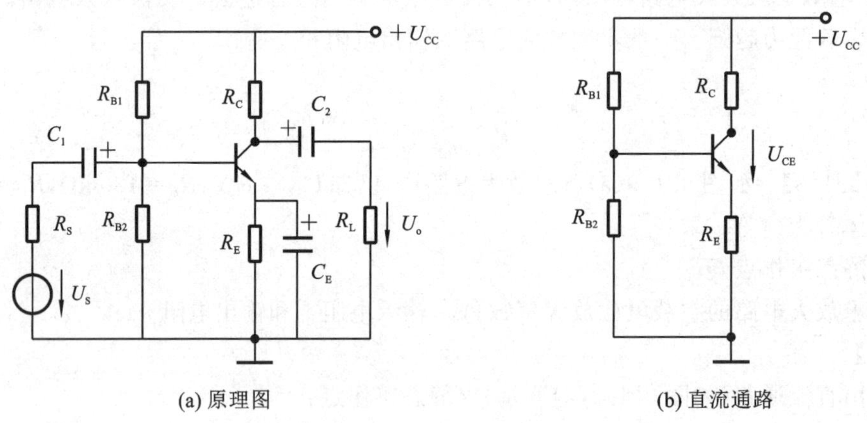

(a) 原理图　　(b) 直流通路

图 9.1.10　分压式偏置放大电路及直流通路

1. 静态工作点的稳定原理

1)静态分析

根据直流通路(如图 9.1.10(b)所示)来分析静态工作点，由于$I_1=I_2\gg I_B$，$U_B\gg U_{BE}$，可

将 I_B 忽略，晶体管基极电位 U_B 由分压电阻决定，即

$$\left.\begin{aligned}U_B &= \frac{R_{B2}}{R_{B1}+R_{B2}}U_{CC}\\ I_C &\approx I_E = \frac{U_B-U_{BE}}{R_E}\approx\frac{U_B}{R_E}\\ I_B &= \frac{I_C}{\beta}\\ U_{CE} &= U_{CC}-I_CR_C-I_ER_E\approx U_{CC}-I_C(R_C+R_E)\end{aligned}\right\}\tag{9.1.10}$$

2)静态工作点的稳定原理

当温度升高时，晶体管电流 I_C、I_E 趋于增大，射极电位 U_E 有上升趋势，但 U_B 基本恒定，故 U_{BE} 趋于减小。根据晶体管的输入特性曲线可知，这将导致基极电流 I_B 减小，正好补偿了之前 I_C、I_E 电流增加的趋势，从而使 I_C、I_E 趋于稳定，即：

$$T\uparrow\rightarrow I_C\uparrow\rightarrow I_E\uparrow\rightarrow U_E\uparrow\rightarrow U_{BE}\downarrow\rightarrow I_B\downarrow\rightarrow I_C\downarrow$$

2. 分压式偏置放大电路的动态分析

动态分析方法同固定偏置放大电路，先得到对应的交流通路（如图 9.1.11(a)所示），然后画出小信号模型电路（如图 9.1.11(b)所示）。根据分压式偏置放大电路的微变等效电路可得：

$$A_u = \frac{\dot{U}_o}{\dot{U}_i} = \frac{-\beta\dot{I}_bR'_L}{\dot{I}_b r_{be}} = \frac{-\beta R'_L}{r_{be}} = -\beta\frac{R_C /\!/ R_L}{r_{be}}$$

$$\left.\begin{aligned}r_i &= \frac{\dot{U}_i}{\dot{I}_i} = R_{B1} /\!/ R_{B2} /\!/ r_{be}\\ r_o &= R_C\end{aligned}\right\}\tag{9.1.11}$$

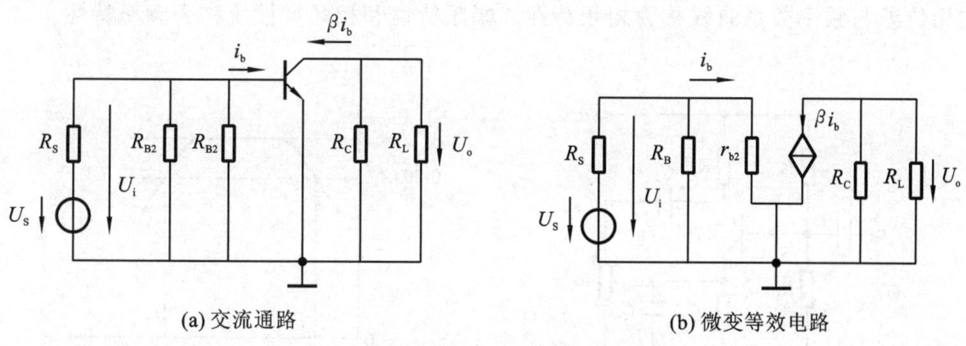

图 9.1.11　放大电路的动态分析电路

【例 9.1.4】　如图 9.1.10(a)所示分压式偏置放大器，各参数如下：$R_{B1}=100\ \text{k}\Omega$，$R_{B2}=33\ \text{k}\Omega$，$R_E=2.5\ \text{k}\Omega$，$R_C=5\ \text{k}\Omega$，$R_L=5\ \text{k}\Omega$，$\beta=60$，$U_{cc}=15\ \text{V}$。求：

(1)估算静态工作点 Q；

(2)空载电压放大倍数 A_{uo}、带载电压放大倍数 A_u、输入电阻 r_i、输出电阻 r_o。

【解】

(1)估算静态工作点 Q。

根据图 9.1.10(b)所示直流电路分析如下：

$$U_B \approx \frac{R_{B2}}{R_{B1}+R_{B2}}U_{cc} = \frac{33\times 15}{100\times 33}\ \text{V}=3.7\ \text{V}$$

$$I_C \approx I_E = U_E/R_E = (U_B - U_{BE})/R_E = (3.7-0.7)/2.5\ \text{mA}=1.2\ \text{mA}$$

$$I_B = I_C/\beta = 1.2/60\ \text{mA}=0.02\ \text{mA}$$

$$U_{CE} = E_C - I_C R_C - I_E R_E = [15-1.2\times(5+2.5)]\ \text{V}=6\ \text{V}$$

(2)根据图 9.1.11(b)所示微变等效电路求动态参数。

$$r_{be} = 200(\Omega) + (1+\beta)\frac{26(\text{mV})}{I_E(\text{mA})}$$

$$=\left(200+61\times\frac{26}{1.2}\right)\Omega=1522\ \Omega$$

空载电压放大倍数 $A_{uo} = -\frac{\beta R_C}{r_{be}} = -\frac{60\times 5}{1.52} = -197$

带载电压放大倍数 $A_u = -\frac{\beta R'_L}{r_{be}} = -\frac{60\times(5\ /\!/\ 5)}{1.52} = -99$

输入电阻 $r_i = R_{B1}\ /\!/\ R_{B2}\ /\!/\ r_{be} = 100\ /\!/\ 33\ /\!/\ 1.52 = 1.52\ \text{k}\Omega$

输出电阻 $r_o = R_C = 5\ \text{k}\Omega$

9.1.5 频率特性

当工作信号的频率下降，耦合电容和旁路电路的容抗变大，产生交流压降，结果使放大倍数下降。当信号频率较高时，由于三极管的极间电容影响和电流放大系数下降，使放大器的电压放大倍数减小。放大倍数随频率变化的关系特性曲线称为幅频特性，如图 9.1.12(b)所示。

当频率增大或减小时，输入与输出信号的相位差也将变化。放大器输出信号与输入信号的相位差与频率关系曲线称为相频特性。幅频特性和相频特性统称为频率特性。

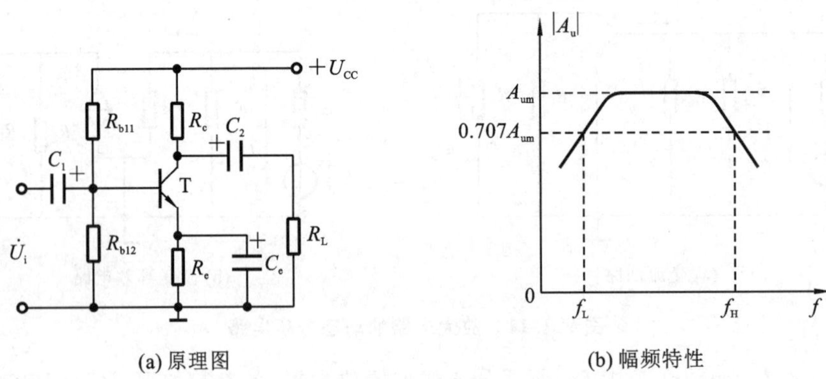

(a) 原理图　　(b) 幅频特性

图 9.1.12　共射放大电路的频率特性

在一个较宽的频率范围内，曲线是平坦的，即放大倍数不随信号频率的变化而变化，这就是中频放大倍数 A_{um}。这一段频率范围称为中频段，通常所说放大器的放大倍数就是指这一段频率范围的放大倍数。在高频或低频段，曲线向下倾斜，说明随着频率减小或增大，放大倍数都将下降。当放大倍数下降到中频时放大倍数的 0.707 倍时，所对应的频率分别

称为下限频率 f_L 和上限频率 f_H。上限频率与下限频率之差称为放大器的通频带 f_{bw}。

$$f_{bw} = f_H - f_L \tag{9.1.12}$$

通频带越宽，放大器在放大不同频率信号时，产生的失真就越小。不同的应用场合放大器对通频带的要求也不相同，家用电器中的音频功率放大器对通频带的要求就比较高，至少应在 150～6000 Hz，而工业自动控制中应用的低频放大器，工作频率通常比较窄，对通频带就没有特别的要求。

低频段放大倍数下降主要是耦合电容和发射极旁路电容的阻抗增大引起的。在频率较低时，电容的容抗较大，不能忽略。由于耦合电容的容抗增大，交流电压在其上的产生的压降增大，结果使输入到基极和发射极间的信号电压减小，从而使输出也减小，放大倍数减小。

在高频段，三极管电流放大系数下降，结电容减小，从而使放大倍数下降。

9.2　共集电极放大电路

9.2.1　电路结构

共集电极放大电路如图 9.2.1 所示，此电路具有高输入电阻、低输出电阻的特点。与固定偏置放大电路的不同之处有以下两点。

(1) 用发射极电阻代替集电极电阻，还可以起稳定工作点的作用。

(2) 改集电极输出为发射极输出，故该放大电路又称射极输出器。

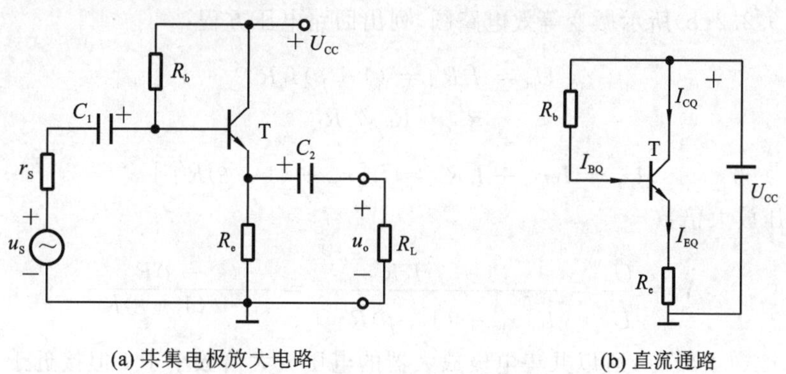

图 9.2.1　共集电极放大电路

9.2.2　静态分析

根据图 9.2.1(b)所示直流通路，列出基极回路电压方程：

$$U_{CC} = I_{BQ}R_b + U_{BEQ} + I_{EQ}R_e = I_{BQ}R_b + U_{BEQ} + (1+\beta)I_{BQ}R_e$$

所以

$$\left.\begin{aligned}I_{BQ}&=\frac{U_{CC}-U_{BEQ}}{R_b+(1+\beta)R_e}\\I_C&=\beta I_{BQ}\\U_{CEQ}&=U_{CC}-I_{EQ}R_e\end{aligned}\right\}\tag{9.2.1}$$

9.2.3 动态分析

共集放大电路的交流通路如图 9.2.2(a)所示,从交流通路图可以看出,交流信号从 b、c 极之间输入,从 e、c 之间极输出,c 极为公共端,所以称为共集电极放大器。由交流通路画出共集放大电路的微变等效电路如图 9.2.2(b)所示。

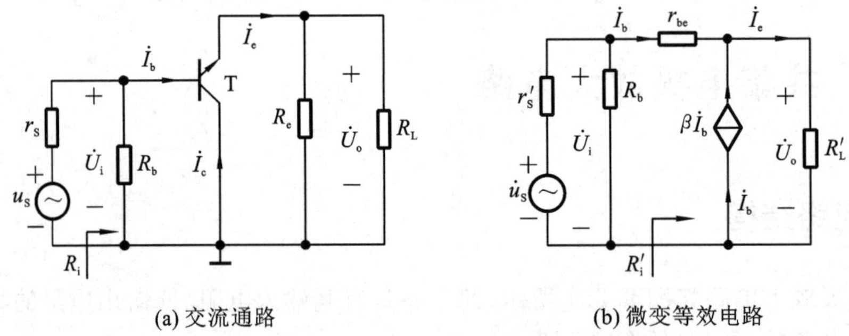

图 9.2.2 共集电极放大器的动态分析电路

1. 电压放大倍数

根据图 9.2.2(b)所示微变等效电路图,列出回路电压方程:

$$\dot{U}_o=\dot{I}_eR'_L=(1+\beta)\dot{I}_bR'_L$$

其中

$$R'_L=R_e\ /\!/\ R_L$$

而

$$\dot{U}_i=\dot{I}_br_{be}+\dot{I}_eR'_L=\dot{I}_b[r_{be}+(1+\beta)R'_L]$$

所以电压放大倍数

$$\dot{A}_u=\frac{\dot{U}_o}{\dot{U}_i}=\frac{(1+\beta)\dot{I}_bR'_L}{\dot{I}_b[r_{be}+(1+\beta)R'_L]}=\frac{(1+\beta)R'_L}{r_{be}+(1+\beta)R'_L}\tag{9.2.2}$$

因为 $r_{be}\ll(1+\beta)R_L$,所以共集电极放大器的电压放大倍数小于 1 但接近于 1,输出电压与输入电压大小几乎相等,相位相同,表现出是有良好的电压跟随特性。故共集电极放大器又称射极跟随器。

2. 输入电阻

根据图 9.2.2(b)所示微变等效电路图,可得

$$\left.\begin{aligned}r'_i&=\frac{\dot{U}_i}{\dot{I}_b}=\frac{\dot{I}_br_{be}+\dot{I}_eR'_L}{\dot{I}_b}=r_{be}+(1+\beta)R'_L\\r_i&=R_b\ /\!/\ r'_i=R_b\ /\!/\ [r_{be}+(1+\beta)R'_L]\end{aligned}\right\}\tag{9.2.3}$$

r_i可达几十千欧至几百千欧,所以共集电极电路的输入电阻很大。

3. 输出电阻

求输出电阻时，将信号源短路($E_s=0$)，保留信号源内阻 R_s，去掉 R_L，同时在输出端接上一个信号电压 U_o，产生电流 I_o，如图 9.2.3 所示。

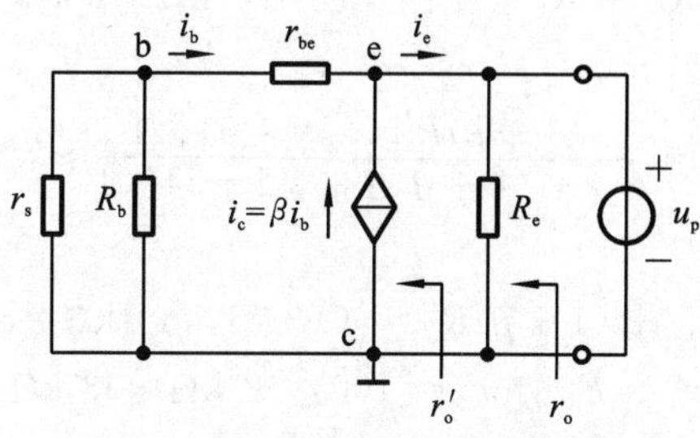

图 9.2.3 输出电阻的微变等效电路

则
$$\dot{I}_o=\dot{I}_b+\beta\dot{I}_b+\dot{I}_e$$
$$=\frac{\dot{U}_o}{r_{be}+R_s\,/\!/\,R_b}+\frac{\beta\dot{U}_o}{r_{be}+R_s\,/\!/\,R_b}+\frac{\dot{U}_o}{R_e}$$

式中：
$$\dot{I}_b=\frac{\dot{U}_o}{r_{be}+R_s\,/\!/\,R_b}$$

由此求得
$$r_o=\frac{U_o}{I_o}=\frac{R_e[r_{be}+(R_s\,/\!/\,R_b)]}{(1+\beta)R_e+[r_{be}+(R_s\,/\!/\,R_b)]} \tag{9.2.4}$$

一般情况下
$$(1+\beta)R\gg r_{be}+R_s\,/\!/\,R_b \tag{9.2.5}$$

所以
$$r_o\approx\frac{r_{be}+R_s\,/\!/\,R_b}{\beta}$$

可见，共集电极电路的输出电阻是很小的，一般在几十欧到几百欧。

综上分析，共集电极电路具有以下一些特点。

(1)电压放大倍数小于1但接近于1，输出电压与输入电压同相位。

(2)虽然没有电压放大能力，但具有电流放大和功率放大能力。

(3)输入电阻高，输出电阻低。

由于共集电极电路具有输入电阻高、输出电阻低的特点，所以它在电子电路中应用极其广泛。它通常用作为多级放大器的输入端、中间级缓冲和输出级。

【例 9.2.1】 在图 9.2.1(a)中，已知 $U_{CC}=12$ V，$R_e=3$ kΩ，$R_b=100$ kΩ，$R_L=1.5$ kΩ，三极管的 $\beta=50$ Ω，$r_{be}=1$ kΩ，信号源内阻 $R_s=500$ Ω，求静态工作点、电压放大倍数、输入和输出电阻。

【解】

(1)根据直流通路(如图 9.2.1(b)所示)求静态工作点，忽略 U_{BE} 得
$$I_{BQ}\approx\frac{U_{CC}}{R_b+(1+\beta)R_e}=\frac{12}{100+(1+50)\times 3}\ \mu\text{A}=48\ \mu\text{A}$$

$$I_{CQ}=\beta I_{BQ}=50\times48\ \mu A=2400\ \mu A=2.4\ mA$$

$$U_{CEQ}=U_{CC}-I_{CQ}R_e=(12-2.4\times3)\ V=4.8\ V$$

(2)根据微变等效电路(如图 9.2.2(b)所示)分析动态参数:

由于 $$R_L=R_e\ /\!/\ R_L=3/\!/1.5\ k\Omega=1\ k\Omega$$

所以电压放大倍数为

$$\dot{A}_u=\frac{(1+\beta)R'_L}{r_{be}+(1+\beta)R'_L}=\frac{51\times1}{1+51\times1}\approx0.98$$

输入电阻为

$$r'_i=r_{be}+(1+\beta)R'_L=(1+51\times1)\ k\Omega=52\ k\Omega$$

$$r_i=R_b\ /\!/\ r'_i=100/\!/52\ k\Omega\approx33\ k\Omega$$

输出电阻为

$$r_o=\frac{r_{be}+R_s\ /\!/\ R_b}{\beta}=\frac{1+0.5/\!/100}{50}\ \Omega\approx30\ \Omega$$

*9.3 共基极放大电路(选学)

9.3.1 电路结构

信号从晶体管的发射极输入,从集电极输出即组成如图 9.3.1 所示共基放大电路。与固定偏置放大电路的不同之处有以下几点。

(1)增加了一个偏置电阻 R_{b2} 和发射极电阻 R_e,以稳定静态工作点 Q。

(2)信号改由发射级输入 C_B。

(3)增加了基极电容,使基极成为信号输入和输出的公共端。

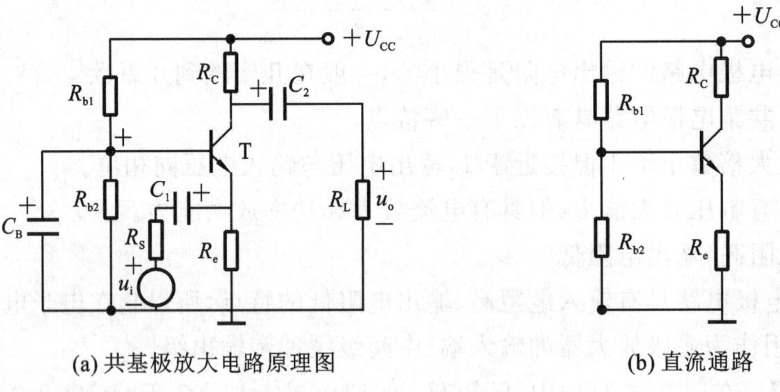

(a) 共基极放大电路原理图　　(b) 直流通路

图 9.3.1 共基极放大电路

9.3.2 静态分析

将 C_1、C_2、C_B看成开路,可画出直流通路(见图 9.3.1(b))。

由直流通路得

$$\left.\begin{aligned} U_B &= \frac{R_{b2}}{R_{b1}+R_{b2}}U_{CC} \\ I_{EQ} &= \frac{U_E}{R_e} = \frac{U_B - U_{BE}}{R_e} \end{aligned}\right\} \tag{9.3.1}$$

一般 U_B 远大于 U_{BE}，故

$$\left.\begin{aligned} I_{CQ} &\approx I_{EQ} \approx \frac{U_B}{R_e} \\ I_{BQ} &= \frac{I_{CQ}}{\beta} \\ U_{CEQ} &= U_{CC} - I_{CQ}R_c - I_{EQ}R_e = U_{CC} - I_{CQ}(R_c + R_e) \end{aligned}\right\} \tag{9.3.2}$$

9.3.3　动态分析

共基放大电路的交流通路如图 9.3.2(a)所示，输入电压加在发射极与基极之间，而输出电压从集电极和基极两端取出，基极是输入、输出电路的共同端点，故称为共基极放大电路。由交流通路画出微变等效电路，如图 9.3.2(b)所示，根据微变等效电路推导下列公式。

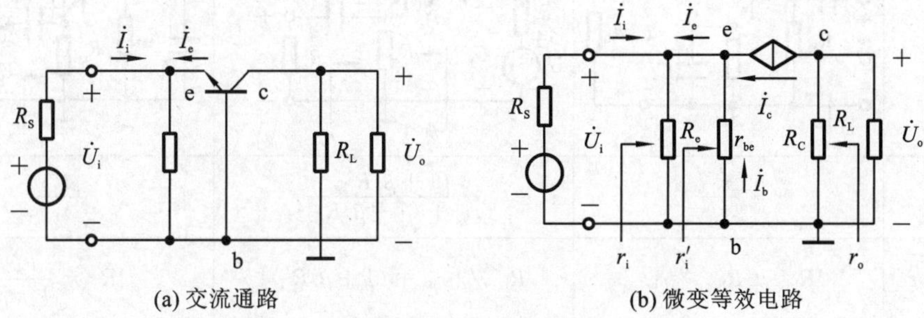

图 9.3.2　共基极放大电路的动态分析电路

1. 电压放大倍数

$$\left.\begin{aligned} \dot{U}_o &= -\dot{I}_c(R_c \mathbin{/\!/} R_L) = -\dot{I}_c R'_L \\ \dot{U}_i &= -\dot{I}_b r_{be} \\ \dot{A}_u &= \frac{\dot{U}_o}{\dot{U}_i} = \frac{-\dot{I}_c R'_L}{-\dot{I}_b r_{be}} = \frac{\beta R'_L}{r_{be}} \end{aligned}\right\} \tag{9.3.3}$$

可见，共基极电路与共发射极电路的电压放大倍数在数值上相等，而相位也相同。

2. 输入电阻

$$r'_i = \frac{\dot{U}_i}{-\dot{I}_e} = \frac{-\dot{I}_b r_{be}}{-(1+\beta)\dot{I}_b} = \frac{r_{be}}{1+\beta}$$

所以输入电阻为

$$r_i = R_e \mathbin{/\!/} r'_i = R_e \mathbin{/\!/} \frac{r_{be}}{1+\beta} \tag{9.3.4}$$

可见，共基极电路的输入电阻比共发射极电路的输入电阻低，一般为几欧至十几欧。

3. 输出电阻

$$r_o = \frac{\dot{U}'_o}{\dot{I}'_o} = R_C \tag{9.3.5}$$

共基极电路具有频率响应特性好的优点,它广泛用于高频电路,如无线电、通讯方面。

三极管的三种组态放大电路尽管接法不同,但都有一点是相同的,即三极管的发射结加正向偏置电压,集电结加反向偏置电压。由于输入和输出信号的公共端不同,交流信号在放大过程中的流通途径不相同,从而导致放大电路的性能也有所不同。表 9.3.1 列出共发射极、共集电极、共基极三种组态电路的结构特点及用途。

表 9.3.1　三种组态电路对比分析

参　数	组　态		
	共发射极放大电路	共集电极放大电路	共基极放大电路
电路图	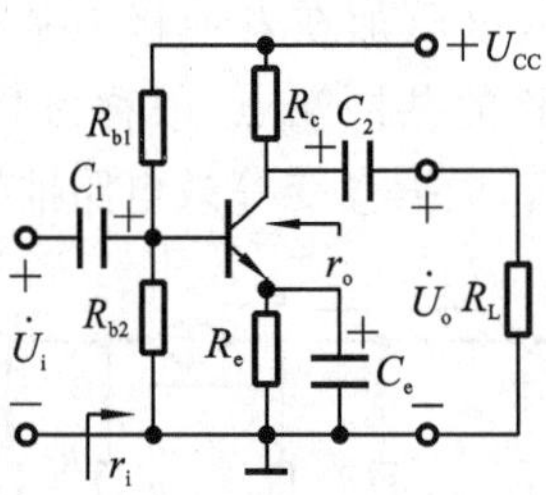	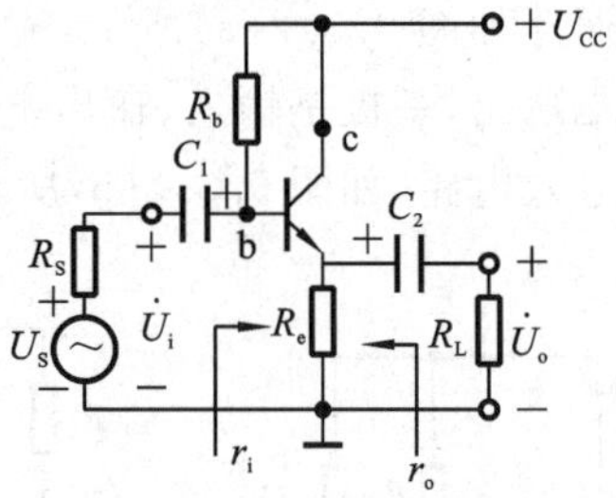	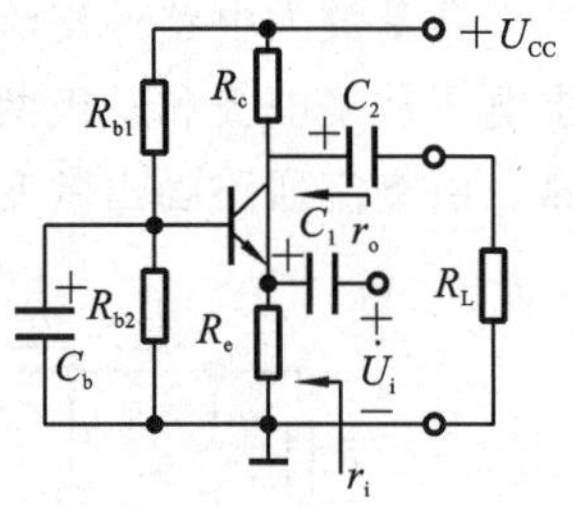
电压放大倍数 A_u	$-\frac{\beta R'_L}{r_{be}}$	$\frac{(1+\beta)R'_L}{r_{be}+(1+\beta)R'_L}$	$\frac{\beta R'_L}{r_{be}}$
输入电阻 r_i	$R_{b1} // R_{b2} // r_{be}$	$R_b // [r_{be}+(1+\beta)R'_L]$	$R_e // \frac{r_{be}}{1+\beta}$
输出电阻 r_o	R_c	$R_e // \left(\frac{r_{be}+R_b // R_s}{1+\beta}\right)$	R_c
u_o与u_i相位关系	反相	同相	同相
用途	多级放大器中间级	输入级、中间级、输出级	高频放大或宽频带放大电路及恒流源

9.4　多级放大电路

在实际电子设备中,输入信号是很微弱的,要将信号放大到足以推动负载,仅用单级放大是不可能实现的,必须使用多级放大。多级放大器由若干个单级放大器连接而成,这些单级放大器根据其功能和在电路中的位置,可划分为输入级、中间级和输出级,如图 9.4.1 所示。

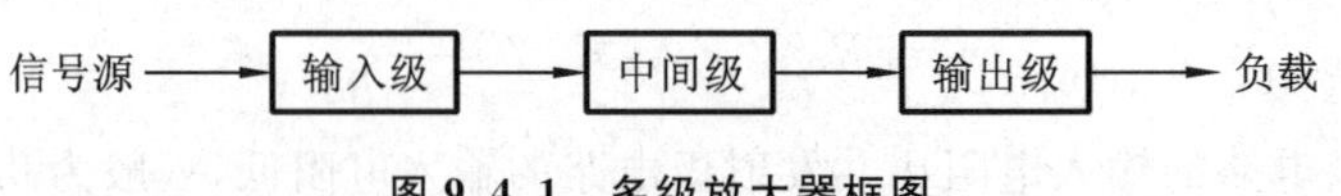

图 9.4.1　多级放大器框图

9.4.1 多级放大电路的耦合方式

放大器级与级之间的连接称为耦合。通过耦合将信号源或前级的输出信号不失真地传输到后级的输入端。耦合方式有阻容耦合、直接耦合和变压器耦合三种形式。变压器耦合是用变压器作为耦合元件,由于变压器体积大、质量重,目前已很少采用,这里只讨论应用较多的前两种方式。

1. 阻容耦合

阻容耦合是利用电容和电阻作为耦合元件将前后两级放大电路连接起来。其中电容器称为耦合电容,典型的两级阻容耦合放大器如图 9.4.2 所示。图中的第一级的输出信号通过电容 C_2、R_{b2} 和第二级的输入端相连接。

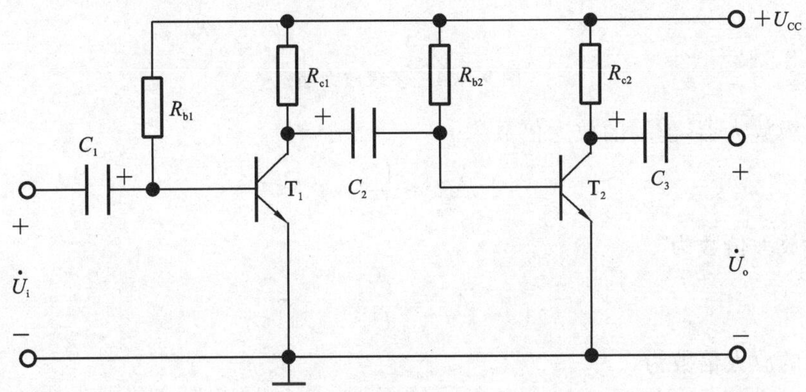

图 9.4.2　两级阻容耦合放大器

阻容耦合的优点如下:前级和后级直流通路彼此隔开,各级的静态工作点相互独立,互不影响。这就给分析、设计和调试电路带来很大的方便。此外,阻容耦合还具有体积小、质量轻的优点,因此在多级交流放大电路中得到了广泛应用。

阻容耦合的缺点如下:因电容对交流信号具有一定的容抗,在传输过程中信号会受到衰减;对直流信号(或变化缓慢的信号)容抗很大,不便于传输;在集成电路中,制造大电容很困难,不利于集成化。

2. 直接耦合

将前级放大电路和后级放大电路直接相连的耦合方式称为直接耦合,直接耦合放大器如图 9.4.3 所示。直接耦合所用元件少,体积小,低频特性好,便于集成化。直接耦合既可以放大交流信号,也可以放大直流信号。

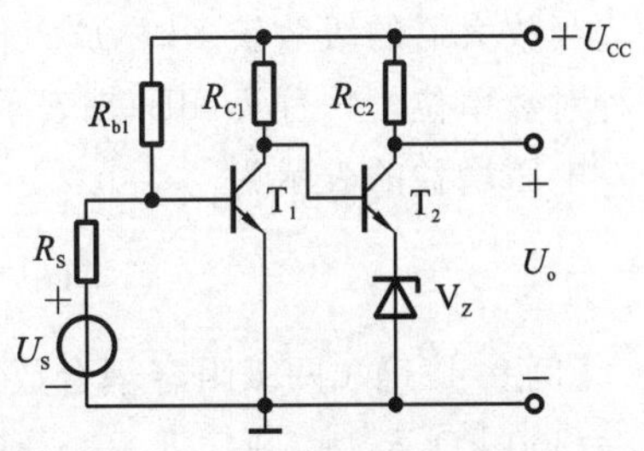

图 9.4.3　直接耦合放大器

其缺点如下:由于前级和后级的直流通路相通,使得各级静态工作点相互影响。另外由于温度变化等原因,使放大电路在输入信号为零时,输出端出现信号不为零的现象,即产生零点漂移。零点漂移严重时将会影响放大器的正常工作,必须采取措施予以解决。直接耦合放大器多用于直流放大器。

9.4.2 多级放大电路分析

1. 多级放大器的电压放大倍数

计算多级放大器(如图 9.4.4 所示)的电压放大倍数时,应考虑到前后级之间的相互影响。此时可把后级的输入电阻看成前级的负载,也可以把前级等效成一个具有内阻的信号源,经过这样处理,将多级放大器化为单级放大器,便可应用单级放大器的计算公式来计算。

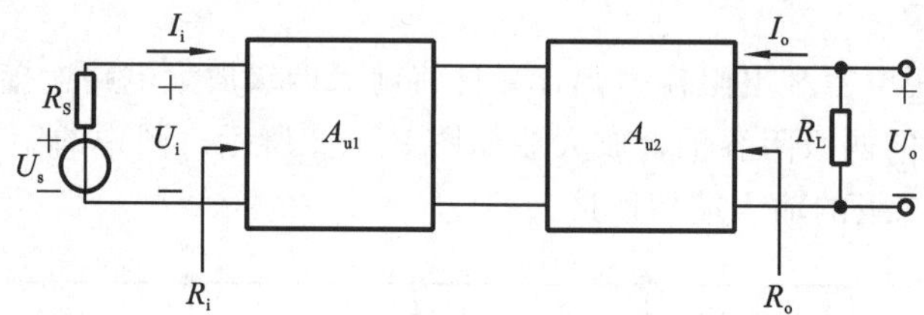

图 9.4.4 多级放大器

对于两级放大器,前级的放大倍数为

$$A_{u1} = \frac{U_{o1}}{U_{i1}}$$

后级的放大倍数为

$$A_{u2} = \frac{U_{o2}}{U_{i2}}$$

两级总的放大倍数为

$$A_u = \frac{U_{o2}}{U_{i1}} = \frac{U_{o2}}{U_{i2}} \times \frac{U_{o1}}{U_{i1}} = A_{u1} \times A_{u2} \tag{9.4.1}$$

上式表明,总的电压放大倍数等于两级电压放大倍数的乘积。由此可以推出 n 级放大器总的电压放大倍数为

$$A_u = A_{u1} A_{u2} \cdots A_{un} \tag{9.4.2}$$

多级放大器的输入电阻就是第一级放大器的输入电阻,其输出电阻就是最后一级放大器的输出电阻。

2. 放大倍数的分贝表示法

当放大器的级数较多时,放大倍数将很大,表示和计算都不方便。为了简便起见,常用一种对数单位——分贝(dB)来表示放大倍数。用分贝表示的放大倍数称为增益。

电压增益的表示为

$$G_u = 20\lg \frac{U_o}{U_i} = 20\lg A_u (\text{dB}) \tag{9.4.3}$$

【例 9.4.1】 两级阻容耦合放大电路如图 9.4.2 所示,已知 $U_{CC}=20$ V,$R_{b1}=500$ kΩ,$R_{b2}=200$ kΩ,$R_{c1}=6$ kΩ,$R_{c1}=3$ kΩ,$r_{be1}=1$ kΩ,$r_{be2}=0.6$ kΩ,$\beta_1=\beta_2=50$,求:

(1)两级放大器总的电压放大倍数;

(2)输入电阻和输出电阻。

【解】

(1)两级放大器的总电压放大倍数

第一级负载电阻为

$$R'_{L1} = R_{c1} \mathbin{/\!/} r_{i2} = \frac{R_{c1} r_{i2}}{R_{c1} + r_{i2}} = \frac{6 \times 0.6}{6+0.6}\ \text{k}\Omega = 0.55\ \text{k}\Omega$$

其中

$$r_{i2} = R_{b2} \mathbin{/\!/} r_{be2} \approx r_{be2} = 0.6\ \text{k}\Omega$$

第二级负载电阻为

$$R'_{L2} = R_{c2} \mathbin{/\!/} R_L = \frac{R_{c2} R_L}{R_{c2} + R_L} = \frac{3 \times 2}{3+2}\ \text{k}\Omega = 1.2\ \text{k}\Omega$$

第一级电压放大倍数为

$$A_{u1} = -\frac{\beta_1 R'_{L1}}{r_{be1}} = -\frac{50 \times 0.55}{1} = -27.5$$

第二级电压放大倍数为

$$A_{u2} = -\frac{\beta_2 R'_L}{r_{be2}} = -\frac{50 \times 1.2}{0.6} = -100$$

总的电压放大倍数为

$$A_u = A_{u1} A_{u2} = (-27.5) \times (-100) = 2750$$

(2)输入电阻和输出电阻

输入电阻为第一级放大器的输入电阻，即

$$r_i = R_{b1} \mathbin{/\!/} r_{be1} \approx r_{be1} = 1\ \text{k}\Omega$$

输出电阻为最后一级放大器的输出电阻，即

$$r_o = R_{c2} = 3\ \text{k}\Omega$$

【例 9.4.2】　两级组合放大电路如图 9.4.5 所示，已知 $U_{CC}=12$ V，$R_{b1}=180$ kΩ，$R_{e1}=2.7$ kΩ，$R_{b21}=100$ kΩ，$R_{b22}=75$ kΩ，$R_{c2}=2$ kΩ，$R_{e2}=1.6$ kΩ，$R_s=1$ kΩ，$R_L=8$ kΩ，$r_{be1}=r_{be2}=0.9$ kΩ，$\beta_1=\beta_2=50$。求 r_i、A_u、A_{us} 和 r_o。

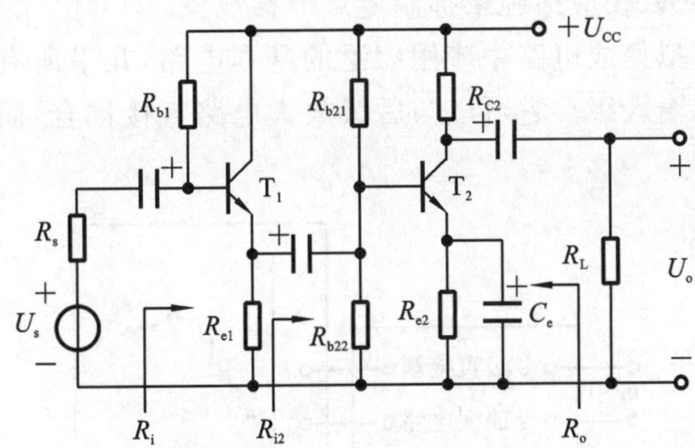

图 9.4.5　两级组合放大器

【解】

图 9.4.5 所示的电路由共集电极放大器和共发射极放大器组成。

(1)输入电阻为第一级放大器的输入电阻，即

$$r_{i2} = R_1 \mathbin{/\!/} R_2 \mathbin{/\!/} r_{be2} = 100 \mathbin{/\!/} 75 \mathbin{/\!/} 0.9\ \text{k}\Omega = 0.9\ \text{k}\Omega$$

所以

$$r_i = R_{b1} \mathbin{/\!/} [r_{be1} + (1+\beta_1)(R_{e1} \mathbin{/\!/} R_{i2})]$$
$$= 180 \mathbin{/\!/} [0.9 + (1+50)(2.7 \mathbin{/\!/} 0.9)]\ \text{k}\Omega = 29.6\ \text{k}\Omega$$

(2)输出电阻为最后一级放大器的输出电阻,即

$$R_o = R_{c2} = 2\ \text{k}\Omega$$

(3)电压放大倍数。

第一级为共集电极放大器,其放大倍数为

$$A_{u1} \approx 1$$

第二极为共发射极放大器,其放大倍数为

$$A_{u2} = -\frac{\beta_2(R_{c2} \mathbin{/\!/} R_L)}{r_{be2}} = -\frac{50 \times (2 \mathbin{/\!/} 8)}{0.9} = -88.9$$

总的放大倍数为

$$A_u = A_{u1}A_{u2} = -1 \times 88.9 = -88.9$$

考虑信号源内阻时的电压放大倍数为

$$A_{us} = \frac{R_i}{R_s + R_i}A_u = \frac{29.6}{1+29.6}(-88.9) = -86$$

9.5 差分放大电路

通常对于实际放大器来说,当没有外加信号时,输出信号不为零点,出现缓慢而不规则的变化,这就是放大器的零点漂移,简称“零漂”,如图 9.5.1 所示。

产生零点漂移的主要原因是温度的变化对晶体管参数的影响及电源电压的波动(干扰)等,在多数放大器中,前级的零点漂移影响最大,级数越多和放大倍数越大,则零点漂移越严重。零漂会影响到放大设备的灵敏度,使其不能可靠辨认微弱的输入信号,甚至使得整个设备无法正常工作,必须采取相应措施来抑制零点漂移现象。

差分放大电路是模拟集成电路中应用广泛的基本电路,几乎所有模拟集成电路中的多级放大电路都采用它作输入级。它可以与后级放大电路直接耦合,而且能有效地抑制零点漂移。

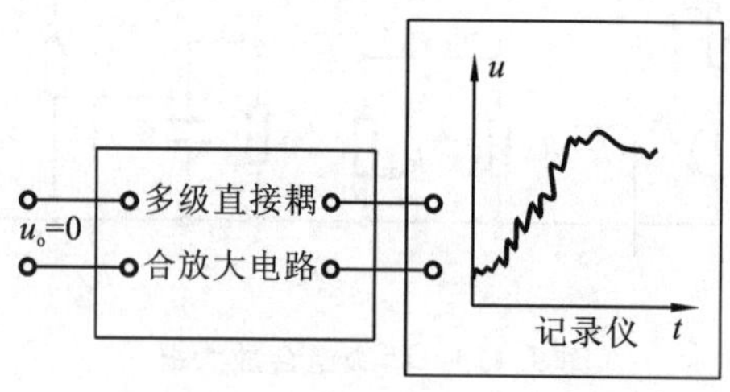

图 9.5.1 零点漂移现象

9.5.1 工作原理

基本差分放大电路是由两个特性和参数相同的共射放大器组合而成,即两边的电路完全对称,如图 9.5.2 所示。信号由两管的基极输入,从两管的集电极输出。把这种连接形式

又称为双端输入、双端输出的差动放大器。

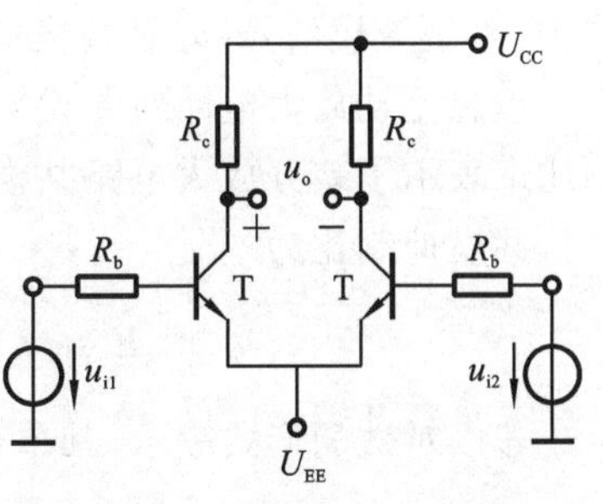

图 9.5.2　基本差分放大电路

1. 静态时放大电路抑制零点漂移

在没有信号输入时，即 $U_{i1}=U_{i2}=U_i=0$，由于电路完全对称，两管的集电极电流和电位彼此相等，即 $I_{C1}=I_{C2}$，$U_{C1}=U_{C2}$，即输出电压：$U_o=U_{C1}-U_{C2}=0$，由此可见，在电路完全对称时，输入信号为零，输出电压也为零。

$I_{B1}=I_{B2}$，$I_{C1}=I_{C2}$，$U_{C1}=U_{C2}$，$u_o=U_{C1}-U_{C2}=0$

2. 动态时放大电路的工作情况

1)共模信号输入

当温度发生变化时，由于电路完全对称，所以两管的集电极电流变化相同，即 $\triangle i_{C1}=\triangle i_{C2}$，这样使两管的集电极电位的变化也相同，即 $\triangle u_{C1}=\triangle u_{C2}$。

而输出电压 $u_o=\triangle u_{C1}-\triangle u_{C2}=0$，由上可知，虽然每个管都产生了漂移电压，但由于两管集电极电位变化相同，使两管的漂移电压互相抵消。这样两个大小相等，极性相同的漂移信号，折合到两管的输入端，也应该是大小相等、极性相同的。

大小相等、极性相同的按相同模式变化的信号，称为共模信号，用 u_{ic} 表示。当输入共模信号时的电压放大倍数称为共模电压放大倍数，用 A_{uc} 来表示。

$$A_{uc}=\frac{u_{oc}}{u_{ic}}=0 \tag{9.5.1}$$

显然，差动放大器对共模信号有抑制作用，差分放大电路对共模信号的抑制作用和对零点漂移的抑制作用是一致的。

2)差模信号输入

当差动放大器两个输入端输入不相同信号时，即 $u_i=u_{i1}-u_{i2}\neq0$，由于电路的对称性有两个放大倍数 $A_1=A_2$，各管的输出电压 $u_{o1}=A_1u_{i1}$，$u_{o2}=A_2u_{i2}$，于是差动放器的输出电压 $u_o=u_{o1}-u_{o2}=A_1(u_{i1}-u_{i2})$。

由于 $u_{i1}-u_{i2}\neq0$，所以输出电压 $u_o\neq0$，且与两管输入电压之差成正比。这就是把它称为差动放大器的原因，由于差动放大器完全对称，当 U_i 加在两个输入端时，相当于每个输入端都分得一个输入电压幅度相等而极性相反的信号。

两个大小相等，极性相反的信号称为差模信号，用 u_{id} 表示，$u_{id}=u_{i1}=-u_{i2}$。输入端输入差模信号时的电压放大倍数称为差模电压放大信号，用 A_{ud} 表示。

$$\left.\begin{aligned}A_{u1}&=\frac{u_{o1}}{u_{i1}}=-\frac{\beta\left(R_C\,/\!/\,\dfrac{R_L}{2}\right)}{R_B+r_{be}}\\A_{ud}&=\frac{u_{o1}-u_{o2}}{u_{i1}-u_{i2}}=\frac{2u_{o1}}{2u_{i1}}=\frac{u_{o1}}{u_{i1}}=A_{u1}\end{aligned}\right\} \tag{9.5.2}$$

由此可见，双端输入、双端输出差动放大器的差模放大倍数与单管放大倍数相同。

3)共模抑制比

差动信号可以分解为一对共模信号和一对差模信号的组合：

$$\left.\begin{aligned}u_{i1}&=u_{id}+u_{ic}\\u_{i2}&=-u_{id}+u_{ic}\end{aligned}\right\}\Rightarrow\left.\begin{aligned}u_{ic}&=\frac{u_{i1}+u_{i2}}{2}\\u_{id}&=\frac{u_{i1}-u_{i2}}{2}\end{aligned}\right\} \tag{9.5.3}$$

式中:u_{id}是差模信号;u_{ic}是共模信号。

理想差动放大电路对差模信号有放大作用,而对共模信号无放大作用。这里用共模抑制比来表示了差分放大电路共模抑制和差模放大能力的大小。

共模抑制比为

$$K_{CMR}=\frac{A_{ud}}{A_{uc}} \quad 或 \quad K_{CMRR}=20\lg\frac{A_{ud}}{A_{uc}}\ \mathrm{dB} \tag{9.5.4}$$

若以对数的形式表示,其单位是分贝(dB)。

9.5.2 典型差分放大电路

通常,差分放大电路不可能绝对对称,因此零点漂移现象不会完全得到抑制,另外两个单管放大电路的结构不是工作点稳定电路,输出漂移比较大。

为了改善差分放大电路的性能,增加了射极电阻 R_E,如图 9.5.3(a)所示。为了补偿 R_E 上的直流压降,使晶体管发射极基本保持零电位,在发射极电路中增加了负电源 U_{EE},此时,基极偏置电流 I_B可以由负电源 U_{EE}经 R_B提供。

1. 静态分析

由于电路对称,根据单管 T_1 直流通路(如图 9.5.3(b)所示)的基极回路可得:

$$R_BI_B+U_{BE}+2R_EI_E=U_{EE}$$

通常 $U_{BE}\ll U_{EE}$,I_B参数较小,可忽略前两项,有:

发射极电流为

$$I_E=\frac{U_{EE}}{2R_E}\approx I_C=\beta i_B \tag{9.5.5}$$

基极电流为

$$I_B=\frac{I_C}{\beta}\approx\frac{U_{EE}}{2\beta R_E} \tag{9.5.6}$$

晶体管的集电极、发射极之间的管压降为

$$U_{CE}=U_{CC}-R_CI_C \tag{9.5.7}$$

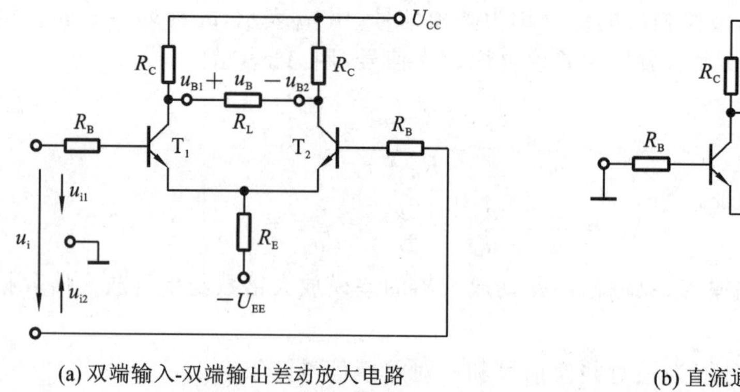

图 9.5.3 改善后的差分放大电路及直流通路

U_{EE}、R_E确定后,工作点就确定了。当温度升高时,流过 R_E电流增加,射极电位升高,使得两个晶体管的发射结压降同时减小,基极电流也都减小,从而牵制集电极电流的增加,稳

定了工作点，使每个晶体管的漂移得到抑制。由于零点漂移等效于共模输入，所以射极电阻对于共模信号有很强的抑制能力。

2. 动态分析

当差动放大器输入差模信号 $u_{i1}=-u_{i2}$ 时，流过 T_1 和 T_2 两管电流：一个增大，另一个减少，而且它们增减的数量相等，因此流过 R_E 的电流保持不变，即 R_E 两端的电压也持不变。这样，对于差模信号而言，R_E 可视为短路，R_E 的接入并不会减小差模放大倍数。于是得到如图 9.5.4(a)所示的差模交流通路，进而得到如图 9.5.4(b)所示的小信号模型电路。

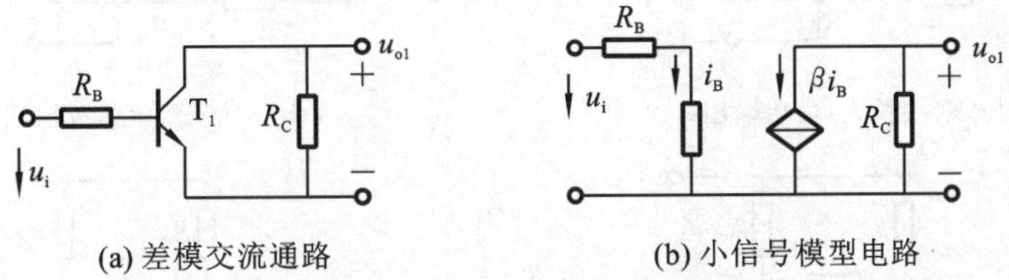

图 9.5.4　单管动态分析电路图

根据对图 9.5.4 的分析可知：

$$u_{o1}=-\beta\frac{R_C}{R_B+r_{be}}u_{i1},\quad u_{o2}=-\beta\frac{R_C}{R_B+r_{be}}u_{i2}$$

由于 $u_o=u_{o1}-u_{o2}$，$u_i=u_{i1}-u_{i2}$，所以双端输入双端输出的差分放大电路的差模放大倍数为

$$A_{od}=\frac{u_o}{u_i}=-\beta\frac{R_C}{R_B+r_{be}} \tag{9.5.8}$$

为了增强 R_E 对零点漂移和共模信号的抑制作用，希望 R_E 越大越好，但 R_E 过大，则维持晶体管正常工作所需的负电源电压将很高，是不可取的。此时为了解决这一问题，可用恒流源代替电阻 R_E。这样负电源就不需要太高就能得到合适的工作电流。

【例 9.5.1】　图 9.5.3 电路中，已知 $U_{CC}=12$ V，$U_{EE}=12$ V，$\beta=50$，$R_C=10$ kΩ，$R_E=10$ kΩ，$R_B=20$ kΩ，并在输出端接负载电阻 $R_L=20$ kΩ，试求电路的静态工作点 Q。

【解】

$$I_C\approx\frac{E_E}{2R_E}=\frac{12}{2\times10\times10^3}\ \text{A}=0.6\ \text{mA}$$

$$I_B=\frac{I_C}{\beta}=\frac{0.6}{50}\ \text{mA}=0.012\ \text{mA}$$

$$U_{CE}=U_{CC}-R_CI_C=(12-10\times10^3\times0.6\times10^{-3})\ \text{V}=6\ \text{V}$$

差动放大器有两个输入端和两个输出端，所以电路有四种形式的接法：双端输入-双端输出、双端输入-单端输出、单端输入-双端输出和单端输入-单端输出，如图 9.5.5 所示。

差动放大电路的两个输入端有一端接地，信号从另一个输入端输入，此时两输入端的输入信号不同。这种输入方式叫作单端输入，如图 9.5.5(c)、(d)所示。其中，图 9.5.5(c)所示是单端输入-双端输出；图 9.5.5(d)所示是单端输入-单端输出。四种接法的差功放大电路分析比较如表 9.5.1 所示。

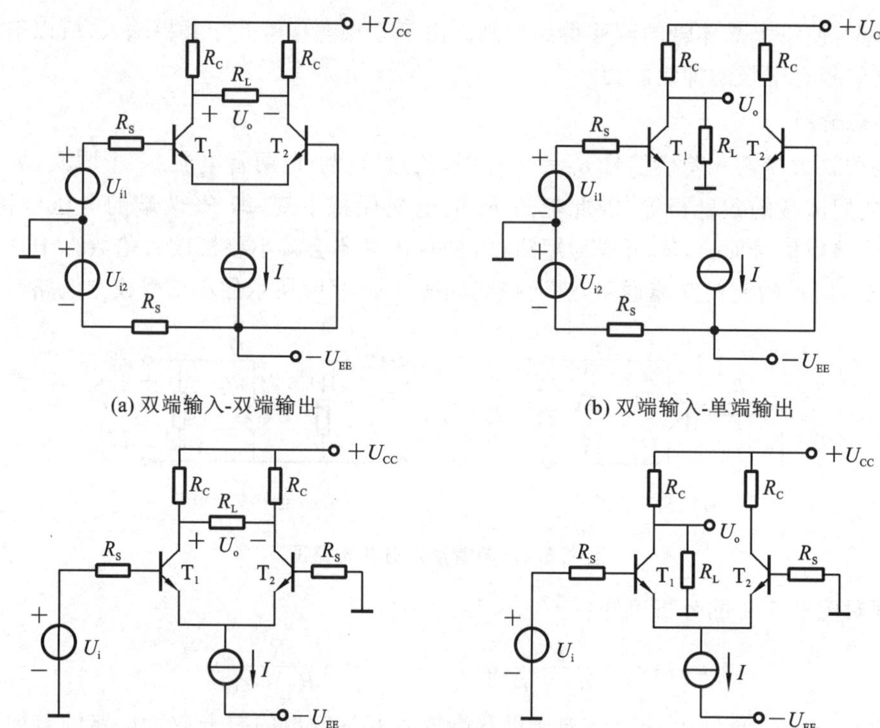

(a) 双端输入-双端输出　　(b) 双端输入-单端输出

(c) 单端输入-双端输出　　(d) 单端输入-单端输出

图 9.5.5　差动放大器的四种接法

表 9.5.1　四种接法的差分放大电路分析比较

电路接法	双入、双出	双入、单出	单入、双出	单入、单出
电路图	图 9.5.5(a)	图 9.5.5(b)	图 9.5.5(c)	图 9.5.5(d)
差模放大倍数 A_{ud}	$-\dfrac{\beta(R_C \mathbin{/\!/} R_L/2)}{r_{bc}}$	$-\dfrac{\beta(R_C \mathbin{/\!/} R_L)}{2r_{be}}$	$-\dfrac{\beta(R_C \mathbin{/\!/} R_L/2)}{r_{be}}$	$-\dfrac{\beta(R_C \mathbin{/\!/} R_L)}{2r_{be}}$
共模放大倍数 A_{uc}	0	$\approx\dfrac{R_C \mathbin{/\!/} R_L}{2R_e}$	0	$\approx\dfrac{R_C \mathbin{/\!/} R_L}{R_e}$
差模输入电阻 R_{id}	$2r_{be}$			
共模输入电阻 R_{ic}	$\dfrac{r_{be}+(1+\beta)2R_e}{2}$			
输出电阻 R_o	$2R_c$	R_c	$2R_c$	R_c

9.6　功率放大电路

9.6.1　功率放大电路概述

1. 功率放大器的特点

功率放大器简称功放，它和其他放大电路一样，实际上也是一种能量转换电路，这一点

它和前面学的电压放大电路没有本质的区别。但是它们的任务是不相同的,电压放大电路属小信号放大电路,它们主要用于增强电压或电流的幅度,而功率放大器的主要任务是为了获得一定的不失真的输出功率,一般在大信号状态下工作。由输出信号去驱动负载,如:驱动扬声器,使之发出声音;驱动电机伺服电路;驱动显示设备的偏转线圈以控制电机运动状态。

1)要求足够大的输出功率

为了获得足够大的输出功率,要求功放电路的电压和电流都有足够大的输出幅度,所以,功放管工作在接近极限的状态下。

2)效率高

负载所获得的功率都是由直流电源来提供的。对于小信号的电压放大器来说,由于输出功率比较小,电源供给的功率较小,效率问题还不突出,而对功率放大器来说,由于输出功率大,需要电源提供的能量也大,所以效率问题就变得突出了,功率放大器的效率是指负载上的信号功率与电源的功率之比。效率越高,放大器的效率就越好。

3)非线性失真小

功率放大电路是在大信号状态工作,所以输出信号不可避免地会产生非线性失真,而且输出功率越大,非线性失真往往越严重。这使得输出功率和非线性失真成为一对矛盾。在实际应用时不同场合对这两个参数的要求是不同的。例如,在工具控制中,主要以输出足够的功率为目的,对线性失真的要求不是很严格,但在测量系统、偏转系统和电声设备中非线性失真就显得非常重要了。

2. 功率放大器的分类

按照输入信号频率的不同,功率放大器可分为低频功率放大器和高频功率放大器。低频功率放大器(其波形特点如图 9.6.1 所示)按照三极管静态工作点选择的不同又可分为以下几类。

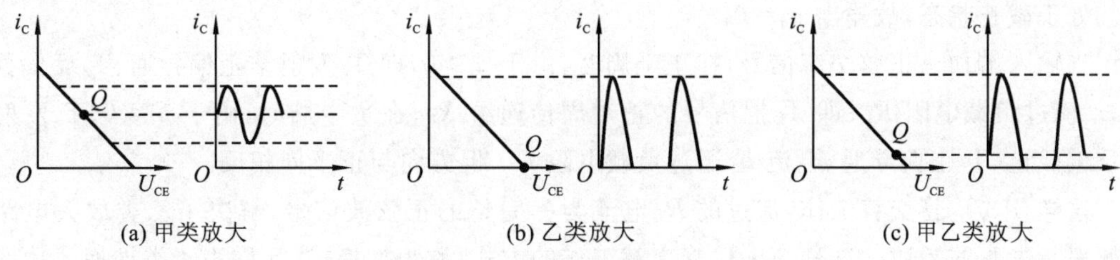

图 9.6.1　低频功率放大器的波形特点

(1)甲类功率放大器:三极管工作在正常放大区,且 Q 点在交流负载线的中点附近;输入信号的整个周期都被同一个晶体管放大,所以静态时管耗较大,效率低(最高效率也只能达到 50%)。前面我们学习的晶体管放大电路基本上都属于这一类。

(2)乙类功率放大器:工作在三极管的截止区与放大区的交界处,且 Q 点为交流负载线和 $i_B=0$ 的输出特性曲线的交点。输入信号的一个周期内,只有半个周期的信号被晶体管放大,因此,需要放大一个周期的信号时,必须采用两个晶体管分别对信号的正负半周放大。在理想状态下静态管耗为零,效率很高。

(3)甲乙类功率放大器:工作状态介于甲类和乙类之间,Q 点在交流负载线的下方,靠近截止区的位置。输入信号的一个周期内,有半个多周期的信号被晶体管放大,晶体管的导通时间大于半个周期小于一个周期。甲乙类功率放大器也需要两个互补类型的晶体管交替工作才能完成对整个信号周期的放大。

9.6.2 乙类互补对称放大电路

1. 电路的组成

由两个射极输出器组成的功率放大器,如图 9.6.2 所示。信号从基极输入,从射极输出,R_L为负载,输出端没有耦合电容。故称为无输出电容的功率放大器,简称 OCL 电路。V_1和 V_2分别为 NPN 型管和 PNP 型管,但两管的材料和参数相同,我们把这种现象称为互补对称。把 V_1和 V_2称为功放管,在此电路中,两管基极没有偏置电流,所以,电路工作在乙类工作状态。功放管静态耗损为 0。电路由$+U_{CC}$和$-U_{CC}$对称的双电源提供。

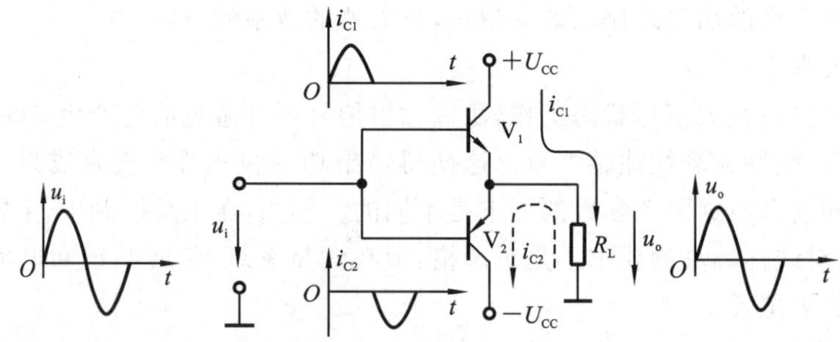

图 9.6.2 功率放大器原理图

2. 工作原理

设两管的死区电压均等于零。当输入信号 $u_i=0$,则各三极管的集电极电流 $i_{CQ}=0$,两管均处于截止状态,故输出 $u_0=0$。

当输入端加一正弦交流信号,在正半周时,由于 $u_i>0$,即 T_1发射结正偏导通、T_2反偏截止,i_{c1}流过负载电阻 R_L;即 T_2把信号的正半周传递给 R_L;在负半周时,由于 $u_i<0$,T_1发射结反偏截止、T_2正偏导通,电流 i_{C2}通过负载电阻 R_L,但方向与正半周相反。

这样 T_1、T_2管交替工作,流过的 R_L电流为一完整的正弦波信号,解决了乙类放大电路中效率与失真的矛盾。这种 T_1、T_2管交替工作的方式,称为推挽式,又称为乙类推挽式功率放大器。

3. 存在缺点及消除方法

理想情况下,乙类互补对称电路的输出没有失真。实际的乙类互补对称电路,由于两功放管没有直流偏置,只有当输入信号 u_i大于管子的死区电压(NPN 硅管约为 0.5 V,PNP 锗管约为 0.1 V)时,管子才能导通。当输入信号 u_i低于这个数值时,功放管 T_1和 T_2都截止,i_{c1}和 i_{c2}基本为零,负载 R_L上无电流通过,出现一段死区,如图 9.6.3 所示。这种现象称为交越失真。

为了减小和克服交越失真,改善输出波形,通常给两个功放管的发射结加一个较小的正向偏置,使两管在输入信号为零时,都处于微导通状态,如图 9.6.4 所示。

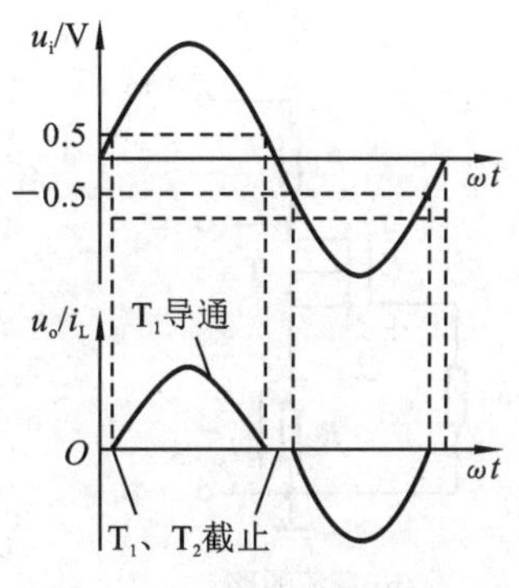

图 9.6.3　交越失真波形

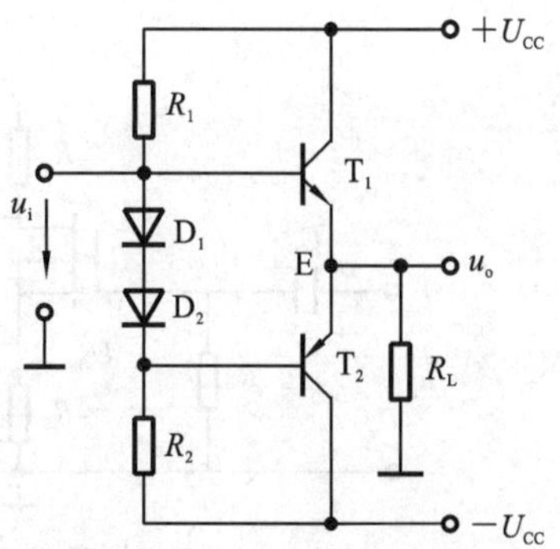

图 9.6.4　甲乙类互补对称电路

9.6.3　甲乙类互补对称放大电路

图 9.6.4 电路中，由 R_1、R_2组成的偏置电路，提供 T_1和 T_2的偏置，使它们微弱导通，这样在两管轮流交替工作时，过渡平顺，减少了交越失真。功放管静态工作点不为零，而是有一定的正向偏置，电路工作在甲乙类工作状态，我们把这种电路称为甲乙类互补对称式功率放大器。

甲乙类互补对称式功率放大器中，两功放管发射结偏置在一定范围内增大时，功放管工作状态越靠近甲类，有利于改善交越失真。两功放管发射结偏置在一定范围内减少时，功放管工作状态就越靠近乙类，有利于提高功放电路的效率。

*9.7　场效晶体管放大电路(选学)

场效应晶体管具有输入电阻高、噪声低等优点，常用于多级放大电路的输入级以及要求噪声低的放大电路。场效应管放大电路的分析与双极型晶体管放大电路一样，包括静态分析和动态分析。

场效应管的源极、漏极、栅极相当于双极型晶体管的发射极、集电极、基极。根据偏置电路形式的不同，场效应管放大电路可分为自给偏压电路和分压式偏置电路。

9.7.1　自给偏压偏置电路

用 N 沟道耗尽型场效应管组成的自给偏压式偏置电路如图 9.7.1(a)所示，依靠场效应管自身的电流 I_D产生了栅极所需的负偏压，故称为自给偏压。

自给偏压原理：在正常工作范围内，场效应管的栅极几乎不取电流，$I_G=0$，故 $U_G=0$。当有 $I_S(I_S=I_D)$流过 R_S时，必然会产生一个电压 U_S，$U_S=I_SR_S=I_DR_S$，从而有 $U_{GS}=U_G-U_S=-I_DR_S$。

自给偏置电压的缺点是：当为提高稳定工作点的能力而增大 R_S时，I_{DQ}减小，使跨导和放大倍数随之减少。为了减小 R_S对放大倍数的影响，在 R_S两端并联了一个旁路电容 C_S。

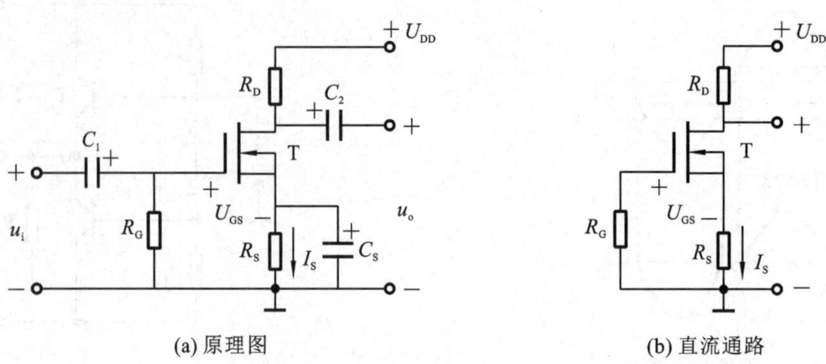

图 9.7.1 自给偏压式偏置电路

1. 静态分析

1)估算法

估算静态工作点,由直流通路(如图 9.7.1(b)所示)可得:

$$\left.\begin{aligned}U_{GS}&=U_G-U_S=-I_DR_S\\U_{DS}&=U_{DD}-I_D(R_S+R_D)\end{aligned}\right\}\tag{9.7.1}$$

耗尽型场效应管的转移特性可表示为:

$$I_D=I_{DSS}\left(1-\frac{U_{GS}}{U_{GS(off)}}\right)^2\tag{9.7.2}$$

式中:I_{DSS}为漏极饱和电流;$U_{GS(off)}$为夹断电压。

联立求解,便可求得静态工作点 $Q(I_D,U_{GS},U_{DS})$。

2)图解法

(1)在转移特性中作直线 $U_{GS}=U_G-U_S=-I_DR_S$,与转移特性的交点即为 Q 点;读出坐标值,得出 $I_{DQ}=1\ \text{mA}$,$U_{GSQ}=-2\ \text{V}$,如图 9.7.2(a)所示。

(2)在输出特性中作直流负载线,$U_{DS}=U_{DD}-I_D(R_S+R_D)$,同时作输出特性曲线,$U_{GSQ}=-2\ \text{V}$,两线的交点为 Q 点,$U_{DSQ}\approx3\ \text{V}$。如图 9.7.2(b)所示。

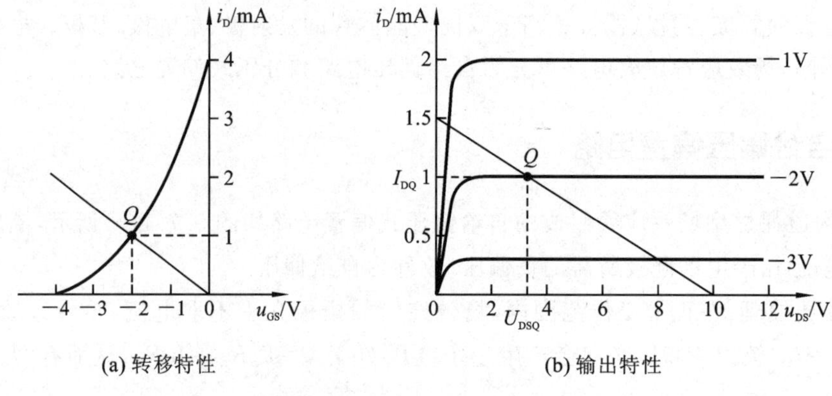

图 9.7.2 输入输出特性曲线

2. 动态分析

对于场效应管，只考虑电压电流的微小变化量时，可表示成图 9.7.3(a)所示的双口网络。场效应管的入口即栅极与源极之间，栅极电流很小，可忽略，故场效应管的输入电阻可视作无穷大，即开路。根据漏极特性曲线可知，在工作点附近的微小范围内，漏极电流的微小变化量仅与栅源电压的微小变化量成正比，与漏源电压的变化量无关，所以场效应管的出口，对于微小的变化量，可等效为一个电压控制电流源，由此建立场效应管的小信号模型如图 9.7.3(b)所示。

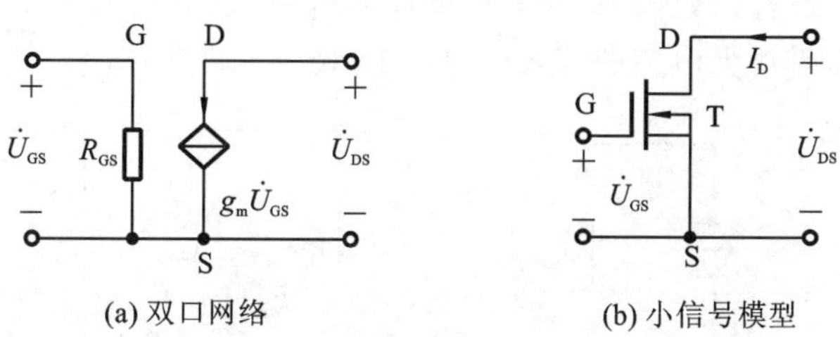

图 9.7.3　场效应管的小信号模型

9.7.2　分压式偏置电路

由于参数与温度有关，因此，场效应管放大电路也要设法稳定静态工作点，具有一定的稳定工作点的能力。

例如温度升高使得 I_D增加时，U_S也随之增加，从而使 U_{GS}更负，反过来又抑制了 I_D的增大。但如果对温度稳定性要求更高时，单纯靠增大 R_S来稳定 Q 点势必导致 A_u下降，甚至产生严重的非线性失真。如图 9.7.4(a)所示，通过 R_{G1}和 R_{G2}分压，给栅极一个固定电压，这样就可以把 R_S选得比较大，而 Q 点又不会过低。图中 R_G的主要作用是增大输入电阻，进一步减小栅极电流。

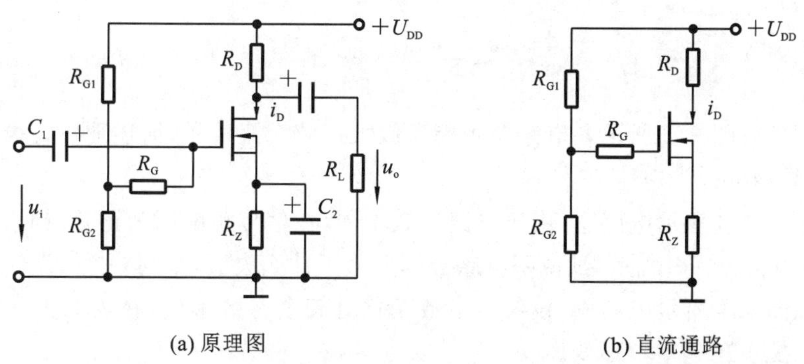

图 9.7.4　分压式偏置电路

1. 静态分析

对分压式偏置电路，在确定静态工作点时，同样可以用图解法和估算法。

与自给偏压电路不同之处是 $U_G \neq 0$。根据图 9.7.4(b)所示直流通路可得：

$$\left.\begin{aligned}
U_G &= \frac{R_{G2}}{R_{G1}+R_{G2}}U_{DD} \\
U_{GS} &= U_G - U_S = U_G - I_D R_S \\
I_D &= I_{DSS}\left(1-\frac{U_{GS}}{U_{GS(off)}}\right)^2 \\
U_{DS} &= U_{DD} - I_D(R_D + R_S)
\end{aligned}\right\} \tag{9.7.3}$$

2. 动态分析

根据场效应管的特性，得到其小信号模型等效电路，如图 9.7.5(a)所示，再根据动态分析的需要画出场效应管放大电路的等效电路图，如图 9.7.5(b)所示。

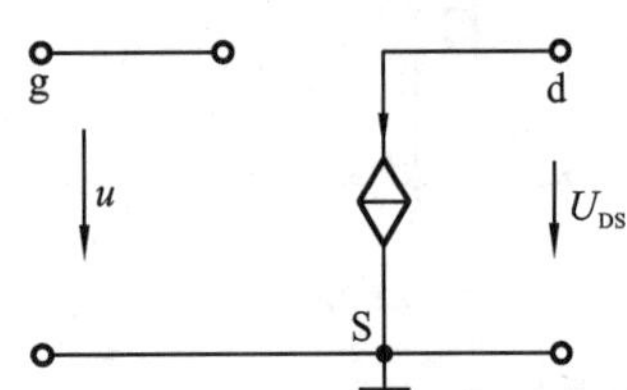

(a) 场效应管的小信号模型等效电路图

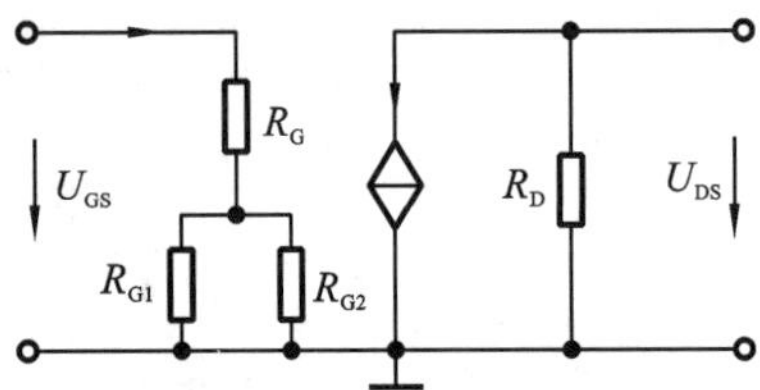

(b) 场效应管放大电路的等效电路图

图 9.7.5 动态分析的等效电路图

根据放大电路的等效电路(如图 9.7.5(b)所示)可得对应的动态参数如下：

$$\left.\begin{aligned}
A_u &= \frac{\dot{U}_o}{\dot{U}_i} = -\frac{\dot{I}_D R'_L}{\dot{U}_{GS}} = -\frac{g_m \dot{U}_{GS} R'_L}{\dot{U}_{GS}} = -g_m R'_L \\
R'_L &= R_L \,/\!/\, R_D \\
r_i &= \frac{\dot{U}_i}{\dot{I}_i} = R_G + (R_{G1} + R_{G2}) \approx R_G \\
r_o &= R_D
\end{aligned}\right\} \tag{9.7.4}$$

习　　题

9.1　试分析图 9.2 所示各电路是否能够放大正弦交流信号，简述理由。设图中所有电容对交流信号均可视为短路。

9.2　在图 9.3 所示电路中，由于电路参数不同，在信号源电压为正弦波时，测得输出波形如图 9.3(a)、(b)、(c)所示，试说明电路分别产生了什么失真，如何消除。

9.3　在图 9.4 所示电路中，设某一参数变化时其余参数不变，在表 9.1 中填入对应的参数是增大、减小还是基本不变。

表 9.1　参数的变化

参数变化	I_{BQ}	U_{CEQ}	$\lvert\dot{A}_u\rvert$	R_i	R_o
R_b增大					
R_c增大					
R_L增大					

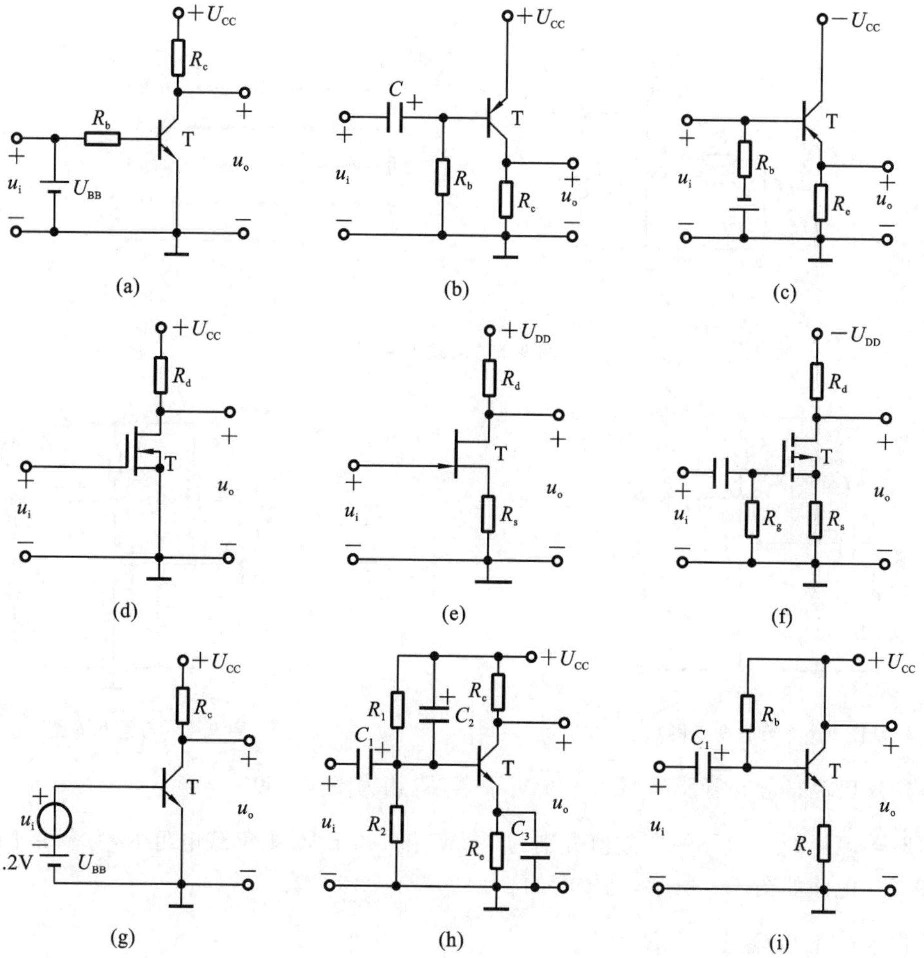

图 9.2 习题 9.1 图

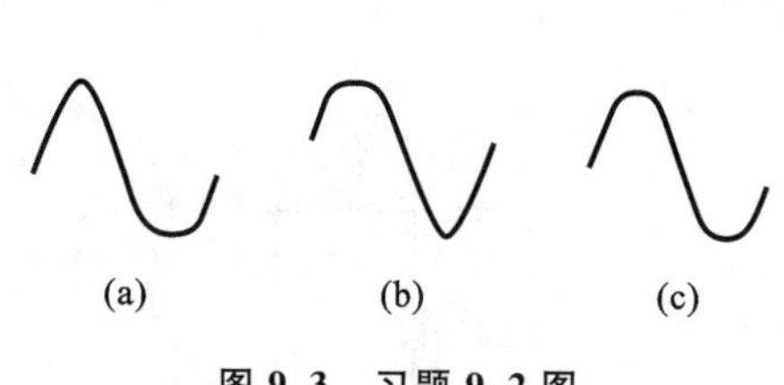

图 9.3 习题 9.2 图

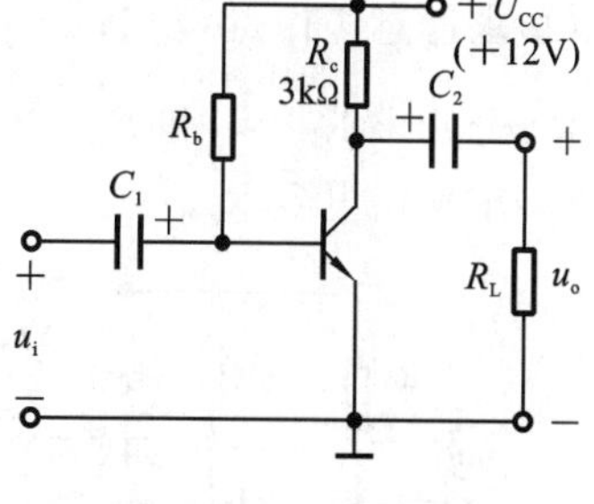

图 9.4 习题 9.3 图

9.4 电路如图 9.5(a)所示,图 9.5(b)所示是晶体管的输出特性,静态时 $U_{BEQ}=0.7$ V。利用图解法分别求出 $R_L=\infty$和 $R_L=3$ kΩ 时的静态工作点。

9.5 电路如图 9.6 所示,晶体管 T 为硅管,$\beta=80$,分别求 $R_L=\infty$和 $R_L=5$kΩ 时的 Q 点、A_u 、A_{us} 、R_i和 R_o。

9.6 已知图 9.7 所示电路中晶体管的 $\beta=100$,$r_{be}=1$ kΩ。

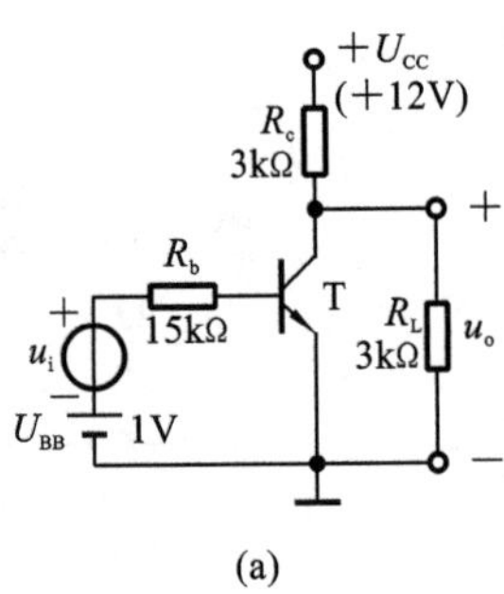

(a)

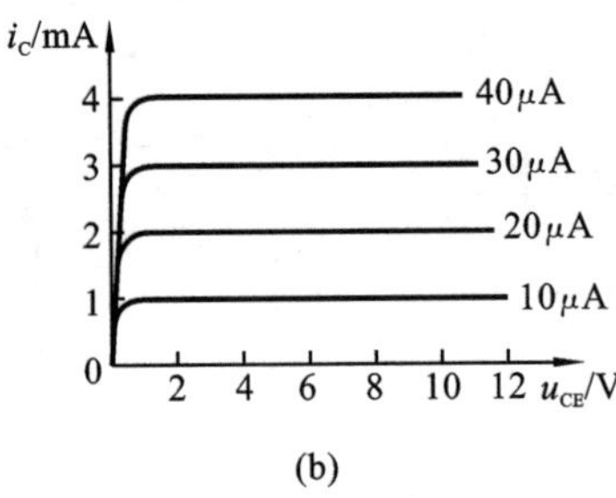

(b)

图 9.5　习题 9.4 图

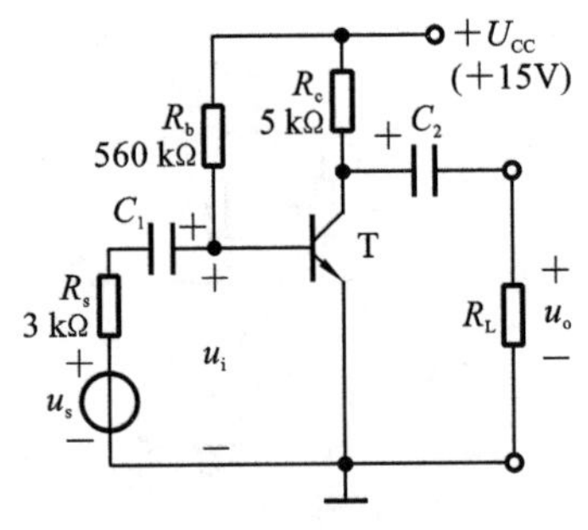

图 9.6　习题 9.5 图

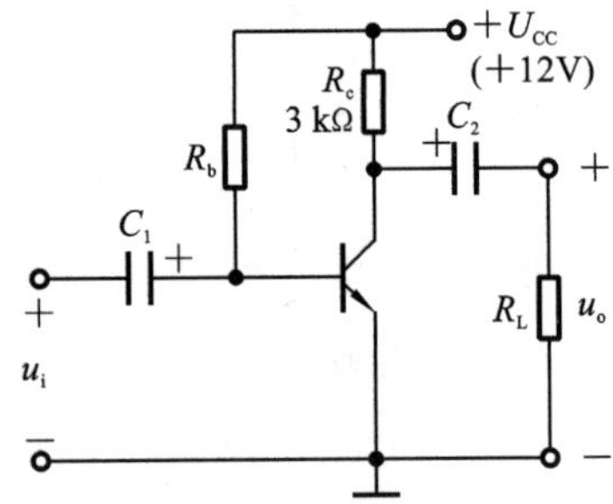

图 9.7　习题 9.6 图

(1)现已测得静态管压降 $U_{CEQ}=6$ V,估算 R_b 约为多少千欧;

(2)若测得 $\dot{U}_i$ 和 $\dot{U}_o$ 的有效值分别为 1 mV 和 100 mV,则负载电阻 R_L 为多少千欧?

9.7　电路如图 9.8 所示,晶体管的 $\beta=100$,$r'_{bb}=100\ \Omega$。

(1)求电路的 Q 点、$\dot{A}_u$、R_i 和 R_o;

(2)若电容 C_e 开路,则将引起电路的哪些动态参数发生变化?如何变化?

9.8　电路如图 9.9 所示,晶体管的 $\beta=80$,$r_{be}=1$ kΩ。

(1)求静态工作点 Q 点;

(2)分别求 $R_L=\infty$ 和 $R_L=3$ kΩ 时电路的 $\dot{A}_u$ 和 R_i;

(3)求输出电阻 R_o。

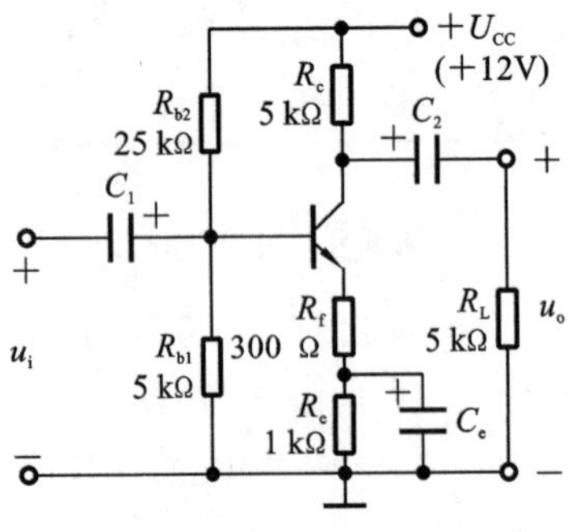

图 9.8　习题 9.7 图

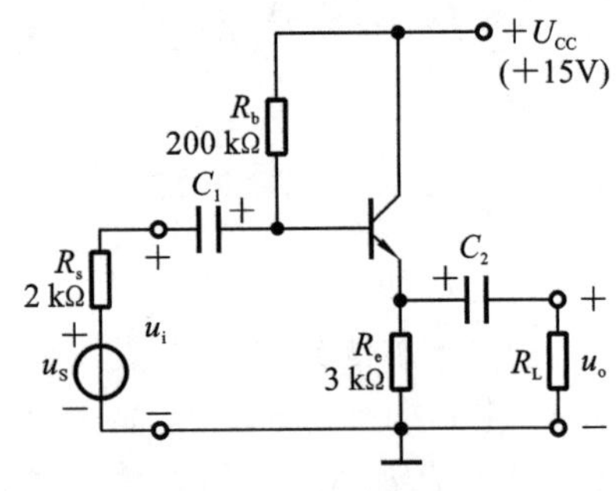

图 9.9　习题 9.8 图

9.9　如图 9.10 所示两级阻容耦合放大电路，硅晶体管的放大倍数为 49，第一级放大电路的 $A_{u1}=-100$，$R_{B1}=20\ \text{k}\Omega$，$R_{B2}=10\ \text{k}\Omega$，$R_C=3\ \text{k}\Omega$，$R_E=1.5\ \text{k}\Omega$，$U_{CC}=12\ \text{V}$，求总电压放大倍数。

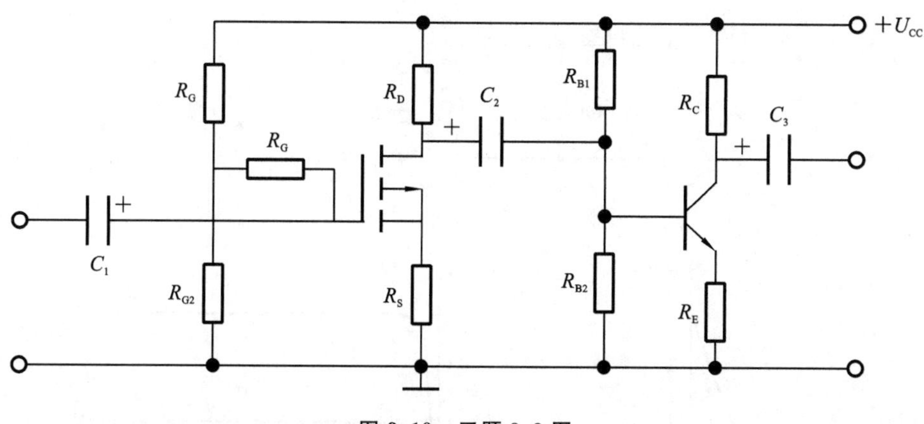

图 9.10　习题 9.9 图

9.10　图 9.11 所示为两级直接耦合放大电路，如果要求在输入 $U_i=0$ 时，$U_{o2}=7\ \text{V}$，试问 R_E 应该为多少？（假设 $U_{BE1}=0.7\ \text{V}$）

9.11　已知在图 9.12 所示差分放大电路中，$R_C=3\ \text{k}\Omega$，$R_E=3\ \text{k}\Omega$，$U_{CC}=U_{EE}=12\ \text{V}$，$\beta=100$，求：

(1)静态工作点 Q；

(2)$U_i=10\ \text{mV}$，输出端不接负载时的 U_o；

(3)$U_i=10\ \text{mV}$，输出端接负载 $R_L=6\ \text{k}\Omega$ 时的 U_o。

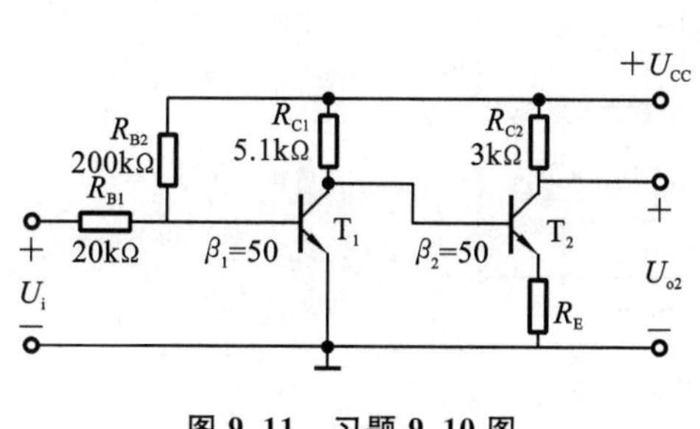

图 9.11　习题 9.10 图

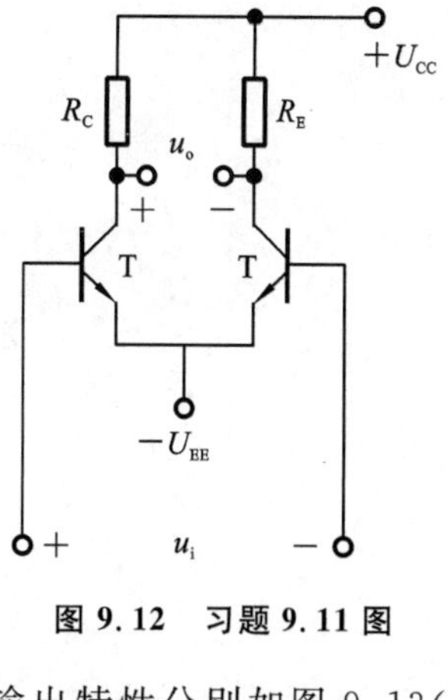

图 9.12　习题 9.11 图

9.12　已知图 9.13 所示电路中场效应管的转移特性和输出特性分别如图 9.13(b)、(c)所示。

(1)利用图解法求解 Q 点；

(2)利用等效电路法求解 $\dot{A}_u$、R_i 和 R_o。

9.13　电路如图 9.14 所示，已知场效应管的低频跨导为 g_m，试写出 $\dot{A}_u$、R_i 和 R_o 的表达式。

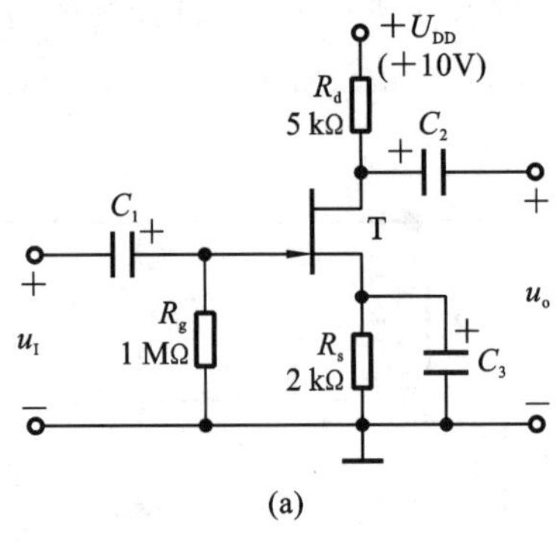

(a)

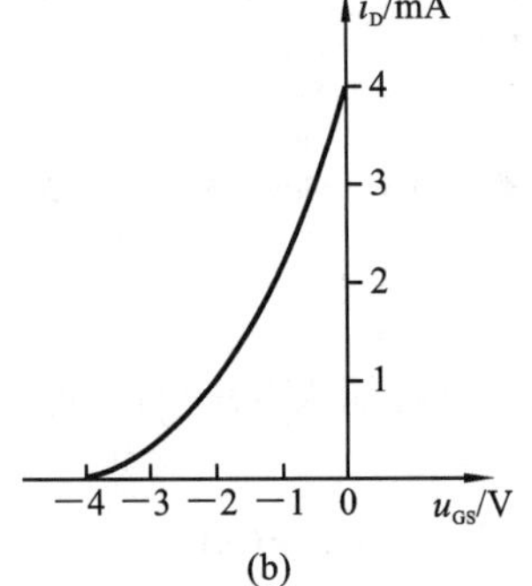

(b)

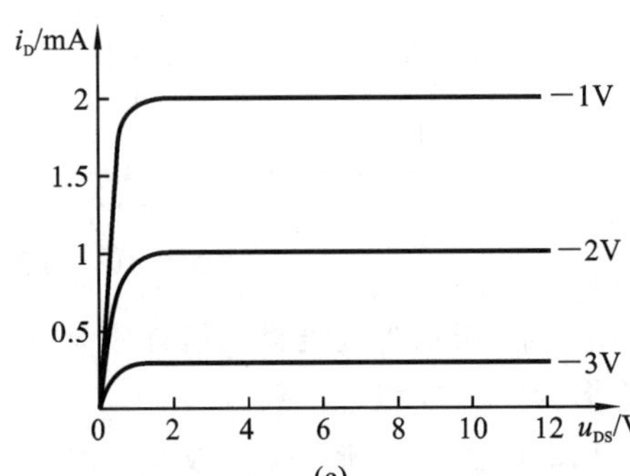

(c)

图 9.13　习题 9.12 图

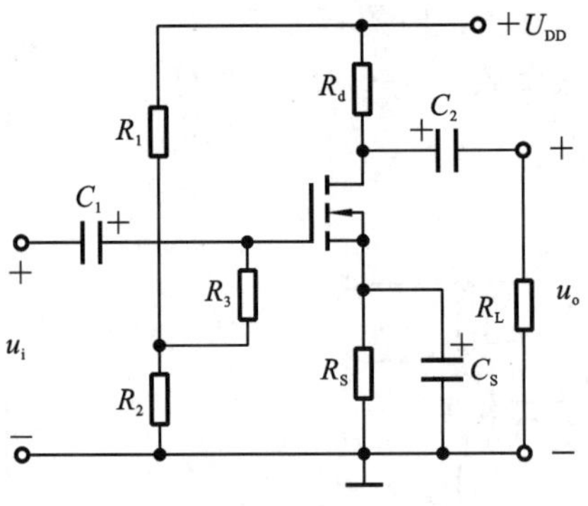

图 9.14　习题 9.13 图

第10章 集成运算放大电路

运算放大器是电路中一个重要的多端器件，它的应用非常广泛。本章介绍集成运算放大器在理想化条件下的外部特性，含有运算放大器的电阻电路分析，最后介绍了一些典型电路。

10.1 集成运算放大电路概述

集成运算放大器(integrated operational amplifier)，简称集成运放或运放，是一种内部采用直接耦合的高放大倍数的集成电路。由于发展初期主要在模拟计算上完成诸如比例、求和、积分、微分等数学运算而得名，但目前其应用早已远远超出了数学运算的范围。图10.1.1(a)为运算放大器的电路符号，正电源为U_{CC}，负电源为$-U_{EE}$。为突出运算放大器对输入电压信号的放大作用，常省掉偏置电源，用图10.1.1(b)所示四端形式或图10.1.1(c)所示三端形式的符号表示，且各电压采用对地电位表示方式。图中标u_+的端子为同相输入端，标u_-的端子为反相输入端，标u_o的端子为输出端。外形图如图10.1.2所示。

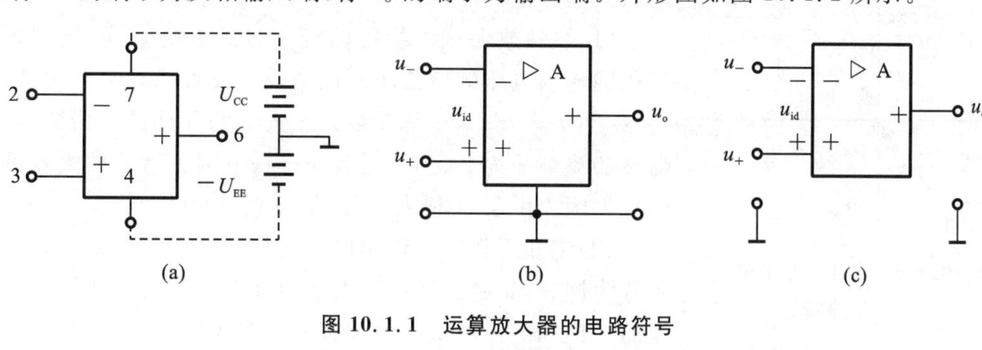

图10.1.1 运算放大器的电路符号

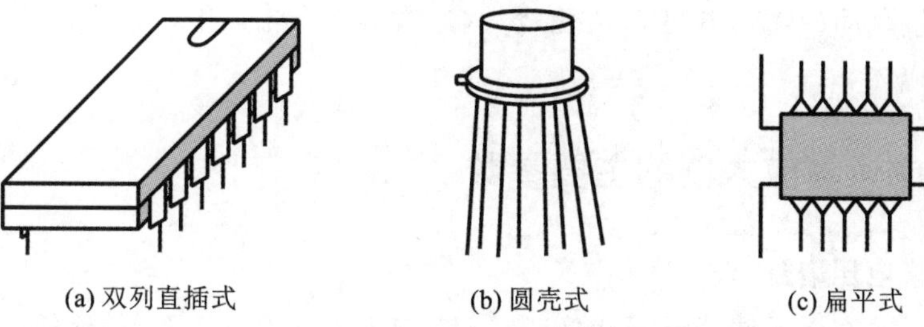

图10.1.2 集成运算放大器的外形

10.1.1 基本组成

集成运放主要由输入级、中间级、输出级和偏置电路四个部分组成,如图 10.1.3 所示。

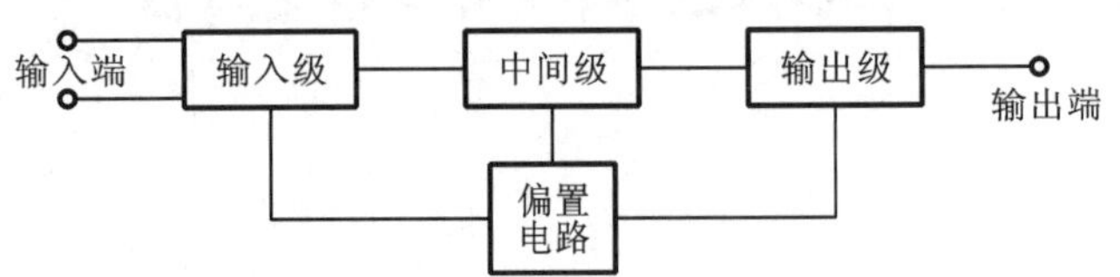

图 10.1.3 集成运放的组成

输入级对集成运放的性能起着决定性的作用,是提高集成运放质量的关键。要求其输入电阻高,为了减少零点漂移和抑制共模干扰信号,所以通常采用带恒流源的差动放大电路的形式,也称差动输入级。

中间级是一个高放大倍数的放大器,常用多级共发射极放大电路组成,该级的放大倍数可达数千乃至数万倍。

输出级具有输出电压线性范围宽、输出电阻小的特点,常用互补对称输出电路。

偏置电路的作用是为放大器各级提供合适的静态工作电流,一般由恒流源电路组成。

10.1.2 电压传输特性

集成运放输出电压 u_o 与输入电压 u_i(即 u_+-u_-)之间的关系曲线称为电压传输特性。对于采用正负电源供电的集成运放,电压传输特性如图 10.1.4 所示。

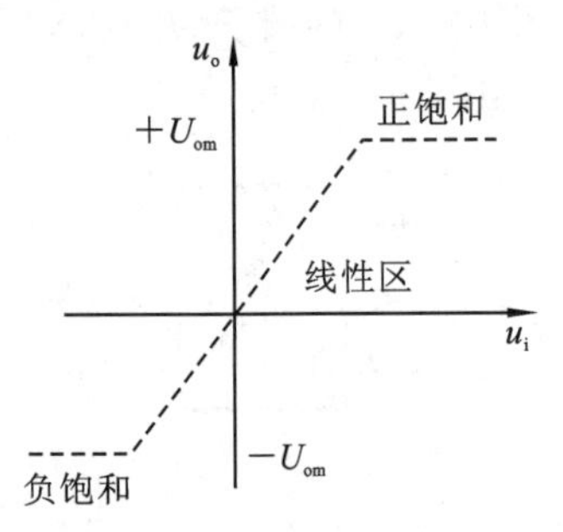

图 10.1.4 集成运放的电压传输特性

从电压传输特性可以看出,集成运放有两个工作区:线性放大区和饱和区。

(1)线性放大区。特性曲线为过原点的直线,表明输出电压随输入电压的增长而线性增长。设直线的斜率为 A,则 $u_o=A(u_+-u_-)$。A 称为运算放大器的开环放大倍数,实际器件的典型值为 2×10^5 以上。这一范围为运算放大器的线性放大区。由于 A 很大,所以这段直线很陡。

(2)饱和工作区。输出电压为定值 $-U_{om}$ 或 U_{om},这一现象称为饱和,是由于运算放大器内部晶体管的非线性特性造成的。饱和电压略低于外加直流电源的电压。

两个输入端之间的输入电阻 r_i 值比较大,通常为 $10^6\ \Omega$ 以上。输出电阻 r_o 的值很小,通常为 100 Ω 以内。

10.1.3 集成运算放大器的主要参数

1. 开环差模电压增益 A_{od}

它是指当运放在无反馈情况下,输出电压 U_o 与输入差模电压 U_{id} 的比值,它是决定运算精度的重要指标,常用分贝表示,即 $20\lg A_{od}$(dB),其值一般为 60~180 dB。

2. 共模抑制比 K_{CMR}

它是衡量运放输入级各参数对称程度的标志，是指电路在开环情况下，差模放大倍数 A_{od} 和共模放大倍数 A_{uc} 之比，即 $K_{CMR}=|A_{od}/A_{uc}|$，用分贝表示为

$$K_{CMR}=20\lg\left|\frac{A_{od}}{A_{uc}}\right|\ (\text{dB})$$

K_{CMR} 越大性能越好，其值一般为 80～180 dB。

3. 差模输入电阻 R_{id} 和差模输出电阻 R_{od}

差模输入电阻 R_{id} 是指开环和输入差模信号时运放的输入电压与输入电流之比。输入电阻 R_{id} 是衡量差分管向差模输入信号所取电流大小的标志，R_{id} 越大越好。R_{id} 的数量级为 MΩ，MOS 运放的 R_{id} 可达 10^6 MΩ。差模输出电阻 R_{od} 是指开环和输入差模信号时输出电压与输出电流之比。输出电阻 R_{od} 越小越好。R_{od} 一般为几百欧。

4. 输入失调电压 U_{io}

对于理想集成运放，在不加调零电位器的情况下，当输入电压为零时，输出电压也为零。实际集成运放在输入电压为零时，输出电压并不为零。规定在 25℃ 室温及规定电源电压下，在输入端加补偿电压，使输出电压为零，此时的补偿电压即输入失调电压 U_{io}。输入失调电压越小，集成运放质量越好，一般为 ±(1～10) mV。

5. 输入失调电流 I_{io}

输入失调电流 I_{io} 是在输出电压为 0 时，两输入端(a、b 两端)静态电流之差，即

$$I_{io}=I_{ba}-I_{bb}$$

因信号源有一定内阻，输入失调电流 I_{io} 会产生一个输入电压，造成输出电压不为零。输入失调电流 I_{io} 越小，其质量越好，一般小于 1 μA。

6. 输入偏置电流 I_{ib}

输入偏置电流 I_{ib} 即输入电压为零时运放的两输入端(a、b 两端)静态电流的平均值，即

$$I_{ib}=(I_{ba}+I_{bb})/2$$

7. 最大差模输入电压 $U_{id\,max}$

最大差模输入电压 $U_{id\,max}$ 是指集成运放反相与同相输入端之间，能承受的最大电压值。如果这两个输入端之间的电压超过该电压值，那么会使得集成运放的功能明显变差，甚至造成永久性损坏。

8. 最大共模输入电压 $U_{ic\,max}$

最大共模输入电压 $U_{ic\,max}$ 是指集成运放所能承受的最大共模电压值，如果超过该值，那么集成运放的共模抑制比明显下降。

9. 转换速率 S_R

转换速率 S_R 是指集成运放输入为大信号时输出电压随时间的最大变化速率，即

$$S_R=\left|\frac{du_o}{dt}\right|_{max}$$

S_R 反映了运放对高速变化的大输入信号的响应能力，只有当输入信号的变化率小于运放的 S_R 时，输出电压才会随输入电压线性变化。S_R 越大，运放的高频性能越好。一般运放的 S_R 为(0.5～100) V/μs 数量级，高速运放可达 1000 V/μs 以上。

10. 单位增益带宽 BW_G 和开环带宽 BW

BW_G 指运放开环差模电压增益 A_{od} 下降到 0dB 时的信号频率。开环带宽 BW 是指开环差模电压增益 A_{od} 下降至 3dB 时的信号频率。

10.2 理想运算放大器

集成运算放大器一般具有高增益、高输入阻抗和低输出阻抗的特点。它的开环增益可达几万到几十万;输入阻抗一般也达数百千欧以上。为分析方便通常将实际的集成运放看成是理想运放。所谓理想运放就是将集成运放的各项技术指标理想化,其主要参数如下:

(1)开环差模电压增益 $A_{od}\to\infty$;

(2)差模输入电阻 $R_{id}\to\infty$;

(3)差模输出电阻 $R_{od}\to 0$;

(4)共模抑制比 $K_{CMR}\to\infty$。

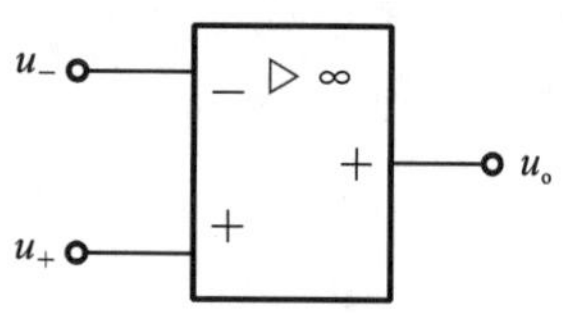

图 10.2.1 理想运放的电路符号

尽管真正的理想运放并不存在,但由于实际集成运放的各项性能指标与理想运放非常接近,因此在实际操作中,往往都将实际运放理想化,以使分析过程简化。理想运放的电路符号如图 10.2.1 所示。

根据上述理想化条件,工作于线性区的理想运算放大器具有如下一些特性。

(1)净输入电压等于零——“虚短”。

理想运算放大器的两个输入端之间电位差 $u_{id}\to 0$,即两个输入端之间近乎短路,称为虚短。由于输出电压 u_o 为有限值,而 $A_{od}\to\infty$,则

$$u_{id}\approx 0,\text{即 } u_+\approx u_- \tag{10.2.1}$$

(2)净输入电流等于零——“虚断”。

理想运算放大器的两输入端的输入电流 $i_+=i_-\approx 0$,这种现象称为虚断。

由于 $r_i\to\infty$,故

$$i_+=i_-=\frac{u_{id}}{r_i}\approx 0 \tag{10.2.2}$$

理想运算放大器的分析步骤如下。

以图 10.2.2 为例,首先判断电路组成是否具有从输出端引至反相输入端的“反馈通路”(初步判断运算放大器工作在线性工作区),若存在,则按下列步骤进行分析。

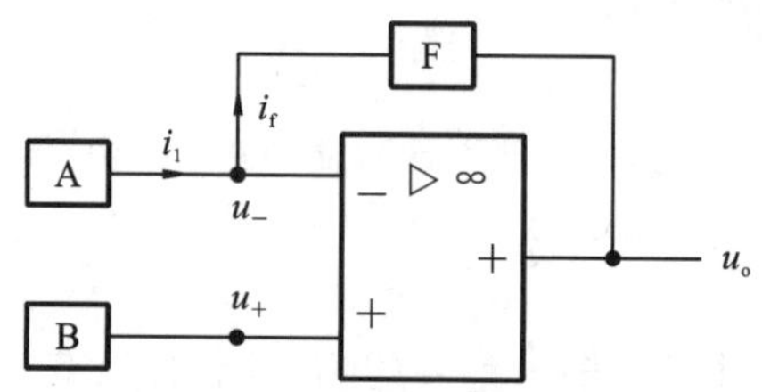

图 10.2.2 理想运放的分析方法

(1)根据 $i_+=0$,由 B 电路求出同输入端电压 u_+。

(2)根据虚短的特性 $u_+=u_-$,确定反相输入端电压 u_-。

(3)由 A 电路求出电流 i_1。

(4)利用 $i_-=0$,列写 KCL 方程。

(5)联立方程,得出 u_o 和 u_i 之间的关系式。

10.3　电子电路中的反馈

反馈在电子电路中得到了广泛的应用。在自动调节系统中,系统本身就是一个反馈控制系统。利用负反馈可以改善放大器性能,如稳定放大电路的工作点和放大倍数、改善波形失真、控制输入阻抗和输出阻抗。正反馈则在波形产生电路中得到应用。

10.3.1　反馈的基本概念

凡是通过一定方式把系统输出信号的一部分或全部送回到输入端,这种信号的反送过程称为反馈。若引回的反馈信号使原来的输入信号削弱,从而使输出信号减小,则这种反馈为负反馈,用“－”表示。反之,使输入信号增强,从而输出信号增大,为正反馈,用“＋”表示。若从输出端取回的反馈信号是直流量,则称为直流反馈;从输出端取回的反馈信号是交流量,则为交流反馈。

图 10.3.1 所示为反馈方框图。它由基本放大电路和反馈电路构成。基本放大电路是任意的单级或多级放大电路,反馈电路可以是电阻、电容、电感、变压器、二极管等单个元件及其组合,也可以是较为复杂的网络。其作用是将放大器的输出信号传输到输入回路,构成一个闭环电路。图中 $\dot{X}_i$ 为输入信号,$\dot{X}_o$ 为输出信号,$\dot{X}_f$ 为反馈信号,$\dot{X}_d$ 为净输入信号(若 $\dot{X}_d=\dot{X}_i-\dot{X}_f$,则为负反馈;若 $\dot{X}_d=\dot{X}_i+\dot{X}_f$,则为正反馈)。符号“⊗”为比较环节,箭头“⟶”表示信号传递方向。

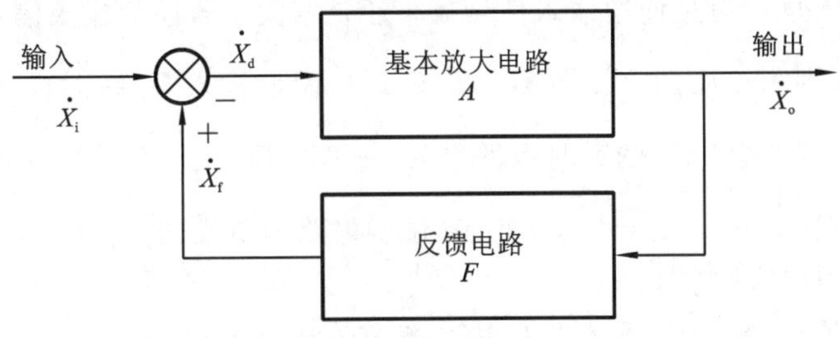

图 10.3.1　反馈方框图

10.3.2　放大电路中的负反馈

负反馈对放大器各方面的性能有重大影响,因此,实际使用的放大器几乎都是带有负反馈的。下面将对负反馈的类型及负反馈对放大器性能的影响等问题作简单的分析讨论。

1. 负反馈的类型

1)串联反馈与并联反馈

串联反馈:反馈电路与放大电路输入端串联,如图 10.3.2 所示。反馈以电压的形式出现,此时净输入电压为

$$\dot{U}_d = \dot{U}_i - \dot{U}_f \tag{10.3.1}$$

并联反馈:反馈电路与放大电路输入端并联,如图 10.3.3 所示。反馈以电流的形式出现,此时净输入电流为

$$\dot{I}_d = \dot{I}_i - \dot{I}_f \tag{10.3.2}$$

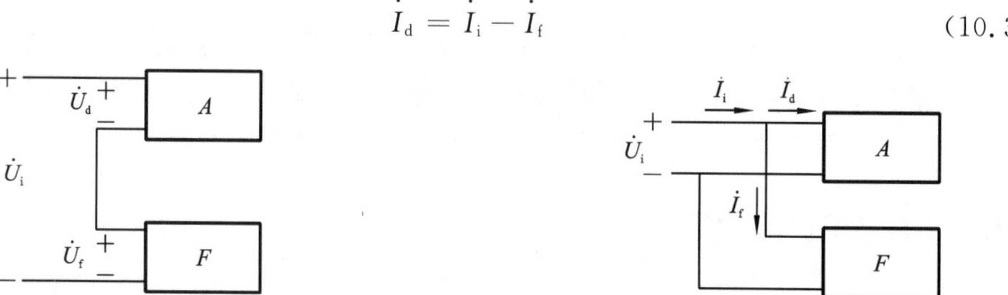

图 10.3.2　串联负反馈　　**图 10.3.3　并联负反馈**

2)电压反馈与电流反馈

电压反馈:反馈信号 $\dot{X}_f$ 取自输出电压,即 $\dot{U}_f=\mu\dot{U}_o$ 或 $\dot{I}_f=g\dot{U}_o$。

电流反馈:反馈信号 $\dot{X}_f$ 取自输出电流,即 $\dot{U}_f=r\dot{I}_o$ 或 $\dot{I}_f=k\dot{I}_o$。

根据以上分析,有四种类型的负反馈,即电压串联负反馈、电压并联负反馈、电流串联负反馈、电流并联负反馈,如图 10.3.4 所示。

关于电路反馈类型的判别可采用如下简便办法。

(1)正、负反馈的判别。

判别正、负反馈,一般采用“瞬时极性法”。即先假设输入信号的瞬时极性为正(用“⊕”号表示),然后按照从输入传输到输出逐级定出各点电位的瞬时极性,再判断反馈信号的瞬时极性,最后看引入反馈后是使净输入信号减小还是增大。若使净输入信号减小为负反馈,使净输入信号增大则为正反馈。在图 10.3.4(a)中,假设输入 $\dot{U}_i$ 瞬时极性为“⊕”,经过同相端输入运算放大器,输出 $\dot{U}_o$ 的瞬时极性也为“⊕”,反馈电压 $\dot{U}_f$ 的瞬时极性也为“⊕”,因此电路的净输入电压为 $\dot{U}_d=\dot{U}_i-\dot{U}_f$,减小了,说明电路为负反馈。

(2)电压、电流反馈的判别。

判别电压、电流反馈,采用“负载短路法”,即令负载电阻 $R_L=0$,则 $u_o=0$。若此时反馈信号消失(即 $\dot{X}_f=0$),说明它与 u_o 成比例,为电压反馈;若此时反馈信号不为零,说明它与 i_o 成比例,为电流反馈。如图 10.3.4(a)、(b)所示,令负载 $R_L=0$,此时 $\dot{U}_o=0$,反馈信号消失,为电压反馈。

另外,还可采用“负载开路法”,即令负载电阻 $R_L\to\infty$,则 $i_o=0$。若此时反馈信号消失(即 $\dot{X}_f=0$),说明它与 i_o 成比例,为电流反馈;若此时反馈信号不为零,说明它与 u_o 成比例,

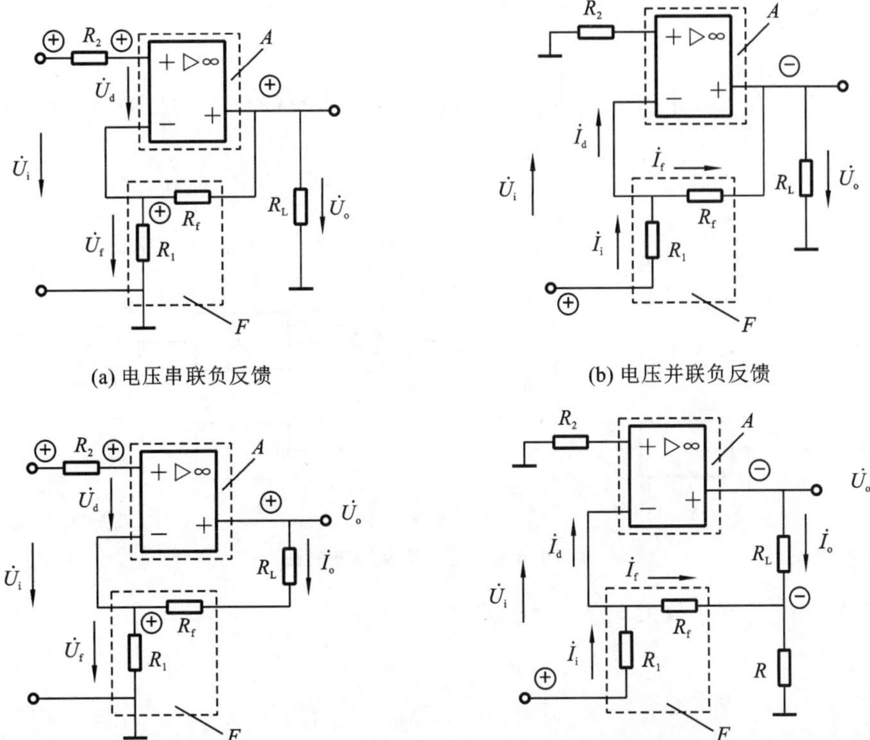

(a) 电压串联负反馈　　(b) 电压并联负反馈

(c) 电流串联负反馈　　(d) 电流并联负反馈

图 10.3.4　四种反馈电路

为电压反馈。如图 10.3.4(c)、(d)所示，令负载 $R_L \to \infty$，此时 $\dot{I}_o = 0$，反馈信号消失，为电流反馈。

(3)串联、并联反馈的判别。

如果所确认的净输入端口的两个端钮分别关联输入信号和反馈信号，就是串联反馈。如果输入信号与反馈信号只与净输入端口的一个端钮关联，则为并联反馈。

【例 10.3.1】　试判别图 10.3.5 所示的放大电路是何种类型的反馈电路。

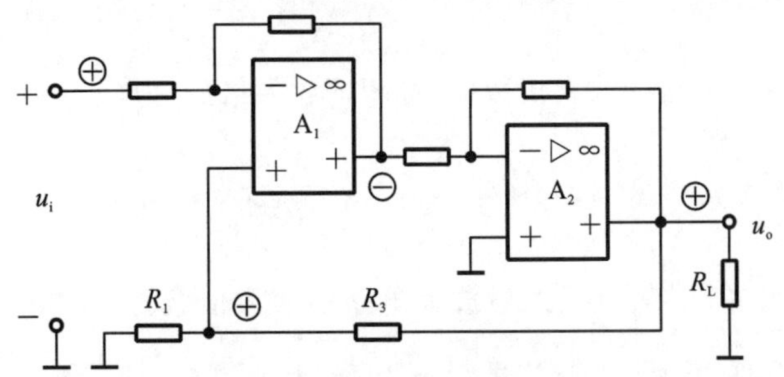

图 10.3.5　放大电路的方框图

【解】

①先在图中标出各点的瞬时极性，由“瞬时极性法”可知为负反馈。

②因将输出端短路，反馈信号消失，所以是电压反馈。

③因输入信号和反馈信号分别加在反相输入端和同相输入端上，所以是串联反馈。

2. 负反馈对放大电路性能的影响

1)降低放大倍数

在图 10.3.6(a)中,未引入反馈电路,其基本放大电路的放大倍数用 A(又称开环放大倍数)表示:

$$A = \frac{\dot{X}_o}{\dot{X}_i} \tag{10.3.3}$$

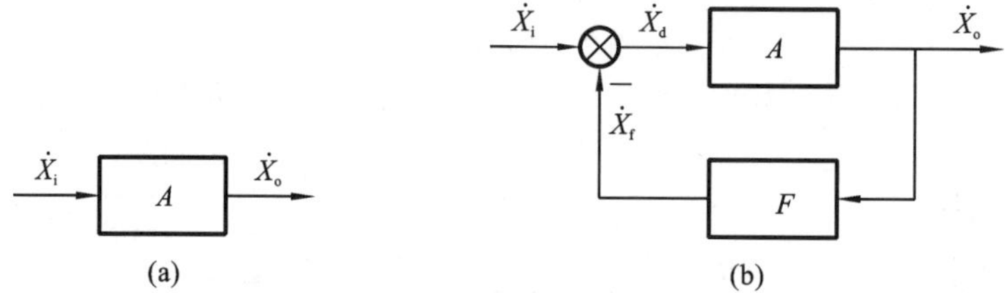

图 10.3.6　放大电路的方框图

在图 10.3.6(b)中,放大电路引入负反馈后,此时

$$A = \frac{\dot{X}_o}{\dot{X}_d} \tag{10.3.4}$$

而 $\dot{X}_d$ 为净输入信号

$$\dot{X}_d = \dot{X}_i - \dot{X}_f \tag{10.3.5}$$

F 为反馈系数,它是输出信号与反馈信号之比

$$F = \frac{\dot{X}_o}{\dot{X}_f} \tag{10.3.6}$$

由式(10.3.4)和式(10.3.5)得

$$A = \frac{\dot{X}_o}{\dot{X}_i - \dot{X}_f} \tag{10.3.7}$$

引入负反馈后放大电路的放大倍数(又称闭环放大倍数)为

$$A_f = \frac{\dot{X}_o}{\dot{X}_i} = \frac{A}{1 + AF} \tag{10.3.8}$$

由式(10.3.8)可知,引入负反馈后放大电路的放大倍数为未引入负反馈时的$\frac{1}{1+AF}$。因为在负反馈放大电路中$(1+AF)$总是大于 1,所以 $A_f < A$。可见加入负反馈的结果将使放大倍数下降。$(1+AF)$越大,电压放大倍数下降越多,因此$(1+AF)$的数值反映了负反馈的程度,被称为反馈深度。

负反馈虽然使放大器的放大倍数下降,但能从多方面改善放大电路的性能。

2)提高放大倍数的稳定性

晶体管和电路其他元件参数的变化以及环境温度的影响等因素,都会引起放大倍数的

变化，如果这种相对变化较小，则说明其稳定性高。

设放大电路在无反馈时的放大倍数为 A，由于外界因素变化引起放大倍数的变化为 $\mathrm{d}A$，其相对变化为$\frac{\mathrm{d}A}{A}$。引入负反馈后放大倍数为 A_f，放大倍数的相对变化为$\frac{\mathrm{d}A_\mathrm{f}}{A_\mathrm{f}}$。分析放大倍数的相对变化时，可不考虑相位，于是得出

$$A_\mathrm{f}=\frac{A}{1+AF} \tag{10.3.9}$$

对上式求导，得

$$\frac{\mathrm{d}A_\mathrm{f}}{\mathrm{d}A}=\frac{(1+AF)-AF}{(1+AF)^2}=\frac{1}{(1+AF)^2}=\frac{A_\mathrm{f}}{A}\cdot\frac{1}{(1+AF)} \tag{10.3.10}$$

或

$$\frac{\mathrm{d}A_\mathrm{f}}{A_\mathrm{f}}=\frac{1}{(1+AF)}\cdot\frac{\mathrm{d}A}{A} \tag{10.3.11}$$

上式表明，在引入负反馈之后，虽然放大倍数从 A 减小到 A_f，但当外界因素有相同的变化时，放大倍数的相对变化$\frac{\mathrm{d}A_\mathrm{f}}{A_\mathrm{f}}$，却只有未引入负反馈时的$\frac{1}{1+AF}$，可见负反馈放大电路的稳定性提高了。

3)改善信号波形失真

放大元件三极管伏安特性曲线的非线性，以及运放电压传输特性的非线性，均会引起输出信号产生非线性失真，如图 10.3.7(a)所示。但引入负反馈后，可将输出端的失真信号引回到输入端，使净输入信号也有某种程度的失真，经过放大之后，能在一定程度上补偿输出波形的失真。因此，从本质上说，负反馈是利用失真了的信号波形来改善信号波形的失真(也是负反馈牵制输出信号的作用)。

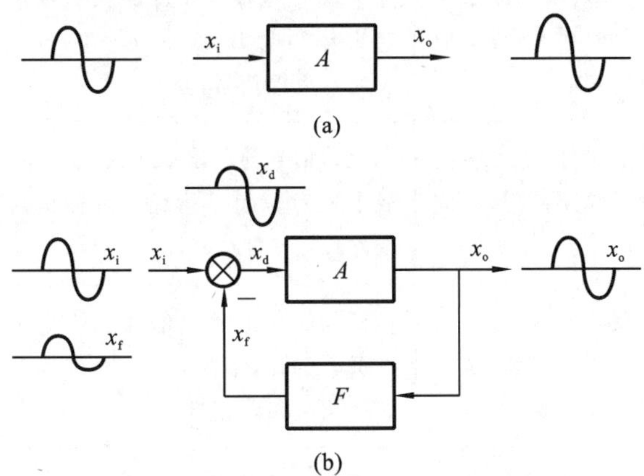

图 10.3.7　负反馈对非线性失真的影响

4)对放大电路输入、输出电阻的影响

(1)放大电路引入负反馈后使放大电路输入电阻是增大还是减小，与反馈信号和输入信号在输入端的连接形式有关。

串联反馈在输入端是以电压形式比较，使放大电路的输入电阻增高，而并联负反馈在输入端是以电流形式比较，使放大电路的输入电阻降低。输入电阻 r_if 可由微变等效电路求

得。

(2)放大电路引入负反馈后使放大电路输出电阻是增大还是减小,与反馈信号是取自输出电压还是输出电流有关。

电压负反馈放大电路具有稳定输出电压的作用,即有恒压输出特性,其内阻极低,因此,电压负反馈放大电路的输出电阻比未引入反馈时减小。

电流负反馈放大电路具有稳定输出电流的作用,即有恒流输出特性,其内阻极高,因此,电流负反馈放大电路的输出电阻较高。当与集电极电阻 R_c 并联后,近似为 R_c。

由分析可知,射极输出器是串联电压负反馈放大电路,具有输入电阻高、输出电阻低的特点。

综上所述,可归纳出各种反馈类型、定义、判别方法和对放大电路的影响,见表 10.3.1。

表 10.3.1　放大电路中的反馈类型、定义、判别方法和对放大电路的影响

反馈类型		定　义	判别方法	对放大电路的影响
1	正反馈	反馈信号使净信号增强	反馈信号与输入信号作用于同一个节点时,瞬时极性相同;作用于不同节点时,瞬时极性相反	使放大倍数增大,电路工作不稳定
	负反馈	反馈信号使净信号减弱	反馈信号与输入信号作用于同一个节点时,瞬时极性相反;作用于不同节点时,瞬时极性相同	使放大倍数减小,但改善放大电路的性能
2	直流负反馈	反馈信号为直流	直流通路中存在反馈	稳定静态工作点
	交流负反馈	反馈信号为交流	交流通路中存在反馈	改善放大电路性能
3	电压负反馈	反馈信号从输出电压取样,即与 u_o 成正比	反馈信号通过元件连线从输出电压 u_o 端取出,或令 $u_o=0$(负载短路),反馈信号消失	稳定输出电压,减小输出电阻
	电流负反馈	反馈信号从输出电流取样,即与 i_o 成正比	反馈信号与输出电压 u_o 无联系,或令 $u_o=0$(负载短路),反馈信号依然存在	稳定输出电流,增大输出电阻
4	串联负反馈	反馈信号与输入信号在输入端以串联形式出现	输入信号与反馈信号在不同节点引入(如晶体管 b 和 c 极或运放的反相端和同相端)	增大输入电阻
	并联负反馈	反馈信号与输入信号在输入端以并联形式出现	输入信号与反馈信号在同一节点引入(如晶体管 b 极或运放的反相端)	减小输入电阻

【例 10.3.2】 图 10.3.8(a)所示是串联电流负反馈放大电路,R_{E2} 是反馈电阻,晶体管的 $\beta=40$,$r_{be}=1\ \text{k}\Omega$,根据图中所给数据计算电压放大倍数 A_{uf},如将 C_E 的正极性端接至晶体管发射极(无反馈)。再求其电压放大倍数 A_u,并求两种工作方式下的输入电阻。

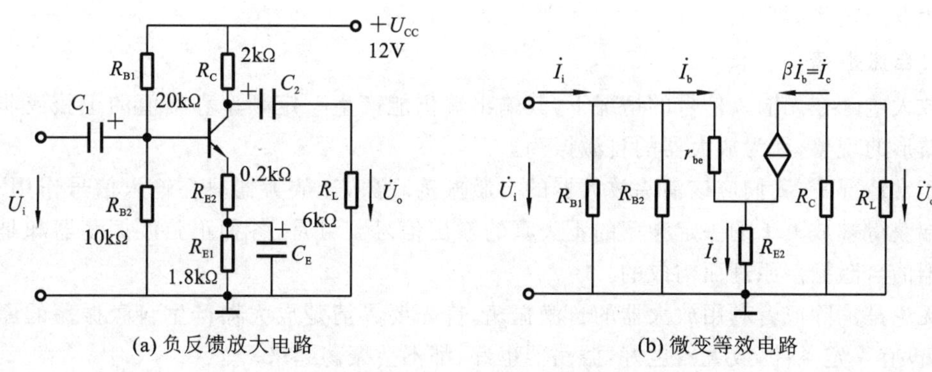

(a) 负反馈放大电路　　(b) 微变等效电路

图 10.3.8　例 10.3.2 图

【解】

先画图 10.3.8(a)的微变等效电路,如图 10.3.8(b)所示。由微变等效电路可写出

$$\dot{U}_i = \dot{I}_b r_{be} + (1+\beta)\dot{I}_b R_{E2} = \dot{I}_b[r_{be} + (1+\beta)R_{E2}]$$

$$\dot{U}_o = -\dot{I}_c R'_L = -\beta\dot{I}_b R'_L$$

故电压放大倍数为

$$A_{uf} = \frac{\dot{U}_o}{\dot{U}_i} = -\frac{\beta R'_L}{r_{be} + (1+\beta)R_{E2}}$$

将题给数据代入,则有

$$A_{uf} = -\frac{40 \times \frac{2\times 6}{2+6}}{1+(1+40)\times 0.2} = -6.5$$

未引入反馈时的电压放大倍数为

$$A_u = \frac{\dot{U}_o}{\dot{U}_i} = -\frac{\beta R'_L}{r_{be}} = -\frac{40\times 1.5}{1} = -60$$

可见,引入负反馈后,放大电路的电压放大倍数降低了。

放大电路未引入串联负反馈时的输入电阻为

$$r_i = R_{B1} // R_{B2} // r_{be} \approx r_{be} = 1\ \text{k}\Omega$$

而引入串联负反馈后,放大电路的输入电阻从微变等效电路可计算得出

$$r_{if} = R_{B1} // R_{B2} // [r_{be} + (1+\beta)R_{E2}]$$

$$= \frac{1}{\frac{1}{20}+\frac{1}{10}+\frac{1}{1+(1+40)\times 0.2}}\ \text{k}\Omega = 3.87\ \text{k}\Omega$$

可见串联负反馈使输入电阻增高了。

10.3.3　放大电路中的正反馈

近代电子技术中需要各种周期性波形的信号。产生周期性波形的各种波形发生器,在电路中都引入了足够强的正反馈。本节从概念入手,主要介绍采用运算放大器构成的正弦

波发生器的工作原理。

1. 自激振荡

放大电路在无输入信号的情况下,其输出端仍能产生一定频率和幅值的正弦或非正弦振荡波形的现象,称为放大器的自激振荡。

正常情况下,我们应该消除放大器的自激振荡现象,让放大器只在输入信号作用下,在输出端获得被放大了的一定频率的不失真的输出信号。可是,各种正弦波振荡器却是利用放大器的自激振荡原理而构成的。

无论是消除或者利用放大器的自激振荡,首先要弄清楚放大器产生自激振荡的原因与条件,没有一定条件,放大器也好,振荡器也好,都不会振荡起来。

在图 10.3.9 中,标 A 的是放大电路,标 F 的是反馈电路。当开关 S 合在"1"端时,这是一般的无反馈的放大电路,u_i 为交流输入电压,u_o 为被放大的交流输出电压,A 为电压放大倍数。

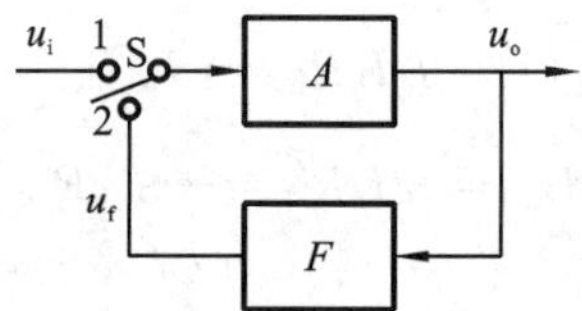

图 10.3.9　反馈放大器产生自激振荡的条件

如果把输出电压 u_o 通过反馈电路反馈到输入端,并使反馈电压 u_f 等于输入电压 u_i,即两者的大小要相等,相位要同相,那么,此反馈电压 u_f 就完全可以代替输入电压 u_i,也就是说,此时将开关 S 合在"2"端上,虽然去掉了输入电压 u_i,但在放大器的输出端仍能维持原来的输出电压。此时的反馈放大器已经是一个自激振荡器。振荡器的输入信号是由振荡器本身的输出信号反馈回来的,是它维持了振荡器输出端的持续振荡。

从图 10.3.9 中,可得出放大电路的开环放大倍数为

$$A=\frac{\dot{U}_o}{\dot{U}_i}$$

反馈电路的反馈系数为

$$F=\frac{\dot{U}_f}{\dot{U}_o}$$

为使放大器成为振荡器,应满足 $\dot{U}_f=\dot{U}_i$,即 $AF=1$,从而得出反馈放大器自激振荡的两个条件。

(1)相位条件:就是指反馈电压的相位必须与原输入电压的相位同相,即只有正反馈性质才满足此条件。

(2)幅度条件:就是指反馈电压的幅度必须与输入电压的幅度相等,即在放大倍数已经确定的情况下,应该有足够的正反馈量。

总之,相位条件保证了起振,幅度条件维持了等幅振荡。

2. 正弦波振荡电路

正弦波振荡电路在测量、自动控制、无线电通信等许多技术领域有着广泛的应用。我们

在调试放大器时，就要用到正弦波信号发生器，由它产生一个频率和振幅都可以调节的正弦波信号，作为放大器的输入电压 u_i，以便观察放大器输出电压 u_o 的波形是否失真，并且测量它的电压放大倍数和频率特性。这种正弦波信号发生器就是一个正弦波振荡电路。它在模拟电子技术中是一种最基本的实验仪器。

1)正弦振荡电路的分类

正弦波振荡电路一般都包含三个基本组成部分：放大电路、反馈网络和选频网络。在很多正弦波振荡电路中，选频网络和反馈网络结合在一起，同一网络既有选频作用，又兼有反馈作用。

通常，选频网络可以由 R、C 元件组成，也可以由 L、C 元件组成，有的选频网络还采用石英晶体。因此，根据选频网络组成元件的不同，正弦波振荡电路可分为 RC 正弦波振荡电路、LC 正弦波振荡电路和石英晶体正弦波振荡电路等。RC 振荡电路一般用来产生 1 Hz～1 MHz 范围内的低频信号，LC 振荡电路主要用来产生 1 MHz 以上的高频信号。无论是 RC 或 LC 正弦波振荡器，其振荡频率的稳定度都不高，石英晶体振荡器具有高稳定度，应用于要求稳定度高的电子设备中。

2)RC 振荡电路

(1)电路原理。

图 10.3.10 是 RC 桥式振荡电路的原理图。这个电路由两部分组成，即放大器和选频网络(同时兼作反馈网络)。放大器是由集成运放所组成的电压串联负反馈放大器。选频网络是由 Z_1、Z_2 组成。由于 Z_1、Z_2 和 R_1、R_f 形成四臂电桥，电桥的对角线顶点接至放大器的两个输入端，故名 RC 桥式振荡器，又称文氏桥振荡器。

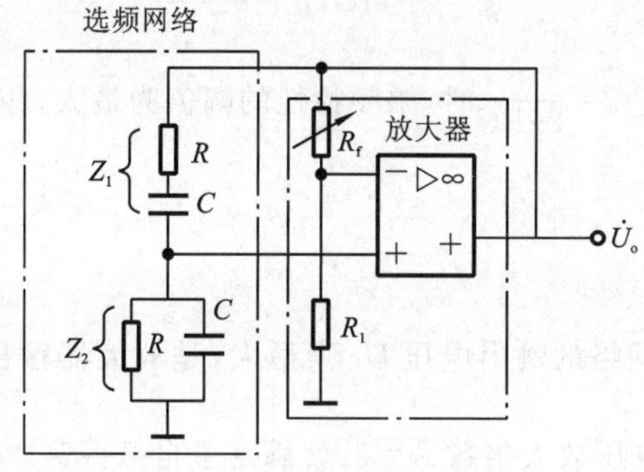

图 10.3.10　RC 桥式振荡电路

由 R_f、R_1 组成的负反馈电路，用以控制放大器的电压放大倍数，即 $A=\dfrac{R_f+R_1}{R_1}$，由于 R_f、R_1 和运放组成电压串联负反馈组态，故又具有输入阻抗高和输出阻抗低的特点，有效地防止 r_i、r_o 对 RC 串并联网络选频特性的影响，保证振荡频率的准确性。而串并联 RC 网络既组成正反馈电路决定正反馈系数 F，同时又是选频电路，用以决定振荡器的振荡频率。

(2)选频网络的选频特性。

为便于分析，将 RC 桥式振荡电路的选频网络绘成如图10.3.11所示的电路。实际上选频网络就是一个 RC 串并联电路。图中 $\dot{U}_o$ 是 RC 串并联电路的输入电压，它是由放大器的

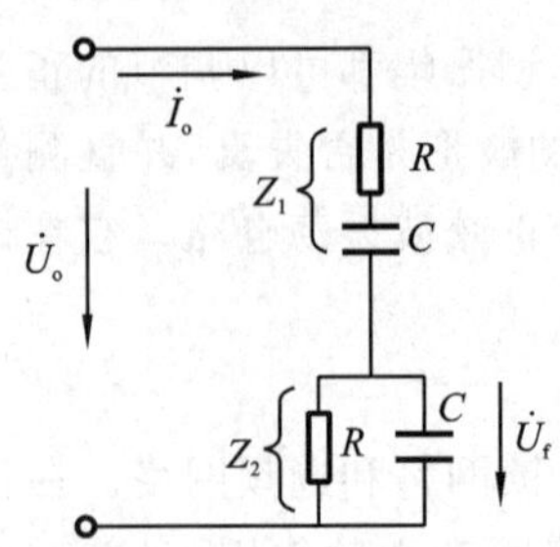

图 10.3.11 RC 串并联电路

输出端引过来的。$\dot{U}_f$ 是 RC 串并联电路的输出电压,作为放大器同相端的输入电压。

由图 10.3.11 可得

$$F=\frac{\dot{U}_f}{\dot{U}_o}=\frac{Z_2}{Z_1+Z_2}=\frac{\dfrac{R}{1+j\omega RC}}{R+\dfrac{1}{j\omega C}+\dfrac{R}{1+j\omega RC}}$$

$$=\frac{j\omega RC}{1+(j\omega RC)^2+3j\omega RC}$$

$$=\frac{1}{3+j\left(\omega RC-\dfrac{1}{\omega RC}\right)}$$

令 $\omega_0=\dfrac{1}{RC}$,则上式可简化为

$$F=\frac{1}{3+j\left(\dfrac{\omega}{\omega_0}-\dfrac{\omega_0}{\omega}\right)} \tag{10.3.12}$$

其幅频和相频特性为

$$F=\frac{1}{\sqrt{3^2+\left(\dfrac{\omega}{\omega_0}-\dfrac{\omega_0}{\omega}\right)^2}} \tag{10.3.13}$$

$$\varphi_f=-\arctan\frac{\dfrac{\omega}{\omega_0}-\dfrac{\omega_0}{\omega}}{3} \tag{10.3.14}$$

当 $\omega=\omega_0=\dfrac{1}{RC}$或 $f=f_0=\dfrac{1}{2\pi RC}$时,幅频特性的幅值为最大,相频特性的相角为零,即

$$F=\frac{1}{3} \tag{10.3.15}$$

$$\varphi_f=0 \tag{10.3.16}$$

这就是说,此时选频网络的输出电压 $\dot{U}_f$ 为最大,是放大器输出电压 $\dot{U}_o$ 的$\dfrac{1}{3}$,且 $\dot{U}_f$ 与 $\dot{U}_o$ 同相。当取放大器的电压放大倍数 $A=3$,就满足了自激振荡产生条件,即 $AF=1$。从而产生正弦自激振荡输出正弦波。

10.4 基本运算电路

集成运算放大器与外部电阻、电容、半导体器件等构成闭环电路后,能对各种模拟信号进行比例、加法、减法、积分、微分等运算。

10.4.1 比例运算电路

比例运算电路的输出电压和输入电压之间存在比例关系。根据输入信号接到运放的输

入端不同，可将比例运算电路分为同相输入放大电路、反相输入放大电路。

1. 反相输入放大电路

反相输入放大电路如图 10.4.1 所示。R_f 为反馈电阻，构成电压并联负反馈组态。图中电阻 R_P 称为直流平衡电阻，以消除静态时集成运放内输入级基极电流对输出电压产生的影响，进行直流平衡，且 $R_p = R_1 // R_f$。

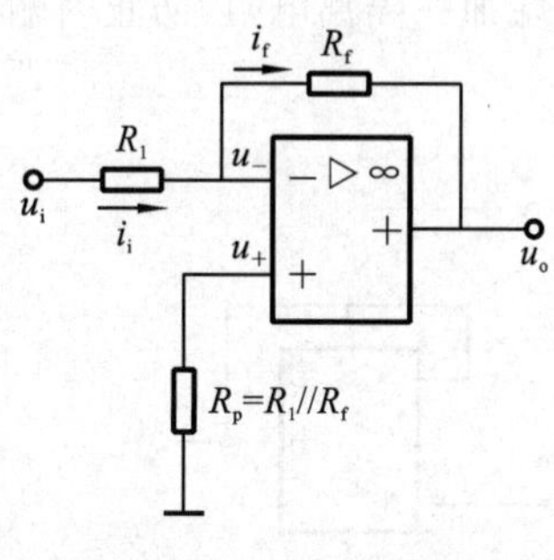

图 10.4.1　反相输入放大电路

根据 $i_+ = 0$，得出 $u_+ = 0$。

根据虚短的特性 $u_+ = u_-$，确定反相输入端电压 $u_- = u_+ = 0$。

$$i_i = \frac{u_i - u_-}{R_1} = \frac{u_i}{R_1} \tag{10.4.1}$$

$$i_f = \frac{u_- - u_0}{R_f} = -\frac{u_0}{R_f} \tag{10.4.2}$$

根据 KCL 方程，且 $i_- = 0$，得出

$$i_i = i_f \tag{10.4.3}$$

联立式(10.4.1)～式(10.4.3)，得出

$$A_{uf} = \frac{u_o}{u_i} = -\frac{R_f}{R_1} \tag{10.4.4}$$

输出电压与输入电压相位相反，且成比例关系，故又将此电路称为反相比例放大器。

若取 $R_1 = R_f$，则 $A_{uf} = -1$，即电路的 u_o 与 u_i 大小相等，相位相反，称此时的电路为反相器。

2. 同相输入放大电路

同相输入放大电路如图 10.4.2 所示。R_f 为反馈电阻，R_f 与 R_1 使运放构成电压串联负反馈电路。为实现直流平衡，要求 $R_2 = R_1 // R_f$。

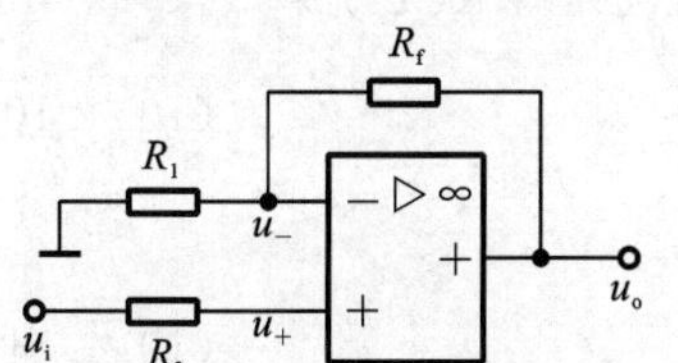

图 10.4.2　同相输入放大电路

根据 $i_+ = 0$，得出 $u_+ = u_i$。

根据虚短的特性 $u_+ = u_-$，确定反相输入端电压 $u_- = u_+ = u_i$。

$$i_i = \frac{0 - u_-}{R_1} = \frac{-u_i}{R_1} \tag{10.4.5}$$

$$i_f = \frac{u_- - u_o}{R_f} = \frac{u_i - u_o}{R_f} \tag{10.4.6}$$

根据 KCL 方程，且 $i_- = 0$，得出

$$i_i = i_f \tag{10.4.7}$$

联立式(10.4.5)～式(10.4.7)，得出

$$A_{uf} = \frac{u_o}{u_i} = 1 + \frac{R_f}{R_1} \tag{10.4.8}$$

输入电压信号 u_i 加到运算放大器的同相输入端与地之间，输出电压 u_o 与 u_i 同相位，故称该电路为同相放大电路。

在图 10.4.2 所示的同相输入放大电路中，令 $R_1 = \infty$，$R_f = 0$，则得如图 10.4.3 所示的电路。由于输出电压 u_o 就是 u_-，利用虚短特性，得到

$$u_o = u_+ \approx u_- = u_i \tag{10.4.9}$$

结果表明,输出电压与输入电压是相同的,该电路称为电压跟随器。虽然电压跟随器不改变输入电压,但是它的输入电阻 $r_i \to \infty$,故它在电路中常用作阻抗变换器或缓冲器。

电压跟随器还有其他两种形式,电路如图 10.4.4 所示。在图 10.4.4(b)中,在同相输入端加一隔离电阻,防止因输入电阻过高而引入周围电场的干扰。

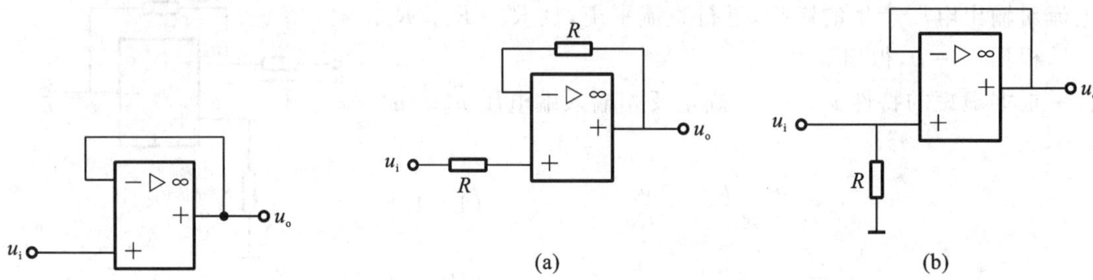

图 10.4.3　电压跟随器

图 10.4.4　电压跟随器其他形式电路

电压跟随器与射极跟随器类似,但其跟随性能更好,输入电阻更高,输出电阻为零,常用作变换器或缓冲器,在电子电路中应用极广。

10.4.2　加法运算电路

根据输入信号接到运放的输入端不同,可将加法运算电路分为同相加法电路和反相加法电路。

1. 反相加法电路

反相加法电路如图 10.4.5 所示,R_f 为反馈电阻,R_3 为直流平衡电阻,$R_3 = R_1 /\!/ R_2 /\!/ R_f$,用于消除输入偏置电流的影响,保证“零输入、零输出”。

由虚短可知 $u_+ \approx u_- = 0$。结合虚短特性对反相输入端结点列写 KCL 方程

$$\frac{u_{i1} - u_-}{R_1} + \frac{u_{i2} - u_-}{R_2} = \frac{u_- - u_o}{R_f} \tag{10.4.10}$$

解得

$$u_o = -\left(\frac{R_f}{R_1}u_{i1} + \frac{R_f}{R_2}u_{i2}\right) \tag{10.4.11}$$

这是求和(加法)运算的表达式,式中负号是因反相输入引起。

若 $R_1 = R_2 = R_f$,则结果变为

$$u_o = -(u_{i1} + u_{i2})$$

图 10.4.5 中的输出端再接一级反相放大电路,则可消去负号,实现加法运算。该求和电路可以扩展到多个输入电压相加的电路。

2. 同相加法电路

同相加法电路如图 10.4.6 所示。为了使运放的两个输入端对称,要求 $R_3 /\!/ R_f = R_1 /\!/ R_2$。

应用叠加定理进行分析:

(1)当 u_{i1} 单独作用时,$u_{i2} = 0$,则

$$u'_+ = \frac{R_2}{R_1 + R_2}u_{i1}$$

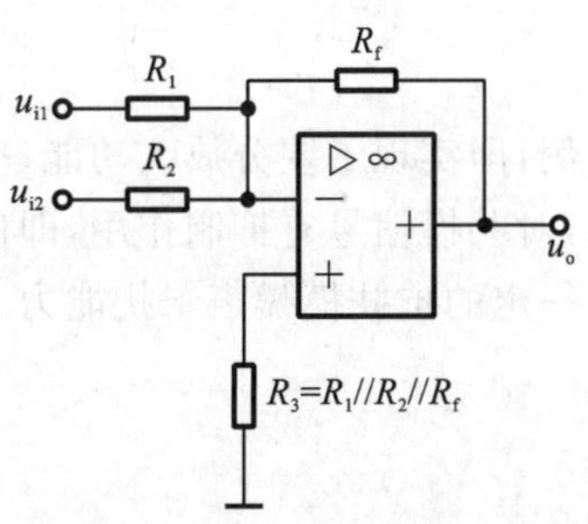

图 10.4.5　反相加法电路

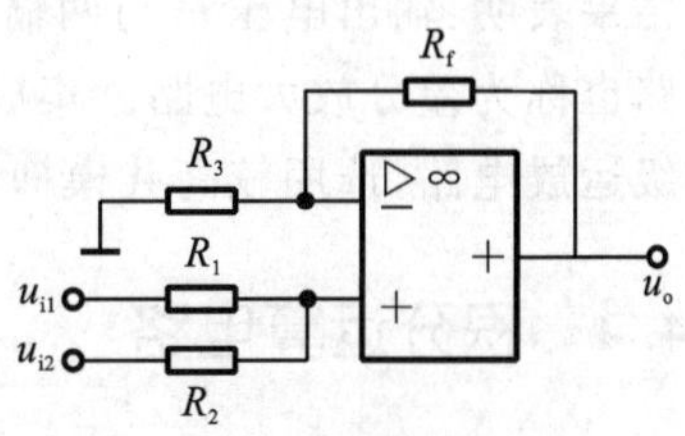

图 10.4.6　同相加法电路

根据前面所讲的同相输入放大电路分析，得出

$$u'_o=\left(1+\frac{R_f}{R_3}\right)\frac{R_2}{R_1+R_2}u_{i1} \tag{10.4.12}$$

(2)当 u_{i2} 单独作用时，$u_{i1}=0$，则

$$u''_+=\frac{R_1}{R_1+R_2}u_{i2}$$

同理可以得出

$$u''_o=\left(1+\frac{R_f}{R_3}\right)\frac{R_1}{R_1+R_2}u_{i2} \tag{10.4.13}$$

根据叠加定理

$$u_o=u'_o+u''_o=\left(1+\frac{R_f}{R_3}\right)\frac{R_1R_2}{R_1+R_2}\left(\frac{u_{i1}}{R_1}+\frac{u_{i2}}{R_2}\right) \tag{10.4.14}$$

10.4.3　减法运算电路

图 10.4.7 是用来实现两个电压 u_{i1}、u_{i2} 相减的电路，它的两个输入端都有信号输入。u_{i1} 通过 R_1 接至运放的反相输入端，u_{i2} 通过 R_2、R_3 分压后接至同相输入端，而 u_o 通过 R_f、R_1 反馈到反相输入端。从电路结构上看，它是反相输入和同相输入结合的放大电路。为实现直流平衡，要求 $R_2//R_3=R_1//R_f$。

根据分压公式，得

$$u_+=\frac{R_3}{R_2+R_3}u_{i2} \tag{10.4.15}$$

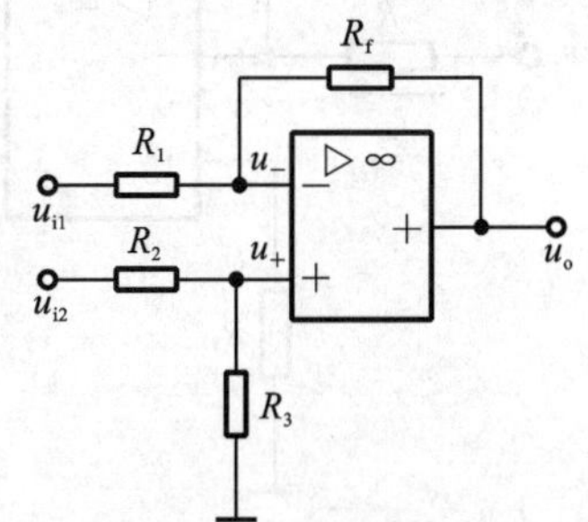

图 10.4.7　减法运算电路

根据虚短，得

$$u_-=u_+ \tag{10.4.16}$$

对反相输入端的结点列写 KCL 方程

$$\frac{u_{i1}-u_-}{R_1}=\frac{u_--u_o}{R_f} \tag{10.4.17}$$

联立式(10.4.15)～式(10.4.17)，消去 u_+ 和 u_-，得

$$u_o=\left(1+\frac{R_f}{R_1}\right)\frac{R_3}{R_2+R_3}u_{i2}-\frac{R_f}{R_1}u_{i1} \tag{10.4.18}$$

当 $\frac{R_3}{R_2}=\frac{R_f}{R_1}$ 时，得

$$u_o = \frac{R_f}{R_1}(u_{i2} - u_{i1}) \tag{10.4.19}$$

结果表明:输出电压 u_o 与两输入电压之差 $u_{i2} - u_{i1}$ 成比例,即实现了差分放大功能,故这一电路也称为差分放大电路。集成运放组成差动输入组态,对共模信号有抑制作用,即使使用一级运放电路,选用较高共模抑制比的运放,电路也具有一定的抗共模噪声干扰能力。

10.4.4 积分运算电路

积分运算电路如图 10.4.8 所示。输入信号 u_i 通过电阻 R 接至反相输入端,电容 C 为反馈元件。为实现直流平衡,要求 $R_1 = R$。

根据虚短 $i_+ = i_- = 0$,得

$$i_R = i_C \tag{10.4.20}$$

其中

$$i_R = \frac{u_i - u_-}{R} = \frac{u_i}{R} \tag{10.4.21}$$

$$i_C = C\frac{du_C}{dt} = -C\frac{du_o}{dt} \tag{10.4.22}$$

联立式(10.4.20)～式(10.4.22),得到

$$u_o = -\frac{1}{RC}\int u_i dt \tag{10.4.23}$$

由上式可知,输出电压与输入电压对时间的积分成正比。

若 u_i 为恒定值 U,则输出电压 u_o 为

$$u_o = -\frac{U}{RC}t \tag{10.4.24}$$

为防止低频信号增益过大,在实用电路中,常在电容上并联一个电阻加以限制,如图 10.4.9 中虚线所示。

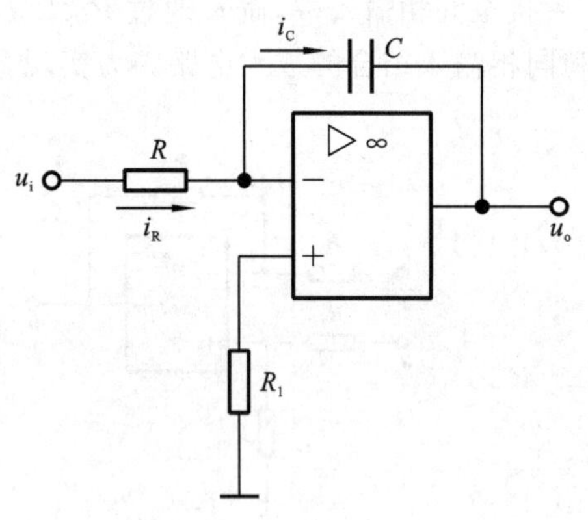

图 10.4.8 积分运算电路

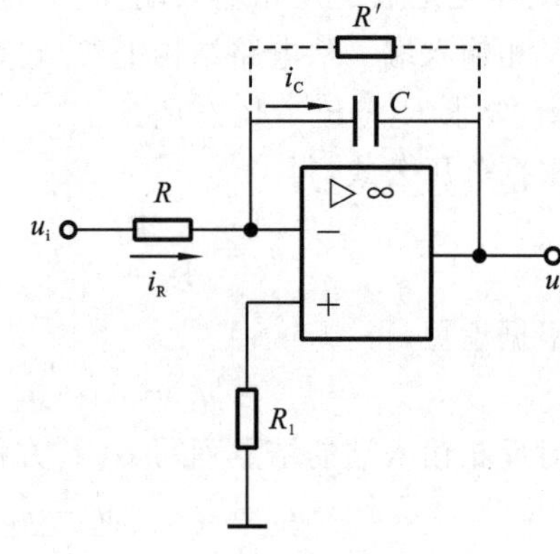

图 10.4.9 实用积分运算电路

当输入为阶跃信号时,若 $t=0$ 时刻电容上电压为零,电容将以近似恒流的方式充电,当输出电压达到运放输出的饱和值时,积分作用无法继续,波形如图 10.4.10(a)所示。

当输入为方波时,积分运算电路可以将矩形波变成三角波,波形如图 10.4.10(b)所示。

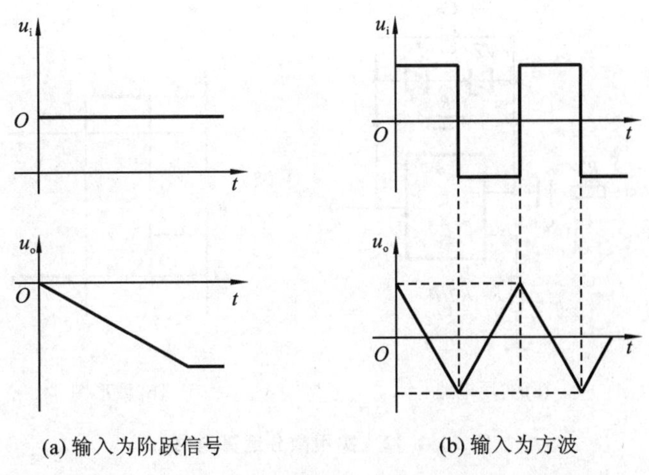

(a) 输入为阶跃信号　　　　(b) 输入为方波

图 10.4.10　不同输入情况下的积分运算电路电压波形

10.4.5　微分运算电路

将图 10.4.8 中反相输入端的电阻 R 和反馈电容 C 位置互换，便构成基本微分运算电路，如图 10.4.11 所示。为实现直流平衡，要求 $R' = R$。

根据电容的伏安关系特性，得

$$i_C = C\frac{\mathrm{d}u_i}{\mathrm{d}t} \tag{10.4.25}$$

根据电阻的伏安关系特性，得

$$i_R = -\frac{u_o}{R} \tag{10.4.26}$$

根据虚短特性和 KCL 方程，得

$$i_R = i_C \tag{10.4.27}$$

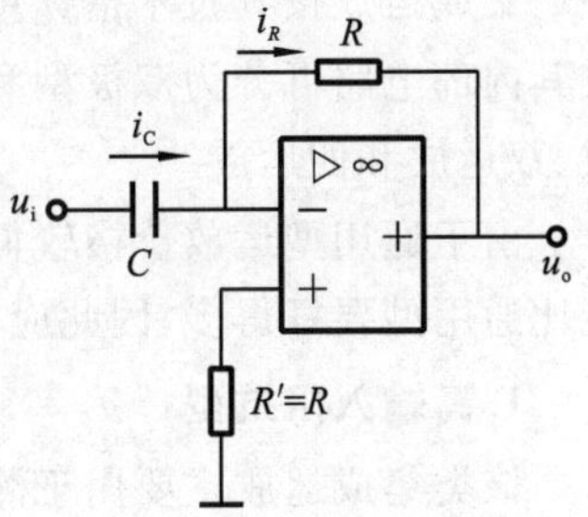

图 10.4.11　基本微分运算电路

将前面的式子联立求解，得

$$u_o = -Ri_R = -RC\frac{\mathrm{d}u_i}{\mathrm{d}t} \tag{10.4.28}$$

由上式可知，输出电压与输入电压对时间的微分成正比。

图 10.4.11 所示电路并不实用，当输入电压产生阶跃变化或有脉冲式大幅值干扰时，会使集成运放内部的放大管进入饱和截止状态，以至于信号消失了，内部管子还不能脱离原状态而回到放大区，出现阻塞现象，电路只有切断电源后方能恢复，即电路无法正常工作，此外基本微分运算电路容易产生自激振荡，使电路不能稳定工作。

实用微分运算电路如图 10.4.12(a)所示。R_1 限制输入电流亦即限制了 R 中电流，VZ_1、VZ_2 用以限制输出电压，防止阻塞现象产生，C_1 为小容量电容，起相位补偿作用，防止产生自激振荡。

若输入为方波，且 $RC \ll T/2$（T 为方波周期），则输出为尖顶波，如图 10.4.12(b)所示。

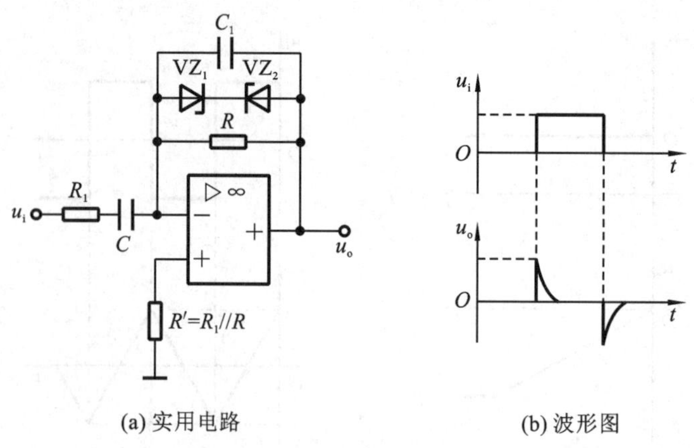

(a) 实用电路　　(b) 波形图

图 10.4.12　实用微分运算电路

*10.5　集成运算放大器的选择和使用(选学)

10.5.1　集成运放的选择

集成运放按其技术指标可分为通用型、高速型、高阻型、低功耗型、大功率型、高精度型;按其内部电路可分为双极型和单极型;按每一集成块中所含运算放大器的数目可分为单运放、双运放和四运放。

由于通用型运放价格较低,又比较容易购得,故应优先选用。但因特殊型运放的部分性能比通用型要好得多,因此应根据实际要求选用其他集成运放。

1. 高输入阻抗型

该类集成运放主要用于测量放大器、模拟调节器、有源滤波器及采样保持电路等。输入阻抗一般在 10^{12} Ω 以上。

2. 低漂移型

该类集成运放主要用于精密测量、精密模拟计算、自控仪表、人体信息检测等方面。它们的失调电压温漂一般在 0.2～0.6 μV/℃,$A_{ud} \geqslant 120$ dB,$K_{CMR} \geqslant 110$ dB。

3. 高速型

该类集成运放具有高的单位增益带宽(一般要求 $f > 10$ MHz)和较高的转换速率(一般要求 $S_R > 30$ V/μs)。它们主要用于 D/A 转换和 A/D 转换、有源滤波器、锁相环、高速采样和保持电路以及视频放大器等要求输出对输入响应迅速的地方。

4. 低功耗型

低功耗型一般用于遥感、遥测、生物医学和空间技术研究等要求能源消耗有限制的场所。

5. 高压型

高压型一般用于获取较高的输出电压的场合,如典型的 3583 型,电源电压达±150 V,$U_{omax}=+140$ V。

6. 大功率型

对输出功率要求较大的场合，应选择大功率型，如 LM12，输出电流达±10 A。大功率型运放在使用时，应根据要求加装散热片，以防运放因过热而损坏。

10.5.2　集成运放的使用

1. 消振和调零

集成运放的内部为高增益多级放大电路，因而易于产生自激振荡，使电路工作不稳定。为消除自激振荡，大多数运放的内部已设置了自激振荡的补偿网络，但也有运放需要引出消振端子，外接 RC 消振网络。实际应用中，有些电路通过在正、负电源端并接 0.01～0.1 μF 的电容消除自激振荡，如图 10.5.1(a)所示；有些电路则在输入端并联 RC 支路消振，如图 10.5.1(b)所示。

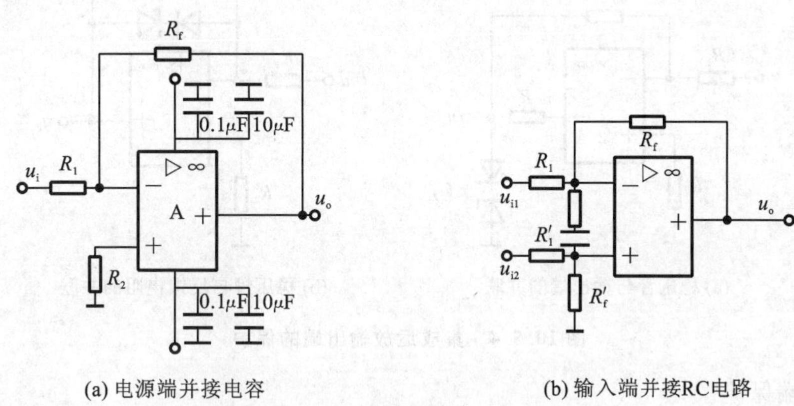

图 10.5.1　集成运放消振电路

为了消除集成运放的失调电压和失调电流引起的输出误差，要求输入为零时输出也为零，即零输入零输出。为此，有些运放在引脚中设有专门的调零端子，接上调零电位器 R_p 就可以进行调零，如图 10.5.2 所示。调零电位器应选用精密的线绕电位器。调零时，将电路的输入端接地，调节电位器 R_f 使输出电压为零即可。

当集成运放没有调零端时，可采用外加补偿电压的方法进行调零。在集成运放输入端施加一个补偿电压，以抵消失调电压和失调电流的影响，从而使输出为零。

2. 保护电路

1)电源端保护

为了防止电源极性接反而造成运算放大器组件的损坏，可以利用二极管的单向导电性原理，在电源连接线中串接二极管，以阻止电流倒流，如图 10.5.3 所示。当电源极性接反时，VD_1、VD_2 不导通，相当于电源开路。

2)输出端保护

为了防止集成运放的输出电压过高，可用两只稳压管反向串联后，并联在负载两端或并联在反馈电阻 R_f 两端，如图 10.5.4 所示。当输出电压 u_o 小于稳压管稳定电压 U_Z 时，稳压管不导通，保护电路不工作，当输出电压 u_o 大于 U_Z 时，稳压管工作，将输出端的最大电压幅度限制在±(U_Z+0.7 V)。

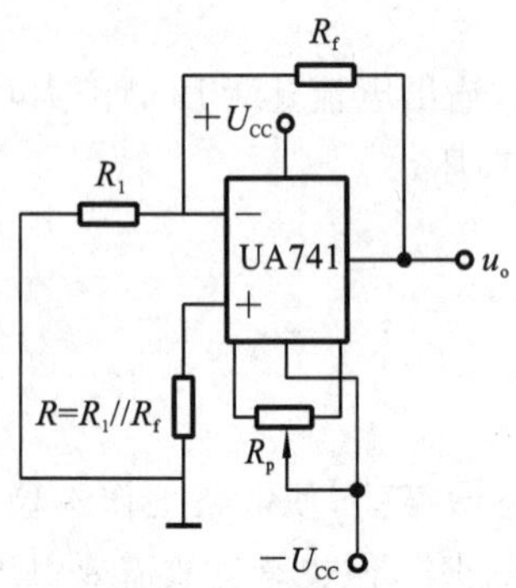

图 10.5.2　外接调零元件调零

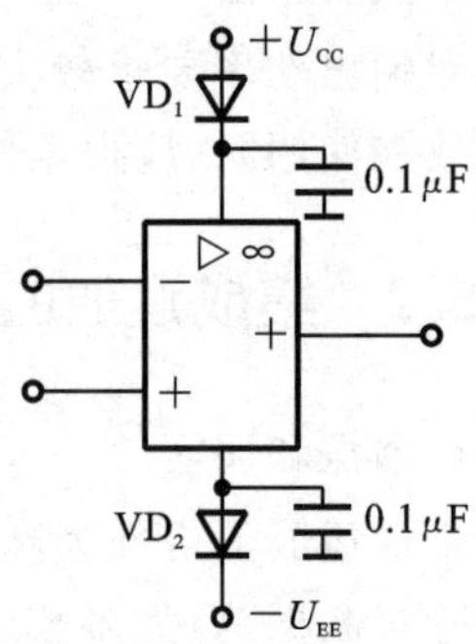

图 10.5.3　运放电源端保护

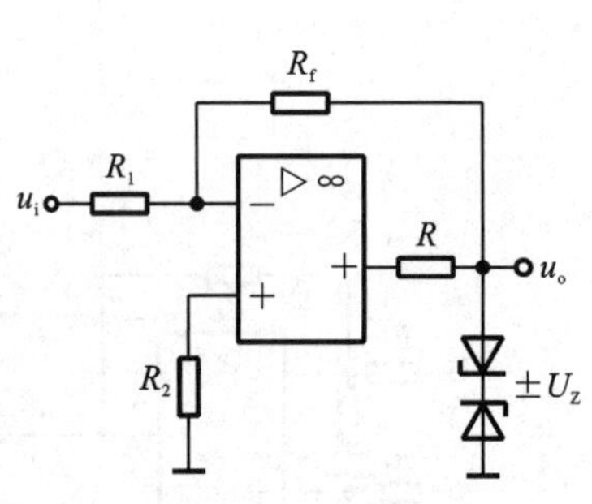

(a) 稳压管与输出端的并联

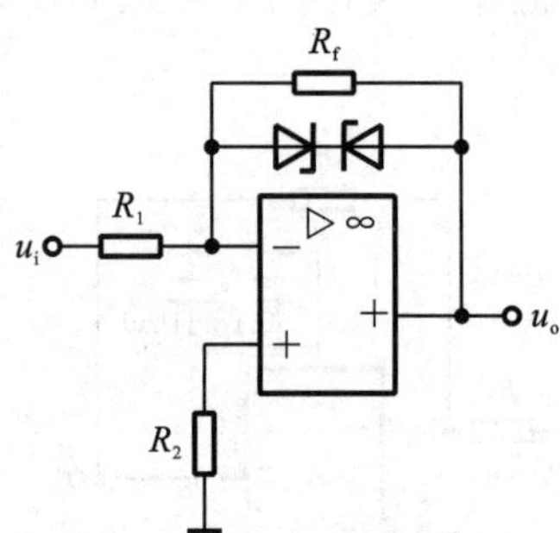

(b) 稳压管与反馈电阻的并联

图 10.5.4　集成运放输出端的保护

3)输入端保护

集成运放输入端保护电路如图 10.5.5 所示。其原理是使用二极管并利用二极管的单向导电性来进行保护。

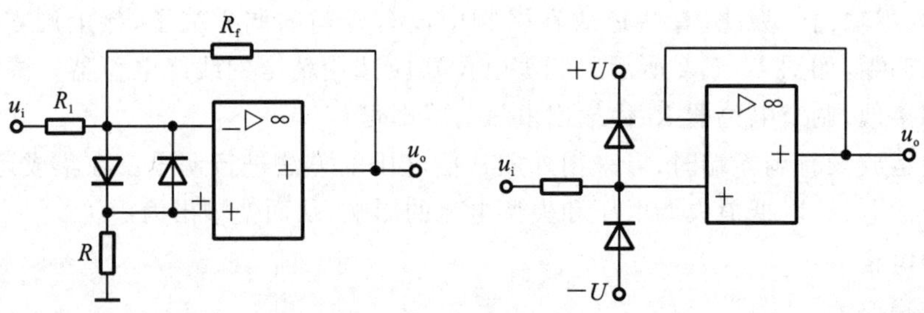

图 10.5.5　集成运放输入端保护电路

习　题

10.1　什么叫开环？什么叫闭环？

10.2　反馈电路中的反馈量仅仅取决于输出量。这种说法对吗？

10.3　若放大器的输入信号中有干扰信号，能否通过在电路中引入负反馈来减弱这些干扰信号？若由于放大电路中晶体管的非线性引起的失真，通过电路中的负反馈能否减小这种非线性失真？

10.4　在下列情况下，应在放大电路中引入何种组态的负反馈？

(1)使放大电路的输出电阻降低，输入电阻也降低。

(2)使放大电路的输入电阻提高，输出电压稳定。

(3)使放大电路的输入电阻降低，输出电阻提高。

10.5　已知一个负反馈放大电路的 $A=10^5$，$F=2\times10^{-3}$。若 A 的相对变化率为 20%，则 A_f 的相对变化率为多少？

10.6　判断图 10.1 所示电路中是否引入了反馈，是正反馈还是负反馈，是电压反馈还是电流反馈，是串联反馈还是并联反馈？

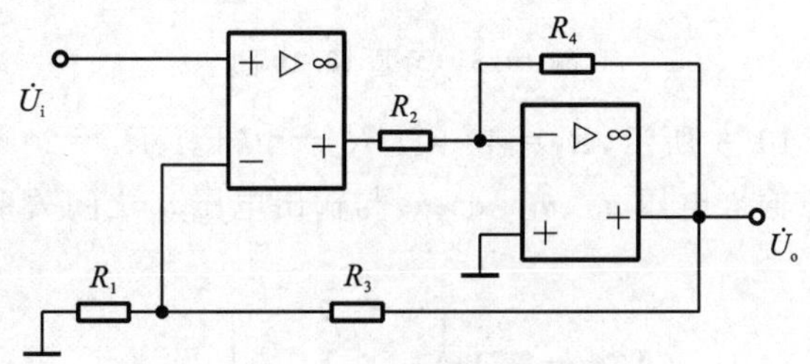

图 10.1　习题 10.6 图

10.7　判断图 10.2 所示电路中是否引入了反馈，是正反馈还是负反馈，是电压反馈还是电流反馈，是串联反馈还是并联反馈？

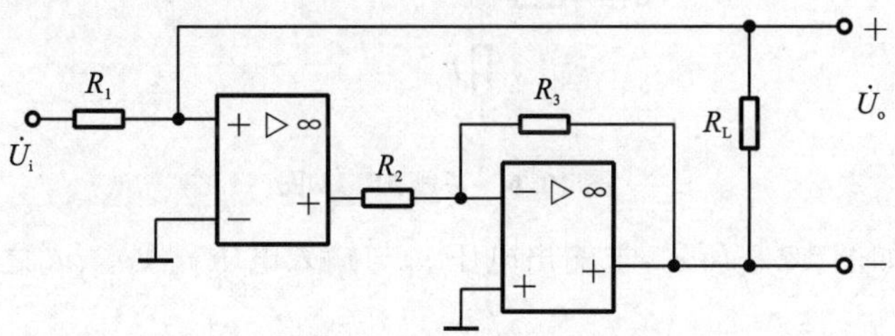

图 10.2　习题 10.7 图

10.8　同相输入加法电路如图 10.3 所示，求输出电压 u_o，又当 $R_1=R_2=R_3=R_f$ 时，u_o 为多少？

10.9　电路如图 10.4 所示，是一加减运算电路，求输出电压 u_o的表达式。

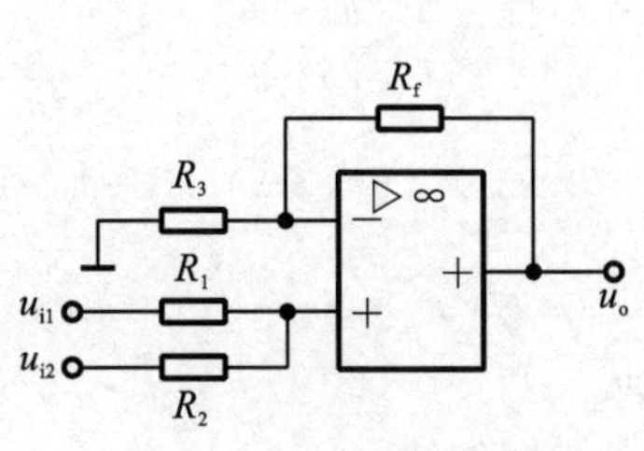

图 10.3　习题 10.8 图

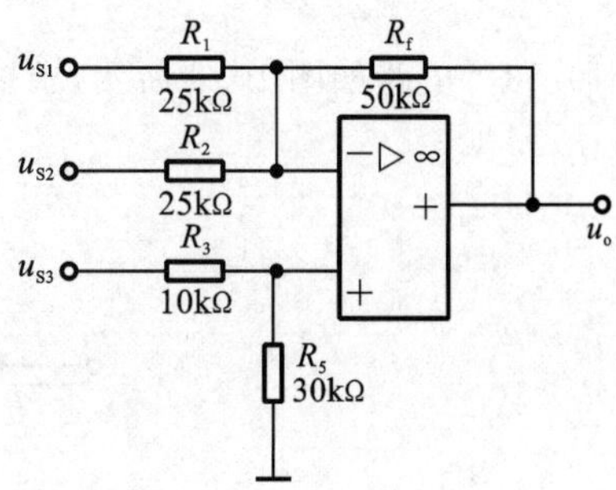

图 10.4　习题 10.9 图

10.10　电路如图 10.5 所示，求：

(1)写出输出电压 u_o与输入电压 u_{i1}、u_{i2}之间运算关系的表达式;

(2)若 $R_{F1}=R_1$,$R_{F2}=R_2$,$R_3=R_4$,写出此时 u_o与 u_{i1}、u_{i2}的关系式。

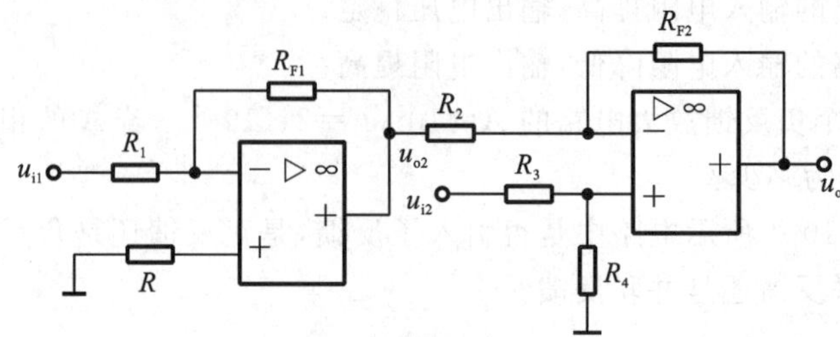

图 10.5　习题 10.10 图

10.11　电路如图 10.6 所示,$R_1=40\ \text{k}\Omega$,$R_2=40\ \text{k}\Omega$,$R_3=20\ \text{k}\Omega$,$R_4=20\ \text{k}\Omega$,$R_F=80\ \text{k}\Omega$,$R_5=20\ \text{k}\Omega$,求:输入电压 u_{i1}、u_{i2}、u_{i3}、u_{i4}与输出电压 u_o之间关系的表达式。

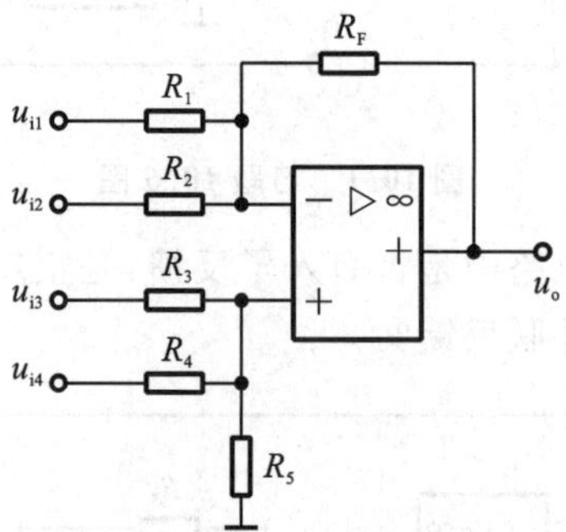

图 10.6　习题 10.11 图

10.12　电路如图 10.7 所示,求输出电压 u_o与输入电压 u_{i1}、u_{i2}、u_{i3}之间关系的表达式。

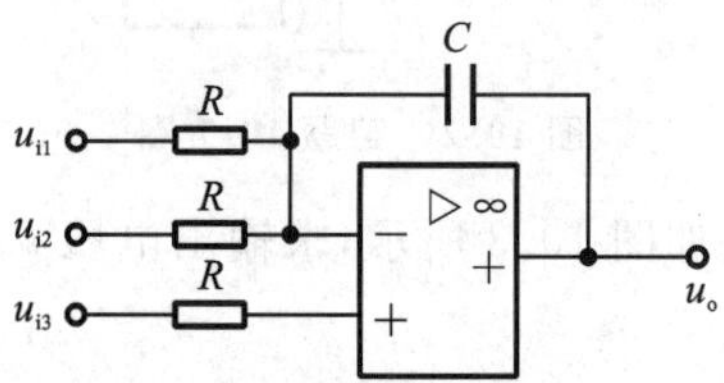

图 10.7　习题 10.12 图

10.13　电路如图 10.8 所示,求输出电压 u_o与输入电压 u_i之间关系的微分方程。

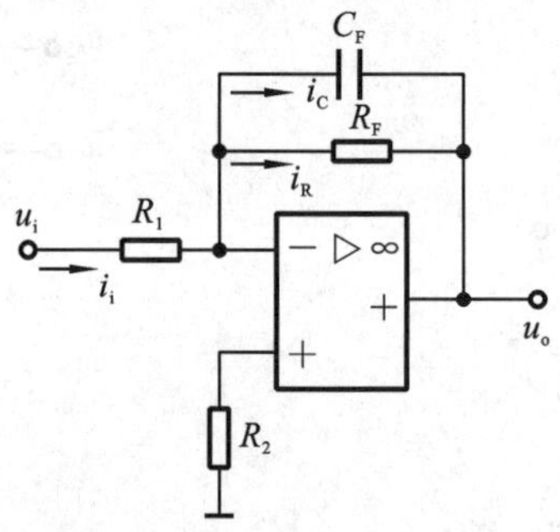

图 10.8　习题 10.13 图

10.14　电路如图 10.9 所示，设所有运放都是理想的。

(1)求 u_{o1}、u_{o2}、u_{o3} 及 u_o 的表达式；

(2)当 $R_1=R_2=R_3=R$ 时，求 u_o 的值。

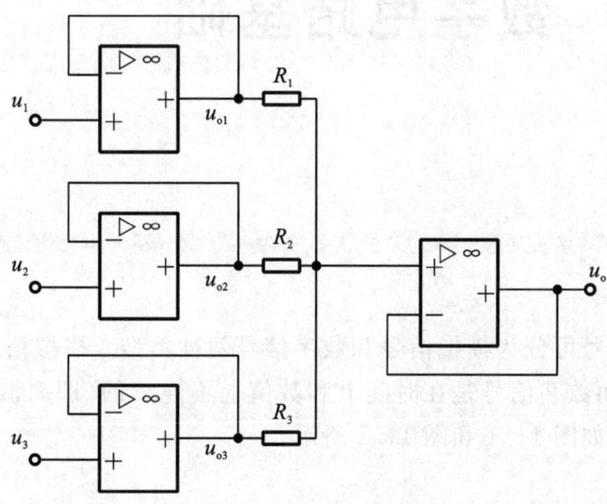

图 10.9　习题 10.14 图

第11章 数字电路基础

电子电路中的信号可分为模拟信号和数字信号两种类型。模拟信号是在时间上和数字上连续变化的信号，而数字信号是在时间上和数值上不连续的(即离散的)信号。模拟信号波形与数字信号波形如图11.1和图11.2所示。

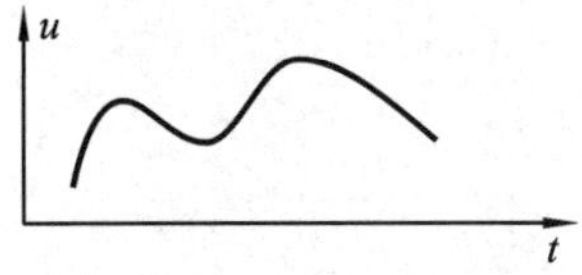

图11.1 模拟信号波形

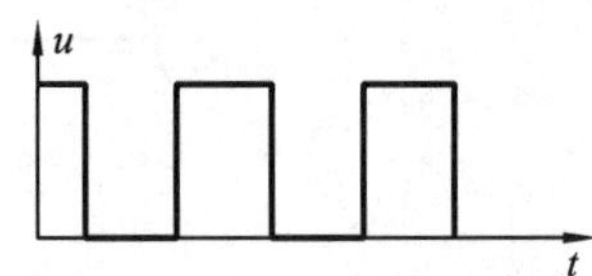

图11.2 数字信号波形

对模拟信号进行传输、处理的电子线路称为模拟电路。对数字信号进行传输、处理的电子线路称为数字电路。数字电路的抗干扰能力强，工作准确可靠，通过增加二进制的位数能达到很高的精度，易于制成集成电路，使用方便，应用广泛。其特点如下。

(1)工作信号是二进制的数字信号，在时间上和数值上是离散的(不连续)，反映在电路上就是低电平和高电平两种状态(即0和1两个逻辑值)。

(2)在数字电路中，研究的主要问题是电路的逻辑功能，即输入信号的状态和输出信号的状态之间的逻辑关系。

(3)对组成数字电路的元器件的精度要求不高，只要在工作时能够可靠地区分0和1两种状态即可。

11.1 基本逻辑门电路及其组合

在数字电路中，门电路是最基本的逻辑元件，它的应用极为广泛。所谓“门”，就是一种开关，在一定条件下它能允许信号通过，条件不满足，信号就不能通过。因此，门电路的输入信号与输出信号之间存在一定的逻辑关系。如果把电路的输入信号看成“条件”，把输出信号看成“结果”，则当“条件”具备时，“结果”就会发生。所以门电路又称为逻辑门电路。

在逻辑电路中，输入、输出信号通常用电平的高低来描述。在这里高电平和低电平就是指高电位和低电位。电平的高低是相对的，它只是表示两个相互对立的逻辑状态，至于高低电平的具体数值，则随逻辑电路类型的不同而不同。在逻辑电路中，通常用符号0和1来表示两种对立的逻辑状态，即低电平和高电平。但是，用哪一个符号表示高电平，哪一个符号

表示低电平是任意的。于是就有两种逻辑体制:一种是用 1 表示高电平,用 0 表示低电平,称为正逻辑;另一种是用 0 表示高电平,用 1 表示低电平,称为负逻辑。本书未作说明时均采用正逻辑。

基本逻辑关系有三种:与逻辑、或逻辑、非逻辑。与此相对应的门电路有与门、或门和非门。由这三种基本门电路可以组成其他多种复合门电路。

11.1.1　基本逻辑门电路

1. 与逻辑和与门电路

当决定某事件的全部条件同时具备时,结果才会发生,这种因果关系叫作与逻辑。实现与逻辑关系的电路称为与门电路。

图 11.1.1 所示是一个具有两个输入端的二极管与门电路原理图,它由两个二极管 D_1、D_2 和一个电阻 R 及电源 U_{CC} 组成。A、B 是与门电路的两个输入端,F 是输出端(说明:实际与门电路输入端并不限于两个,对于多个输入端的与门电路,其图形符号中输入线条数均按实际数画出)。与门电路图形符号如图 11.1.2 所示。

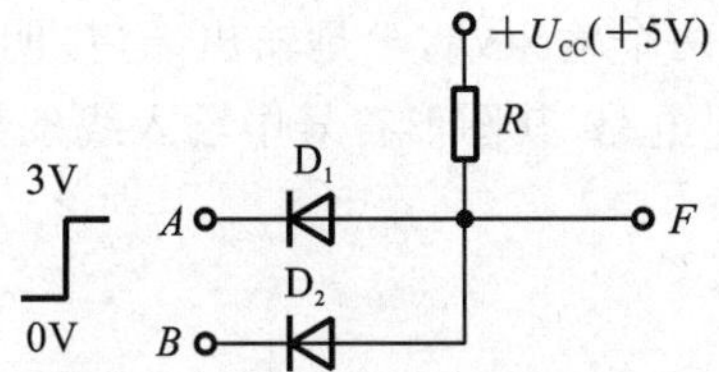

图 11.1.1　二极管与门电路

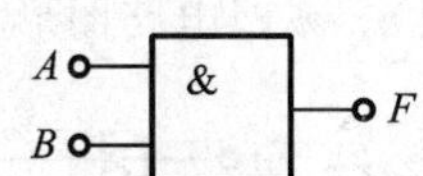

图 11.1.2　与门电路图形符号

下面对图 11.1.1 所示二极管与门电路的工作原理及逻辑功能进行分析。分析时设各输入高电平为 3 V(即输入逻辑为 1),输入低电平为 0 V(即输入逻辑为 0),电源电压 U_{CC} 为 5 V,电阻 R 为 3 kΩ,并忽略二极管的正向压降。

(1)当输入端 A、B 均为低电平 0,即 $U_A = U_B = 0$ V 时,二极管 D_1、D_2 都处于正向偏置而导通,使输出端 F 的电压 $U_F=0$ V,即输出端 F 为低电平 0。

(2)当输入端 A 为低电平 0,B 为高电平 1,即 $U_A=0$ V,$U_B=3$ V,二极管 D_1 阴极电位低于 D_2 阴极电位,二极管 D_1 导通,使 $U_F=0$ V,因而二极管 D_2 处于反向偏置而截止,输出端 F 仍为低电平 0。

(3)当输入端 A 为高电平 1,B 为低电平 0,即 $U_A=3$ V,$U_B=0$ V 时,二极管 D_1、D_2 的工作情况与(2)相反,输出端 F 仍为低电平 0。

(4)当输入端 A、B 均为高电平 1,即 $U_A=U_B=3$ V 时,二极管 D_1、D_2 均处于正向偏置而导通,使 $U_F=3$ V,输出端 F 为高电平 1。

从以上分析可得,与门的逻辑功能可概括为:输入有 0,输出为 0;输入全 1,输出为 1。

表 11.1.1 列出了图 11.1.1 所示电路输入与输出电位的关系。在逻辑电路分析中,通常用逻辑 0、1 来描述输入与输出之间的关系,所列的表称为逻辑状态表(也称真值表)。上述两输入与门的逻辑状态表如表 11.1.2 所示。

表 11.1.1　输入和输出电位关系

U_A/V	U_B/V	U_F/V	D_1	D_2
0	0	0	导通	导通
0	3	0	导通	截止
3	0	0	截止	导通
3	3	3	截止	截止

表 11.1.2　两输入与门逻辑状态表

A	B	F
0	0	0
0	1	0
1	0	0
1	1	1

逻辑电路的输入、输出关系的另一种表示方式是逻辑函数表达式。两输入端与门电路的逻辑函数表达式为

$$F=A\cdot B$$

式中“·”表示逻辑与,为书写简便,也可省略。逻辑与也称为逻辑乘。

2. 或逻辑和或门电路

在决定某事件的条件中,只要任一条件具备,事件就会发生,这种因果关系叫作或逻辑。实现或逻辑关系的电路称为或门。

图 11.1.3 所示是一个具有两个输入端的二极管或门电路。它由两个二极管 D_1、D_2 和一个电阻 R 及电源 $-U_{CC}$ 组成。A、B 是或门电路的两个输入端,F 是输出端(说明:实际或门电路输入端并不限于两个,对于多个输入端的或门电路,其图形符号中输入线条数均按实际数画出)。或门电路图形符号如图 11.1.4 所示。

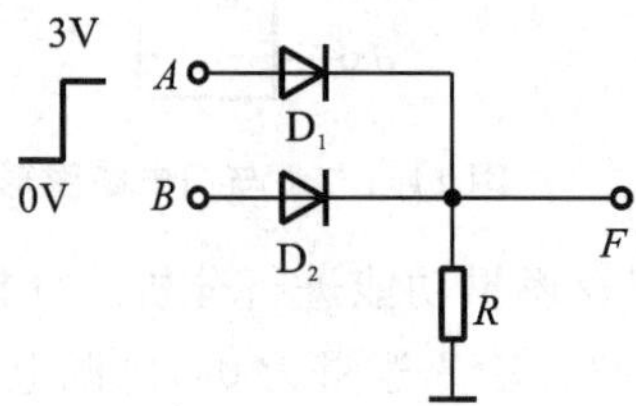

图 11.1.3　二极管或门电路

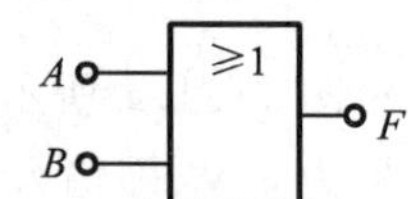

图 11.1.4　或门电路图形符号

下面对图 11.1.3 所示二极管或门电路的工作原理及逻辑功能进行分析。分析时设各输入高电平为 3 V(即输入逻辑为 1),输入低电平为 0 V(即输入逻辑为 0),电源电压 $-U_{CC}$ 为 −5 V,电阻 R 为 3 kΩ,并忽略二极管的正向压降。

(1)当输入端 A、B 均为低电平 0,即 $U_A=U_B=0$ V 时,二极管 D_1、D_2 都处于正向偏置而导通,使输出端 F 的电压 $U_F=0$ V,即输出端 F 为低电平 0。

(2)当输入端 A 为低电平 0,B 为高电平 1,即 $U_A=0$ V,$U_B=3$ V,二极管 D_2 阳极电位高于 D_1 阳极电位,二极管 D_2 导通,使 $U_F=3$ V,因而二极管 D_1 处于反向偏置而截止,输出端 F 为高电平 1。

(3)当输入端 A 为高电平 1,B 为低电平 0,即 $U_A=3$ V,$U_B=0$ V 时,二极管 D_1、D_2 的工作情况与(2)相反,输出端 F 仍为高电平 1。

(4)当输入端 A、B 均为高电平 1,即 $U_A=U_B=3$ V 时,二极管 D_1、D_2 均处于正向偏置而导通,使 $U_F=3$ V,输出端 F 为高电平 1。

从以上分析可得,或门的逻辑功能可概括为:输入有 1,输出为 1;输入全 0,输出为 0。

表 11.1.3 列出了图 11.1.3 所示电路输入和输出电位的关系。上述两输入或门的逻辑

状态表如表 11.1.4 所示。

表 11.1.3　输入和输出电位关系

U_A/V	U_B/V	U_F/V	D_1	D_2
0	0	0	截止	截止
0	3	3	截止	导通
3	0	3	导通	截止
3	3	3	导通	导通

表 11.1.4　两输入或门逻辑状态表

A	B	F
0	0	0
0	1	1
1	0	1
1	1	1

具有两个输入端的或门逻辑函数表达式为

$$F=A+B$$

式中,“+”号表示逻辑或,也称逻辑加(在逻辑或中,1+1=1,注意与算术的区别)。

3. 非逻辑和非门电路

决定某事件的条件只有一个,当条件出现时事件不发生,而条件不出现时,事件发生,这种因果关系叫作非逻辑。实现非逻辑关系的电路称为非门,也称反相器。

图 11.1.5 所示为晶体管非门电路。图中 A 为输入端,F 为输出端。电路参数的选择必须保证晶体管工作在开关状态。当晶体管处于截止状态时,要求发射结处于反向偏置(即 $U_{BE}<0$)以保证可靠截止。为此在晶体管的基极回路中设置了负电源 $-U_{BB}$。非门电路图形符号如图 11.1.6 所示。

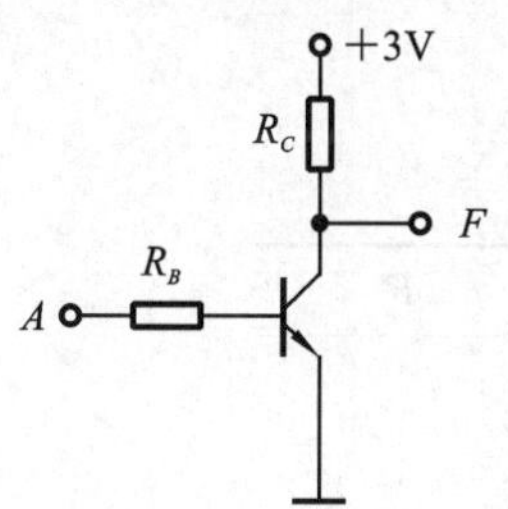

图 11.1.5　晶体管非门电路

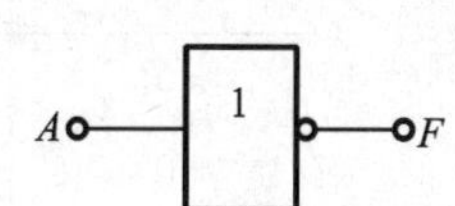

图 11.1.6　非门电路图形符号

下面对图 11.1.5 所示二极管非门电路的工作原理及逻辑功能进行分析。分析时设各输入高电平为 3 V(即输入逻辑为 1),输入低电平为 0 V(即输入逻辑为 0)。

(1)输入 A 为高电平 1 时,即 $U_A=3$ V,三极管饱和导通,输出 F 电压 $U_F=0$ V,即输出 F 为低电平 0。

(2)输入 A 为低电平 0 时,即 $U_A=0$ V,三极管截止,输出 F 电压 $U_F=3$ V,即输出 F 为高电平 1。

表 11.1.5 列出了图 11.1.5 所示电路输入和输出电位的关系。上述非门的逻辑状态表如表 11.1.6 所示。

表 11.1.5　输入和输出电位关系

U_A/V	U_F/V
0	3
3	0

表 11.1.6　非门逻辑状态表

A	F
0	1
1	0

非门的逻辑函数表达式为

$$F=\overline{A}$$

式中,A 上的短横线表示逻辑非,读作 A 非。

11.1.2 基本逻辑门电路的组合

基本逻辑运算的复合称为复合逻辑运算。而实现复合逻辑运算的电路称为复合逻辑门。最常用的复合逻辑门有与非门、或非门、与或非门和异或门等。

1. 与非门

与运算后再进行非运算的复合运算称为与非运算,实现与非运算的逻辑电路称为与非门。一个与非门有两个或两个以上的输入端和一个输出端。两输入端与非门的构成和逻辑符号如图 11.1.7 所示。

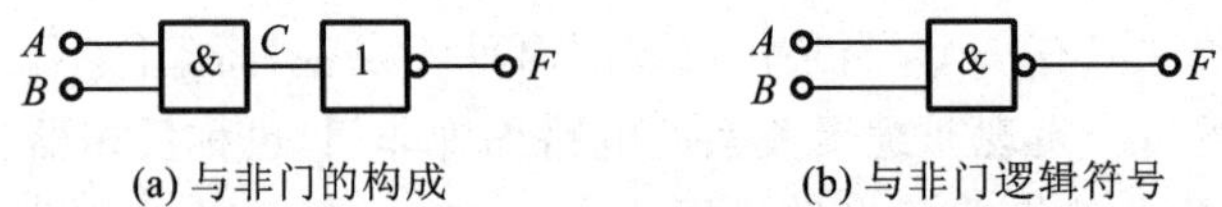

(a) 与非门的构成　　(b) 与非门逻辑符号

图 11.1.7　与非门的构成和逻辑符号

按照前面与门、非门的逻辑特点进行分析,可得与非门的逻辑状态表,如表 11.1.7 所示。使用与非门可实现任何逻辑功能的逻辑电路。因此,与非门是一种通用逻辑门。

与非门输出与输入端的逻辑关系表达式为

$$F=\overline{AB}$$

表 11.1.7　与非门逻辑状态表

A	B	C	F
0	0	0	1
0	1	0	1
1	0	0	1
1	1	1	0

与非门的特点可总结为:有 0 出 1,全 1 出 0。

2. 或非门

或运算后再进行非运算的复合运算称为或非运算,实现或非运算的逻辑电路称为或非门。或非门也是一种通用逻辑门。一个或非门有两个或两个以上的输入端和一个输出端。两输入端或非门的构成和逻辑符号如图 11.1.8 所示。

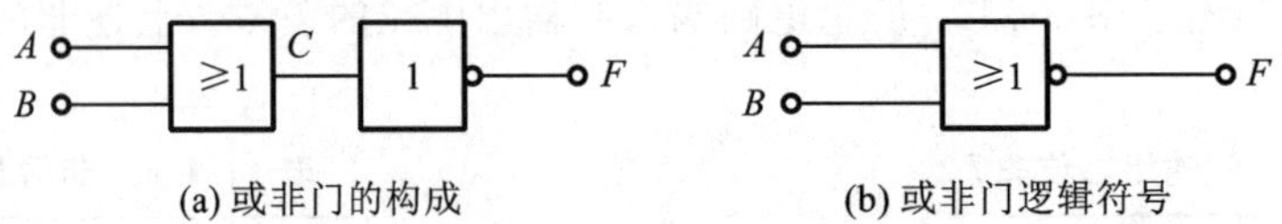

(a) 或非门的构成　　(b) 或非门逻辑符号

图 11.1.8　或非门的构成和逻辑符号

按照前面或门、非门的逻辑特点进行分析,可得或非门的逻辑状态表,如表 11.1.8 所

示。或非门输出与输入端的逻辑关系表达式为

$$F=\overline{A+B}$$

表 11.1.8　或非门逻辑状态表

A	B	C	F
0	0	0	1
0	1	1	0
1	0	1	0
1	1	1	0

或非门的特点可总结为：有 1 出 0，全 0 出 1。

3. 异或门

在集成逻辑门中，异或门主要为两输入变量门，对三输入或更多输入变量的逻辑，都可以由两输入门导出。所以，常见的异或逻辑是两输入变量的情况。

对于两输入变量的异或逻辑，当两个输入端取值不同时，输出为高电平 1；当两个输入端取值相同时，输出端为低电平 0。实现异或逻辑运算的逻辑电路称为异或门。两输入异或门逻辑符号如图 11.1.9 所示。其逻辑状态表如表 11.1.9 所示。

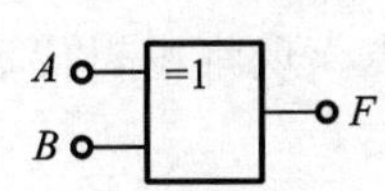

图 11.1.9　两输入异或门逻辑符号

表 11.1.9　异或门逻辑状态表

A	B	F
0	0	0
0	1	1
1	0	1
1	1	0

异或门输入端与输出端之间的逻辑关系表达式为

$$F=A\overline{B}+\overline{A}B=A\oplus B$$

两输入异或门逻辑电路的特点总结为：相同为 0，相异为 1。

对于多变量的异或逻辑运算，常以两变量的异或逻辑运算的定义为依据来进行推证。N 个变量的异或逻辑运算输出值和输入变量取值的对应关系为：输入变量的取值组合中，有奇数个 1 时，异或逻辑运算的输出值为 1；反之，输出值为 0。

4. 同或门

异或运算之后再进行非运算，则称为同或运算。实现同或运算的电路称为同或门。两输入同或门的逻辑符号如图 11.1.10 所示，其逻辑状态表如表 11.1.10 所示。

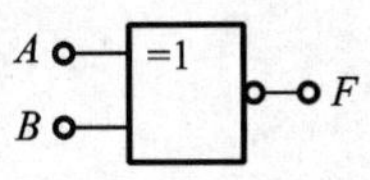

图 11.1.10　两输入同或门逻辑符号

表 11.1.10　同或门逻辑状态表

A	B	F
0	0	1
0	1	0
1	0	0
1	1	1

同或门输入与输出之间的逻辑关系表达式为

$$F=\overline{A}\,\overline{B}+AB=\overline{A\oplus B}=A\odot B$$

两输入同或门逻辑电路的特点总结为:相同为1,相异为0。

如同多变量的异或逻辑运算一样,多变量的同或逻辑运算也常以两变量的同或逻辑运算的定义为依据进行推证。N个变量的同或逻辑运算的输出值和输入变量取值的对应关系为:输入变量的取值组合中,有偶数个1时,同或逻辑运算的输出值为1;反之,输出值为0。

11.2 逻辑代数

逻辑代数又称布尔代数,是研究逻辑关系的一种数学工具,被广泛应用于数字电路的分析和设计中。

逻辑代数与普通代数一样也可以用字母表示变量,但变量的取值只能是0和1两种。所谓的逻辑0和逻辑1,它们不是具体的数值,而是表示两种相反的逻辑状态。逻辑代数表示的是逻辑关系,不是数量关系,这是它与普通代数本质上的区别。

11.2.1 逻辑代数的运算法则

逻辑代数具有三种基本运算:与运算(逻辑乘)、或运算(逻辑加)和非运算(逻辑非)。这已在前一节介绍过,其他各种逻辑运算由这三种基本运算组成。现将逻辑代数的一些基本运算规则列举如下:

1. 常量之间的关系

与运算:$0\cdot0=0\quad 0\cdot1=0\quad 1\cdot0=0\quad 1\cdot1=1$

或运算:$0+0=0\quad 0+1=1\quad 1+0=1\quad 1+1=1$

非运算:$\overline{1}=0\quad \overline{0}=1$

2. 基本运算

与运算:$A\cdot0=0\quad A\cdot1=A\quad A\cdot A=A\quad A\cdot\overline{A}=0$

或运算:$A+0=A\quad A+1=1\quad A+A=A\quad A+\overline{A}=1$

非运算:$\overline{\overline{A}}=A$

3. 基本定理

交换律:$A\cdot B=B\cdot A\quad A+B=B+A$

结合律:$(A\cdot B)\cdot C=A\cdot(B\cdot C)\quad (A+B)+C=A+(B+C)$

分配律:$A\cdot(B+C)=A\cdot B+A\cdot C\quad A+B\cdot C=(A+B)\cdot(A+C)$

吸收律:$A(A+B)=A\quad A+A\cdot B=A\quad A(\overline{A}+B)=AB\quad A+\overline{A}B=A+B$

反演律(摩根定律):$\overline{A\cdot B}=\overline{A}+\overline{B}\quad \overline{A+B}=\overline{A}\cdot\overline{B}$

【例11.2.1】 证明分配率:$A+BC=(A+B)(A+C)$。

【证明】

$$\begin{aligned}(A+B)(A+C)&=AA+AB+AC+BC\\&=A+AB+AC+BC\end{aligned}$$

$$=A(1+B+C)+BC$$
$$=A+BC$$

【例 11.2.2】 用逻辑状态表来证明摩根定律。

【证明】

摩根定律的逻辑状态如表 11.2.1 所示。

表 11.2.1　摩根定律的逻辑状态表

A	B	$\overline{A+B}$	$\overline{A}\cdot\overline{B}$	$\overline{A\cdot B}$	$\overline{A}+\overline{B}$
0	0	1	1	1	1
0	1	0	0	1	1
1	0	0	0	1	1
1	1	0	0	0	0

由上表可得$\overline{A\cdot B}=\overline{A}+\overline{B}$，$\overline{A+B}=\overline{A}\cdot\overline{B}$。

11.2.2　逻辑代数的化简

逻辑函数表达式有各种不同的表示形式，即使同一类型的表达式也有可能有繁有简。对于某一个逻辑函数来说，尽管函数表达式的形式不同，但它们所描述的逻辑功能是相同的。一般来说，逻辑函数的表达式越简单，设计出来的逻辑电路也就越简单。然而，从逻辑问题概括的逻辑函数通常不是最简的，因此，必须对逻辑函数进行化简。常用的化简方法有代数法和卡诺图化简法，这里仅介绍代数法。

代数化简法就是利用逻辑代数的基本运算规则来化简逻辑函数。代数化简法的实质就是对逻辑函数作等值变换，通过变换，使与-或表达式的与项数目最少，以及满足与项最少的条件下，每个与项的变量数最少。下面是代数化简法中常用的方法。

1. 合并法

利用公式 $A+\overline{A}=1$，可将两项合并成一项，并消去一个变量。例如：

$$F=A\overline{B}\,\overline{C}+A\overline{B}C=A\overline{B}(\overline{C}+C)=A\overline{B}$$

2. 吸收法

利用公式 $A+AB=A$，消去多余项。例如：

$$F=\overline{AB}+\overline{A}C+\overline{B}D=\overline{A}+\overline{B}+\overline{A}C+\overline{B}D=\overline{A}(1+C)+\overline{B}(1+D)=\overline{A}+\overline{B}$$

以上化简过程中应用摩根定律将$\overline{AB}$变换为 $\overline{A}+\overline{B}$。

3. 消去法

利用公式 $A+\overline{A}B=A+B$，消去多余变量。例如：

$$F=AC+\overline{A}B+B\overline{C}+\overline{B}D=AC+(\overline{A}+\overline{C})B+\overline{B}D$$
$$=AC+\overline{AC}B+\overline{B}D=AC+B+\overline{B}D=AC+B+D$$

以上化简过程中应用摩根定律将 $\overline{A}+\overline{C}$ 变换为$\overline{AC}$。

4. 配项法

利用 $A+\overline{A}=1$，可在某一与项中乘以 $A+\overline{A}$，展开后消去多余项。也可利用 $A+A=A$，

将某一与项重复配置,分别和有关与项合并化简。例如:

$$
\begin{aligned}
F &= AB+\overline{A}\,\overline{C}+\overline{B}\,\overline{C}=AB+\overline{A}\,\overline{C}+\overline{A}\,\overline{B}\,\overline{C}+A\,\overline{B}\,\overline{C} \\
&= AB+(\overline{A}\,\overline{C}+\overline{A}\,\overline{B}\,\overline{C})+A\,\overline{B}\,\overline{C}=AB+\overline{A}\,\overline{C}(1+\overline{B})+A\,\overline{B}\,\overline{C} \\
&= AB+\overline{A}\,\overline{C}+A\,\overline{B}\,\overline{C}=AB+\overline{C}(\overline{A}+A\,\overline{B})=AB+\overline{C}(\overline{A}+\overline{B}) \\
&= AB+\overline{C}\,\overline{AB}=AB+\overline{C}
\end{aligned}
$$

实际应用中遇到的逻辑函数往往比较复杂,化简时应灵活使用所学的定律、公式及规则,综合运用各种方法。

【例 11.2.3】 试化简 $ABC\overline{D}+ABD+BC\overline{D}+ABC+BD+B\overline{C}$。

【证明】

$$
\begin{aligned}
& ABC\overline{D}+ABD+BC\overline{D}+ABC+BD+B\overline{C} \\
&= ABC(1+\overline{D})+BD(1+A)+BC\overline{D}+B\overline{C} \\
&= ABC+BD+BC\overline{D}+B\overline{C} \\
&= B(AC+D+C\overline{D}+\overline{C}) \\
&= B(AC+D+C+\overline{C}) \\
&= B(AC+D+1) \\
&= B
\end{aligned}
$$

11.2.3 逻辑函数的表示方法

逻辑函数可以分别用逻辑状态表、逻辑表达式及逻辑图来表示。前两种表示方法已作介绍,现再举例进一步说明。

某地方举办大型歌唱比赛,有三位裁判,每位裁判配备一个表决器,最终选手能否晋级靠三位裁判评分,表决按照少数服从多数的原则通过。设三人各有一按钮,用变量 A、B、C 表示,同意时按下按钮,变量取值为 1,不同意时不按按钮,变量取值为 0。F 表示表决结果,$F=1$ 表示通过,$F=0$ 表示不通过。现用下列三种方法表示逻辑函数 F。

1. 逻辑状态表

按照上述逻辑关系,可以列出逻辑状态表,如表 11.2.2 所示。逻辑状态表用输入、输出变量的逻辑状态(1 或 0)以表格形式来表述逻辑函数。

表 11.2.2 三人表决器的逻辑状态表

A	B	C	F
0	0	0	0
0	0	1	0
0	1	0	0
0	1	1	1
1	0	0	0
1	0	1	1
1	1	0	1
1	1	1	1

2. 逻辑表达式

逻辑表达式是用与、或、非等运算来表示。一般利用与或法写逻辑表达式。将逻辑状态表中所有 $F=1$ 的情况列出，分别是 ABC 取 011、101、110、111，共有四种组合。这四种组合之间是逻辑或的关系，即任意一种组合都可以使 $F=1$。而每一种组合 ABC 之间是逻辑与的关系，如 ABC 取 011，用逻辑表达式可以写成 $\overline{A}BC$（若输入变量是 1，则取其原变量，如 B；若输入变量为 0，则取其反变量，如 $\overline{A}$）。因此可以列出 $F=1$ 的逻辑表达式，即：

$$F=\overline{A}BC+A\,\overline{B}C+AB\,\overline{C}+ABC$$

将其化简为

$$\begin{aligned} F &= \overline{A}BC + A\overline{B}C + AB\overline{C} + ABC \\ &= \overline{A}BC + A\overline{B}C + AB\overline{C} + 3ABC \\ &= (\overline{A}+A)BC + (\overline{B}+B)AC + (\overline{C}+C)AB \\ &= AB + BC + AC \end{aligned} \tag{11.2.1}$$

3. 逻辑图

一般由逻辑式画出逻辑图。逻辑乘用与门实现，逻辑加用或门实现，求反用非门。式(11.2.1)就可用三个与门和一个或门实现，如图 11.2.1 所示。

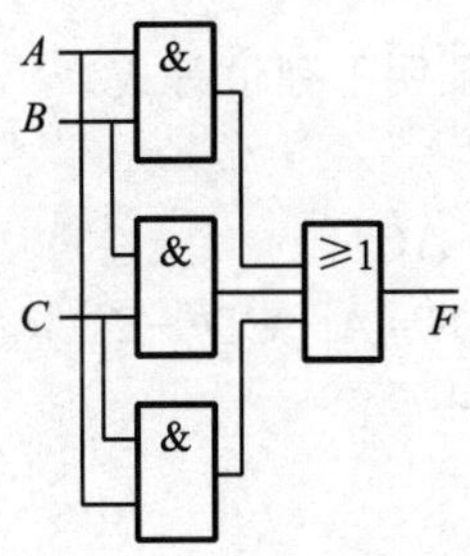

图 11.2.1　三人表决器的逻辑图

上述各种表示方法之间都可以相互转换。

习　　题

11.1　如图 11.3 所示，当 u_A、u_B 是下列逻辑门两输入端的输入波形时，画出下列对应逻辑门的输出波形。

(1)与门；(2)与非门；(3)或非门；(4)异或门。

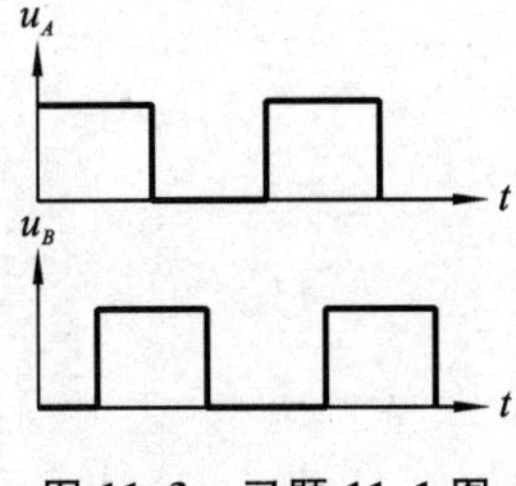

图 11.3　习题 11.1 图

11.2　写出图 11.4 所示逻辑电路的逻辑函数表达式。

11.3　画出实现下列逻辑函数的逻辑电路。

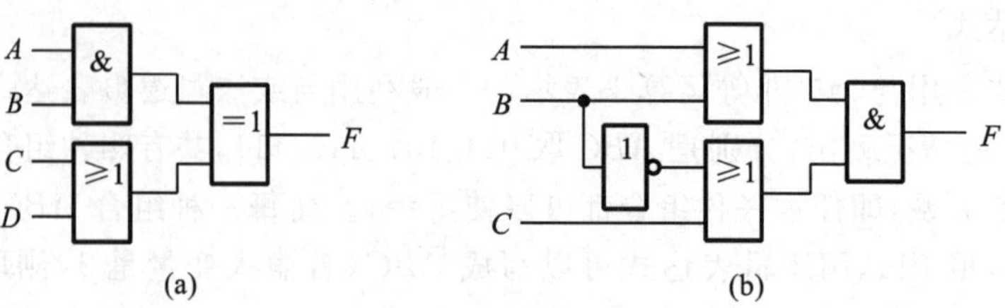

图 11.4　习题 11.2 图

(1)$F=AB+A\overline{B}C+\overline{A}C$

(2)$F=\overline{(A+B)(C+D)}$

11.4　用代数法化简下列逻辑函数。

(1)$(A+\overline{B})C+\overline{A}B$

(2)$A\overline{C}+\overline{A}B+BC$

(3)$\overline{A}\,\overline{B}C+\overline{A}BC+AB\overline{C}+\overline{A}\,\overline{B}\,\overline{C}+ABC$

(4)$A\overline{B}+B\overline{C}D+\overline{C}\,\overline{D}+AB\overline{C}+A\overline{C}D$

(5)$\overline{A+\overline{BC}}+AB+B\overline{C}D$

(6)$(A+B)C+\overline{A}C+\overline{AB+\overline{B}C}$

11.5　用逻辑代数的基本定律证明下列恒等式。

(1)$\overline{\overline{A}+B}+\overline{\overline{A}+\overline{B}}=A$

(2)$ABC+A\overline{B}C+AB\overline{C}=AB+AC$

(3)$A+A\overline{B}\,\overline{C}+\overline{A}CD+(\overline{C}+\overline{D})E=A+CD+E$

(4)$A\overline{B}+B\overline{C}+C\overline{A}=\overline{A}B+\overline{B}C+\overline{C}A$

第12章　组合逻辑电路的分析与设计

数字电路按其逻辑功能可分为两大类：一类是组合逻辑电路，该电路的输出状态仅取决于当时的输入状态；另一类是时序逻辑电路，该电路的输出状态不仅与当时的输入状态有关，而且与电路原来的状态有关。本章主要介绍组合逻辑电路。

讨论组合逻辑电路包括两方面的内容：一是分析给定逻辑电路的逻辑功能；二是由给定的逻辑要求设计相应的逻辑电路。本章首先介绍组合逻辑电路的分析与设计方法，最后介绍常见的组合逻辑电路如加法器、编码器、译码器、数据选择器和数值比较器。

12.1　组合逻辑电路分析

12.1.1　组合逻辑电路的特点

组合逻辑电路(如图 12.1.1 所示)是由门电路组成的，但不包含存储信号的记忆单元，输出与输入间无反馈通路，信号是单向传输，且存在传输延迟时间。

组合逻辑电路的基本特点是任何时刻的输出信号状态仅取决于该时刻各个输入信号状态的组合，而与电路在输入信号作用前的状态无关。简而言之，组合逻辑电路不具有记忆保持功能。

图 12.1.1　组合逻辑电路示意图

12.1.2　组合逻辑电路的分析

对于已经给出的一个组合逻辑电路，用逻辑代数原理去分析它的性质，判断它的逻辑功

能,称为组合逻辑电路的分析,其分析步骤(如图 12.1.2 所示)如下:

(1)根据给定的组合电路写出它的输出函数逻辑表达式;

(2)对逻辑表达式进行化简;

(3)根据最简逻辑表达式列真值表;

(4)根据真值表中逻辑变量和函数的取值规律来分析电路的逻辑功能。

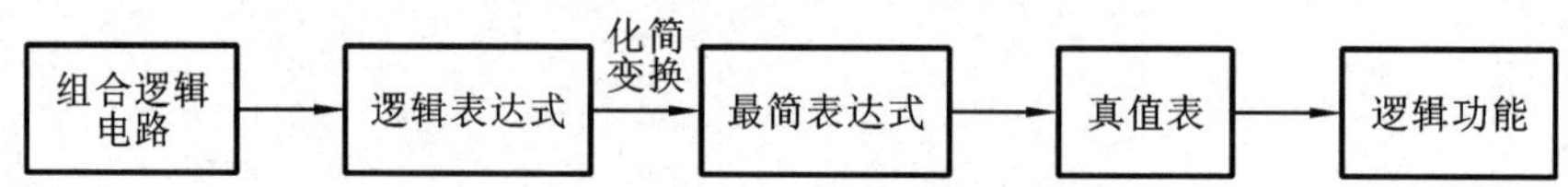

图 12.1.2　组合逻辑电路的分析步骤

【例 12.1.1】 组合电路如图 12.1.3 所示,分析该电路的逻辑功能。

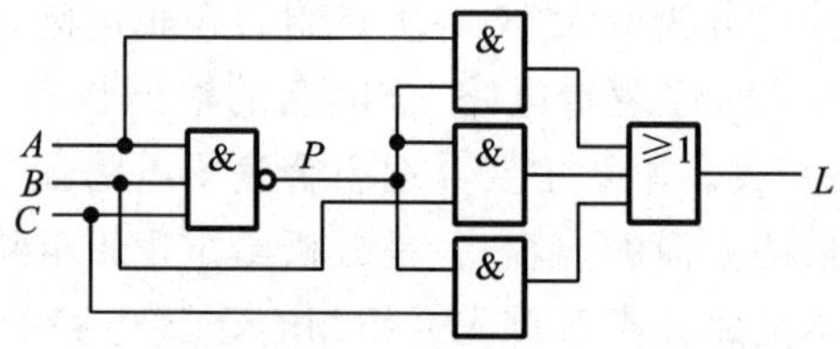

图 12.1.3　例 12.1.1 图

【解】

(1)由逻辑图逐级写出逻辑表达式。为了写表达式方便,借助中间变量 P,则

$$P=\overline{ABC}$$

$$\begin{aligned}L&=AP+BP+CP\\&=A\,\overline{ABC}+B\,\overline{ABC}+C\,\overline{ABC}\end{aligned}$$

(2)化简与变换。因为下一步要列真值表,所以要通过化简与变换,使表达式有利于列真值表,一般应变换成与-或式或最小项表达式。

$$\begin{aligned}L&=\overline{ABC}(A+B+C)\\&=\overline{ABC+\overline{A+B+C}}\\&=\overline{ABC+\overline{A}\,\overline{B}\,\overline{C}}\end{aligned}$$

(3)由表达式列出真值表,见表 12.1.1。

表 12.1.1　例 12.1.1 真值表

A	B	C	L
0	0	0	0
0	0	1	1
0	1	0	1
0	1	1	1
1	0	0	1
1	0	1	1
1	1	0	1
1	1	1	0

经过化简与变换的表达式为两个最小项之和的非，所以很容易列出真值表。

(4)分析逻辑功能。

由真值表可知，当 A、B、C 三个变量不一致时，电路输出为“1”，所以这个电路称为“不一致电路”。

上例中输出变量只有一个，对于多输出变量的组合逻辑电路，分析方法完全相同。

【例 12.1.2】　分析图 12.1.4 所示两个逻辑电路的逻辑功能是否相同？要求写出逻辑表达式，列出真值表。

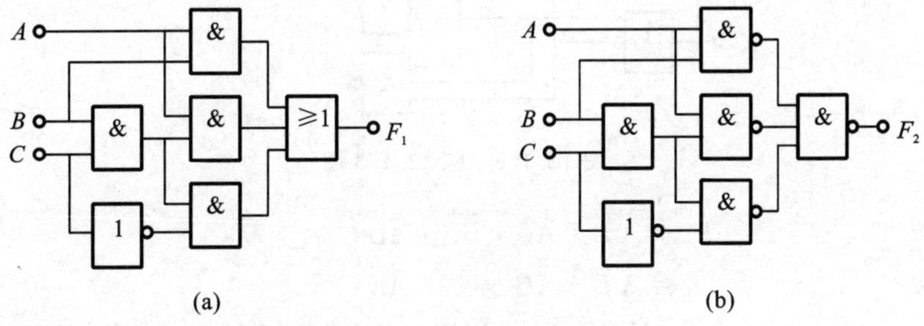

图 12.1.4　例 12.1.2 图

【解】

对图 12.1.2(a)所示电路，逻辑表达式为：

$$F_1 = AB + A(BC) + (BC)\overline{C} = AB$$

对图 12.1.2(b)所示电路，逻辑表达式为：

$$F_2 = \overline{\overline{AB}\cdot\overline{A(BC)}\cdot\overline{(BC)\overline{C}}} = AB + ABC + BC\overline{C} = AB$$

真值表如表 12.1.2 所示。因为两个逻辑电路的逻辑表达式以及真值表完全相同，所以它们具有相同的逻辑功能。

表 12.1.2　例 12.1.2 的真值表

A	B	C	F_1	F_2
0	0	0	0	0
0	0	1	0	0
0	1	0	0	0
0	1	1	0	0
1	0	0	0	0
1	0	1	0	0
1	1	0	1	1
1	1	1	1	1

【例 12.1.3】　图 12.1.5 是一个保险柜的组合逻辑电路，有 3 个按钮 A、B、C，分析是否满足报警保险功能。

【解】

(1)根据逻辑图写出函数 F_1、F_2 的与非表达式，化简后转换为与或表达式，为：

$$F_1 = \overline{\overline{\overline{A}BC}\cdot\overline{AB\overline{C}}} = \overline{A}BC + AB\overline{C}$$

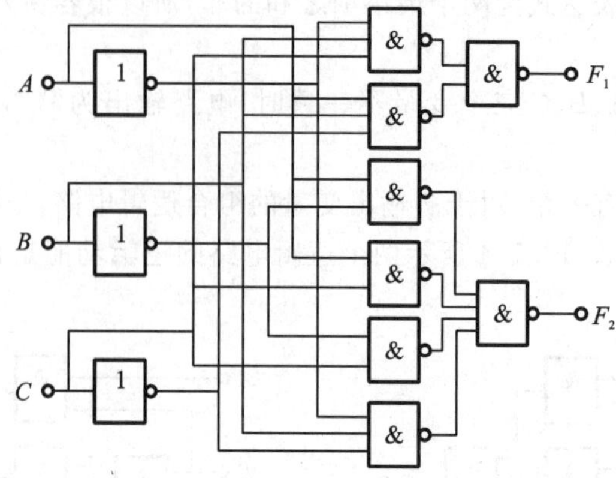

图 12.1.5　例 12.1.3 图

$$
\begin{aligned}
F_2 &= \overline{\overline{A\overline{B}}\cdot\overline{AC}\cdot\overline{\overline{B}C}\cdot\overline{\overline{A}B\,\overline{C}}} \\
&= A\overline{B}+AC+\overline{B}C+\overline{A}B\,\overline{C} \\
&= (A\overline{B}\,\overline{C}+A\overline{B}C)+(A\overline{B}C+ABC)+(A\overline{B}C+\overline{A}\,\overline{B}C)+\overline{A}B\,\overline{C} \\
&= \overline{A}\,\overline{B}C+\overline{A}B\,\overline{C}+A\overline{B}\,\overline{C}+A\overline{B}C+ABC
\end{aligned}
$$

(2)根据逻辑要求,该逻辑电路的真值表如表 12.1.3 所示。

表 12.1.3　例 12.1.3 的真值表

A	B	C	F_1	F_2
0	0	0	0	0
0	0	1	0	1
0	1	0	0	1
0	1	1	1	0
1	0	0	0	1
1	0	1	0	1
1	1	0	1	0
1	1	1	0	1

(3)根据真值表分析功能:当 3 个按钮 A、B、C 按下时其值为 1,未按下时其值为 0。发出开启柜门信号时 F_1 的值为 1,否则 F_1 的值为 0。发出报警信号时 F_2 的值为 1,否则 F_2 的值为 0。因此可以起报警保险作用。

在实际工作中,除了用代数化简法来分析逻辑功能外,还可以根据输出与输入逻辑状态的波形图分析电路的逻辑功能,也是很直观的。为了避免出错,通常是根据输入波形,逐级画出输出波形,最后根据逻辑图的输出端与输入端波形之间的关系确定功能。

【例 12.1.4】　如图 12.1.6(a)所示的逻辑电路,写出表达式,并根据输入信号 A、B 的波形画出相应的输出 Y 波形。

【解】

(1)根据逻辑电路写出表达式:

$$Y=\overline{A\cdot B}$$

(2)根据表达式画出 Y 的波形图,如图 12.1.6(b)所示。

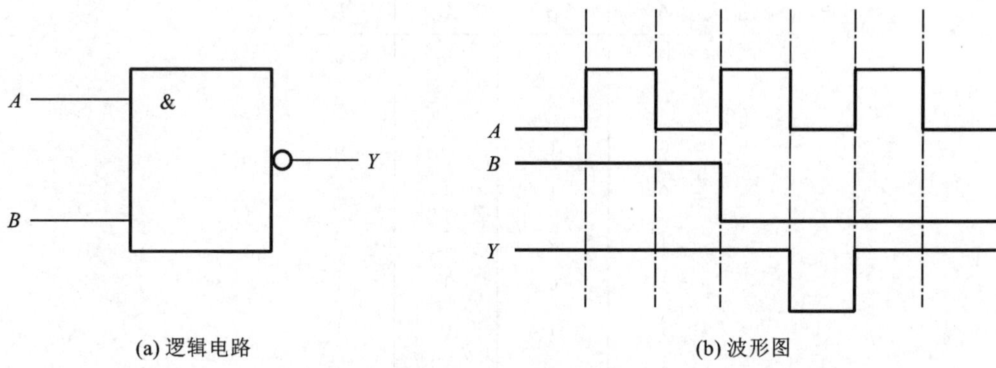

图 12.1.6　例 12.1.4 图

12.2　组合逻辑电路设计

组合逻辑设计是组合逻辑分析的逆过程,即最终画出满足功能要求的组合逻辑电路图。组合逻辑电路的设计需要根据设计要求和选用器件,构造出能实现预定逻辑功能、经济合理的逻辑电路。

组合逻辑电路的设计一般应以电路简单、所用器件最少为目标,并尽量减少所用集成器件的种类,因此在设计过程中要用到前面介绍的代数法来化简或转换逻辑函数。

组合逻辑电路的设计的一般过程(如图 12.2.1 所示)如下:

(1)根据对电路的逻辑功能的要求分析,列出真值表;

(2)由真值表写出逻辑表达式;

(3)化简和变换逻辑表达式,从而能利用选定的逻辑器件画出逻辑电路图。

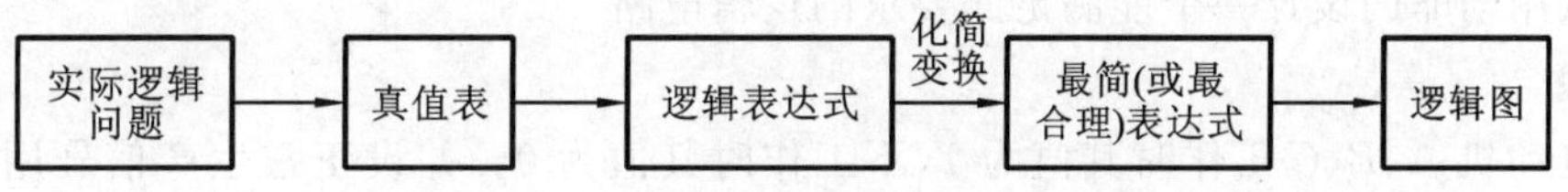

图 12.2.1　组合逻辑电路的设计流程图

【例 12.2.1】　设计一个三人表决电路,结果按"少数服从多数"的原则决定。

【解】

(1)根据设计要求建立该逻辑函数的真值表。

设三人的意见为变量 A、B、C,表决结果为函数 L。对变量及函数进行如下状态赋值:

①对于变量 A、B、C,设同意为逻辑"1";不同意为逻辑"0";

②对于函数 L,设事情通过为逻辑"1";没通过为逻辑"0"。

列出真值表如表 12.2.1 所示。

(2)由真值表写出逻辑表达式:

$$L = \overline{A}BC + A\overline{B}C + AB\overline{C} + ABC$$

该逻辑式不是最简,化简得到最简表达式:

$$L = AB + BC + AC$$

表 12.2.1　例 12.2.1 真值表

A	B	C	L
0	0	0	0
0	0	1	0
0	1	0	0
0	1	1	1
1	0	0	0
1	0	1	1
1	1	0	1
1	1	1	1

(3)画出逻辑图,如图 12.2.2(a)所示。如果要求用与非门实现该逻辑电路,就应将表达式转换成与非-与非表达式:

$$L = AB + BC + AC = \overline{\overline{AB} \cdot \overline{BC} \cdot \overline{AC}}$$

画出逻辑图,如图 12.2.2(b)所示。

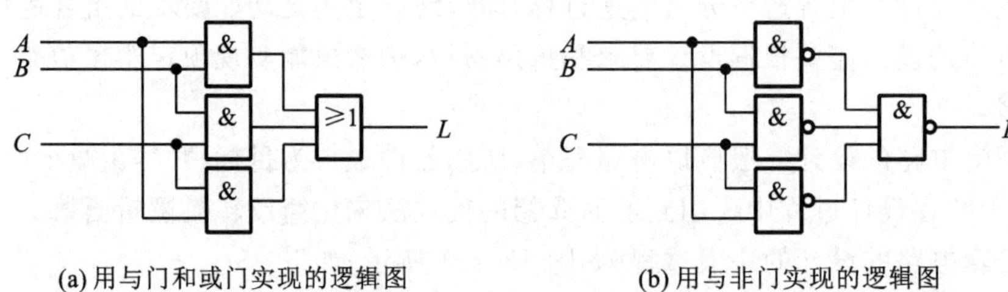

(a) 用与门和或门实现的逻辑图　　(b) 用与非门实现的逻辑图

图 12.2.2　例 12.2.1 逻辑图

【例 12.2.2】 某车间有 3 台电动机 A、B、C,要维持正常生产要求必须至少两台电动机工作。试用与非门设计一个能满足此要求的逻辑电路。

【解】

设电动机 A、B、C 工作时其值为 1,不工作时其值为 0。并设正常生产信号用 F 表示,能正常生产时其值为 1,不能正常生产时其值为 0。根据逻辑要求,该逻辑电路的真值表如表 12.2.2 所示。

表 12.2.2　例 12.2.2 真值表

A	B	C	F
0	0	0	0
0	0	1	0
0	1	0	0
0	1	1	1
1	0	0	0
1	0	1	1
1	1	0	1
1	1	1	1

由表 12.2.2 写出函数 F 的与或表达式,化简后转换为与非表达式,为:

$$F=\overline{A}BC+A\overline{B}C+AB\overline{C}+ABC=AB+BC+AC=\overline{\overline{AB}\cdot\overline{BC}\cdot\overline{AC}}$$

根据上式画出逻辑图,如图 12.2.3 所示。

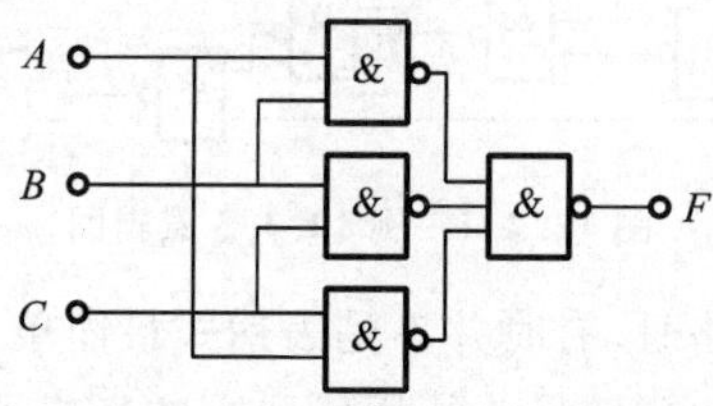

图 12.2.3　例 12.2.2 逻辑图

【例 12.2.3】 设计一个电话机信号控制电路。电路有 I_0(火警)、I_1(盗警)和 I_2(日常业务)三种输入信号,通过排队电路分别从 L_0、L_1、L_2 输出,在同一时间只能有一个信号通过。如果同时有两个或两个以上信号出现时,应首先接通火警信号,其次为盗警信号,最后是日常业务信号。试按照上述要求设计该信号控制电路。要求用集成门电路 7400(每片含 4 个两输入端与非门)实现。

【解】

(1)列出真值表。

对于输入,设有信号为逻辑“1”;没信号为逻辑“0”。

对于输出,设允许通过为逻辑“1”;不允许通过为逻辑“0”。

所列真值表如表 12.2.3 所示。

表 12.2.3　例 12.2.3 真值表

输　入			输　出		
I_0	I_1	I_2	L_0	L_1	L_2
0	0	0	0	0	0
1	×	×	1	0	0
0	1	×	0	1	0
0	0	1	0	0	1

(2)由真值表写出各输出的逻辑表达式。

$$L_0=I_0$$

$$L_1=\overline{I_0}I_1$$

$$L_2=\overline{I_0}\ \overline{I_1}I_2$$

这三个表达式已是最简,不需化简。但需要用非门和与门实现,且 L_2 需用三输入端与门才能实现,故不符合设计要求。

(3)根据要求将上式转换为:

$$L_0=I_0$$

$$L_1=\overline{\overline{\overline{I_0}I_1}}$$

$$L_2=\overline{\overline{\overline{I_0}\ \overline{I_1}I_2}}=\overline{\overline{\overline{\overline{I_0}\ \overline{I_1}}}\cdot I_2}$$

(4)画出逻辑图,如图 12.2.4 所示,可用两片集成与非门 7400 来实现。

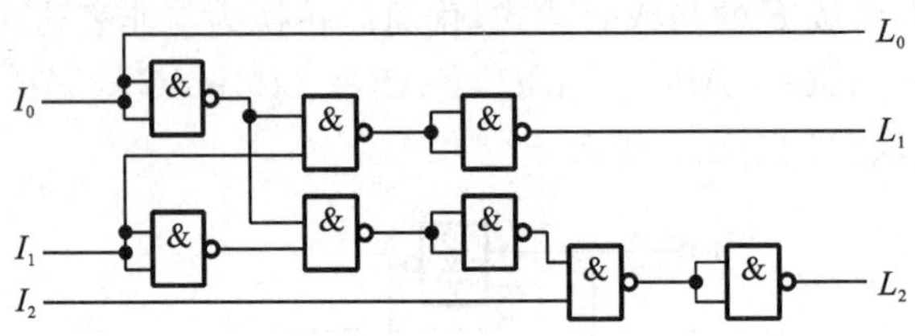

图 12.2.4　例 12.2.3 逻辑图

可见，在实际设计逻辑电路时，有时并不是表达式最简单，就能满足设计要求，还应考虑所使用集成器件的种类，将表达式转换为能用所要求的集成器件实现的形式，并尽量使所用集成器件最少，就是设计步骤框图中所说的“最合理表达式”。

*12.3　常见组合逻辑电路(选学)

逻辑功能器件包括加法器、编码器、译码器、数据选择器、数值比较器等。对于这些逻辑器件除了掌握其基本功能外，还必须了解其使能端、扩展端，掌握这些器件的应用。

在数字电路中，常需要进行加、减、乘、除等算术运算，而乘、除和减法运算均可变换为加法运算，故加法运算电路应用十分广泛。

12.3.1　加法器

能实现二进制加法运算的逻辑电路称为加法器。

1. 半加器

对两个 1 位二进制数相加而求得和及进位的逻辑电路称为半加器。

按组合逻辑电路的设计方法来实现半加器，其步骤如下。

(1)写出输出逻辑表达式：该电路有两个输出端，属于多输出组合数字电路，电路的逻辑表达式如下：

$$S_i = \overline{A}_i B_i + A_i \overline{B}_i = A_i \oplus B_i$$

$$C_i = A_i B_i$$

(2)列出真值表：半加器的真值表如表 12.3.1 所示。表中两个输入是加数 A 和 B，输出有一个是和 S，另一个是进位 C。

(3)逻辑图和逻辑符号如图 12.3.1 所示。

表 12.3.1　半加器的真值表

A_i	B_i	S_i	C_i
0	0	0	0
0	1	1	0
1	0	1	0
1	1	0	1

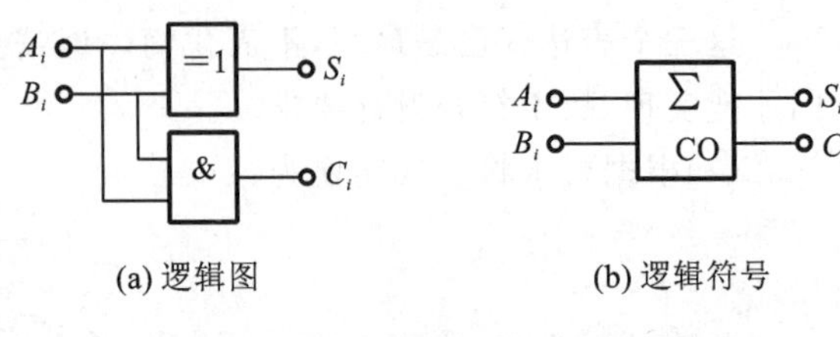

(a) 逻辑图　　(b) 逻辑符号

图 12.3.1　半加器的逻辑图和逻辑符号

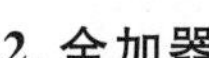

2. 全加器

能对两个 1 位二进制数相加并考虑低位来的进位，即相当于三个 1 位二进制数相加，求得和及进位的逻辑电路称为全加器。

两数之间的算术运算无论是加、减、乘、除，目前在计算机中都是化成若干步加法运算进行的。因此，全加器是构成算术运算器的基本单元。全加器的逻辑图和逻辑符号如图 12.3.2所示。1 位全加器的真值表如表 12.3.2 所示，逻辑表达式为：

$$S_i=\overline{A}_i\overline{B}_iC_{i-1}+\overline{A}_iB_i\overline{C}_{i-1}+A_i\overline{B}_i\overline{C}_{i-1}+A_iB_iC_{i-1}=A_i\oplus B_i\oplus C_{i-1}$$

$$C_i=\overline{A}_iB_iC_{i-1}+A_i\overline{B}_iC_{i-1}+A_iB_i\overline{C}_{i-1}+A_iB_iC_{i-1}=(A_i\oplus B_i)C_{i-1}+A_iB_i$$

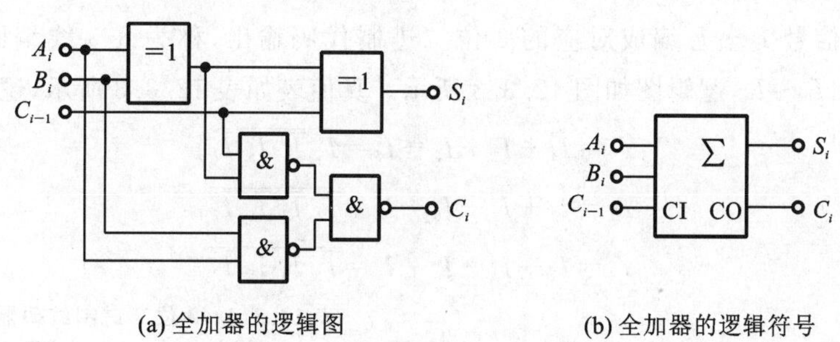

(a) 全加器的逻辑图　　(b) 全加器的逻辑符号

图 12.3.2　全加器的逻辑图和逻辑符号

表 12.3.2　全加器真值表

A_i	B_i	C_{i-1}	S_i	C_i
0	0	0	0	0
0	0	1	1	0
0	1	0	1	0
0	1	1	0	1
1	0	0	1	0
1	0	1	0	1
1	1	0	0	1
1	1	1	1	1

全加器除用作算术运算器的基本单元外，在组合逻辑设计中如果要产生的逻辑函数能化成输入变量之间或者输入变量与输出变量之间在数值上相加的形式，这时用全加器来设计组合逻辑电路非常简单。

如果把 n 个全加器串联起来，低位全加器的进位输出连接到相邻的高位全加器的进位输入，便构成了 n 位的串行进位加法器。

12.3.2　编码器

在数字电路中，编码器是指将输入信号用二进制编码形式输出的器件。假设有 N 个输

入信号要求编码,最少输出编码位数为 m,则应满足

$$2^{m-1}<N<2^m$$

编码器可以把输入的每一个高、低电平信号编成一个对应的二进制代码,通常有普通编码器和优先编码器两类。在普通编码器中,任何时刻只允许输入一个编码信号,否则将会发生混淆。在优先编码器中,允许同时输入两个或两个以上的编码信号,但是只对其中优先级最高的一个进行编码。常用编码器又分为二进制编码器和二-十进制编码器。

1. 二进制编码器

用 n 位二进制代码来表示 $N=2^n$ 个信号的电路称为二进制编码器。3 位二进制编码器是把 8 个输入信号 $I_0\sim I_7$ 编成对应的 3 位二进制代码输出,称为 8/3 线编码器。分别用 000～111 表示 $I_0\sim I_7$,逻辑图如图 12.3.3 所示。真值表如表 12.3.3 所示,逻辑表达式为:

$$Y_2=I_4+I_5+I_6+I_7=\overline{\overline{I}_4\ \overline{I}_5\ \overline{I}_6\ \overline{I}_7}$$

$$Y_1=I_2+I_3+I_6+I_7=\overline{\overline{I}_2\ \overline{I}_3\ \overline{I}_6\ \overline{I}_7}$$

$$Y_0=I_1+I_3+I_5+I_7=\overline{\overline{I}_1\ \overline{I}_3\ \overline{I}_5\ \overline{I}_7}$$

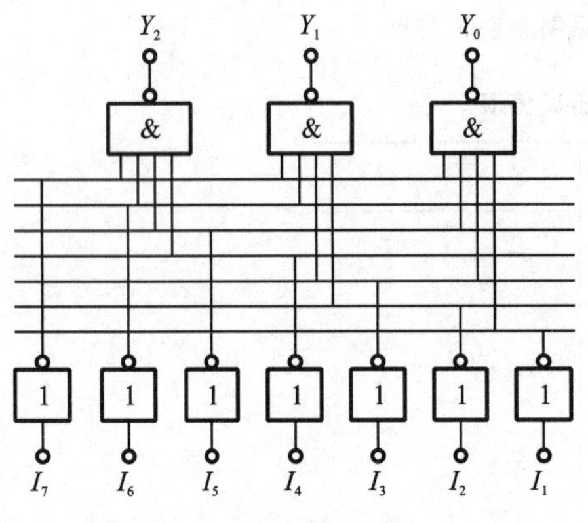

图 12.3.3　3 位二进制编码器的逻辑图

表 12.3.3　3 位二进制编码器的真值表

输入	输出		
	Y_2	Y_1	Y_0
I_0	0	0	0
I_1	0	0	1
I_2	0	1	0
I_3	0	1	1
I_4	1	0	0
I_5	1	0	1
I_6	1	1	0
I_7	1	1	1

2. 二-十进制编码器

将十进制的 10 个数码 0～9 编成二进制代码的逻辑电路称为二-十进制编码器(简称 BCD 码),用于把 10 个输入信号 $I_0\sim I_9$ 编成对应的 4 位二进制代码输出。二-十进制编码的方案很多,这里采用最常用的 8421 码,8421 码编码器的逻辑图如图 12.3.4 所示,真值表如表 12.3.4 所示,逻辑表达式为:

$$Y_3=I_8+I_9=\overline{\overline{I}_8\overline{I}_9}$$

$$Y_2=I_4+I_5+I_6+I_7=\overline{\overline{I}_4\overline{I}_5\overline{I}_6\overline{I}_7}$$

$$Y_1=I_2+I_3+I_6+I_7=\overline{\overline{I}_2\overline{I}_3\overline{I}_6\overline{I}_7}$$

$$Y_0=I_1+I_3+I_5+I_7+I_9=\overline{\overline{I}_1\overline{I}_3\overline{I}_5\overline{I}_7\overline{I}_9}$$

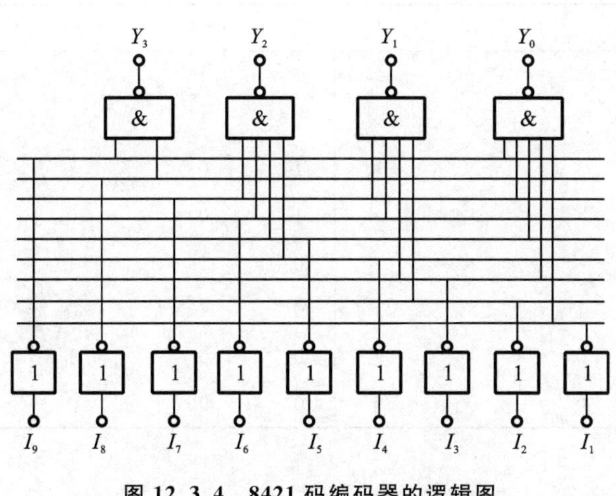

图 12.3.4　8421 码编码器的逻辑图

表 12.3.4　8421 码编码器的真值表

I	Y_3	Y_2	Y_1	Y_0
0(I_0)	0	0	0	0
1(I_1)	0	0	0	1
2(I_2)	0	0	1	0
3(I_3)	0	0	1	1
4(I_4)	0	1	0	0
5(I_5)	0	1	0	1
6(I_6)	0	1	1	0
7(I_7)	0	1	1	1
8(I_8)	1	0	0	0
9(I_9)	1	0	0	1

3. 优先编码器

能根据输入信号的优先级别进行编码的电路称为优先编码器。3 位二进制优先编码器的输入是 8 个要进行优先编码的信号 $I_0 \sim I_7$，设 I_7 的优先级别最高，I_6 次之，依此类推，I_0 最低，并分别用 000～111 表示 $I_0 \sim I_7$，逻辑图如图 12.3.5 所示。

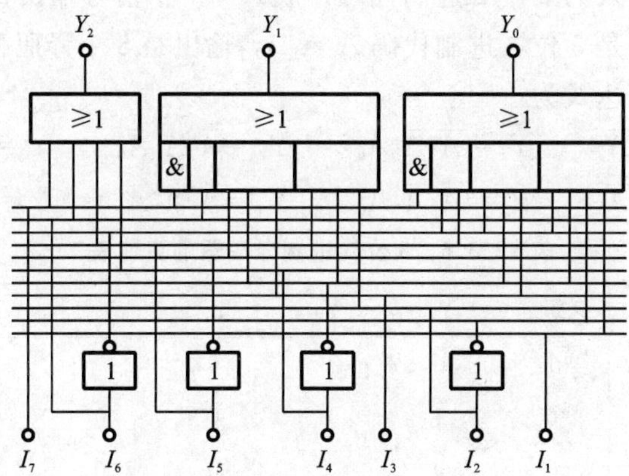

图 12.3.5　3 位二进制优先编码器

真值表即优先编码表如表 12.3.5 所示，逻辑表达式为：

$$Y_2 = I_7 + \overline{I}_7 I_6 + \overline{I}_7 \overline{I}_6 I_5 + \overline{I}_7 \overline{I}_6 \overline{I}_5 I_4$$
$$= I_7 + I_6 + I_5 + I_4$$
$$Y_1 = I_7 + \overline{I}_7 I_6 + \overline{I}_7 \overline{I}_6 \overline{I}_5 \overline{I}_4 I_3 + \overline{I}_7 \overline{I}_6 \overline{I}_5 \overline{I}_4 \overline{I}_3 I_2$$
$$= I_7 + I_6 + \overline{I}_5 \overline{I}_4 I_3 + \overline{I}_5 \overline{I}_4 I_2$$
$$Y_0 = I_7 + \overline{I}_7 \overline{I}_6 I_5 + \overline{I}_7 \overline{I}_6 \overline{I}_5 \overline{I}_4 I_3 + \overline{I}_7 \overline{I}_6 \overline{I}_5 \overline{I}_4 \overline{I}_3 \overline{I}_2 I_1$$
$$= I_7 + \overline{I}_6 I_5 + \overline{I}_6 \overline{I}_4 I_3 + \overline{I}_6 \overline{I}_4 \overline{I}_2 I_1$$

表 12.3.5　3 位二进制优先编码表

I_7	I_6	I_5	I_4	I_3	I_2	I_1	I_0	Y_2	Y_1	Y_0
1	×	×	×	×	×	×	×	1	1	1
0	1	×	×	×	×	×	×	1	1	0
0	0	1	×	×	×	×	×	1	0	1
0	0	0	1	×	×	×	×	1	0	0
0	0	0	0	1	×	×	×	0	1	1
0	0	0	0	0	1	×	×	0	1	0
0	0	0	0	0	0	1	×	0	0	1
0	0	0	0	0	0	0	1	0	0	0

12.3.3　译码器

译码器的逻辑功能是将每个输入的二进制代码译成对应的输出高、低电平信号，是编码器的反操作。常用的有二进制译码器、二-十进制译码器和显示译码器。

1. 二进制译码器

二进制译码器将输入的 n 个二进制代码译成 $N=2^n$ 个信号输出，又称为变量译码器。3 位二进制译码器输入的是 3 位二进制代码 $A_2A_1A_0$，输出是 8 个译码信号 $Y_0 \sim Y_7$，真值表如表 12.3.6 所示，逻辑表达式为：

$$Y_0=\overline{A}_2\overline{A}_1\overline{A}_0 \quad Y_1=\overline{A}_2\overline{A}_1A_0 \quad Y_2=\overline{A}_2A_1\overline{A}_0 \quad Y_3=\overline{A}_2A_1A_0$$

$$Y_4=A_2\overline{A}_1\overline{A}_0 \quad Y_5=A_2\overline{A}_1A_0 \quad Y_6=A_2A_1\overline{A}_0 \quad Y_7=A_2A_1A_0$$

表 12.3.6　3 位二进制译码器的真值表

A_2	A_1	A_0	Y_0	Y_1	Y_2	Y_3	Y_4	Y_5	Y_6	Y_7
0	0	0	1	0	0	0	0	0	0	0
0	0	1	0	1	0	0	0	0	0	0
0	1	0	0	0	1	0	0	0	0	0
0	1	1	0	0	0	1	0	0	0	0
1	0	0	0	0	0	0	1	0	0	0
1	0	1	0	0	0	0	0	1	0	0
1	1	0	0	0	0	0	0	0	1	0
1	1	1	0	0	0	0	0	0	0	1

逻辑图如图 12.3.6 所示。

集成二进制译码器 74LS138 引脚及功能图如图 12.3.7 所示：

A_2、A_1、A_0 为二进制译码输入端，$\overline{Y}_7 \sim \overline{Y}_0$ 为译码输出端(低电平有效)，G_1、$\overline{G}_{2A}$、$\overline{G}_{2B}$为选通控制端。当 $G_1=1$、$\overline{G}_{2A}+\overline{G}_{2B}=0$ 时，译码器处于工作状态；当 $G_1=0$ 或 $\overline{G}_{2A}+\overline{G}_{2B}=1$ 时，译码器处于禁止状态。

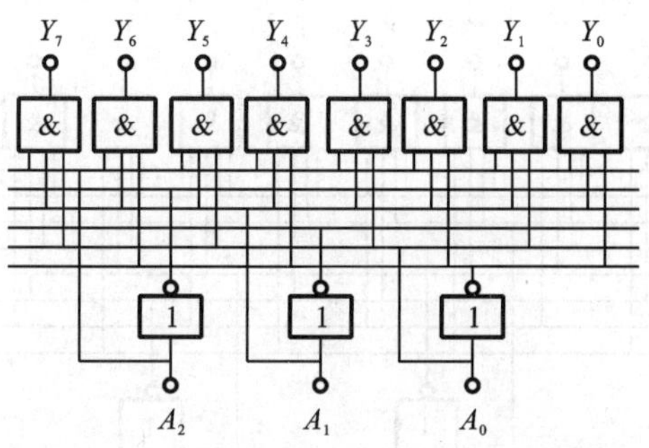

图 12.3.6　3 位二进制译码器的逻辑图

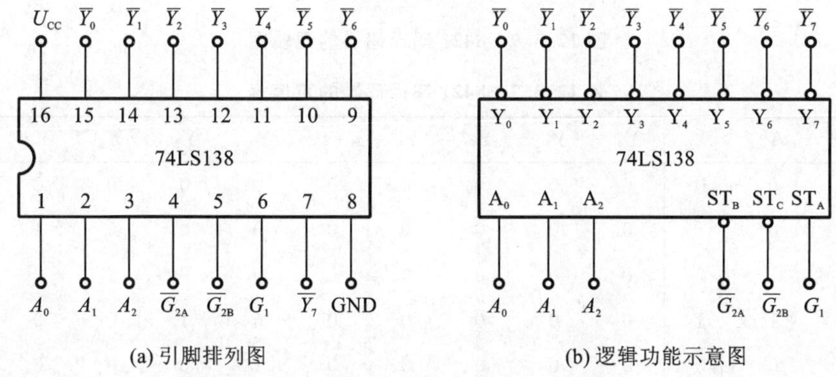

图 12.3.7　74LS138 引脚及功能图

集成二进制译码器和门电路配合可实现逻辑函数，其方法是：将函数值为 1 时输入变量的各种取值组合表示成与或表达式，其中每个与项必须包含函数的全部变量，每个变量都以原变量或反变量的形式出现且仅出现一次。由于集成二进制译码器大多输出为低电平有效，所以还需将与或表达式转换为与非表达式，最后按照与非表达式在二进制译码器后面接上相应的与非门即可。如图 12.3.8 所示。

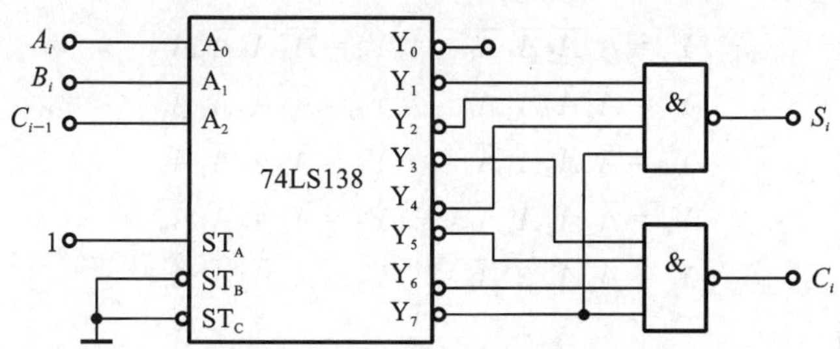

图 12.3.8　74LS138 与与门电路连用

2. 二-十进制译码器

把二-十进制代码译成 10 个十进制数字信号的电路称为二-十进制译码器，其输入是十进制数的 4 位二进制编码 $A_3 \sim A_0$，输出的是与 10 个十进制数字相对应的 10 个信号 $Y_9 \sim Y_0$。8421 码译码器的逻辑图如图 12.3.9 所示，真值表如表 12.3.7 所示。

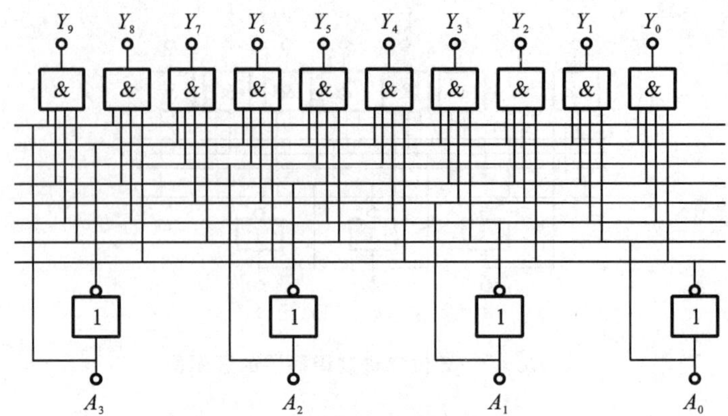

图 12.3.9　8421 码译码器的逻辑图

表 12.3.7　8421 码译码器的真值表

A_3	A_2	A_1	A_0	Y_9	Y_8	Y_7	Y_6	Y_5	Y_4	Y_3	Y_2	Y_1	Y_0
0	0	0	0	0	0	0	0	0	0	0	0	0	1
0	0	0	1	0	0	0	0	0	0	0	0	1	0
0	0	1	0	0	0	0	0	0	0	0	1	0	0
0	0	1	1	0	0	0	0	0	0	1	0	0	0
0	1	0	0	0	0	0	0	0	1	0	0	0	0
0	1	0	1	0	0	0	0	1	0	0	0	0	0
0	1	1	0	0	0	0	1	0	0	0	0	0	0
0	1	1	1	0	0	1	0	0	0	0	0	0	0
1	0	0	0	0	1	0	0	0	0	0	0	0	0
1	0	0	1	1	0	0	0	0	0	0	0	0	0

逻辑表达式为：

$$Y_0=\overline{A}_3\overline{A}_2\overline{A}_1\overline{A}_0 \qquad Y_1=\overline{A}_3\overline{A}_2\overline{A}_1A_0$$

$$Y_2=\overline{A}_3\overline{A}_2A_1\overline{A}_0 \qquad Y_3=\overline{A}_3\overline{A}_2A_1A_0$$

$$Y_4=\overline{A}_3A_2\overline{A}_1\overline{A}_0 \qquad Y_5=\overline{A}_3A_2\overline{A}_1A_0$$

$$Y_6=\overline{A}_3A_2A_1\overline{A}_0 \qquad Y_7=\overline{A}_3A_2A_1A_0$$

$$Y_8=A_3\overline{A}_2\overline{A}_1\overline{A}_0 \qquad Y_9=A_3\overline{A}_2\overline{A}_1A_0$$

3. 显示译码器

7 段 LED 数码显示器是将要显示的十进制数码分成 7 段，每段为一个发光二极管，利用不同发光段的组合来显示不同的数字，有共阴极和共阳极两种接法，如图 12.3.10 所示。

发光二极管 $a\sim g$ 用于显示十进制的 10 个数字 $0\sim 9$，h 用于显示小数点。对于共阴极的显示器，某一段接高电平时发光；对于共阳极的显示器，某一段接低电平时发光。使用时每个二极管要串联一个约 100 Ω 的限流电阻。

驱动共阴极的 7 段发光二极管的二-十进制译码器，设 4 个输入端 $A_3\sim A_0$，采用 8421 码，真值表如表 12.3.8 所示。

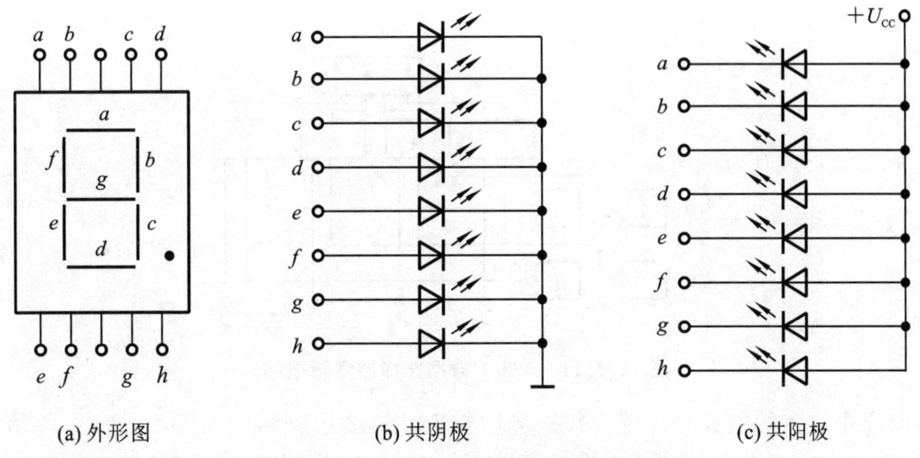

(a) 外形图　(b) 共阴极　(c) 共阳极

图 12.3.10　LED7 段显示器的外形图及连接方式

表 12.3.8　7 段显示译码器真值表

A_3	A_2	A_1	A_0	a	b	c	d	e	f	g	显示字形
0	0	0	0	1	1	1	1	1	1	0	0
0	0	0	1	0	1	1	0	0	0	0	1
0	0	1	0	1	1	0	1	1	0	1	2
0	0	1	1	1	1	1	1	0	0	1	3
0	1	0	0	0	1	1	0	0	1	1	4
0	1	0	1	1	0	1	1	0	1	1	5
0	1	1	0	0	0	1	1	1	1	1	6
0	1	1	1	1	1	1	0	0	0	0	7
1	0	0	0	1	1	1	1	1	1	1	8
1	0	0	1	1	1	1	0	0	1	1	9

12.3.4　数据选择器

能根据选择控制信号从多路数据中任意选出所需要的一路数据作为输出的逻辑电路称为数据选择器。数据选择器的逻辑功能是从一组传输的数据信号中选择某一个输出，或称为多路开关电路。

用数据选择器实现组合逻辑函数的方法是：列出逻辑函数的真值表后与数据选择器的真值表对照，即可得出数据输入端的逻辑表达式，然后根据表达式画出接线图。

1. 4 选 1 数据选择器

逻辑电路如图 12.3.11 所示，有四个输入数据 D_0、D_1、D_2、D_3，两个选择控制信号 A_1 和 A_0，一个输出信号 Y，真值表如表 12.3.9 所示，逻辑表达式为：

$$Y=D_0\overline{A}_1\overline{A}_0+D_1\overline{A}_1A_0+D_2A_1\overline{A}_0+D_3A_1A_0$$

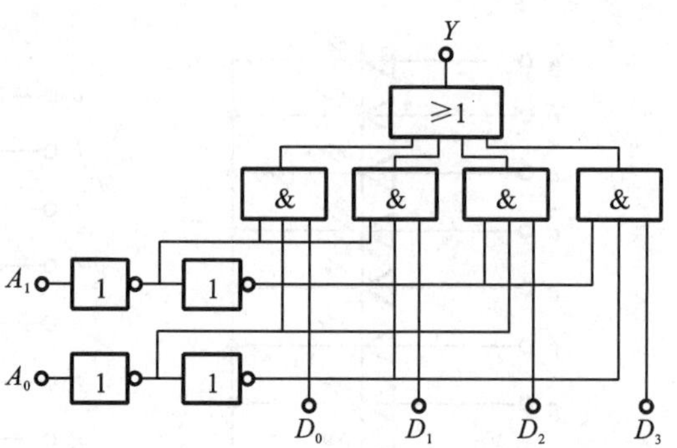

图 12.3.11　4 选 1 数据选择器逻辑电路

目前应用较多的集成双 4 选 1 数据选择器 74LS153 引脚结构如图 12.3.12 所示，真值表见表 12.3.10。选通控制端 S 为低电平有效，即 $S=0$ 时芯片被选中，处于工作状态；$S=1$ 时芯片被禁止，Y 恒为 0。

表 12.3.9　4 选 1 数据选择器真值表

D	A_1	A_0	Y
D_0	0	0	D_0
D_1	0	1	D_1
D_2	1	0	D_2
D_3	1	1	D_3

表 12.3.10　74LS153 真值表

输　入				输出
S	D	A_1	A_0	Y
1	×	×	×	0
0	D_0	0	0	D_0
0	D_1	0	1	D_1
0	D_2	1	0	D_2
0	D_3	1	1	D_3

2. 8 选 1 数据选择器

数据选择器除去完成多路开关的逻辑功能外，用具有 n 位地址输入的数据选择器，可以产生任何形式输入变量数的组合逻辑电路。应用较多的集成 8 选 1 数据选择器 74LS151 引脚结构如图 12.3.13 所示，真值表见表 12.3.11。

$\overline{S}=0$ 时，$Y=D_0\overline{A}_2\overline{A}_1\overline{A}_0+D_1\overline{A}_2\overline{A}_1\overline{A}_0+\cdots+D_7A_2A_1A_0$；$\overline{S}=1$ 时，选择器被禁止，无论地址码是什么，Y 总是等于 0。

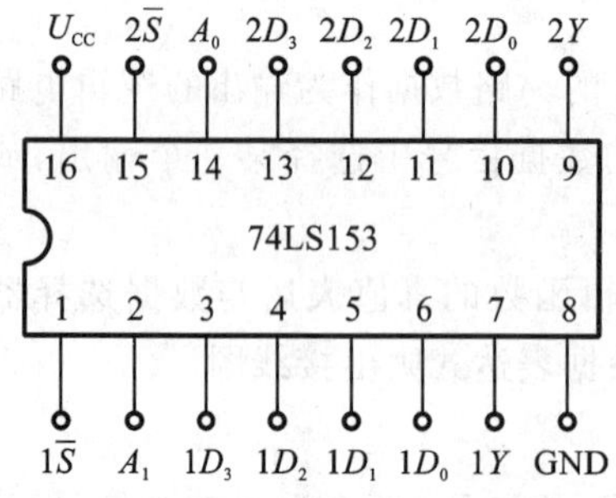

图 12.3.12　74LS153 芯片引脚图

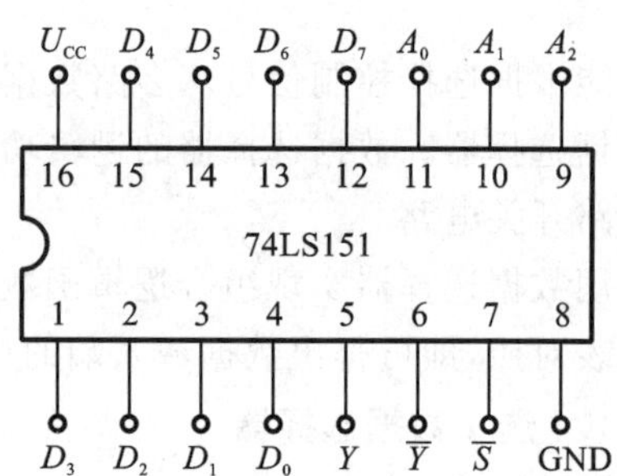

图 12.3.13　74LS151 芯片引脚图

表 12.3.11　8 选 1 数据选择器真值表

输入					输出	
D	A_2	A_1	A_0	$\overline{S}$	Y	$\overline{Y}$
×	×	×	×	1	0	1
D_0	0	0	0	0	D_0	$\overline{D_0}$
D_1	0	0	1	0	D_1	$\overline{D_1}$
D_2	0	1	0	0	D_2	$\overline{D_2}$
D_3	0	1	1	0	D_3	$\overline{D_3}$
D_4	1	0	0	0	D_4	$\overline{D_4}$
D_5	1	0	1	0	D_5	$\overline{D_5}$
D_6	1	1	0	0	D_6	$\overline{D_6}$
D_7	1	1	1	0	D_7	$\overline{D_7}$

12.3.5　数值比较器

用来完成两个二进制数大小比较的逻辑电路称为数值比较器。一位数值比较器的真值表如表 12.3.12 所示，逻辑表达式为

$$F_1 = A\overline{B}$$

$$F_2 = \overline{A}B$$

$$F_3 = \overline{A}\,\overline{B} + AB = \overline{\overline{A}B + A\overline{B}}$$

表 12.3.12　一位数值比较器的真值表

A	B	$F_1(A>B)$	$F_2(A<B)$	$F_3(A=B)$
0	0	0	0	1
0	1	0	1	0
1	0	1	0	0
1	1	0	0	1

逻辑图如图 12.3.14 所示。

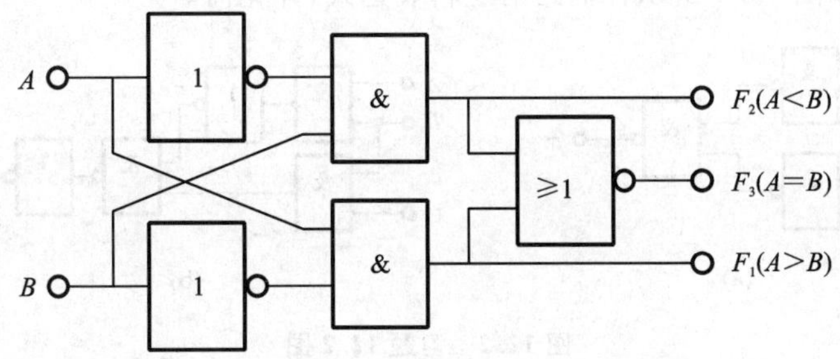

图 12.3.14　一位数值比较器的逻辑图

四位数值比较器的真值表如表 12.3.13 所示。

表 12.3.13 四位数值比较器的真值表

输入							输出		
A_3B_3	A_2B_2	A_1B_1	A_0B_0	$A>B$	$A<B$	$A=B$	$F_{A>B}$	$F_{A<B}$	$F_{A=B}$
$A_3>B_3$	×	×	×	×	×	×	1	0	0
$A_3<B_3$	×	×	×	×	×	×	0	1	0
$A_3=B_3$	$A_2>B_2$	×	×	×	×	×	1	0	0
$A_3=B_3$	$A_2<B_2$	×	×	×	×	×	0	1	0
$A_3=B_3$	$A_2=B_2$	$A_1>B_1$	×	×	×	×	1	0	0
$A_3=B_3$	$A_2=B_2$	$A_1<B_1$	×	×	×	×	0	1	0
$A_3=B_3$	$A_2=B_2$	$A_1=B_1$	$A_0>B_0$	×	×	×	1	0	0
$A_3=B_3$	$A_2=B_2$	$A_1=B_1$	$A_0<B_0$	×	×	×	0	1	0
$A_3=B_3$	$A_2=B_2$	$A_1=B_1$	$A_0=B_0$	1	0	0	1	0	0
$A_3=B_3$	$A_2=B_2$	$A_1=B_1$	$A_0=B_0$	0	1	0	0	1	0
$A_3=B_3$	$A_2=B_2$	$A_1=B_1$	$A_0=B_0$	0	0	1	0	0	1

习　题

12.1　写出如图 12.1 所示各电路的逻辑表达式，并化简。

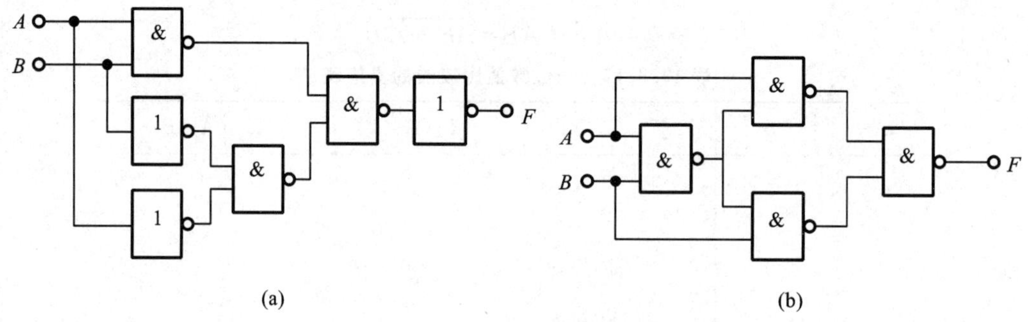

图 12.1　习题 12.1 图

12.2　写出如图 12.2 所示各电路的逻辑表达式，并化简。

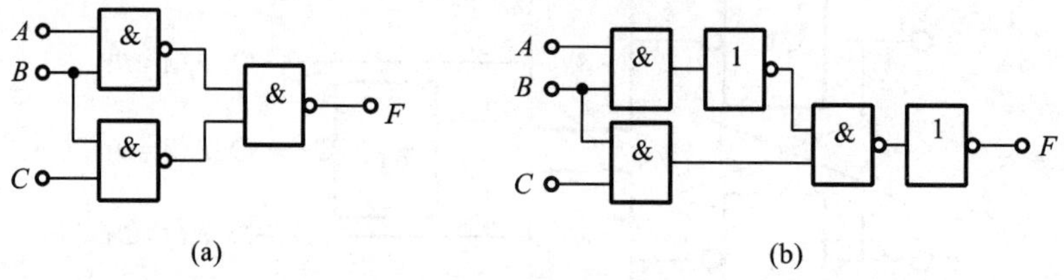

图 12.2　习题 12.2 图

12.3　证明如图 12.3 所示两个逻辑电路具有相同的逻辑功能。

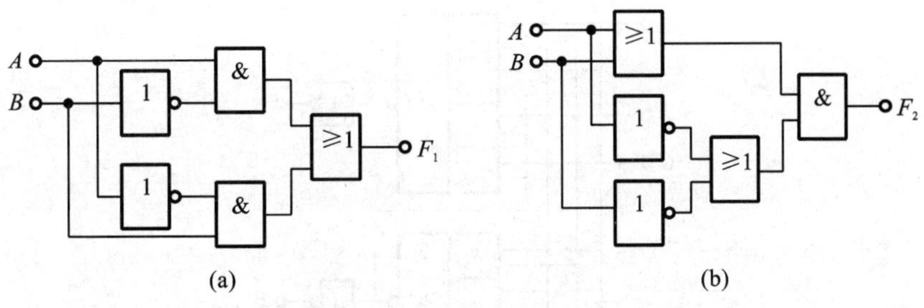

图 12.3　习题 12.3 图

12.4　分析如图 12.4 所示两个逻辑电路，要求写出逻辑式，列出真值表，然后说明这两个电路的逻辑功能是否相同。

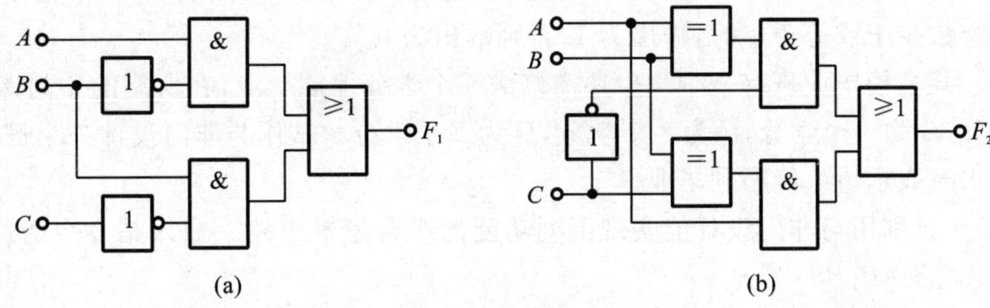

图 12.4　习题 12.4 图

12.5　写出如图 12.5 所示各电路输出信号的逻辑表达式，并列出真值表。

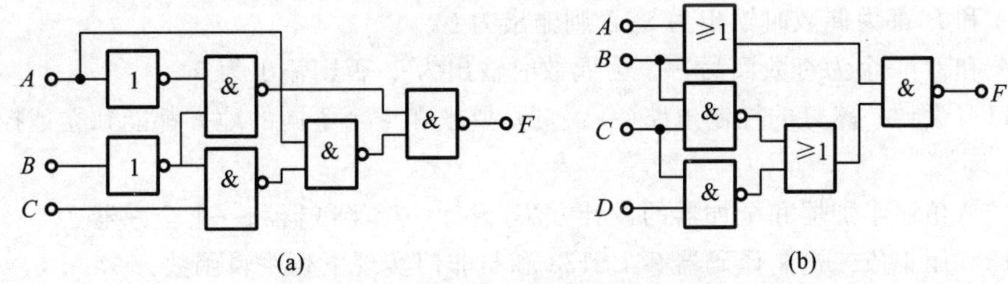

图 12.5　习题 12.5 图

12.6　写出如图 12.6 所示各电路输出信号的逻辑表达式，并说明各电路的逻辑功能。

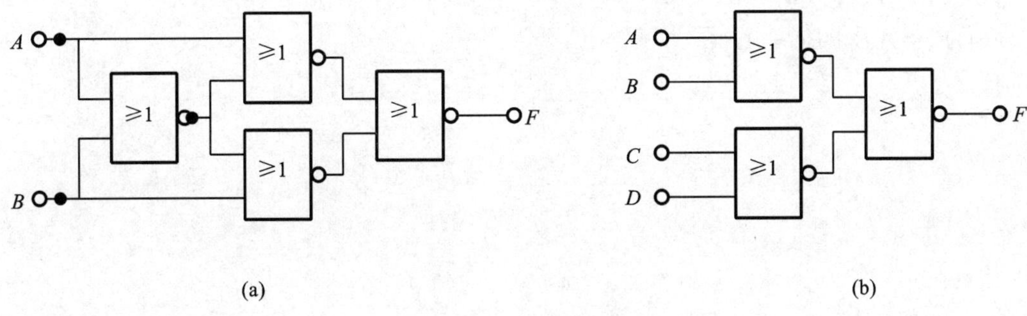

图 12.6　习题 12.6 图

12.7　写出如图 12.7 所示电路输出信号的逻辑表达式，并说明该电路的逻辑功能。

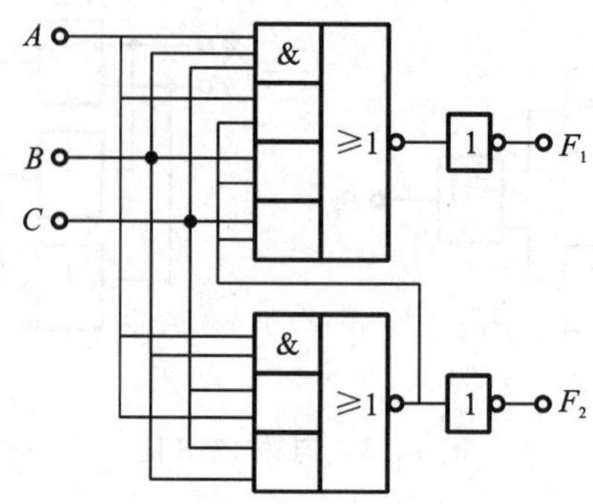

图 12.7　习题 12.7 图

12.8　试用与非门设计一个组合逻辑电路,它有三个输入 A、B、C 和一个输出 F,当输入中 1 的个数少于或等于 1 时,输出为 1,否则输出为 0。

12.9　某高校毕业班有一个学生还需修满 9 个学分才能毕业,在所剩的 4 门课程中,A 为 5 个学分,B 为 4 个学分,C 为 3 个学分,D 为 2 个学分。试用与非门设计一个逻辑电路,其输出为 1 时表示该生能顺利毕业。

12.10　分别用与非门设计能实现下列功能的组合逻辑电路。输入是 2 个两位二进制数 $A=A_1A_0$、$B=B_1B_0$。

(1)A 和 B 的对应位相同时输出为 1,否则输出为 0。

(2)A 和 B 的对应位相反时输出为 1,否则输出为 0。

(3)A 和 B 都为奇数时输出为 1,否则输出为 0。

(4)A 和 B 都为偶数时输出为 1,否则输出为 0。

(5)A 和 B 一个为奇数而另一个为偶数时输出为 1,否则输出为 0。

12.11　设计一路灯的控制电路(一盏灯),要求在 4 个不同的地方都能独立地控制灯的亮灭。

12.12　仿照半加器和全加器的设计方法,设计一个半减器和一个全减器。

12.13　用集成二进制译码器 74LS138 和与非门实现下列逻辑函数。

(1)$F_1=AC+\overline{BC}+\overline{A}\,\overline{B}$

(2)$F_2=A\overline{B}+AC$

(3)$F_3=A\overline{C}+A\overline{B}+\overline{A}B+\overline{B}C$

(4)$F_4=A\overline{B}+BC+AB\overline{C}$

第13章 时序逻辑电路

在数字系统中，除了广泛使用数字逻辑门传输和处理二进制数码信号外，还常需要保存这些数字信息。将能够存储1位二进制信息的逻辑电路称为触发器，而将具有记忆和保存数字信息功能的数字电路称为时序逻辑电路。时序逻辑电路和组合逻辑电路的区别在于，它的输出不仅和输入信号有关，还和它原有的状态及控制脉冲有关。构成时序逻辑电路的核心器件是触发器。本章首先讨论常见触发器的逻辑功能，然后分析常见的时序逻辑电路，最后介绍集成定时器及其应用。

13.1 双稳态触发器

双稳态触发器是由门电路加上适当的反馈电路而构成的一种新的逻辑部件。所谓的双稳态是指两个稳定状态，一个称为“1”状态，一个称为“0”状态；而通过输入脉冲的触发，电路可以改变其输出状态，工作在两个稳定状态的任意一个状态。它具有如下一些特点。

(1)有两个互补的输出端 Q 和 $\overline{Q}$。

(2)有两个稳定状态。通常将 $Q=1$ 和 $\overline{Q}=0$ 称为“1”状态，而把 $Q=0$ 和 $\overline{Q}=1$ 称为“0”状态。当输入信号不发生变化时，触发器状态稳定不变。

(3)在一定输入信号作用下，触发器可以从一个稳定状态转移到另一个稳定状态。通常把输入信号作用之前的状态称为“现态”，记作 Q^n 和 $\overline{Q^n}$，而把输入信号作用后的状态称为触发器的次态，记作 Q^{n+1} 和 $\overline{Q^{n+1}}$。

下面介绍几种常见的触发器的电路组成和逻辑功能。

13.1.1 基本 RS 触发器

触发器按结构的不同可分为没有时钟控制的基本 RS 触发器和有时钟控制的门控触发器。

基本 RS 触发器也称直接复位-置位(reset-set)触发器，是组成门控触发器的基础，一般有与非门和或非门组成的两种，以下介绍与非门组成的基本 RS 触发器。

1. 电路结构

由与非门组成的基本 RS 触发器由两个与非门交叉直接耦合而成，其逻辑图和逻辑符号如图 13.1.1 所示。它有两个输出端，一个标为 Q，另一个标为 $\overline{Q}$。

在正常情况下,这两个输出端总是逻辑互补的,即一个为"0"时,另一个为"1";有两个输入端 $\overline{R}$ 和 $\overline{S}$,是用来加入触发信号的端子。"R"和"S"符号上面的"—"表明这种触发器输入信号为低电平有效,并在相应的端子上加注小圆圈。

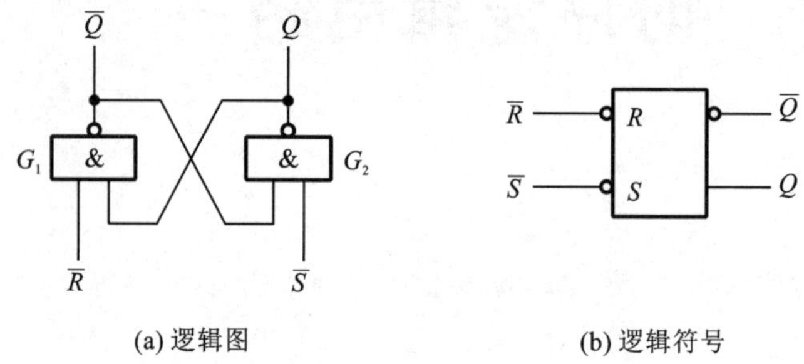

(a) 逻辑图　　(b) 逻辑符号

图 13.1.1　由与非门组成的基本 RS 触发器

2. 逻辑功能

分析图 13.1.1 所示逻辑电路图可知以下几点。

(1) 当 $\overline{R}=0,\overline{S}=1$ 时,因 $\overline{R}=0$,G_1 门的输出端 $\overline{Q}=1$,G_2 门的两输入为 1,因此 G_2 门的输出端 $Q=0$,称 $\overline{R}$ 为置 0 端,又称复位端。

(2) 当 $\overline{R}=1,\overline{S}=0$ 时,因 $\overline{S}=0$,G_2 门的输出端 $Q=1$,G_1 门的两输入为 1,因此 G_1 门的输出端 $\overline{Q}=0$,称 $\overline{S}$ 为置 1 端,又称置位端。

(3) 当 $\overline{R}=1,\overline{S}=1$ 时,G_1 门和 G_2 门的输出端被它们的原来状态锁定,故输出不变。

(4) 当 $\overline{R}=0,\overline{S}=0$ 时,则有 $Q=\overline{Q}=1$。若输入信号 $\overline{S}=0,\overline{R}=0$ 之后出现 $\overline{S}=1,\overline{R}=1$,则输出状态不确定。因此 $\overline{S}=0,\overline{R}=0$ 的情况不能出现,为使这种情况不出现,特给该触发器加一个约束条件 $\overline{S}+\overline{R}=1$。

由以上分析可得到表 13.1.1 所示真值表。

表 13.1.1　基本 RS 触发器真值表

$\overline{R}$	$\overline{S}$	Q^{n+1}	$\overline{Q^{n+1}}$
0	0	不定	不定
0	1	0	1
1	0	1	0
1	1	Q^n	$\overline{Q^n}$

3. 波形图

波形图直观地反映基本 RS 触发器的逻辑关系,如图 13.1.2 所示。波形图分为理想波

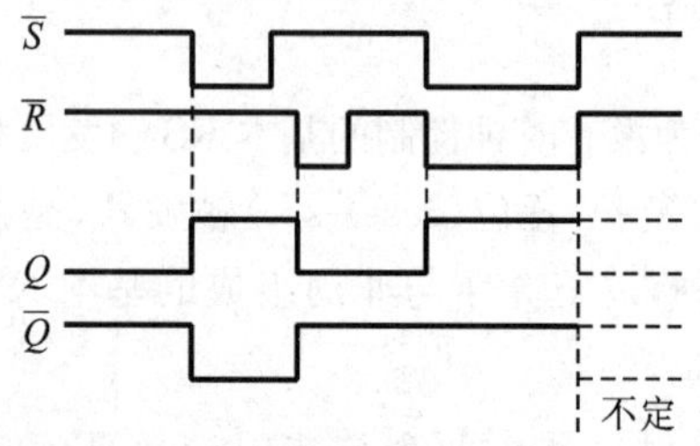

图 13.1.2　由与非门组成的基本 RS 触发器的波形

形图和实际波形图，理想波形图不考虑门电路的时间延迟，而实际波形图需要考虑门电路的时间延迟。

【例 13.1.1】　图 13.1.3(a)所示为一个防抖动输出的开关电路。当拨动开关 S 时，由于开关触点接触瞬间发生抖动，$\overline{S}_D$ 和 $\overline{R}_D$ 的电压波形如图 13.1.3(b)所示，试画出 Q、$\overline{Q}$ 端对应的电压波形。

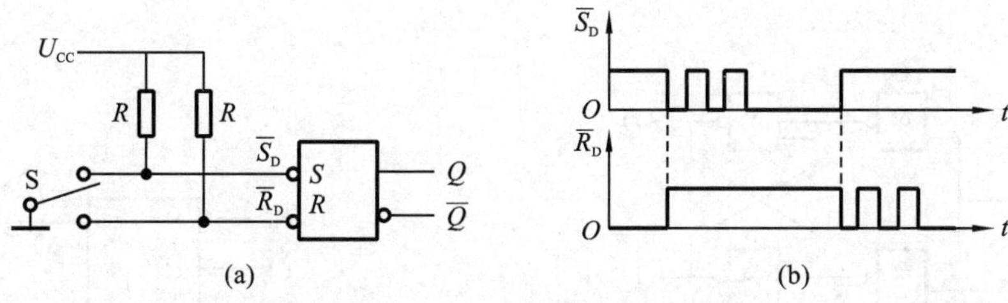

图 13.1.3　例 13.1.1 图

【解】

根据基本 RS 触发器的逻辑功能，可得 Q、$\overline{Q}$ 端对应的输出电压波形如图 13.1.4 所示。

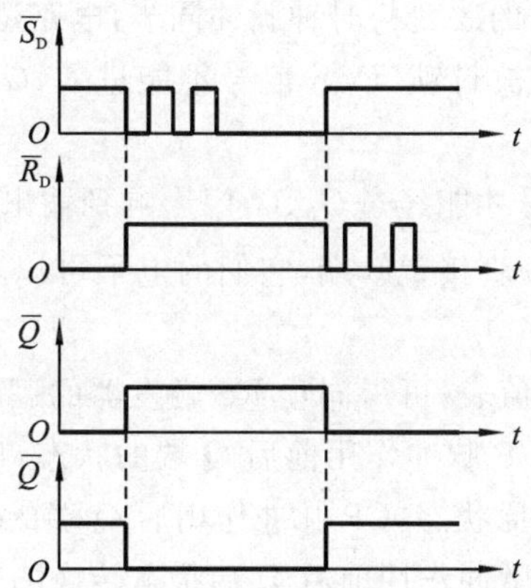

图 13.1.4　例 13.1.1 开关电路输出电压波形

由输出的电压波形可见，电路串接基本 RS 触发器后，可有效地消除抖动干扰信号。

13.1.2　钟控双稳态触发器

基本 RS 触发器具有置 0、置 1 和记忆的功能，但其输出只和输入有关，缺乏控制，只要输入激励状态发生变化，输出响应也将随之改变。而一个数字系统往往有多个双稳态触发器，它们的动作速度各异，为了避免众触发器动作参差不齐，就需要统一的控制信号协调各触发器的动作，这个控制信号称为时钟脉冲 CP。有时钟脉冲的触发器称为钟控触发器，又称同步触发器。

按逻辑功能的不同，钟控触发器可分为同步 RS 触发器、JK 触发器、D 触发器和 T 触发器等。

1. 同步 RS 触发器

1)电路结构

由与非门构成的同步 RS 触发器的逻辑图如图 13.1.5 所示。

其中,G_1、G_2门构成基本RS触发器,G_3、G_4门组成引导电路,CP是控制脉冲。

同步RS触发器的逻辑符号如图13.1.6所示,为了表示时钟输入对激励输入(R、S)的控制作用,时钟端用控制字符C加标记序号1表示,置位端S前加标记序号1写成$1S$,同理复位端写成$1R$,表示它/它们是受$C1$控制的置位端、复位端。图13.1.6中R和S的前面没有标记序号,表示$\overline{R_D}$和$\overline{S_D}$是不受时钟控制的复位端、置位端,也称为异步复位端和异步置位端。

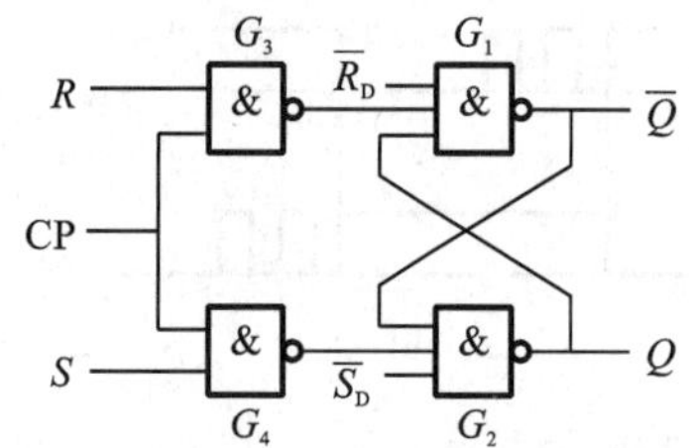

图13.1.5 同步RS触发器的逻辑图

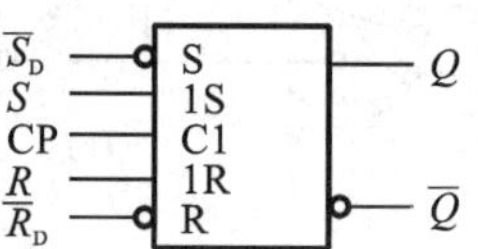

图13.1.6 同步RS触发器的逻辑符号

2)逻辑功能

所谓同步就是触发器状态的改变与时钟脉冲同步,电路逻辑功能分析如下。

(1)当CP=0时,G_3、G_4门被封锁,R、S信号不能进入,G_3、G_4门输出均为高电平,则触发器输出保持原来状态。

(2)当CP=1时,R、S信号才能经过G_3、G_4门影响到输出。

(3)$\overline{S_D}$为直接置1端,$\overline{R_D}$为直接置0端,它们的电平可以不受CP信号的控制而直接影响到触发器的输出。

利用基本RS触发器的真值表,可得同步RS触发器的逻辑功能,如表13.1.2所示。因为有CP脉冲的加入,要考虑CP脉冲作用前后Q端的状态,所以将CP脉冲作用前Q端的状态用Q^n表示,称为触发器的原状态,CP脉冲作用后Q端的状态用Q^{n+1}表示,称为触发器的次状态。将这种考虑了CP脉冲作用前后Q端状态转换的表格称为特性表或状态表。

表13.1.2 同步RS触发器的特性表

CP	R	S	Q^n	Q^{n+1}	逻辑功能
0	×	×	×	Q^n	$Q^{n+1}=Q^n$ 保持
1	0	0	0	0	$Q^{n+1}=Q^n$ 保持
1	0	0	1	1	
1	0	1	0	1	$Q^{n+1}=1$ 置1
1	0	1	1	1	
1	1	0	0	0	$Q^{n+1}=0$ 置0
1	1	0	1	0	
1	1	1	0	不用	不允许
1	1	1	1	不用	

*3)同步RS触发器逻辑功能的其他描述

(1)特性方程。

根据表13.1.2制作的卡诺图如图13.1.7所示,可得到同步RS触发器的特性方程:

$$\begin{cases} Q^{n+1} = S + \overline{R}Q^n \\ RS = 0(\text{约束条件}) \end{cases} \quad (\text{CP} = 1 \text{ 期间有效})$$

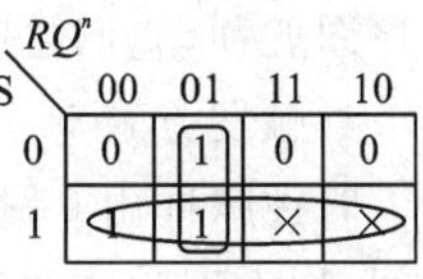

图 13.1.7　卡诺图

特性方程同样描述了同步 RS 触发器的逻辑功能。将 RS 的不同状态代入特征方程可得：$RS=00$，$Q^{n+1}=Q^n$，触发器状态不变；$RS=01$，$Q^{n+1}=1$，触发器置位；$RS=10$，$Q^{n+1}=0$，触发器复位；$RS=11$ 不满足约束条件，这是一种禁止输入状态。

(2)激励表。

所谓激励，是指要求触发器从现态 Q^n 转换到次态 Q^{n+1}，应在输入端加上什么样的信号才能实现。激励表是用表格的方式表示触发器从一个状态变化到另一个状态或保持原状态不变时，对输入信号的要求。表 13.1.3 所示是根据表 13.1.2 画出的同步 RS 触发器的激励表。激励表对时序逻辑电路的设计是很有用的。

表 13.1.3　同步 RS 触发器的激励表

Q^n —→	Q^{n+1}	R	S
0	0	×	0
0	1	0	1
1	0	1	0
1	1	0	×

例如，激励表第一行指出触发器现态为 0，要求时钟脉冲 CP 出现后，次态仍然是 0。从特性表不难看出：$R=S=0$ 时，触发器将保持 0 态不变；$R=1$，$S=0$ 时，CP 出现后，触发器就置 0，同样满足次态为 0 的要求。因此 R 的取值可以是任意的，故 R 填入随意条件“×”，而 $S=0$。

(3)状态转换图。

状态转换图是描述触发器的状态转换关系及转换条件的图形，它表示触发器从一个状态变化到另一个状态或保持原来状态不变时，对输入信号的要求。它形象地表示了在 CP 控制下触发器的转换规律。同步 RS 触发器的状态转换图如图 13.1.8 所示。

图 13.1.8 中两圆圈分别表示触发器的两种状态，箭头代表状态转换方向，箭头线旁边标注的是输入信号取值，表明转换条件。

(4)时序图(又称波形图)。

触发器的逻辑功能也可以用输入、输出波形图直观地表现出来。反映时钟 CP，输入信号 R、S 及触发器状态 Q 对应关系的工作波形图称为时序图。图 13.1.9 所示为同步 RS 触

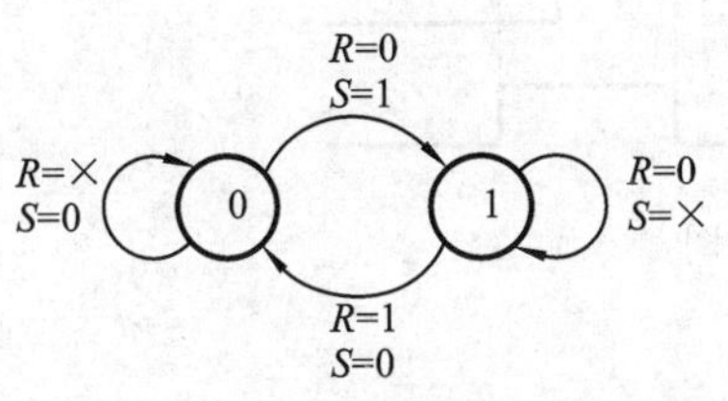

图 13.1.8　同步 RS 触发器的状态转换图

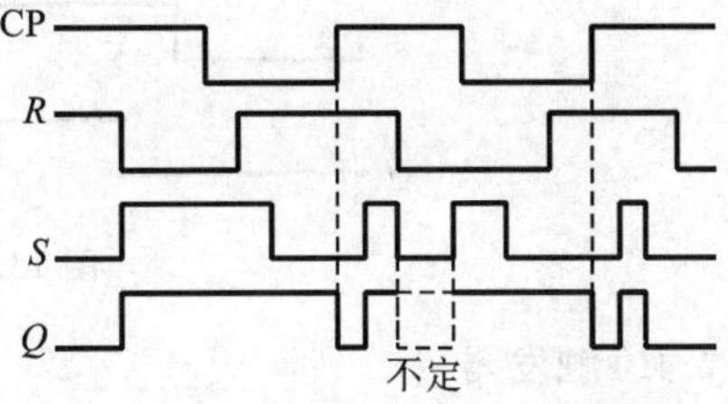

图 13.1.9　同步 RS 触发器的时序图

发器的时序图。

综上所述,描述触发器逻辑功能的方法主要有特性表、特性方程、激励表、状态转换图和时序图五种,它们之间可以相互转换。

4)触发方式

时钟脉冲由 0 跳变至 1 的时间,称为正脉冲的前沿时间或上升沿时间,由 1 跳变至 0 的时间,称为正脉冲的后沿时间或下降沿时间。所谓触发方式就是指触发器在时钟脉冲的什么时间接收输入信号和输出相应状态。

如图 13.1.5 所示,同步 RS 触发器只有在 CP=1 时,触发器才能接收输入信号,并立即输出相应状态。而在 CP=1 的整个时间内,输入信号变化时,输出状态都要发生相应的变化。像这种只要在 CP 脉冲为规定电平时,触发器都能接收输入信号并立即输出相应状态的触发方式称为电平触发。它又分为高电平触发和低电平触发,图 13.1.5 所示电路属于高电平触发。如果在图 13.1.5 中 CP 端之前加一个非门,则变成只有在 CP=0 时,触发器才能接收输入信号,并输出相应状态,而且在 CP=0 的整个期间内,输入信号变化时,输出状态都要发生相应的变化,此时则为低电平触发。

5)同步触发器的空翻问题

时序逻辑电路增加时钟脉冲的目的是统一电路动作的节拍。对触发器而言,在一个时钟脉冲的作用下,要求触发器的状态只能改变一次。而同步 RS 触发器在一个时钟周期的整个高电平期间(CP=1),如果 R、S 端输入信号多次发生变化,可能引起输出端状态多次翻转,这就破坏了输出状态应与 CP 脉冲同步,即每来一个 CP 脉冲,输出状态只能翻转一次的要求。此时,时钟脉冲失去控制作用,这种现象称为“空翻”。空翻是有害的,要避免空翻现象,这就要求在时钟脉冲作用期间,不允许输入信号(R、S)发生变化;另外,要求 CP 的脉宽不能太大,显然,这种要求是较为苛刻的。为了克服该问题,需对触发器电路做进一步改进,进而产生了主从触发型、边沿触发型等各种类型触发器。

【例 13.1.2】 由与非门构成的同步 RS 触发器,已知输入 CP、R、S 波形如图 13.1.10 所示,画出输出 Q 端的波形。

【解】

分析同步 RS 触发器的特性表、特征方程或状态转换图等,可知在 CP=1 时接收输入信号,并输出相应状态,可得其 Q 端的波形如图 13.1.10 所示。

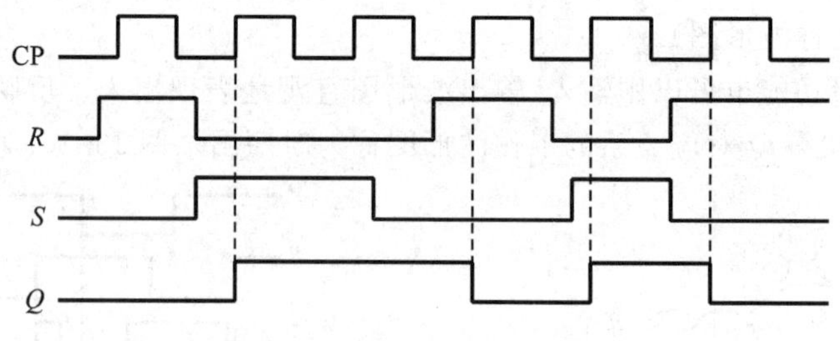

图 13.1.10 例 13.1.2 图

2. JK 触发器

由同步 RS 触发器特性表(表 13.1.2)可知当 $R=S=1$ 时,触发器输出状态不定,须避

免使用，这给使用带来不便，为此引入 JK 触发器就可从电路设计上不出现这种情况。

下面以典型的主从 JK 触发器为例加以说明。

1)电路结构

如图 13.1.11 所示，主从 JK 触发器由两个钟控 RS 触发器组成。考虑到 RS 触发器的 Q 和 $\overline{Q}$ 互补的特点，将输出 Q 和 $\overline{Q}$ 反馈到输入端，通过两个与门使加到 R 和 S 端的信号不能同时为 1，从而满足同步 RS 触发器要求的约束条件。为区别于原来的 RS 触发器，将对应于原图中的 R 用 K 表示、S 用 J 表示。输入信号的 RS 触发器称为主触发器，为高电平触发；输出信号的 RS 触发器称为从触发器，为低电平触发。主触发器的输出信号是从触发器的输入信号，从触发器的输出状态将由主触发器的状态来决定，即主触发器是什么状态，从触发器也会是什么状态，因而称为主从型 JK 触发器。

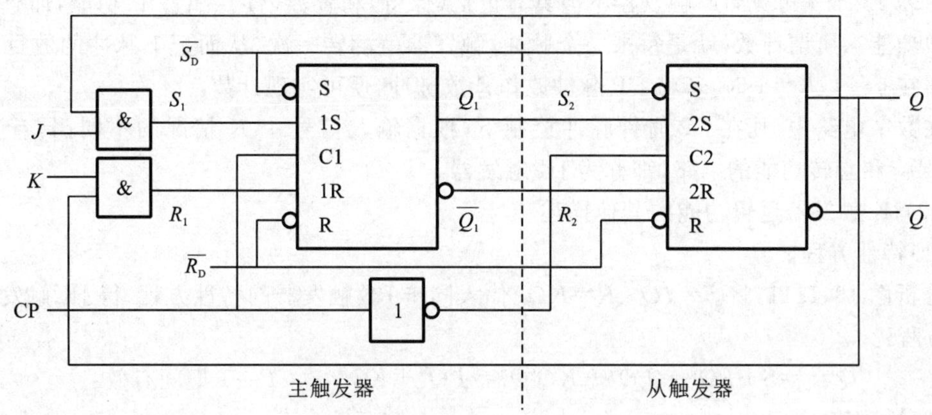

图 13.1.11　主从 JK 触发器结构图

$\overline{S}_D$是直接置 1 端，$\overline{R}_D$是直接置 0 端，用来预置触发器的初始状态，触发器正常工作时，应使$\overline{S}_D=\overline{R}_D=1$。

时钟脉冲 CP 除了直接控制主触发器外，还经过非门以$\overline{CP}$控制从触发器。

2)逻辑功能

当 CP=1 时，$\overline{CP}=0$，从触发器被封锁，则触发器的输出状态 Q 维持不变；此时，主触发器被打开，主触发器的状态受 J、K 端输入信号状态的控制。

当 CP=0 时，$\overline{CP}=1$，主触发器被封锁，不接收 J、K 端输入信号，主触发器状态维持不变；而从触发器解除封锁，由于 $S_2=Q_1$、$R_2=\overline{Q}_1$，所以当主触发器 $Q_1=1$ 时，$S_2=1$、$R_2=0$，从触发器置 1；当主触发器 $Q_1=0$ 时，$S_2=0$、$R_2=1$，从触发器置 0。主触发器的状态决定从触发器的状态，即 $Q_{从}=Q_{主}$。

由此可见，主从 JK 触发器的状态转换分两步完成：CP=1 期间接收输入信号并决定主触发器的输出状态；而在 CP=0 时，从触发器接收主触发器输出，状态的翻转发生在 CP 脉冲的下降沿。也就是说，对整个触发器来说，相当于 CP 为高电平时做准备，CP 下降沿到来时才翻转。因此，无论 CP 为高电平还是低电平，主、从触发器总是一个打开，另一个被封锁，J、K 端输入状态的改变不可能直接影响输出状态，从而解决了空翻现象。

分析图 13.1.11 所示主从 JK 触发器的逻辑功能可得其特性表，如表 13.1.4 所示。

表 13.1.4　主从 JK 触发器的特性表

CP	J　K	Q^n	Q^{n+1}	功能说明
	0　0	0	0	$Q^{n+1}=Q^n$　保持
	0　0	1	1	
	0　1	0	0	$Q^{n+1}=0$　置 0
	0　1	1	0	
	1　0	0	1	$Q^{n+1}=1$　置 1
	1　0	1	1	
	1　1	0	1	$Q^{n+1}=\overline{Q^n}$　翻转
	1　1	1	0	

由表 13.1.4 可见，JK 触发器不但具有记忆(保持)和置数(置 0 和置 1)功能，而且还具有计数功能。所谓计数，就是每来一个脉冲，触发器就翻转一次，从而记下脉冲的数目。JK 触发器在 $J=1$、$K=1$ 时，若将 CP 脉冲改作计数脉冲，便可实现计数。

在数字电路中，凡在 CP 时钟脉冲控制下，根据输入信号 J、K 情况的不同，具有置 0、置 1、保持和翻转功能的电路，都称为 JK 触发器。

*3)JK 触发器逻辑功能的其他描述

(1)特性方程。

分析图 13.1.11，将 $S=J\overline{Q^n}$、$R=KQ^n$ 代入同步 RS 触发器的特性方程，得 JK 触发器的特性方程：

$$Q^{n+1}=S+\overline{R}Q^n=J\,\overline{Q^n}+\overline{KQ^n}Q^n=J\,\overline{Q^n}+\overline{K}Q^n\quad (CP=1\ 期间有效)$$

(2)激励表。

根据表 13.1.4 可得 JK 触发器的激励表，如表 13.1.5 所示。

表 13.1.5　JK 触发器的激励表

Q^n →	Q^{n+1}	J	K
0	0	0	×
0	1	1	×
1	0	×	1
1	1	×	0

(3)状态转换图。

JK 触发器的状态转换图如图 13.1.12 所示。

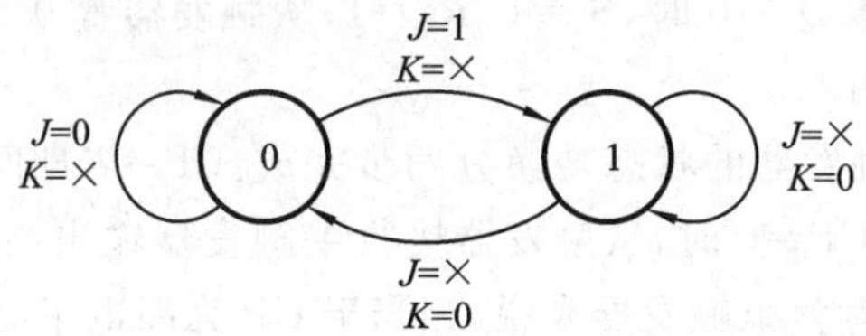

图 13.1.12　JK 触发器的状态转换图

4)触发方式

图 13.1.11 所示主从 JK 触发器电路中，主触发器在 CP=1 时接收信号，从触发器在 CP 由 1 下跳至 0 时，即 CP 后沿到来时输出相应的状态。如果改变电路结构，例如将主触

发器改用低电平触发，从触发器改用高电平触发，则变成主触发器在 CP=0 时接收信号，而从触发器在 CP 由 0 上跳至 1 时，即 CP 前沿到来时输出相应的状态。像这种在 CP 为规定的电平时，主触发器接收输入信号，当 CP 再跳变时，从触发器输出相应状态的触发方式称为主从触发。主从触发按输出状态变换时间的不同分为后沿（下降沿）主从触发和前沿（上升沿）主从触发两种，图 13.1.11 所示电路属于后沿主从触发，刚才提到的将主、从两触发器的触发电平颠倒过来的电路则属于前沿主从触发，它们的逻辑符号如图 13.1.13 所示，图中用符号“∧”表示边沿触发，而用符号“⌐”表示输出延迟。图 13.1.13(a)表示后沿触发，在 $C1$ 处加小圆圈，表示触发器在 CP=1 时接收输入信号，而延迟至 CP 后沿到来时输出相应状态。图 13.1.13(b)表示前沿主从触发，在 $C1$ 处不加小圆圈，表示触发器是在 CP=0 时接收输入信号，而延迟至 CP 前沿到来时输出相应状态。

【例 13.1.3】　已知后沿主从触发的 JK 触发器 J、K、CP 波形图如图 13.1.14 所示，试画出 Q 的波形图，设 Q 的初始状态为 1。

【解】

由题设可知该触发器为后沿触发。根据主从 JK 触发器的工作原理，在 CP=1 期间，主触发器接收 J、K 端输入信号，而当 CP 的下降沿到来时，从触发器输出相应的状态，因而得到 Q 端对应的波形图如图 13.1.14 所示。

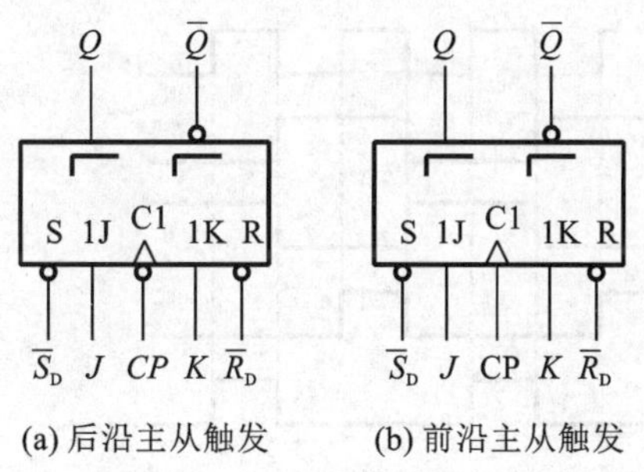

图 13.1.13　主从 JK 触发器的逻辑符号

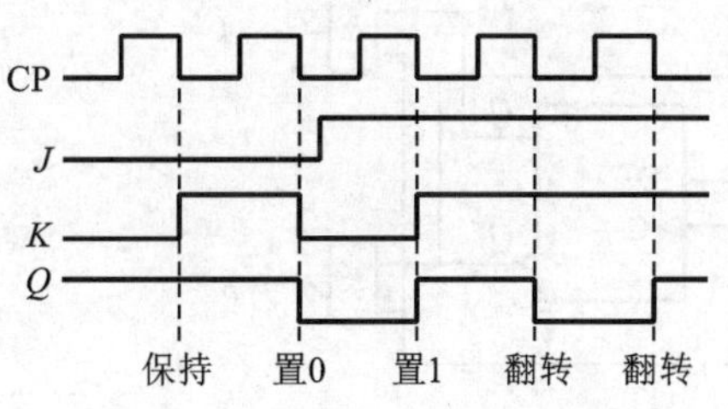

图 13.1.14　例 13.1.3 图

3. D 触发器

JK 触发器功能较完善，应用广泛。但需两个输入控制信号（J 和 K），如果在 JK 触发器的 K 端前面加上一个非门再接到 J 端，如图 13.1.15 所示，使输入端只有一个，在某些场合用这种电路进行逻辑设计可使电路得到简化，将这种触发器的输入端符号改用 D 表示，称为 D 触发器。

由 JK 触发器的特性表可得 D 触发器的特性表，如表 13.1.6 所示。

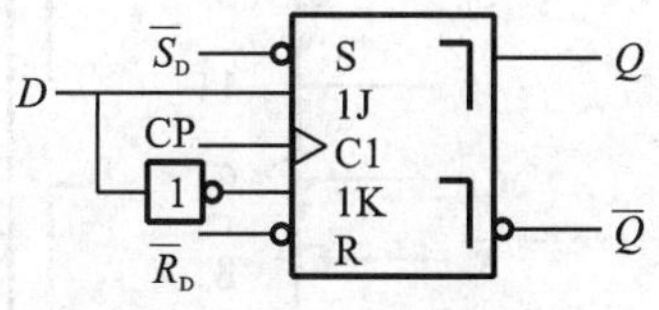

图 13.1.15　D 触发器构成

表 13.1.6　D 触发器特性表

D	Q^{n+1}
0	0
1	1

D 触发器的逻辑符号和状态转换图如图 13.1.16 所示。图中 CP 输入端处无小圆圈，表示在 CP 脉冲上升沿触发。除了异步置 0 置 1 端 R、S 外，只有一个控制输入端 D，因此 D 触发器的特性表比 JK 触发器的特性表简单。D 触发器的特征方程为：

$$Q^{n+1}=D$$

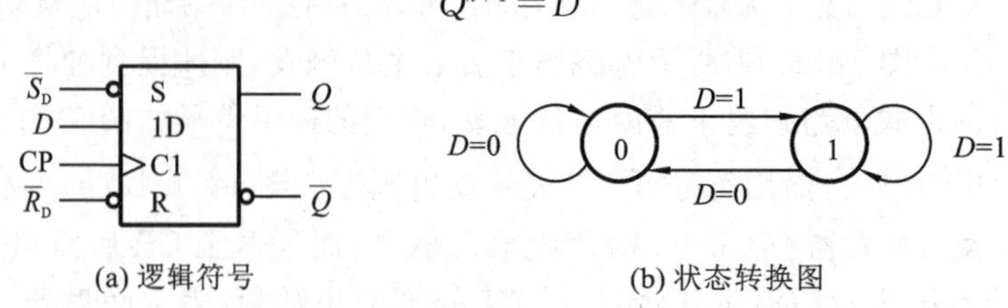

(a) 逻辑符号　　(b) 状态转换图

图 13.1.16　D 触发器的逻辑符号和状态转换图

【例 13.1.4】　图 13.1.17 所示为由 D 触发器和与门组成的移相电路，在时钟脉冲作用下，其输出端 A、B 输出 2 个频率相同、相位差 90°的脉冲信号，试画出 Q、$\overline{Q}$、A、B 端的时序图。

【解】

根据 D 触发器特性方程，分析该电路，画出 Q、$\overline{Q}$、A、B 端的时序图，如图 13.1.18 所示。

由图 13.1.18 可见，输出端 A、B 输出频率相同、相位差为 90°的脉冲信号。

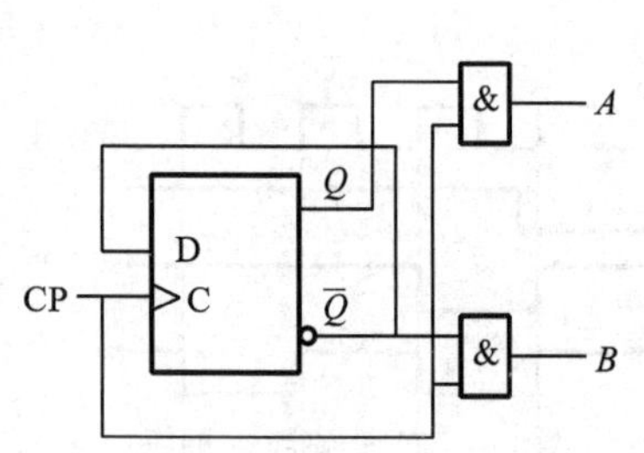

图 13.1.17　例 13.1.4 图

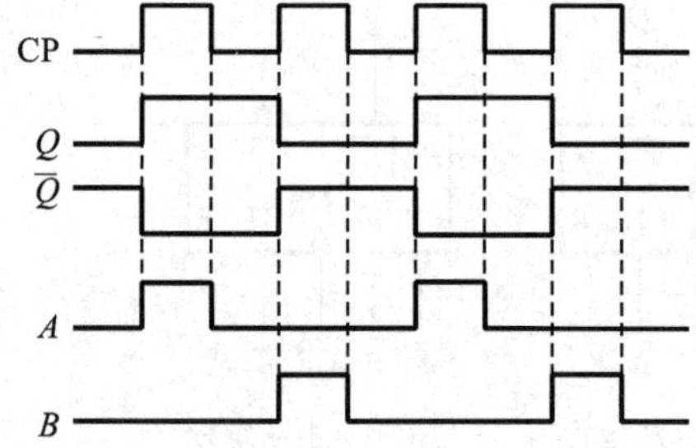

图 13.1.18　例 13.1.4 中 Q、$\overline{Q}$、A、B 端的时序图

4. T 触发器

T 触发器又称受控翻转型触发器。这种触发器的特点很明显：$T=0$ 时，触发器由 CP 脉冲触发后，状态保持不变。$T=1$ 时，每来一个 CP 脉冲，触发器状态就改变一次。T 触发器并没有独立的产品，由 JK 触发器转换而来的 T 触发器如图 13.1.19 所示，由 D 触发器转换而来的 T 触发器如图 13.1.20 所示。

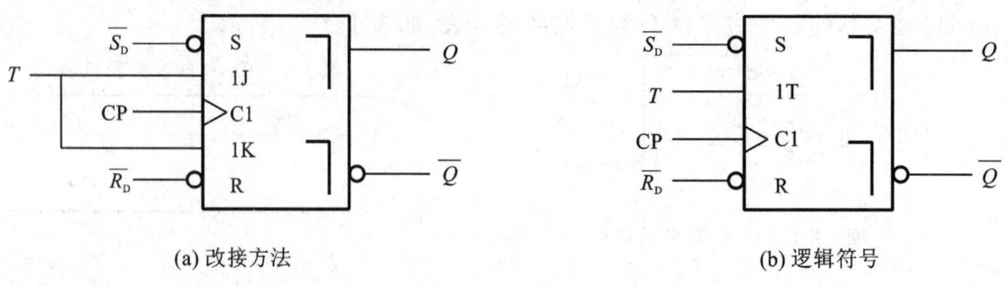

(a) 改接方法　　(b) 逻辑符号

图 13.1.19　JK 触发器改为 T 触发器

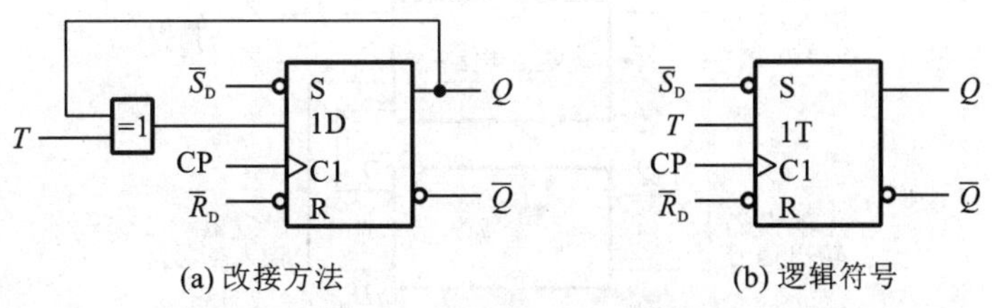

(a) 改接方法　　(b) 逻辑符号

图 13.1.20　D 触发器改为 T 触发器

T 触发器的特性表如表 13.1.7 所示，从特性表写出 T 触发器的特性方程为：

$$Q^{n+1} = T\overline{Q^n} + \overline{T}Q^n = T \oplus Q^n$$

T 触发器的状态转换图如图 13.1.21 所示。

表 13.1.7　T 触发器的特性表

T	Q^{n+1}
0	Q^n
1	$\overline{Q^n}$

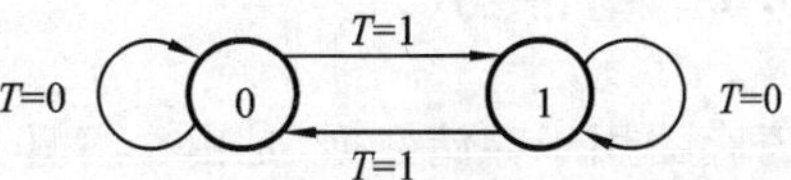

图 13.1.21　T 触发器的状态转换图

5. T′触发器

T′触发器又称为翻转型(计数型)触发器，其功能是在脉冲输入端每收到一个 CP 脉冲，触发器输出状态就改变一次。T′触发器也没有独立的产品，主要由 JK 触发器和 D 触发器转换而来，令 $J=K=1$ 或 $D=\overline{Q^n}$，如图 13.1.22 所示，可得其特性方程为：

$$Q^{n+1}=\overline{Q^n}$$

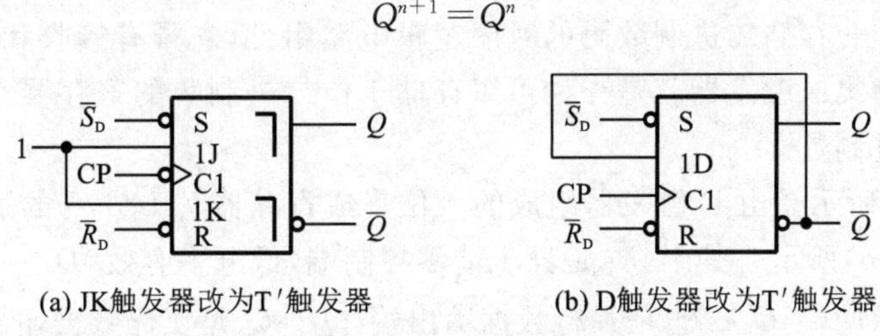

(a) JK触发器改为T′触发器　　(b) D触发器改为T′触发器

图 13.1.22　T′触发器

13.2　常见时序逻辑电路

时序逻辑电路——电路任何一个时刻的输出状态不仅取决于当时的输入信号，还与电路的原状态有关。

时序电路中必须含有具有记忆功能的存储器件。存储器件的种类很多，如触发器、延迟线、磁性器件等，但最常用的是触发器。由触发器作存储器件的时序逻辑电路的基本结构框图如图 13.2.1 所示，一般来说，它由组合电路和触发器两部分组成。

在时序电路中，若所有存储电路的状态都是在同一时钟脉冲作用下变化，这样的时序电路称为同步时序电路；反之，若存储电路的状态不是在同一时钟脉冲作用下变化，则称为异步时序电路。

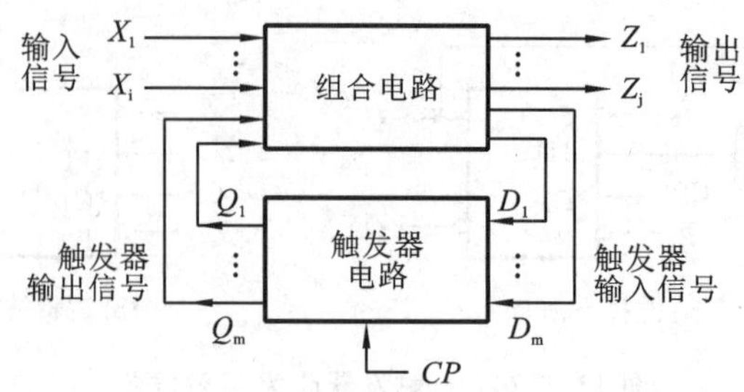

图 13.2.1 时序逻辑电路基本结构框图

下面介绍常用的时序逻辑电路——寄存器和计数器。

13.2.1 寄存器

寄存器用于存储数据，是由一组具有存储功能的触发器构成的。一个触发器可以存储1位二进制数，要存储 n 位二进制数需要 n 个触发器。无论是电平触发的触发器还是边沿触发的触发器都可以组成寄存器。

按照功能的不同，可将寄存器分为数码寄存器和移位寄存器两类。它们的共同之处是都具有暂时存放数码的功能。不同之处在于是数码寄存器只能并行送入存储数据，需要时也只能并行输出；移位寄存器不仅能存储数据，而且具有数据移位功能，在移位脉冲作用下，存储在寄存器中的数据可以依次逐位右移或左移。

1. 数码寄存器

数码寄存器——存储二进制数码的时序逻辑电路组件，它具有接收和寄存二进制数码的逻辑功能。各种集成触发器就是一种可以存储1位二进制数的寄存器，用 n 个触发器就可以存储 n 位二进制数。

图 13.2.2(a)所示是由D触发器组成的4位集成寄存器74LS175的逻辑电路图，其引脚图如图 13.2.2(b)所示。其中，$\overline{R}_D$是异步清零控制端，低电平有效，$D_0 \sim D_3$是并行数据输入端，CP为时钟脉冲端，$Q_0 \sim Q_3$是并行数据输出端，$\overline{Q}_0 \sim \overline{Q}_3$是反码数据输出端。

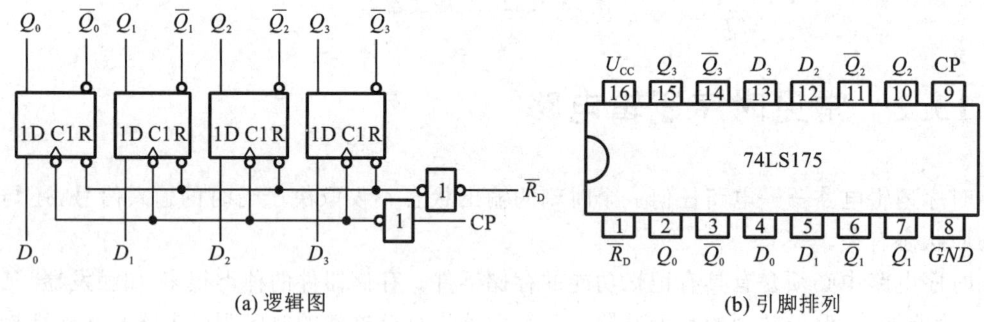

(a) 逻辑图 (b) 引脚排列

图 13.2.2 4位集成寄存器 74LS175

该电路工作过程如下。

(1)先清零，$\overline{R}_D$端输入一个低电平脉冲，所有输出端均为0。存取数据时，$\overline{R}_D$为1。

(2)将需要存储的4位二进制数码送到数据输入端 $D_0 \sim D_3$，在CP端送一个时钟脉冲，

脉冲上升沿作用后，4 位数码并行输出到相应四个触发器的 Q 端。

74LS175 的功能表如表 13.2.1 所示。

表 13.2.1　74LS175 功能表

清　零	时　钟	输	入			输	出			工作模式
$\overline{R}_D$	CP	D_0	D_1	D_2	D_3	Q_0	Q_1	Q_2	Q_3	
0	×	×	×	×	×	0	0	0	0	异步清零
1	↑	D_0	D_1	D_2	D_3	D_0	D_1	D_2	D_3	数码寄存
1	1	×	×	×	×	保持				数据保持
1	0	×	×	×	×	保持				数据保持

2. 移位寄存器

移位寄存器不仅具有存储功能，而且存储的数据能够在时钟脉冲控制下逐位左移或者右移。根据移位方式的不同，移位寄存器分为单向移位寄存器和双向移位寄存器两大类。

1)单向移位寄存器

单向移位寄存器分为左移寄存器和右移寄存器，如图 13.2.3 所示。

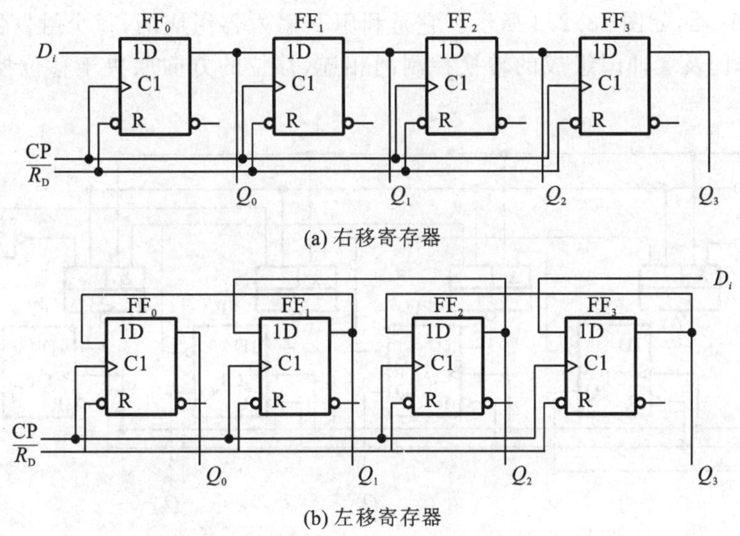

(a) 右移寄存器

(b) 左移寄存器

图 13.2.3　移位寄存器

现以图 13.2.3(a)所示右移寄存器为例进行说明，图 13.2.3(b)所示左移寄存器的工作原理和右移寄存器类似。

(1)先清零，$\overline{R}_D$端输入一个低电平脉冲，所有输出端均为 0。存取数据时，$\overline{R}_D$为 1。

(2)当 CP 上升沿到来，串行输入端 D_i送数据入 FF_0 中，FF_1～FF_3 接收各自左边触发器的状态，即 FF_0～FF_2的数据依次向右移动一位。

(3)经过 4 个 CP 脉冲作用，4 个数据被串行送入到寄存器的 4 个触发器中。

(4)此后，可从 Q_0～Q_3获得 4 位并行输出，实现串并转换；或者，再经过 4 个 CP 脉冲作用，存储在 FF_0～FF_3的数据依次从串行输出端 Q_3移出。

如表 13.2.2 所示，在 4 个 CP 时钟脉冲作用下依次输入 4 个 1，经过 4 个 CP 脉冲，寄存器变成全1状态,再经过4个时钟脉冲连续输入4个0,寄存器被清零。

表 13.2.2　4位右移寄存器的状态表

输入		现态				次态				输出
D_i	CP	Q_0^n	Q_1^n	Q_2^n	Q_3^n	Q_0^{n+1}	Q_1^{n+1}	Q_2^{n+1}	Q_3^{n+1}	Q_3
1	↑	0	0	0	0	1	0	0	0	0
1	↑	1	0	0	0	1	1	0	0	0
1	↑	1	1	0	0	1	1	1	0	0
1	↑	1	1	1	0	1	1	1	1	1
0	↑	1	1	1	1	0	1	1	1	1
0	↑	0	1	1	1	0	0	1	1	1
0	↑	0	0	1	1	0	0	0	1	1
0	↑	0	0	0	1	0	0	0	0	0

2)双向移位寄存器

将右移寄存器和左移寄存器组合起来,并引入一控制端 S 便可构成既可左移又可右移的双向移位寄存器,如图13.2.4所示。它是利用D触发器组成的,每个触发器的数据输入端 D 同与或非门及缓冲门组成的转换控制门相连,移位的方向取决于移位控制端 S 的状态。

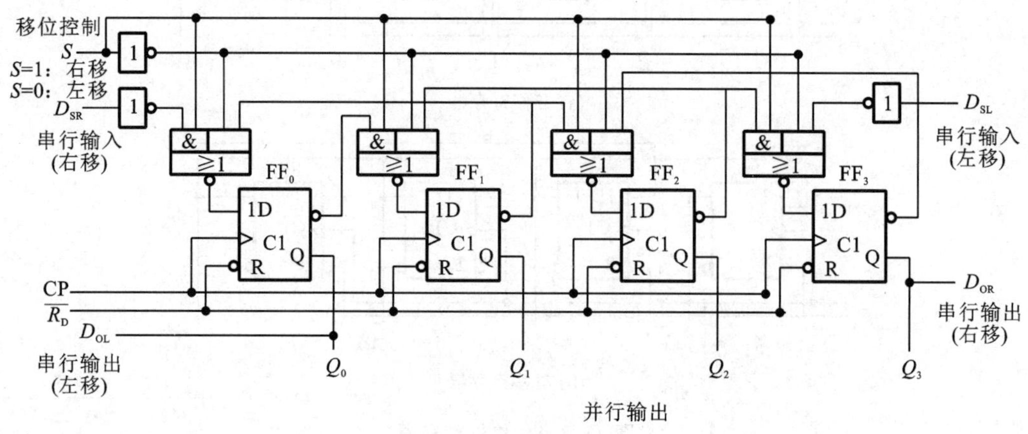

图 13.2.4　双向移位寄存器

其中,D_{SR} 为右移串行输入端,D_{SL} 为左移串行输入端。当 $S=1$ 时,与或非门左门打开,右边与门封锁,$D_0=D_{SR}$、$D_1=Q_0$、$D_2=Q_1$、$D_3=Q_2$,即 FF_0 的 D_0 端与右端串行输入端 D_{SR} 端连通,FF_1 的 D_1 端与 Q_0 端连通……在CP脉冲作用下,由 D_{SR} 端输入的数据将实现右移操作;当 $S=0$ 时,$D_0=Q_1$、$D_1=Q_2$、$D_2=Q_3$、$D_3=D_{SL}$,在CP脉冲作用下,便可实现左移操作。

3. 集成寄存器

目前,许多寄存器已做成单片集成电路。集成寄存器按结构来分有单一寄存器和寄存器堆两种。单一寄存器是指在一个单片集成电路上只有一个寄存器。而寄存器堆在单片集成电路上则有几个寄存器组成寄存器阵列,可存放多个多位二进制码。

下面介绍一种 74LS194 通用型多功能移位寄存器。这是一种具有串行输入、串行输出、并行输入、并行输出、左移、右移、保持等多种功能的移位寄存器，如图 13.2.5 所示。其中，D_{SL} 和 D_{SR} 分别是左移和右移串行输入端；D_0、D_1、D_2 和 D_3 是并行输入端；Q_0 和 Q_3 分别是左移和右移时的串行输出端；Q_0、Q_1、Q_2 和 Q_3 为并行输出端。

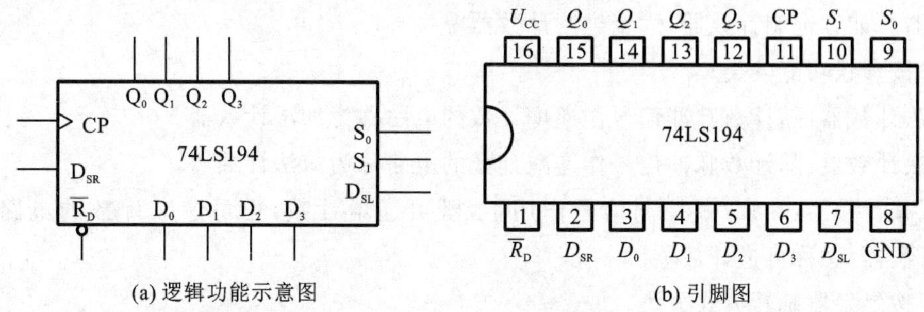

(a) 逻辑功能示意图　(b) 引脚图

图 13.2.5　集成移位寄存器 74LS194

74LS194 的功能表如表 13.2.3 所示，具体功能如下。

(1)异步清零。当$\overline{R}_D=0$ 时即刻清零，与其他输入状态及 CP 无关，优先级别最高。

(2)S_1、S_0 是控制输入端。当$\overline{R}_D=1$ 时，74LS194 有如下 4 种工作方式。

①当 $S_1S_0=00$ 时，不论有无 CP 到来，各触发器状态不变，为保持工作状态。

②当 $S_1S_0=01$ 时，在 CP 上升沿作用下，实现右移操作，流向是 $S_R \to Q_0 \to Q_1 \to Q_2 \to Q_3$。

③当 $S_1S_0=10$ 时，在 CP 上升沿作用下，实现左移操作，流向是 $S_L \to Q_3 \to Q_2 \to Q_1 \to Q_0$。

④当 $S_1S_0=11$ 时，在 CP 上升沿作用下，实现置数操作：$D_0 \to Q_0$，$D_1 \to Q_1$，$D_2 \to Q_2$，$D_3 \to Q_3$。

表 13.2.3　74LS194 **的功能表**

输入											输出				工作模式
清零	控制		串行输入		时钟	并行输入									
$\overline{R_D}$	S_1	S_0	D_{SL}	D_{SR}	CP	D_0	D_1	D_2	D_3	Q_0	Q_1	Q_2	Q_3		
0	×	×	×	×	×	×	×	×	×	0	0	0	0	异步清零	
1	0	0	×	×	×	×	×	×	×	Q_0^n	Q_1^n	Q_2^n	Q_3^n	保持	
1	0	1	×	1	↑	×	×	×	×	1	Q_0^n	Q_1^n	Q_2^n	右移，D_{SR} 为串行输入端，Q_3 为串行输出端	
1	0	1	×	0	↑	×	×	×	×	0	Q_0^n	Q_1^n	Q_2^n		
1	1	0	1	×	↑	×	×	×	×	Q_1^n	Q_2^n	Q_3^n	1	左移，D_{SL} 为串行输入端，Q_0 为串行输出端	
1	1	0	0	×	↑	×	×	×	×	Q_1^n	Q_2^n	Q_3^n	0		
1	1	1	×	×	↑	D_0	D_1	D_2	D_3	D_0	D_1	D_2	D_3	并行置数	

13.2.2　计数器

计数器是用来对 CP 时钟脉冲进行计数的，还可以用作分频、定时和数学运算等，广泛应用于各种数字运算、测量、控制及信号产生电路中。

计数器的种类很多，特点各异，有以下几种分类方式。

(1)按数制分类。

二进制计数器:按二进制数运算规律进行计数的电路称为二进制计数器。

十进制计数器:按十进制数运算规律进行计数的电路称为十进制计数器。

任意进制计数器:二进制计数器和十进制计数器之外的其他进制计数器统称为任意进制计数器。如五进制计数器、六十进制计数器等。

(2)按计数功能分类。

加法计数器:随计数脉冲信号作递增计数的电路称为加法计数器。

减法计数器:随计数脉冲信号作递减计数的电路称为减法计数器。

加/减计数器:在加/减控制信号作用下,既可递增计数,也可递减计数的电路,称为加/减计数器,又称可逆计数器。

(3)按触发器翻转方式分类。

同步计数器:计数脉冲信号同时加到所有触发器的时钟脉冲信号输入端,使各触发器同步翻转的计数器,称作同步计数器。

异步计数器:计数脉冲信号加到部分触发器的时钟脉冲信号输入端,其他触发器的触发信号由电路内部提供,触发器状态更新有先有后,这类计数器称作异步计数器。

下面以常见的二进制计数器和十进制计数器为例进行说明。

1. 二进制计数器

图 13.2.6 所示为由 4 个下降沿触发的 JK 触发器组成的 4 位异步二进制加法计数器的逻辑电路图。其中,JK 触发器都接成 T′触发器(即 $J=K=1$),最低位触发器 FF_0 的时钟脉冲输入端接计数脉冲 CP,其他触发器的时钟脉冲输入端接相邻低位触发器的 Q 端。

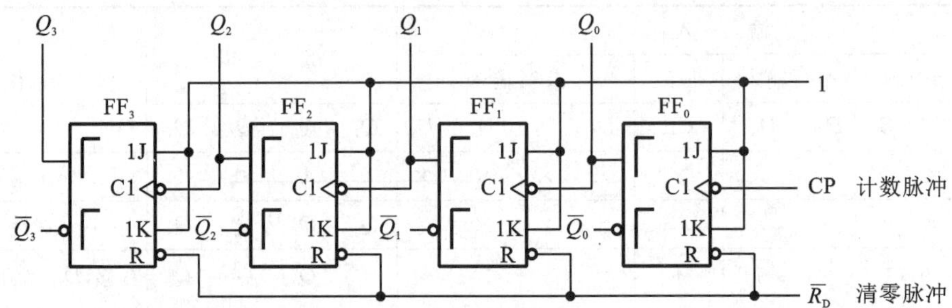

图 13.2.6 由 JK 触发器组成的 4 位异步二进制加法计数器的逻辑电路图

分析图 13.2.6 所示电路,触发器 FF_0 在每个 CP 脉冲下降沿到来时都应翻转,Q_0 的状态变换如表 13.2.5 中 Q_0 所示,其波形图如图 13.2.7 中 Q_0 所示。

触发器 FF_1 的 CP 端接至 Q_0 端,即 Q_0 的输出就是 FF_1 的时钟脉冲。因而,每当 Q_0 的脉冲下降沿到来时 FF_1 的输出 Q_1 就翻转,Q_1 的状态变换如表 13.2.5 中 Q_1 所示,其波形图如图 13.2.7 中 Q_1 所示。

同理,触发器 FF_2 和 FF_3 的翻转时间分别在 Q_1 和 Q_2 的脉冲下降沿到来之时,Q_2 和 Q_3 的状态变换如表 13.2.4 中 Q_2 和 Q_3 所示,其波形图如图 13.2.7 中 Q_2 和 Q_3 所示。

表 13.2.4　二进制计数器的状态表

CP 顺序	Q_3^n	Q_2^n	Q_1^n	Q_0^n	$\overline{Q_3^n}$	$\overline{Q_2^n}$	$\overline{Q_1^n}$	$\overline{Q_0^n}$
0↓	0	0	0	0	1	1	1	1
1↓	0	0	0	1	1	1	1	0
2↓	0	0	1	0	1	1	0	1
3↓	0	0	1	1	1	1	0	0
4↓	0	1	0	0	1	0	1	1
5↓	0	1	0	1	1	0	1	0
6↓	0	1	1	0	1	0	0	1
7↓	0	1	1	1	1	0	0	0
8↓	1	0	0	0	0	1	1	1
9↓	1	0	0	1	0	1	1	0
10↓	1	0	1	0	0	1	0	1
11↓	1	0	1	1	0	1	0	0
12↓	1	1	0	0	0	0	1	1
13↓	1	1	0	1	0	0	1	0
14↓	1	1	1	0	0	0	0	1
15↓	1	1	1	1	0	0	0	0
16↓	0	0	0	0	1	1	1	1

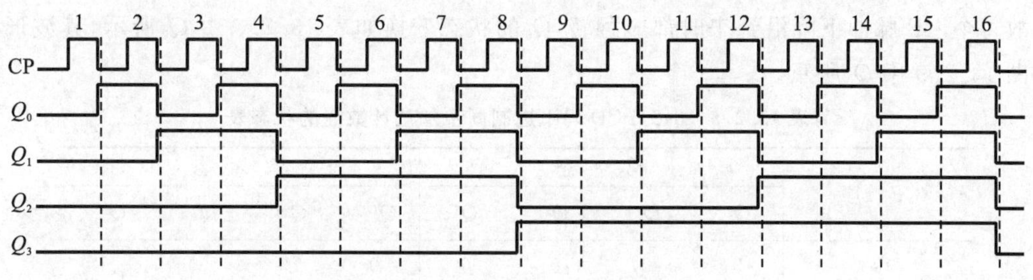

图 13.2.7　二进制加法计数器的波形

由表 13.2.4 和图 13.2.7 可见，从初态 0000（由清零脉冲所置）开始，每输入一个计数脉冲，计数器的状态按二进制加法规律加 1，所以是二进制加法计数器（4 位）。又因为该计数器有 0000～1111 共 16 个状态，所以也称 16 进制（1 位）加法计数器或模 16（$M=16$）加法计数器。

由波形图还可以看到，每经过一个触发器，脉冲的周期就增加了一倍，频率减为一半，于是从 Q_1 端引出的波形为二分频，从 Q_2 端引出的波形为四分频，因此类推，从 Q_n 端引出的波形为 2^n 分频。因此计数器又常用作分频器。

反之，如果将该电路中的$\overline{Q}_3$、$\overline{Q}_2$、$\overline{Q}_1$、$\overline{Q}_0$作为计数器的输出端，该电路便成为二进制减法计数器，如表 13.2.4 中$\overline{Q}_3$、$\overline{Q}_2$、$\overline{Q}_1$、$\overline{Q}_0$所示。工作前，$\overline{Q}_3$、$\overline{Q}_2$、$\overline{Q}_1$、$\overline{Q}_0$置 1111，每来一个 CP 脉冲，便减少一个数，当第 16 个 CP 到来时，计数器溢出，返回到 1111。

这种二进制计数器的计数脉冲 CP 不是同时加到各个触发器上的,而只是加到最低位的触发器上,其他触发器的时钟控制端是与相邻的低位触发器的输出端相连,各触发器的动作有先有后,所以称为异步计数器。在异步计数器中,高位触发器的状态翻转必须在相邻触发器产生进位信号(加计数)或借位信号(减计数)之后才能实现,所以异步计数器的工作速度较低,为了提高计数速度,可采用同步计数器。

2. 十进制计数器

十进制计数器与二进制计数器工作原理基本相同,只是将十进制数的每一位数都用二进制数来表示而已。最常用的是采用 8421BCD 码,下面以此为例进行讨论。

图 13.2.8 所示为由 4 个下降沿触发的 JK 触发器组成的 8421BCD 码十进制同步加法计数器的逻辑图,其时钟脉冲是同时作用于 4 个触发器的时钟脉冲输入端的,故称同步计数器。

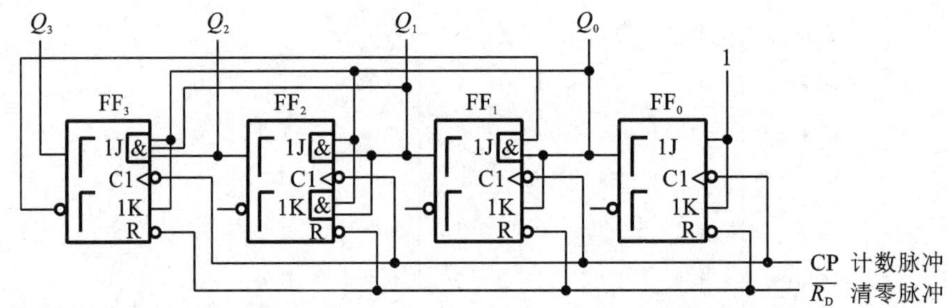

图 13.2.8 8421BCD 码十进制同步加法计数器的逻辑图

分析图 13.2.8 所示电路,触发器 FF_0 的翻转条件是 $J=K=1$,由于 J 和 K 都接高电平 1,故每个 CP 脉冲下降沿到来时都应翻转,Q_0 的状态变换如表 13.2.5 中 Q_0 所示,其波形图如图 13.2.9 中 Q_0 所示。

表 13.2.5 8421BCD 码十进制同步加法计数器的状态表

CP 顺序	现态				次态			
	Q_3^n	Q_2^n	Q_1^n	Q_0^n	Q_3^{n+1}	Q_2^{n+1}	Q_1^{n+1}	Q_0^{n+1}
0↓	0	0	0	0	0	0	0	1
1↓	0	0	0	1	0	0	1	0
2↓	0	0	1	0	0	0	1	1
3↓	0	0	1	1	0	1	0	0
4↓	0	1	0	0	0	1	0	1
5↓	0	1	0	1	0	1	1	0
6↓	0	1	1	0	0	1	1	1
7↓	0	1	1	1	1	0	0	0
8↓	1	0	0	0	1	0	0	1
9↓	1	0	0	1	0	0	0	0

触发器 FF_1 有 2 个 J 端，其中一个接 $\overline{Q}_3$，另一个与 K 端一起接 Q_0。2 个 J 端之间为逻辑与关系，因而其翻转条件是 $\overline{Q}_3Q_0=1$。Q_1 的状态变换如表 13.2.5 中 Q_1 所示，其波形图如图 13.2.9 中 Q_1 所示。

触发器 FF_2 的 2 个 J 端和 2 个 K 端分别接至 Q_0 和 Q_1，因此其翻转条件是 $Q_1Q_0=1$。Q_2 的状态变换如表 13.2.5 中 Q_2 所示，其波形图如图 13.2.9 中 Q_2 所示。

触发器 FF_3 有 3 个 J 端，其中一个和 K 端一起接 Q_0，另外两个分别接 Q_1 和 Q_2。3 个 J 端之间为逻辑与关系，因此其翻转条件是 $Q_2Q_1Q_0=1$。Q_3 的状态变换如表 13.2.5 中 Q_3 所示，其波形图如图 13.2.9 中 Q_3 所示。

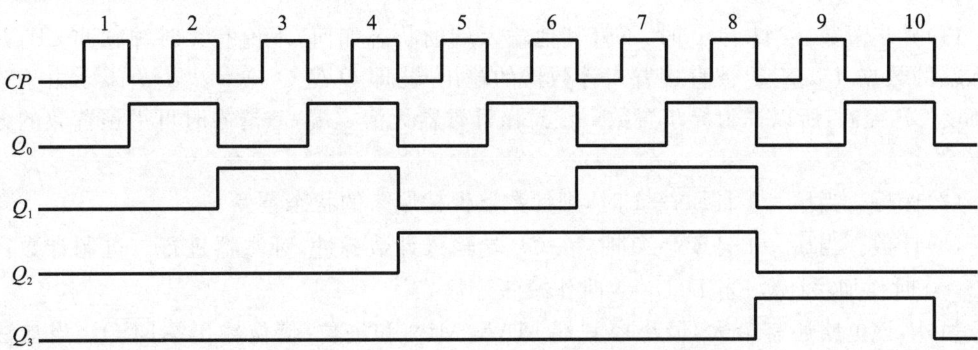

图 13.2.9　8421BCD 码十进制同步加法计数器的波形

3. 集成计数器

目前，计数器有多种集成电路可供选用，下面以 74LS191 型集成计数器为例进行简单介绍。

图 13.2.10(a)是集成 4 位二进制同步可逆计数器 74LS191 的逻辑功能示意图，图 13.2.10(b)是其引脚排列图。其中 $\overline{L}_D$ 是异步预置数控制端，D_3、D_2、D_1、D_0 是预置数据输入端；$\overline{EN}$是使能端，低电平有效；$D/\overline{U}$ 是加/减控制端，为 0 时作加法计数，为 1 时作减法计数；MAX/MIN 是最大/最小输出端；$\overline{RCO}$是进位/借位输出端。

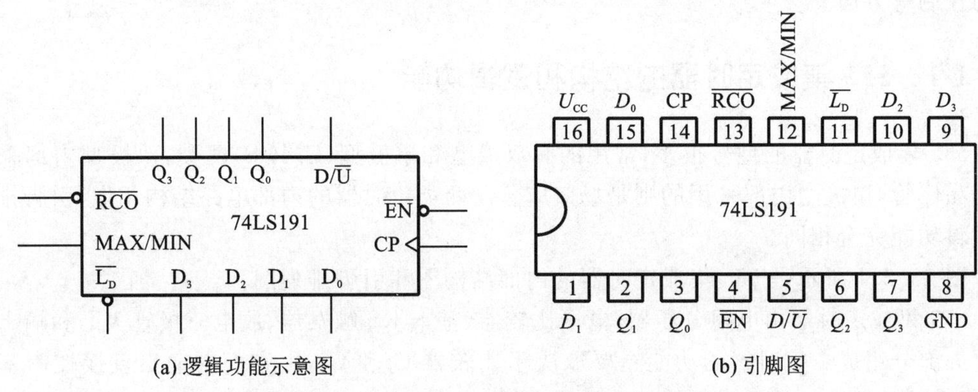

图 13.2.10　74LS191 的逻辑功能示意图及引脚图

表 13.2.6 是 74LS191 的功能表。由表可知,74LS191 具有以下一些功能。

表 13.2.6　74LS191 的功能表

预置	使能	加/减控制	时钟	预置数据输入				输　出				工作模式
$\overline{L_D}$	$\overline{EN}$	$D/\overline{U}$	CP	D_3	D_2	D_1	D_0	Q_3	Q_2	Q_1	Q_0	
0	×	×	×	d_3	d_2	d_1	d_0	d_3	d_2	d_1	d_0	异步置数
1	1	×	×	×	×	×	×	保持				数据保持
1	0	0	↑	×	×	×	×	加法计数				加法计数
1	0	1	↑	×	×	×	×	减法计数				减法计数

(1)异步置数。当$\overline{L_D}=0$时,不管其他输入端的状态如何,不论有无时钟脉冲 CP,并行输入端的数据 $d_3d_2d_1d_0$ 被直接置入计数器的输出端,即 $Q_3Q_2Q_1Q_0=d_3d_2d_1d_0$。由于该操作不受 CP 控制,所以称为异步置数。注意该计数器无清零端,需清零时可用预置数的方法置零。

(2)保持。当$\overline{L_D}=1$且$\overline{EN}=1$时,则计数器保持原来的状态不变。

(3)计数。当$\overline{L_D}=1$且$\overline{EN}=0$时,在 CP 端输入计数脉冲,计数器进行二进制计数。当 $D/\overline{U}=0$ 时作加法计数;当 $D/\overline{U}=1$ 时作减法计数。

另外,该电路还有最大/最小控制端 MAX/MIN 和进位/借位输出端$\overline{RCO}$。当加法计数,计到最大值 1111 时,MAX/MIN 端输出 1,如果此时 CP=0,则$\overline{RCO}=0$,输出进位信号;当减法计数,计到最小值 0000 时,MAX/MIN 端也输出 1,如果此时 CP=0,则$\overline{RCO}=0$,输出借位信号。

13.3　555 集成定时器

555 集成定时器是一种模拟电路和数字电路相结合的中规模集成器件,它性能优良,使用十分灵活方便,外接少量的阻容元件就可以构成多种用途的电路,如单稳态触发器、多谐振荡器、施密特触发器等。因此,555 集成定时器被广泛应用于脉冲波形的产生与变换、测量与控制等方面。

13.3.1　555 集成定时器的结构和逻辑功能

555 集成定时器的型号很多,常用的有双极型和单极型(CMOS)两类,双极型内部采用的是晶体管,单极型内部采用的则是场效应管。两类定时器的内部电路结构相似,引脚排列和逻辑功能完全相同。

图 13.3.1 所示是 555 集成定时器的内部结构图和引脚排列图。

555 集成定时器由电阻分压器、电压比较器、基本 RS 触发器、放电三极管 VT 和输出缓冲器五部分组成。定时器的功能主要取决于比较器 C_1 和 C_2,由它们的输出直接控制基本 RS 触发器的状态和放电三极管 VT 的状态,从而决定整个电路的输出状态。

1. 电压分压器

电压分压器由 3 个阻值均为 R_0 的电阻串联构成,为电压比较器 C_1 和 C_2 提供参考电压

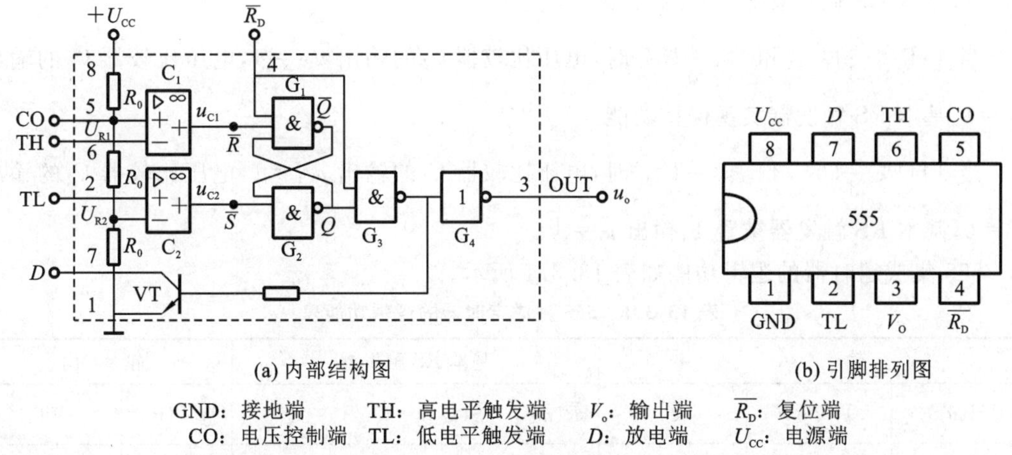

(a) 内部结构图　　　　(b) 引脚排列图

GND：接地端　　TH：高电平触发端　　V_o：输出端　　$\overline{R_D}$：复位端

CO：电压控制端　　TL：低电平触发端　　D：放电端　　U_{CC}：电源端

图 13.3.1　555 集成定时器

U_{R1}、U_{R2}。

当电压控制端 CO 不外加控制电压时，$U_{R1}=\frac{2}{3}U_{CC}$，$U_{R2}=\frac{1}{3}U_{CC}$。

当电压控制端 CO 外加控制电压 U_{CO} 时，比较器的参考电压将发生变化，相应的电路的阈值、触发电平也将随之改变，并进而影响电路的定时参数。

为了防止干扰，当不外加控制电压时，CO 端一般通过一个小电容(如 0.01 μF)接地，以旁路高频干扰。

2. 电压比较器

电压比较器 C_1 和 C_2 是两个结构完全相同的理想运算放大器。当运算放大器的同相输入电压大于反向输入电压时，输出为高电平 1；当运算放大器的同相输入电压小于反向输入电压时，输出为低电平 0。两个比较器的输出 u_{C1}、u_{C2} 分别作为基本 RS 触发器的复位端 $\overline{R}$ 和置位端 $\overline{S}$ 的输入信号。

3. 基本 RS 触发器

两个与非门 G_1 和 G_2 构成了低电平触发的基本 RS 触发器。触发器输入信号 RS 为比较器 C_1、C_2 的输出，触发器 Q 端状态为电路输出端 u_o 的状态，且控制放电三极管 VT 的导通与截止。当外部复位信号 $\overline{R_D}$ 为 0(低电平)时，可使 $u_o=0$，定时器输出直接复位。

4. 放电三极管 VT

放电三极管 VT 构成泄放电路，VT 的集电极用输出端 D 表示。当 $Q=0(\overline{Q}=1)$ 时，VT 导通，D 端输出为低电平 0；当 $Q=1(\overline{Q}=0)$ 时，VT 截止，D 端输出为高电平 1。可见，D 端的逻辑状态与输出端 u_o 的状态相同。

5. 输出缓冲器

输出缓冲器由非门 G_4 构成，它的作用是提高负载能力，并隔离负载对定时器的影响。

分析图 13.3.1 所示电路，当复位 $\overline{R}_D$ 为低电平时，使 555 定时器强制复位，输出 $u_o=0$；当 $\overline{R}_D$ 为高电平时，u_o 输出状态取决于高电平触发端 TH 和低电平触发端 TL 的状态。

当 $TH>\frac{2}{3}U_{CC}$，$TL>\frac{1}{3}U_{CC}$ 时，电压比较器 C_1 的输出 $u_{C1}=0$，电压比较器 C_2 的输出

$u_{C2}=1$,基本 RS 触发器被置 0,输出 $u_o=0$。

当 $TH<\frac{2}{3}U_{CC}$,$TL>\frac{1}{3}U_{CC}$ 时,电压比较器 C_1 的输出 $u_{C1}=1$,电压比较器 C_2 的输出 $u_{C2}=1$,基本 RS 触发器实现保持功能。

当 $TH<\frac{2}{3}U_{CC}$,$TL<\frac{1}{3}U_{CC}$ 时,电压比较器 C_1 的输出 $u_{C1}=1$,电压比较器 C_2 的输出 $u_{C2}=0$,基本 RS 触发器被置 1,输出 $u_o=1$。

555 集成定时器的逻辑功能如表 13.3.1 所示。

表 13.3.1　555 集成定时器的逻辑功能表

输　入			基本 RS 触发器				输　出	
TH(u_6)	TL(u_2)	$\overline{R_D}$	$\overline{R}(u_{C1})$	$\overline{S}(u_{C2})$	Q	$\overline{Q}$	OUT(u_o)	VT
×	×	0	×	×	×	×	0	导通
$>\frac{2}{3}U_{CC}$	$>\frac{1}{3}U_{CC}$	1	0	1	0	1	0	导通
$<\frac{2}{3}U_{CC}$	$>\frac{1}{3}U_{CC}$	1	1	1	保持	保持	保持	保持
$<\frac{2}{3}U_{CC}$	$<\frac{1}{3}U_{CC}$	1	1	0	1	0	1	截止

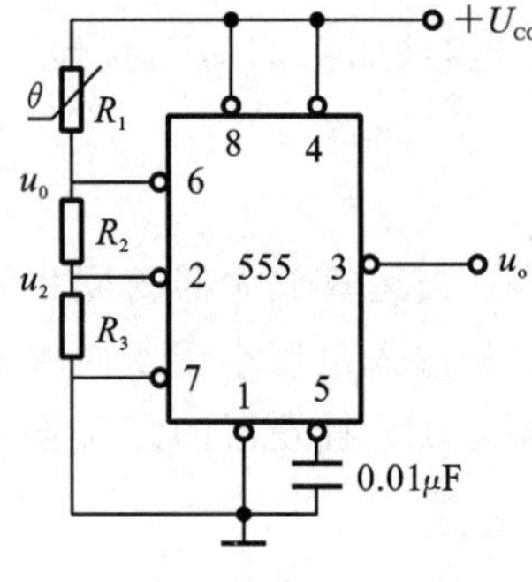

图 13.3.2　例 13.3.1 图

【例 13.3.1】 图 13.3.2 所示电路是利用 555 集成定时器组成的温度控制电路。R_1 是具有负温度系数的热敏电阻,试分析该电路的工作原理。

【解】

当温度升高时,电阻 R_1 减少,u_6 和 u_2 电压上升,当 $u_6>\frac{2}{3}U_{CC}$,$u_2>\frac{1}{3}U_{CC}$ 时,555 定时器输出 $u_o=0$,切断加热器,温度停止上升。

当温度下降时,电阻 R_1 增加,u_6 和 u_2 电压下降,当 $u_6<\frac{2}{3}U_{CC}$,$u_2<\frac{1}{3}U_{CC}$时,555 定时器输出 $u_o=1$,接通加热器,温度上升。

13.3.2　555 集成定时器的应用

1. 单稳态触发器

单稳态触发器是只有一个稳态的触发器,具有下列一些特点。

(1)它有一个稳定状态和一个暂稳状态。

(2)在外来触发脉冲作用下,能够由稳定状态翻转到暂稳状态。

(3)暂稳状态维持一段时间后,将自动返回到稳定状态,而暂稳状态时间的长短,与触发脉冲无关,仅取决于电路本身的参数。

555 集成定时器构成的单稳态触发器电路如图 13.3.3(a)所示。

接通电源 U_{CC} 后瞬间，U_{CC} 通过电阻 R 对电容 C 充电，当 $u_6=u_C$(TH)上升到 $\frac{2}{3}U_{CC}$ 时，$u_2=u_i$(TL)$>\frac{1}{3}U_{CC}$(u_i 未输入)，由状态表可知，$\overline{R}=0$，$\overline{S}=1$，基本 RS 触发器复位，电路输出 $u_o=0$。这时，放电管 VT 导通，电容 C 通过 VT 放电，$u_6=u_C$ 下降。当 $u_6=u_C$ 小于 $\frac{2}{3}U_{CC}$ 时，$u_2=u_i$(TL)仍大于 $\frac{1}{3}U_{CC}$，$\overline{R}=1$，$\overline{S}=1$，基本 RS 触发器又保持 0 状态不变。可见，电路稳态为 $u_o=0$。

当输入 u_i 的负脉冲到来时，$u_2=u_i<\frac{1}{3}U_{CC}$，又电容电压 u_C 不能突变，即 $u_6=u_C\approx 0$，由状态表可知，$\overline{R}=1$，$\overline{S}=0$，基本RS触发器置1，电路输出 $u_o=1$，电路进入暂稳态1。此时，放电管VT截止，U_{CC} 经电阻 R 对电容 C 充电，$u_6=u_C$ 开始上升。直到输入 u_i 的负脉冲过去，$u_2=u_i>\frac{1}{3}U_{CC}$，而 $u_6=u_C$ 上升到 $\frac{2}{3}U_{CC}$ 时，$\overline{R}=0$，$\overline{S}=1$，基本 RS 触发器复位，电路输出 $u_O=0$，VT 导通，电容 C 放电，电路恢复到稳定状态 0。

上述分析所得工作波形如图 13.3.3(b)所示，其各段工作状态如表 13.3.2 所示。

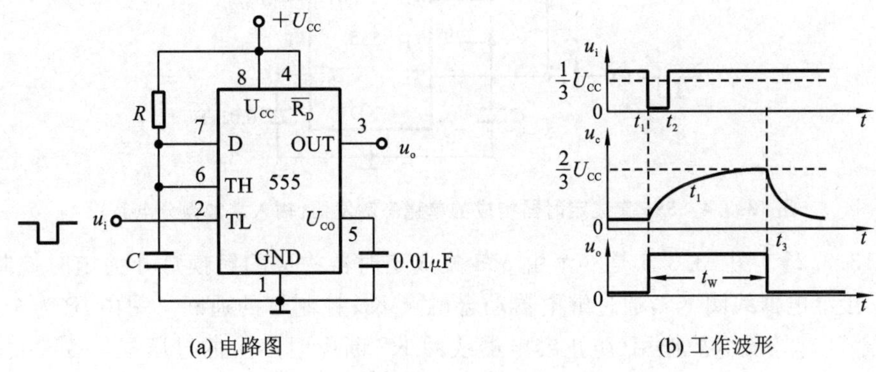

(a) 电路图　　(b) 工作波形

图 13.3.3　555 集成定时器构成的单稳态触发器

表 13.3.2　单稳态触发器的状态表

时间	u_i	u_C	$u_6=u_C$	$u_2=u_i$	$\overline{R}$	$\overline{S}$	u_o	VT	状态
$0\sim t_1$	未输入，高电平	≈ 0	$<\frac{2}{3}U_{CC}$	$>\frac{1}{3}U_{CC}$	1	1	保持 0	导通	稳态
t_1	负脉冲开始输入，低电平	≈ 0	$<\frac{2}{3}U_{CC}$	$<\frac{1}{3}U_{CC}$	1	0	1	截止	跳变
$t_1\sim t_2$	负脉冲，低电平	充电，指数上升	$<\frac{2}{3}U_{CC}$	$<\frac{1}{3}U_{CC}$	1	0	1	截止	暂稳
$t_2\sim t_3$	负脉冲过去，高电平	继续充电	$<\frac{2}{3}U_{CC}$	$>\frac{1}{3}U_{CC}$	1	1	保持 1	截止	暂稳
t_3	负脉冲过去，高电平	刚大于 $\frac{2}{3}U_{CC}$	$>\frac{2}{3}U_{CC}$	$>\frac{1}{3}U_{CC}$	0	1	0	导通	跳变
t_3 后	负脉冲过去，高电平	放电，指数下降	$<\frac{2}{3}U_{CC}$	$>\frac{1}{3}U_{CC}$	1	1	保持 0	导通	稳态

由以上分析可见,单稳态触发器其稳定状态为 0,在触发脉冲作用下,它翻转成暂稳状态 1,输出矩形脉冲,脉冲宽度 t_W 即暂稳状态的持续时间,与电容充电的时间常数 τ 有关,由于

$$u_C = U_{CC}(1 - e^{-\frac{t}{\tau}})$$

将 $t_C = t_W$,$u_C = \frac{2}{3}U_{CC}$ 带入,整理后得

$$e^{\frac{t}{\tau}} = 3$$

两边取对数得

$$t_W = \tau \ln 3 = 1.1RC \tag{13.3.1}$$

在单稳态触发器中,若 u_i 负脉冲宽度过长(大于 t_W),则使 555 集成定时器处于禁用状态,这是不允许的。因此,在实际电路中,常在脉冲输入端加微分电路(由 R_i、C_i 构成),使输入负脉冲仅下降沿有效,确保加到定时器的负脉冲宽度在允许范围内,如图 13.3.4 所示。

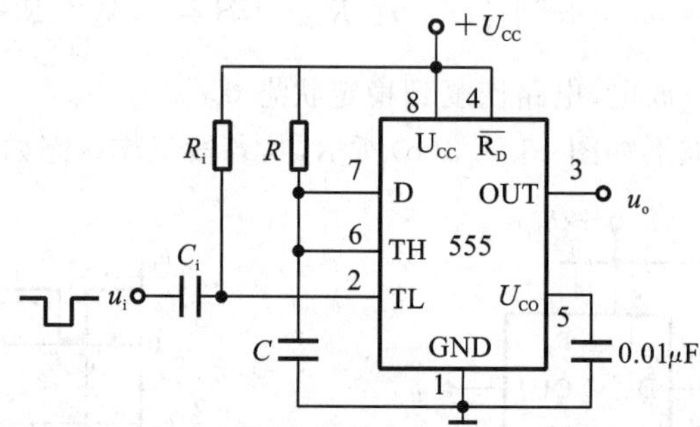

图 13.3.4　555 集成定时器构成的单稳态触发器(输入端加微分电路)

【例 13.3.2】　图 13.3.5 是一个由 555 集成定时器构成的触摸灯开关定时控制电路,输出端 u_o 接继电器线圈 KS,通过继电器动合触点 KS 控制灯的通断。图中,P 为金属触摸片,二极管 D_1 起续流保护作用(防止继电器线圈 KS 断电时产生的过压损坏 555 集成定时器)。试说明电路的工作原理。

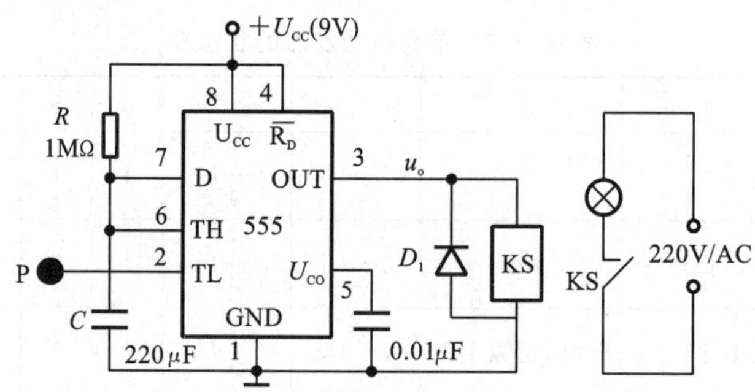

图 13.3.5　由 555 集成定时器构成的控制开关电路

【解】

平时由于触摸片 P 端无感应电压,电路处于稳态 0,u_o 输出低电平,继电器线圈 KS 未通电,动合触点 KS 断开,灯不亮。

当需要开灯时,用手触碰一下金属触摸片 P,则 555 定时器触发端 TL 通过人体接地,

相当于在输入端 TL 加入短时负脉冲。此时，电路进入暂态 1，555 定时器的输出 u_o由低电平变成高电平，继电器线圈 KS 通电，动合触点 KS 吸合，灯亮。同时，555 定时器放电管 VT 截止，电源 U_{CC}通过电阻 R 给电容 C 充电，充电时间常数 $\tau=RC$，定时开始。

当电容 C 的电压 U_C上升至 $\frac{2}{3}U_{CC}$ 时，电路输出 u_o由高电平变成低电平，继电器线圈 KS 断电，动合触点 KS 释放，灯灭，定时结束。同时，555 定时器放电管 VT 导通，电容 C 放电，当电容 C 的电压降至 $U_C < \frac{2}{3}U_{CC}$ 时，电路恢复稳态 0。

定时时间 t 即为单稳态输出的持续时间，由公式(13.3.1)可知，$t=1.1RC$。按图13.3.5 中所标数值，定时时间约为 4 分钟。

当电容 C_1上电压上升至电源电压的 2/3 时，555 第 7 脚导通使 C_1放电，使第 3 脚输出由高电平变回到低电平，继电器 KS 释放，灯灭，定时结束。

定时长短由 R_1、C_1决定：$t=1.1R_1C_1$。按图 13.3.5 中所标数值，定时时间约为 4 分钟。

2. 多谐振荡器

多谐振荡器又称为无稳态触发器，它没有稳定状态，只有两个暂稳状态，两个暂稳状态之间周期性地相互转换，输出周期性变换的矩形波。由于方波包含有很多谐波，故称为多谐振荡器。这种电路两个暂稳状态之间的相互转换不需要外加触发信号，而是靠电路本身来完成，接通电源后，即可触发方波。

用 555 集成定时器构成的多谐振荡器电路如图 13.3.6(a)所示。

电路工作原理分析如下：

(1)接通电源 U_{CC}的瞬间，由于电容 C 来不及充电，$u_6=u_2=u_C=0$ V，$\overline{R}=1$，$\overline{S}=0$，基本 RS 触发器置位，电路输出 u_o为高电平，电路进入暂稳状态Ⅰ。此时，放电管 VT 截止，电源 U_{CC} 通过 R_1、R_2对电容 C 充电，u_C电压从零开始指数上升。

(2)当 $u_C < \frac{1}{3}U_{CC}$ 时，$\overline{R}=1$，$\overline{S}=0$，电路工作处于过渡阶段，具体分析同上。

(3)当 $\frac{1}{3}U_{CC} < u_C < \frac{2}{3}U_{CC}$ 时，$\overline{R}=1$，$\overline{S}=1$，电路工作状态保持不变。

(4)当 u_C上升到$\frac{2}{3}U_{CC}$时，$\overline{R}=0$，$\overline{S}=1$，基本 RS 触发器复位，电路输出 u_o为低电平，电路进入暂稳状态Ⅱ。此时，放电管 VT 导通，电容 C 通过电阻 R_2及 VT 放电，u_C电压指数开始下降。

(5)当 u_C下降到$\frac{1}{3}U_{CC}$时，$\overline{R}=1$，$\overline{S}=0$，基本 RS 触发器置位，电路输出 u_o为高电平，电路进入暂稳状态Ⅰ。

(6)此后，电容 C 又从$\frac{1}{3}U_{CC}$开始充电，u_C的电压上升至$\frac{2}{3}U_{CC}$，即(4)所述工作状态。可见，电容 C 循环往复地充放电，u_C 在 $\frac{1}{3}U_{CC}$ 至 $\frac{2}{3}U_{CC}$ 之间变化，u_o则在状态 1 和状态 0 之间转换，从而产生周期性的输出脉冲。

上述分析所得工作波形如图 13.3.6(b)所示，其各段工作状态如表 13.3.3 所示。

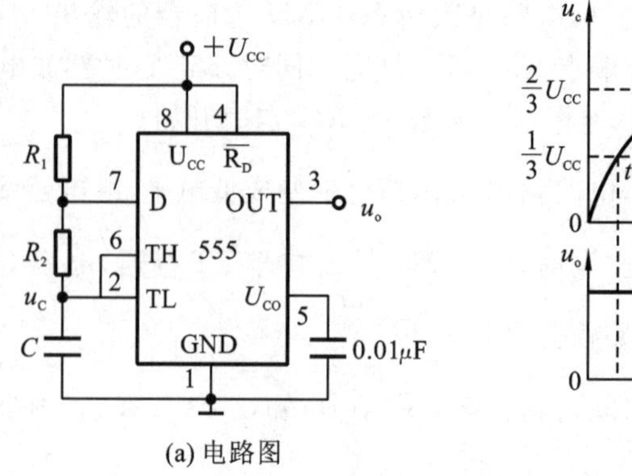

(a) 电路图

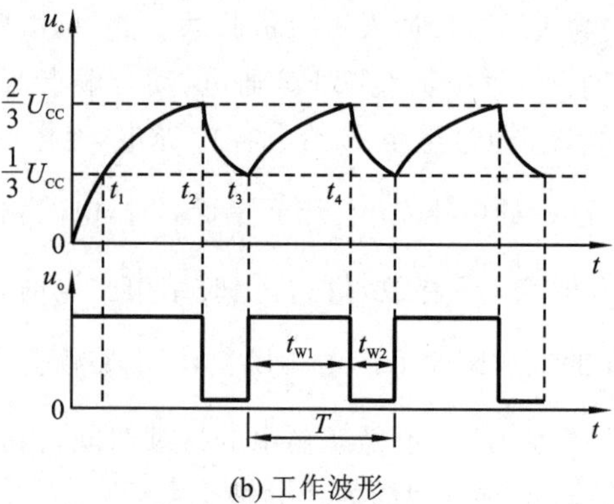

(b) 工作波形

图 13.3.6 用 555 集成定时器构成的多谐振荡器

表 13.3.3 多谐振荡器的状态表

时　间	u_C	R	S	u_o	VT	状　态
0	$u_C=0$	1	0	1	截止	开始
$0\sim t_1$	充电，$u_C<\frac{1}{3}U_{CC}$	1	0	1	截止	过渡
$t_1\sim t_2$	充电，$\frac{1}{3}U_{CC}<u_C<\frac{2}{3}U_{CC}$	1	1	保持 1	截止	暂稳
t_2	$u_C\geqslant\frac{2}{3}U_{CC}$	0	1	0	导通	跳变
$t_2\sim t_3$	放电，$\frac{1}{3}U_{CC}<u_C<\frac{2}{3}U_{CC}$	1	1	保持 0	导通	暂稳
t_3 后	$u_C\leqslant\frac{1}{3}U_{CC}$	1	0	1	截止	跳变

多谐振荡器两个暂稳状态的维持时间取决于 RC 充、放电回路的参数。

(1)暂稳状态Ⅰ的维持时间，即电容 C 充电的时间为

$$t_{W1}=\tau_1\ln2=0.7(R_1+R_2)C$$

(2)暂稳状态Ⅱ的维持时间，即电容 C 放电的时间为

$$t_{W2}=\tau_2\ln2=0.7R_2C$$

因此，振荡周期为

$$T=t_{W1}+t_{W2}=\tau_1\ln2=0.7(R_1+2R_2)C \tag{13.3.2}$$

振荡频率为

$$f=1/T$$

方波宽度 t_{W1} 与振荡周期 T 之比称为矩形波的占空比或空度比，即

$$k=\frac{t_{W1}}{T}=\frac{R_1+R_2}{R_1+2R_2} \tag{13.3.3}$$

显然，改变 R_1 和 R_2 的大小，尤其是改变 R_2 的大小即可改变占空比。若使 $R_2\gg R_1$，则 $k\approx1/2$，即输出正负脉冲宽度相等的矩形波(方波)。

【例 13.3.3】 图 13.3.7 是由多谐振荡器构成的水位监控报警电路，试分析其工作原理。

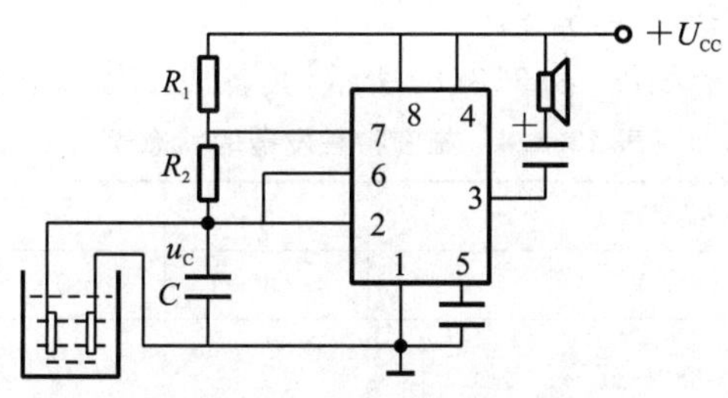

图 13.3.7　水位监控报警电路

【解】

水位正常情况下，电容 C 被短接，扬声器不发音；水位下降到探测器以下时，多谐振荡器开始工作，扬声器发出报警。

3. 施密特触发器

施密特触发器又称为电平触发的双稳态触发器，具有以下三个特点。

(1)它属于电平触发，能把变化非常缓慢的输入信号变化成边沿很陡的矩形脉冲。

(2)输出状态发生翻转时的输入电压(阈值电压)与输入信号的变化方向有关，即输入信号从小变到大和从大变到小的过程中阈值电压不同。

(3)输出的两种稳定状态都需要依赖输入信号来维持，即无记忆功能。

1)施密特触发器的电路构成与工作原理

由 555 集成定时器构成的施密特触发器电路如图 13.3.8 所示，只要将 555 集成定时器的第 2 脚(TL)和第 6 脚(TH)接在一起作为信号输入端，即可以构成施密特触发器。

电路工作原理分析如下。

(1)当 $u_i=0$ 时，$u_6=u_2=u_i=0$ V，$\overline{R}=1$，$\overline{S}=0$，基本 RS 触发器置位，电路输出 u_o 为高电平。u_i 增加时，在未到达 $\frac{2}{3}U_{CC}$ 以前，u_o 的状态不会改变。

(2)u_i 增加到 $\frac{2}{3}U_{CC}$ 时，$\overline{R}=0$，$\overline{S}=1$，基本 RS 触发器复位，电路输出 u_o 为低电平。此后，u_i 增加到 U_{CC}，然后再减小，但在未到达 $\frac{1}{3}U_{CC}$ 以前，u_o 的状态不会改变。

(3)u_i 减小到 $\frac{1}{3}U_{CC}$ 时，$\overline{R}=1$，$\overline{S}=0$，基本 RS 触发器置位，电路输出 u_o 为高电平。此后，

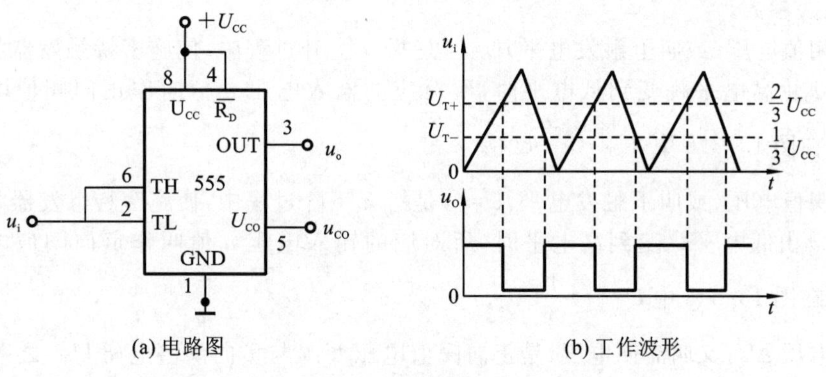

图 13.3.8　由 555 集成定时器构成的施密特触发器

u_i继续减小到 0,但 u_o的状态不会改变。

上述分析所得工作波形如图 13.3.8(b)所示,其各段工作状态如表 13.3.4 所示。

表 13.3.4　施密特触发器的状态表

$u_i(u_6=u_2)$	$\overline{R}$	$\overline{S}$	u_o
$u_i=0$	1	0	1
增加,$u_i<\frac{1}{3}U_{CC}$	1	0	1
增加,$\frac{1}{3}U_{CC}<u_i<\frac{2}{3}U_{CC}$	1	1	保持 1
增加,$u_i\geqslant\frac{2}{3}U_{CC}$,直到 U_{CC}	0	1	0
减小,$u_i>\frac{1}{3}U_{CC}$	1	1	保持 0
减小,$u_C\leqslant\frac{1}{3}U_{CC}$,直到 0	1	0	1

2)滞回特性及主要参数

(1)滞回特性。

图 13.3.9 所示是施密特触发器的电压传输特性和逻辑符号。由图 13.3.9 可见,当 $u_i<\frac{1}{3}U_{CC}$时,$u_o=1$;当 $u_i>\frac{2}{3}U_{CC}$时,$u_o=0$;当$\frac{1}{3}U_{CC}<u_i<\frac{2}{3}U_{CC}$时,$u_o$保持原状态不变。

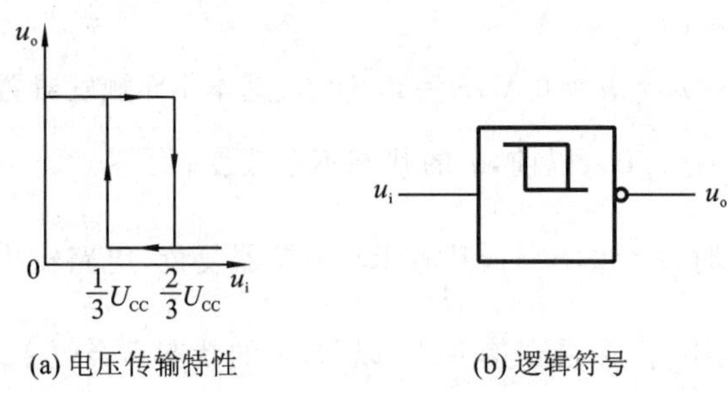

(a) 电压传输特性　　(b) 逻辑符号

图 13.3.9　施密特触发器的电压传输特性和逻辑符号

(2)主要参数。

正向阈值电压(或叫上触发电平)U_{T+},是指 u_i上升过程中,使施密特触发器状态翻转,输出电压 u_o由高电平跳变到低电平时,所对应的输入电压 u_i值叫作正向阈值电压,并用 U_{T+}表示,在图 13.3.8 中,$U_{T+}=\frac{2}{3}U_{CC}$。

负向阈值电压(或叫下触发电平)U_{T-},是指 u_i下降过程中,使施密特触发器状态翻转,输出电压 u_o由低电平跳变到高电平时,所对应的输入电压 u_i值叫作负向阈值电压,并用 U_{T-}表示,在图 13.3.8 中 $U_{T-}=\frac{1}{3}U_{CC}$。

回差电压 ΔU_T又叫滞回电压,是正向阈值电压 U_{T+}与负向阈值电压 U_{T-}之差,即 $\Delta U_T=U_{T+}-U_{T-}$。在图 13.2.18 中 $\Delta U_T=U_{T+}-U_{T-}=\frac{2}{3}U_{CC}-\frac{1}{3}U_{CC}=\frac{1}{3}U_{CC}$。

3)施密特触发器的应用

施密特触发器主要应用于波形的变换与整形，以及构成多谐振荡器等方面，其输入、输出波形如图 13.3.10 所示。

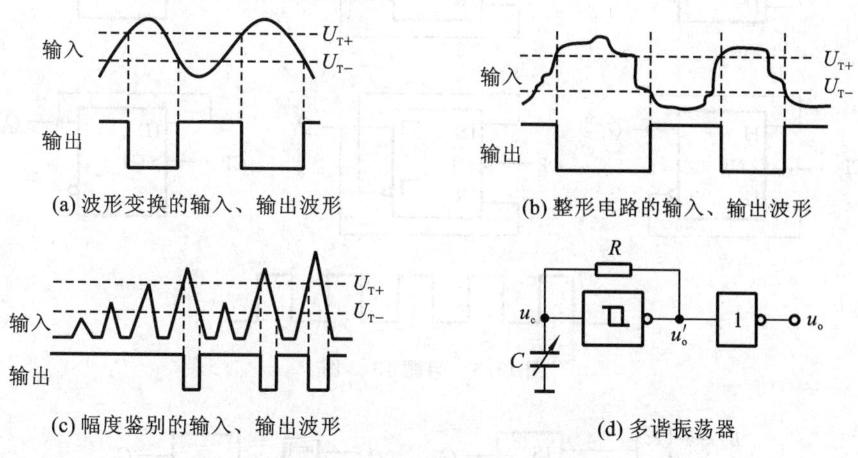

(a) 波形变换的输入、输出波形　(b) 整形电路的输入、输出波形

(c) 幅度鉴别的输入、输出波形　(d) 多谐振荡器

图 13.3.10　施密特触发器的应用举例

习　　题

13.1　已知由与非门组成的基本 RS 触发器和输入端$\overline{R}_D$、$\overline{S}_D$ 的波形如图 13.1 所示，试对应地画出 Q 和 $\overline{Q}$ 的波形，并说明状态“不定”的含义。

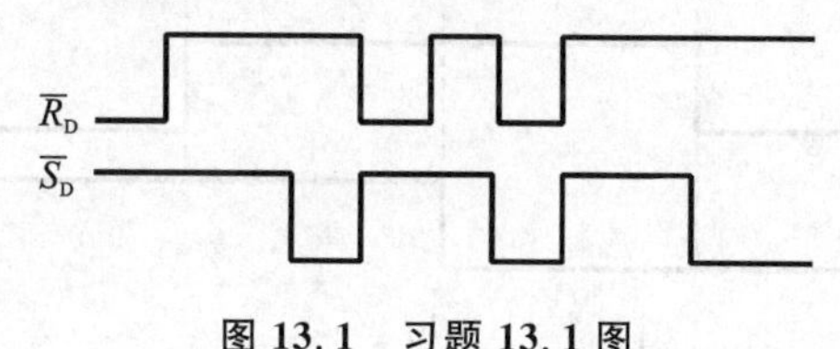

图 13.1　习题 13.1 图

13.2　若在同步 RS 触发器电路中的 CP、S、R 输入端，加入如图 13.2 所示波形的信号，试画出 Q 和 $\overline{Q}$ 的波形，设初态 $Q=0$。

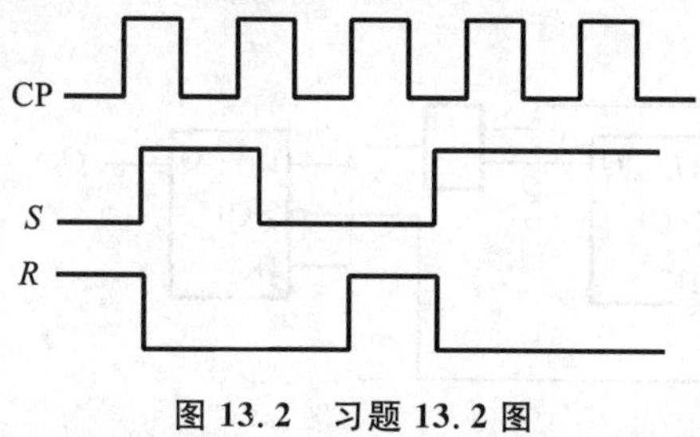

图 13.2　习题 13.2 图

13.3　设图 13.3 中各触发器的初始状态皆为 $Q=0$，画出在 CP 脉冲连续作用下各个触发器输出端的波形图。

13.4　试写出图 13.4(a)中各触发器的次态函数(即 Q_1^{n+1}、Q_2^{n+1} 与现态和输入变量之间的函数式)，并画出在图 13.4(b)给定信号的作用下 Q_1、Q_2 的波形。假定各触发器的初始状态均为 $Q=0$。

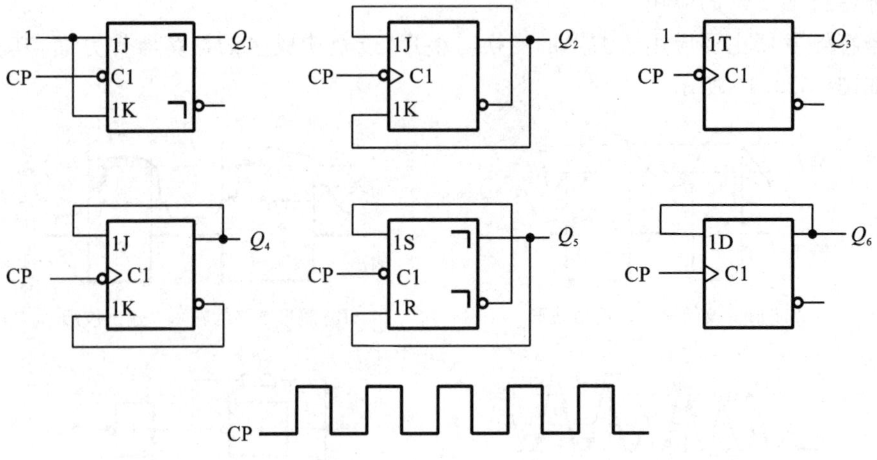

图 13.3　习题 13.3 图

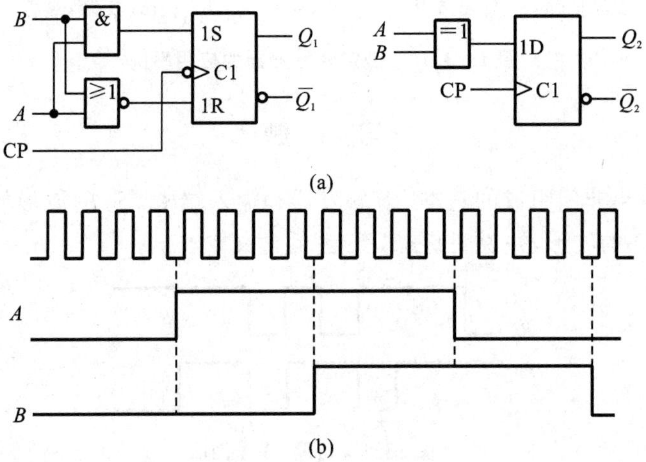

(a)

(b)

图 13.4　习题 13.4 图

13.5　电路如图 13.5 所示，设各触发器的初始状态均为 0。已知 CP 和 A 的波形，试分别画出 Q_1、Q_2 的波形。

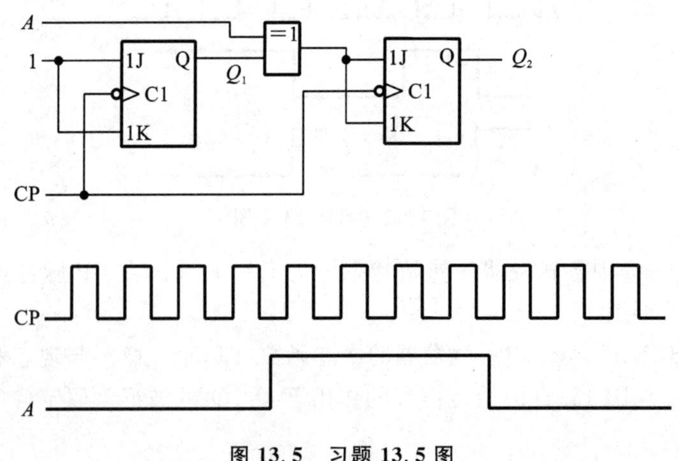

图 13.5　习题 13.5 图

13.6　电路如图 13.6(a)所示，设各触发器的初始状态均为 0。已知 CP_1、CP_2 的波形如图 13.6(b)所示，试分别画出 Q_1、Q_2 的波形。

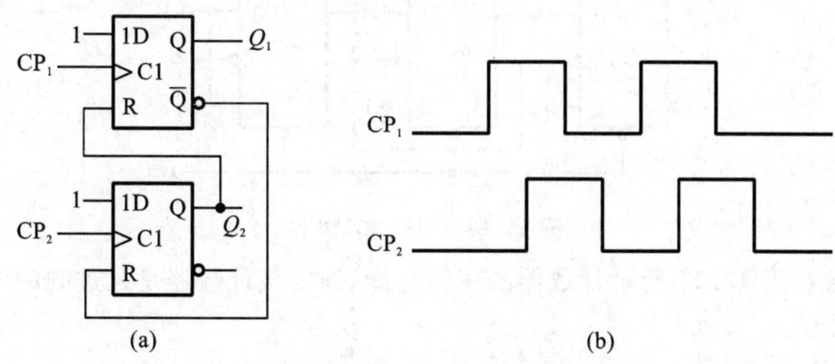

图 13.6　习题 13.6 图

13.7　在 T 触发器中，已知 T 和 CP 的波形如图 13.7 所示，试画出 Q 的波形。设初始状态 $Q=0$。

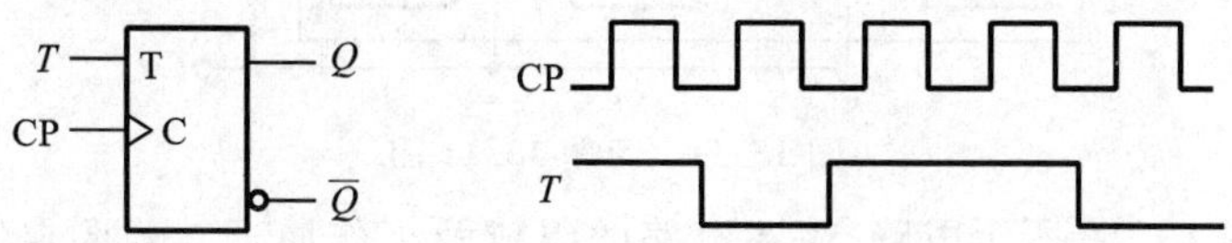

图 13.7　习题 13.7 图

13.8　电路如图 13.8 所示，试画出 Q_0 端和 Q_1 端在六个时钟脉冲 CP 作用下的波形。设初态 $Q_1=Q_0=0$。

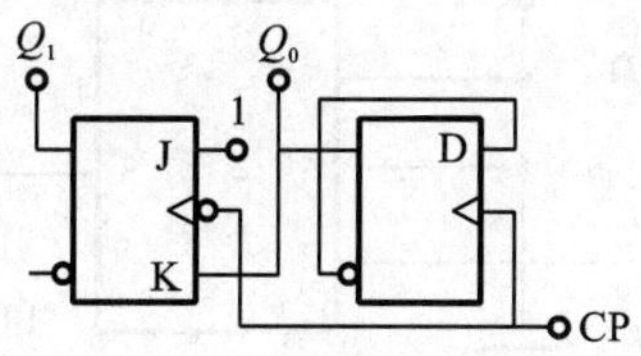

图 13.8　习题 13.8 图

13.9　电路及时钟脉冲、输入端 D 的波形如图 13.9 所示，设起始状态为“000”。试画出各触发器的输出时序图，并说明电路的功能。

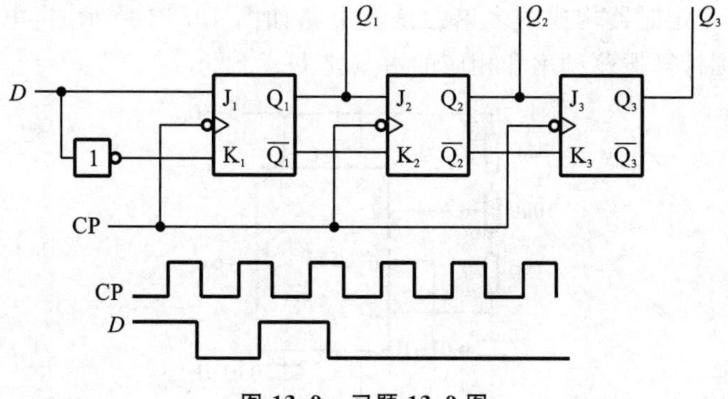

图 13.9　习题 13.9 图

13.10　电路如图 13.10 所示。假设初始状态 $Q_2Q_1Q_0=000$。试分析 FF_2、FF_1 构成几进制计数器？整个电路为几进制计数器？画出 CP 作用下的输出波形。

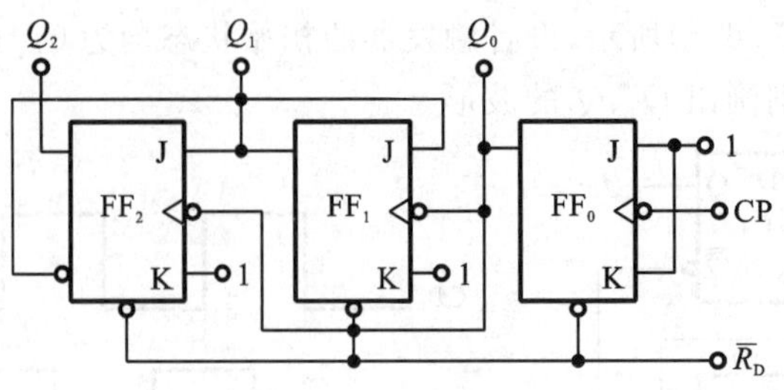

图 13.10　习题 13.10 图

13.11　分析图 13.11 所示计数器的逻辑功能,确定该计数器是几进制的?

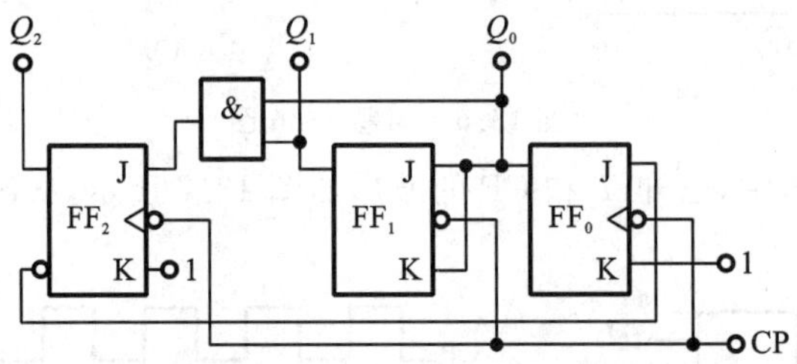

图 13.11　习题 13.11 图

13.12　如图 13.12 所示电路,简述电路的组成及工作原理。若要求发光二极管 LED 在开关 SB 按下后,持续亮 10 s,试确定图中 R 的阻值。

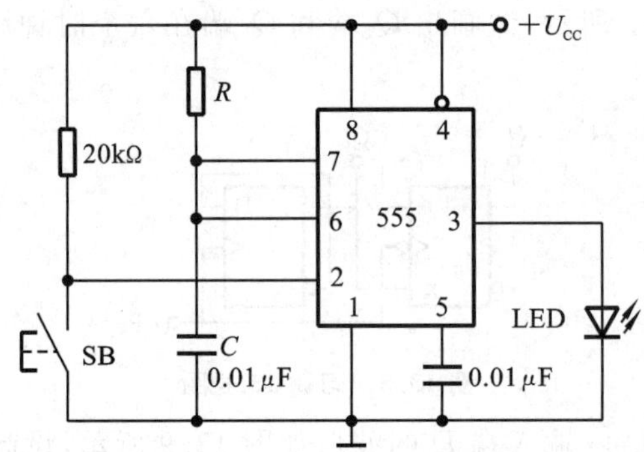

图 13.12　习题 13.12 图

13.13　用 555 定时器构成的多谐振荡器电路如图 13.13 所示,当电位器滑动臂移至上、下两端时,分别计算振荡频率和相应的占空比 D。

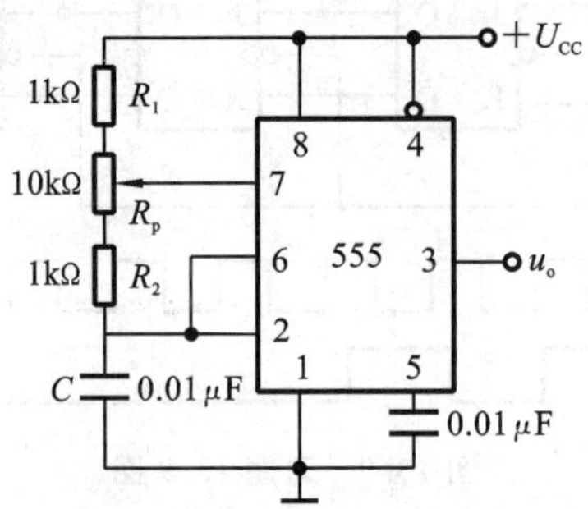

图 13.13　习题 13.13 图

*第14章 模拟量和数字量的转换

在数字电子技术中经常需要进行数字量和模拟量之间的转换，数/模与模/数变换器是计算机与外部设备的重要接口，也是数字测量和数字控制系统的重要部件。能将数字量转换为模拟量的装置称为数/模变换器，简称 D/A 转换器(digital to analog converter)；能将模拟量转换为数字量的装置称为模/数变换器，简称 A/D 转换器(analog to digital converter)。

本章主要介绍 D/A 转换器的基本原理，其中侧重介绍了 T 形电阻网络 D/A 转换器及 D/A 转换器的主要性能指标；主要介绍了 A/D 转换器的基本原理，其中侧重介绍了逐次逼近型 A/D 转换器及 A/D 转换器的主要性能指标。

14.1 D/A 转换器

由于构成数字代码的每一位都有一定的"权重"，因此为了将数字量转换成模拟量，就必须将每一位代码按其"权重"转换成相应的模拟量，然后再将代表各位的模拟量相加，即可得到与该数字量成正比的模拟量，这就是构成 D/A 变换器的基本思想。D/A 转换器的一般结构如图 14.1.1 所示。

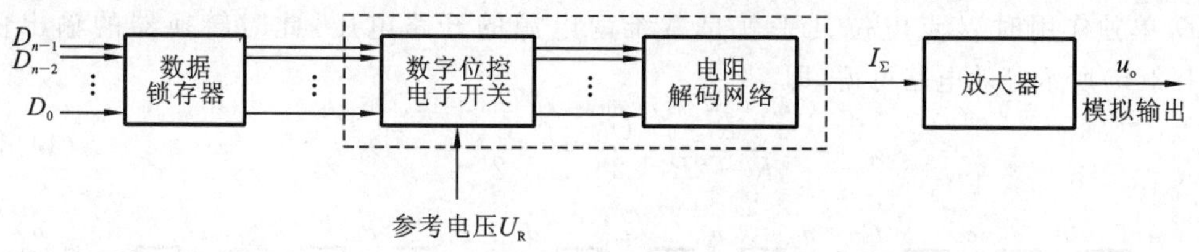

图 14.1.1 D/A 转换器的一般结构

D/A 转换器主要由数据锁存器、电子开关、位权网络、求和运算放大器和基准电压源(或恒流源)组成。用存于数据锁存器的数字量的各位数码，分别控制对应位的电子开关，使数码为 1 的位在位权网络上产生与其位权成正比的电流值，再由运算放大器对各电流值求和，并转换成电压值。

D/A 变换器的电路形式很多，根据位权网络的不同，可以构成权电阻网络 D/A 转换器、T 形电阻网络 D/A 转换器和单值电流型网络 D/A 转换器等。

权电阻网络 D/A 转换器电路简单,但该电路在实现上有明显缺点,各电阻的阻值相差较大,尤其当输入的数字信号的位数较多时,阻值相差更大。这样大范围的阻值,要保证每个都有很高的精度是极其困难的,不利于集成电路的制造。为了克服这一缺点,D/A 转换器广泛采用 T 形和倒 T 形电阻网络 D/A 转换器。

14.1.1 T 形电阻网络 D/A 转换器

1. 电路结构

电路组成如图 14.1.2(a)所示。数码 $D_i=1(i=0、1、2、3)$,即为高电平时,则由其控制的模拟电子开关 S_i 自动接通左边触点,即接到基准电压 U_R 上;而当 $D_i=0$,即为低电平时,则由其控制的模拟电子开关 S_i 自动接通右边触点,即接地。反馈电阻 $R_f=3R$。

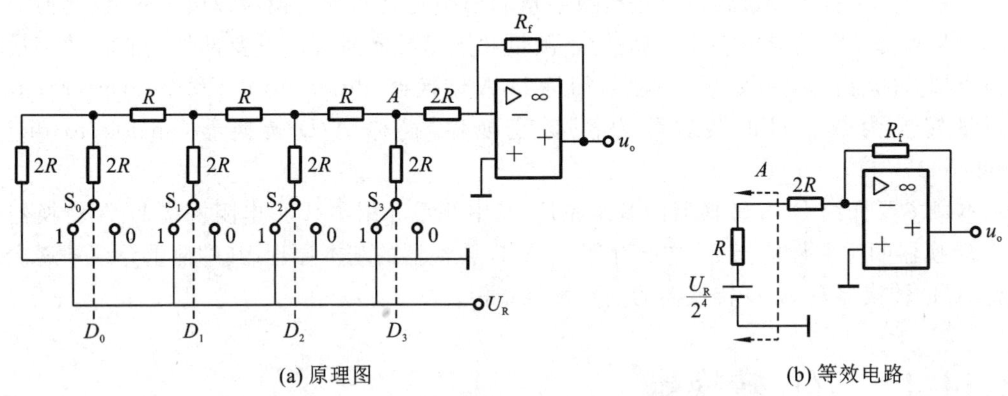

(a) 原理图　　(b) 等效电路

图 14.1.2　T 形电阻网络 4 位 D/A 转换器电路

2. 工作原理

(1)当 D_0 单独作用时,T 形电阻网络如图 14.1.3(a)所示。把 a 点左下电路等效成戴维南电源,如图 14.1.3(b)所示;然后依次把 b 点、c 点、d 点它们的左下电路等效成戴维南电源,分别如图 14.1.3(c)、(d)、(e)所示。由于电压跟随器的输入电阻很大,远远大于 R,所以,D_0 单独作用时 d 点电位几乎就是戴维南电源的开路电压,此时转换器的输出由图 14.1.2(b)所示等效电路可得,即

$$u_{o0}=-\frac{R_f}{R+2R}\cdot\frac{U_R}{2^4}=-\frac{U_R}{2^4}=-D_0\frac{U_R}{2^4} \tag{14.1.1}$$

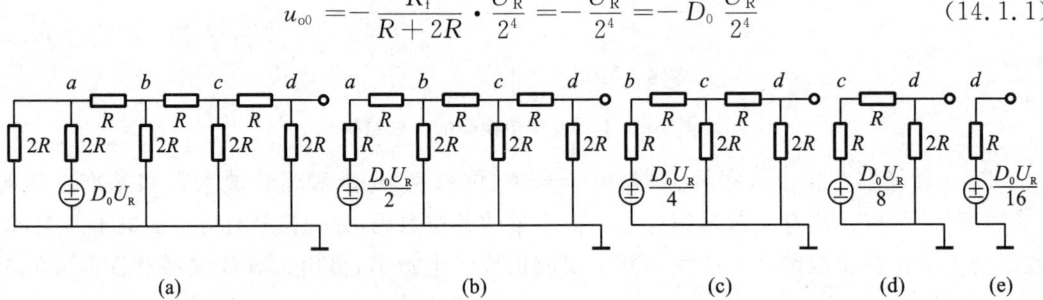

(a)　(b)　(c)　(d)　(e)

图 14.1.3　D_0 单独作用时 T 形电阻网络的戴维南等效电源

(2)当 D_1 单独作用时,T 形电阻网络如图 14.1.4(a)所示,其 d 点左下电路的戴维南等

效电源如图 14.1.4(b)所示。同理，D_2 单独作用时 d 点左下电路的戴维南等效电源如图 14.1.4(c)所示；D_3 单独作用时 d 点左下电路的戴维南等效电源如图 14.1.4(d)所示。

故 D_1、D_2、D_3 单独作用时转换器的输出分别为

$$\left.\begin{aligned} u_{o1} &= -D_1\frac{U_R}{2^3} \\ u_{o2} &= -D_2\frac{U_R}{2^2} \\ u_{o3} &= -D_3\frac{U_R}{2} \end{aligned}\right\} \tag{14.1.2}$$

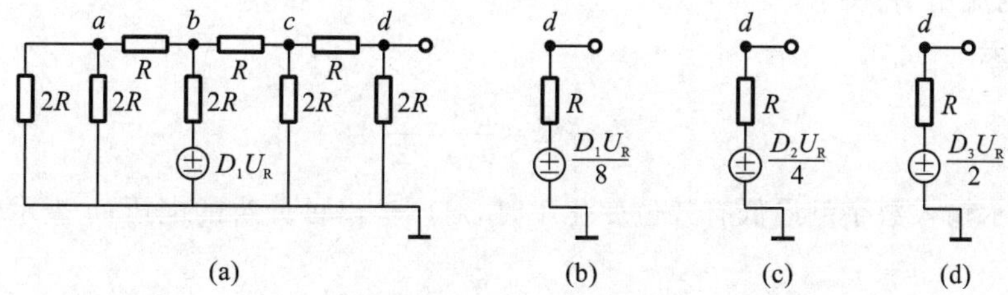

图 14.1.4　$D_1/D_2/D_3$ 单独作用时 T 形电阻网络的戴维南等效电源

(3)利用叠加原理可得到转换器的总输出为

$$\begin{aligned} u_o &= u_{o0} + u_{o1} + u_{o2} + u_{o3} = -\left(\frac{D_0U_R}{16} + \frac{D_1U_R}{8} + \frac{D_2U_R}{4} + \frac{D_3U_R}{2}\right) \\ &= -\frac{U_R}{2^4}\times(D_0\times2^0 + D_1\times2^1 + D_2\times2^2 + D_3\times2^3) \end{aligned} \tag{14.1.3}$$

可见，输出模拟电压正比于数字量的输入。推广到 n 位，D/A 转换器的输出为

$$u_o = -\frac{U_R}{2^n}(D_0\times2^0 + D_1\times2^1 + \cdots + D_{n-1}\times2^{n-1}) \tag{14.1.4}$$

【例 14.1.1】　在图 14.1.2 中，设 $U_R=10\ \text{V}$，$R=10\ \text{k}\Omega$，当 $D_3D_2D_1D_0=1011$ 时，求总输出。

【解】

$$\begin{aligned} u_o &= u_{o0} + u_{o1} + u_{o2} + u_{o3} \\ &= -\left(\frac{U_R}{2}D_3 + \frac{U_R}{4}D_2 + \frac{U_R}{8}D_1 + \frac{U_R}{16}D_0\right) \\ &= -\frac{U_R}{16}(8D_3 + 4D_2 + 2D_1 + 1D_0) \\ &= -\frac{10}{16}(8+2+1)\ \text{V} \\ &= -\frac{110}{16}\ \text{V} \end{aligned}$$

T 形电阻网络由于只用了 R 和 $2R$ 两种阻值的电阻，其精度易于提高，也便于制造集成电路。但也存在以下缺点：在工作过程中，T 形网络相当于一根传输线，从电阻开始到运放输入端建立起稳定的电流电压为止需要一定的传输时间，当输入数字信号位数较多时，将会影响 D/A 转换器的工作速度。另外，电阻网络作为转换器参考电压 U_R 的负载电阻将会随二进制数 D 的不同有所波动，参考电压的稳定性可能因此受到影响。

所以实际使用中常用倒T形D/A转换器。倒T形电阻网络也只用了R和$2R$两种阻值的电阻,但和T形电阻网络相比较,由于各支路电流始终存在且恒定不变,所以各支路电流到运放的反相输入端不存在传输时间,因此具有较高的转换速度。

14.1.2 D/A转换器的主要技术指标

1. 满量程

满量程是输入数字量全为1时再在最低位加1时的模拟量输出。满量程电压用u_{FS}表示;满量程电流用I_{FS}表示。

2. 分辨率

$$分辨率=\frac{\Delta u}{u_{FS}}=\frac{1}{2^n}$$

式中:Δu表示输入数字量最低有效位变化1时,对应输出可分辨的电压;n表示输入数字量的位数。

3. 转换精度

转换精度是实际输出值与理论计算值之差。这种差值越小,转换精度越高。

转换过程存在各种误差,包括静态误差和温度误差。静态误差主要由以下几种误差构成。

1)非线性误差

D/A转换器每相邻数码对应的模拟量之差应该都是相同的,即理想转换特性应为直线。如图14.1.5中实线所示,实际转换时特性可能如图14.1.5(a)中虚线所示。在满量程范围内偏离转换特性的最大误差叫非线性误差,它与最大量程的比值称为非线性度。

2)漂移误差

它是由运算放大器零点漂移产生的误差,又叫零位误差。当输入数字量为0时,由于运算放大器的零点漂移,输出模拟电压并不为0。这使得输出电压特性与理想电压特性产生一个相对位移,如图14.1.5(b)中的虚线所示。零位误差将以相同的偏移量影响所有的数码。

3)比例系数误差

它是转换特性的斜率误差,又叫增益误差。一般来说,由于U_R是D/A转换器的比例系数,所以,比例系数误差一般是由参考电压U_R的偏离而引起的。比例系数误差如图14.1.5(c)中的虚线所示,它将以相同的百分数影响所有的数码。

温度误差通常是指上述各静态误差随温度的变化。

4. 建立时间

从数字信号输入D/A转换器起,到输出电流(或电压)达到稳态值所需的时间为建立时间。建立时间的大小决定了转换速度。

除上述各参数外,在使用D/A转换器时还应注意它的输出电压特性。由于输出电压事实上是一串离散的瞬时信号,要恢复信号原来的时域连续波形,还必须采用保持电路对离散输出进行波形复原。此外还应注意D/A的工作电压、输出方式、输出范围和逻辑电平等。

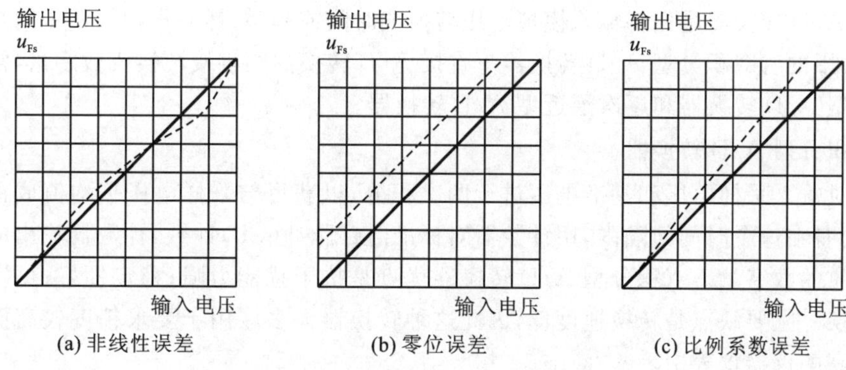

图 14.1.5　D/A 转换器的各种静态误差

14.2　A/D 转换器

14.2.1　A/D 转换过程

A/D 转换是 D/A 转换的逆过程。由于输入的模拟信号在时间上是连续量，所以一般的 A/D 转换过程为：取样、保持、量化和编码。

1. 采样和保持

采样（也称取样）是将时间上连续变化的信号转换为时间上离散的信号，即将时间上连续变化的模拟量转换为一系列等间隔的脉冲，脉冲的幅度取决于输入模拟量，其过程如图 14.2.1 所示。图中：$u_i(t)$为输入模拟信号，$S(t)$为采样脉冲，$u_o'(t)$为取样输出信号。

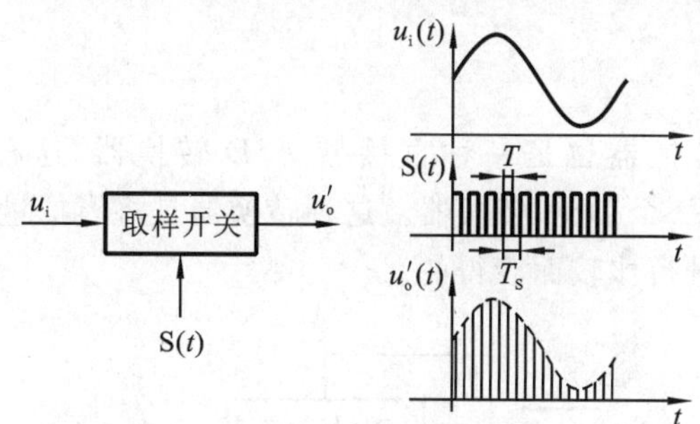

图 14.2.1　A/D 转换的采样过程

2. 量化和编码

将采样后的样值电平归化到与之接近的离散电平上，这个过程称为量化。

量化后，需用二进制数码来表示各个量化电平，这个过程称为编码。量化与编码电路是 A/D 转换器的核心组成部分。

14.2.2　A/D 转换器的分类

模数转换器的种类很多，按工作原理的不同，可分成间接 A/D 转换器和直接 A/D 转换器。间接 A/D 转换器是先将输入模拟电压转换成时间或频率,然后再把这些中间量转换成数字量,常用的有双积分型 A/D 转换器。直接 A/D 转换器则直接转换成数字量,常用的有并联比较型 A/D 转换器和逐次逼近型 A/D 转换器。

1. 双积分型 A/D 转换器

它先对输入采样电压和基准电压进行两次积分,以获得与采样电压平均值成正比的时间间隔,同时在这个时间间隔内,用计数器对标准时钟脉冲(CP)计数,计数器输出的计数结果就是对应的数字量。双积分型 A/D 转换器优点是抗干扰能力强;稳定性好;可实现高精度模数转换。主要缺点是转换速度低,因此这种转换器大多应用于要求精度较高而转换速度要求不高的仪器仪表中。

2. 并联比较型 A/D 转换器

由于并联比较型 A/D 转换器采用各量级同时并行比较,各位输出码也是同时并行产生,所以转换速度快是它的突出优点。缺点是成本高、功耗大。因为 n 位输出的 A/D 转换器,需要 $2n$ 个电阻、$(2n-1)$ 个比较器和 D 触发器,以及复杂的编码网络,其元件数量随位数的增加,以几何级数上升。所以这种 A/D 转换器适用于要求高速、低分辨率的场合。

3. 逐次逼近型 A/D 转换器

与并联比较型 A/D 转换器不同,它是逐个产生比较电压,逐次与输入电压分别比较,以逐渐逼近的方式进行模数转换的。逐次逼近型 A/D 转换器每次转换都要逐位比较,需要 $(n+1)$ 个节拍脉冲才能完成,所以它比并联比较型 A/D 转换器的转换速度慢,比双积分型 A/D 转换器要快得多,属于中速 A/D 转换器器件。下面我们来具体了解逐次逼近型 A/D 转换器的转换电路及原理。

14.2.3 逐次逼近型 A/D 转换器

1. 转换原理

逐次逼近型 A/D 转换器也是一种直接型 A/D 转换器,这种转换器的原理图如图14.2.2所示,其内部包含一个 D/A 转换器。这种转换器是将模拟量输入 v_i 与一系列由D/A 转换器输出的基准电压进行比较而获得的。

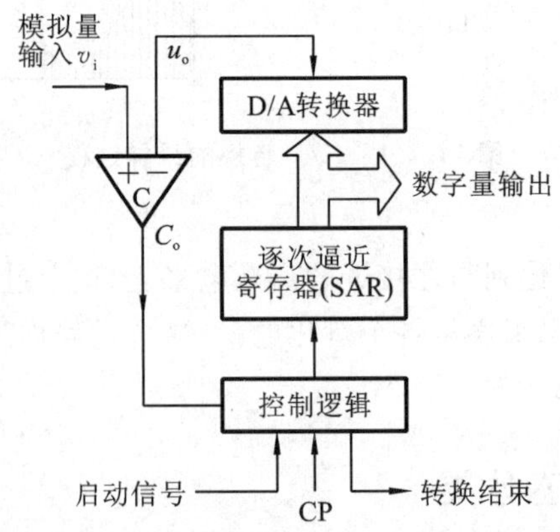

图 14.2.2 逐次逼近 A/D 转换器的工作原理

比较是从高位到低位逐位进行的，并依次确定各位数码是 1 还是 0。转换开始前，先将逐位逼近寄存器（SAR）清 0，开始转换后，控制逻辑将寄存器（SAR）的最高位置 1，使其输出为 100…000 的形式，这个数码被 D/A 转换器转换成相应的模拟电压 u_o送至电压比较器作为比较基准，与模拟量输入 v_i进行比较。若 $u_o > v_i$，说明寄存器输出的数码大了，应将最高位改为 0（去码），同时将次高位置 1，使其输出为 010…000 的形式；若 $u_o \leqslant v_i$，说明寄存器输出的数码还不够大，因此，除了将最高位设置的 1 保留（加码）外，还需将次高位也设置为 1，使其输出为 110…000 的形式。然后，再按上面同样的方法继续进行比较，确定次高位的 1 是去码还是加码。这样逐位比较下去，直到最低位为止，比较完毕后，寄存器中的状态就是转化后的数字输出。

2. 转换电路

图 14.2.3 所示为一个四位逐次逼近 A/D 转换器的逻辑原理图。图中四个触发器 FF_0～FF_3组成逐次逼近寄存器（SAR），兼作输出寄存器；五位移位寄存器既可进行并入/并出操作，也可作进行串入/串出操作。移位寄存器的并入/并出操作是在其使能端 G 由 0 变 1 时进行的（使 $Q_AQ_BQ_CQ_DQ_E$＝ABCDE），串入/串出操作是在其时钟脉冲 CP 上升沿作用下按 $S_{IN}Q_AQ_BQ_CQ_DQ_E$顺序右移进行的。注意，图中 S_{IN}接高电平，始终为 1。

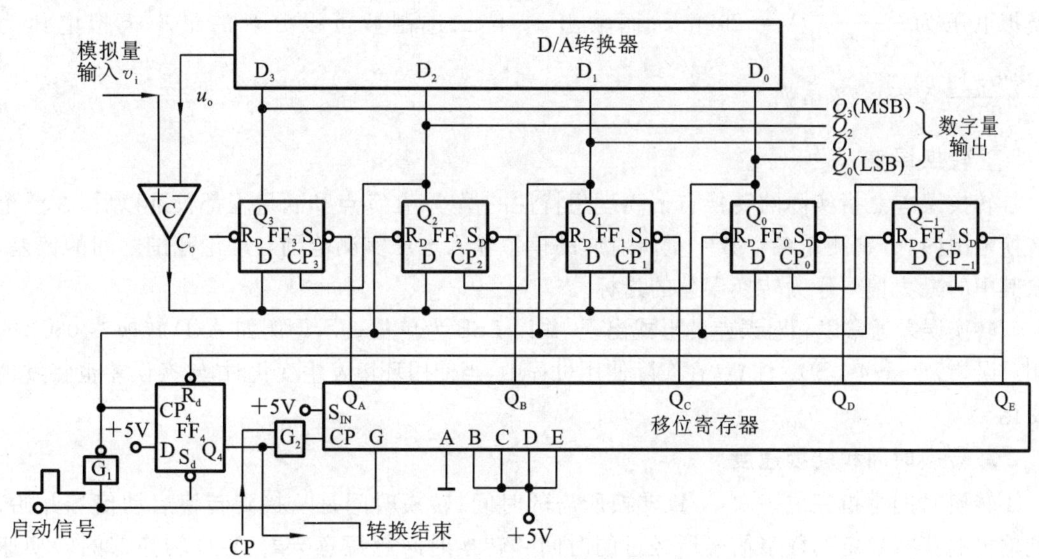

图 14.2.3　逐次逼近 A/D 转换器的逻辑原理图

开始转换时，启动信号一路经门 G_1反相后首先使触发器 FF_2、FF_1、FF_0、FF_{-1}均复位为 0，同时，另一路直接加到移位寄存器的使能端 G 使 G 由 0 变 1、$Q_AQ_BQ_CQ_DQ_E$＝01111，Q_A＝0 又使触发器 FF_3置位为 1，这样在启动信号到来时输出寄存器被设成 $Q_3Q_2Q_1Q_0$＝1000。紧接着，一方面，D/A 转换器把数字量 1000 转换成模拟电压量 u_o，比较器把该电压量与输入模拟量 v_i进行比较，若 $v_i > u_o$，则比较器输出 C_o＝1，否则 C_o＝0，比较结果 C_o 被同时送至逐次逼近寄存器（SAR）的各个输入端。另一方面，由于在启动信号下降沿 Q_4 置 1，G_2 打开，这样在下一个脉冲到来时，移位寄存器输出 $Q_AQ_BQ_CQ_DQ_E$＝10111，Q_B＝0 又使触发器 FF_2 置位，Q_2 由 0 变 1，为触发器 FF_3 接收数据提供了时钟脉冲，从而将 C_o 的结果保存在 Q_3 中，实现了 Q_3 的去码或加码；此时其他触发器 FF_1、FF_0 由于没有时钟脉冲，状态不会发生变化。

经过这一轮循环后 $Q_3Q_2Q_1Q_0=1100(C_o=1)$ 或 $Q_3Q_2Q_1Q_0=0100(C_o=0)$。

在下一轮循环中，D/A 转换器再一次把 $Q_3Q_2Q_1Q_0=1100(C_o=1)$ 或 $Q_3Q_2Q_1Q_0=0100(C_o=0)$ 这个数字量转换成模拟电压量，以便再次比较……如此反复进行，直到 $Q_E=0$ 时才将最低位 Q_0 的状态确定，同时，触发器 FF_4 复位，Q_4 由 1 变 0，封锁了 G_2，标志着转换结束。注意，图中每一位触发器的 CP 端都是和低一位的输出端相连，这样，每一位都只是在低一位由 0 置 1 时，才有一次接收数据的机会(去码或加码)。

逐次逼近 A/D 转换器的转换精度高，速度快，转换时间固定，易与微机接口，应用较为广泛。

14.2.4 A/D 转换器的主要技术指标

1. 分辨率

分辨率指 A/D 转换器对输入模拟信号的分辨能力。通常以输出二进制或十进制数字的位数表示分辨率的高低，因为位数越多，量化单位越小，对输入信号的分辨能力就越高。

【例 14.2.1】 输入模拟电压的变化范围为 0～5 V，输出 8 位二进制数可以分辨的最小模拟电压为 $\frac{5\times2-8}{100}$ V＝20 mV；而输出 12 位二进制数可以分辨的最小模拟电压为 $\frac{5\times2-12}{100}$ V≈1.22 mV。

2. 转换误差

转换误差是指实际的转换点偏离理想特性的误差，在零点和满量程都校准以后，在整个转换范围内，分别测量各个数字量所对应的模拟输入电压实测范围与理论范围之间的偏差，取其中的最大偏差作为转换误差的指标。

转换误差通常以相对误差的形式出现，并以 LSB 为单位表示。例如 A/D 转换器 0801 的相对误差为±1/4 LSB。注意，在实际使用过程中，当使用环境发生变化时，转换误差也将发生变化。

3. 转换时间和转换速度

转换时间是指完成一次 A/D 转换所需的时间，转换时间是从接到转换启动信号开始，到输出端获得稳定的数字信号所经过的时间。转换时间越短意味着 A/D 转换器的转换速度越快。

A/D 转换器的转换速度主要取决于转换电路的类型，并联比较型 A/D 转换器的转换速度最快(转换时间可小于 50 ns)，逐次逼近型 A/D 转换器次之(转换时间在 10～100 μs 之间)，双积分型 A/D 转换器的转换速度最低(转换时间在几十毫秒至数百毫秒之间)。大多数情况下，转换速度是转换时间的倒数。

习　题

14.1　如图 14.1 所示电路中，$R=8\ \text{k}\Omega$，$R_F=1\ \text{k}\Omega$，$U_R=-10$ V，试求：

(1)在输入四位二进制数 $D=1001$ 时，网络输出 u_o 为多少？

(2)若 $u_o=1.25$ V，则可以判断输入的四位二进制数 D 为多少？

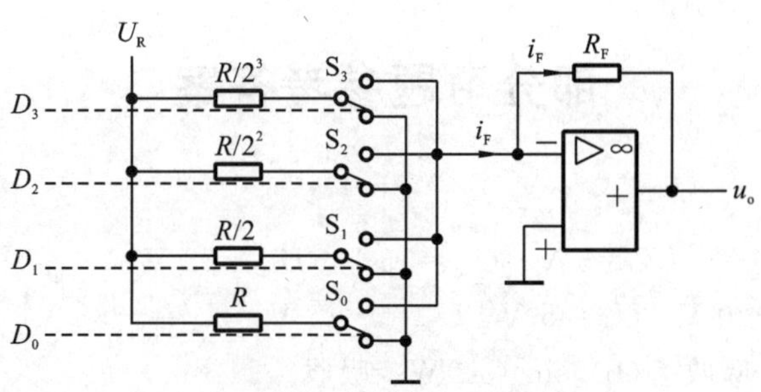

图 14.1　习题 14.1 图

14.2　在倒 T 形电阻网络 DAC 中，若 $U_R = 10$ V，输入 10 位二进制数字量为 (1011010101)，试求其输出模拟电压为何值（已知 $R_F = R = 10$ kΩ）？

14.3　已知某一 DAC 电路的最小分辨电压 $U_{LSB} = 40$ mV，最大满刻度输出电压 $U_{FSR} = 0.28$ V，试求该电路输入二进制数字量的位数 n 应是多少？

部分习题参考答案

1.1　0 V

1.2　(1)$U_{ab}=10$ V　$U_{bc}=5$ V　$U_{ac}=15$ V　$U_{ae}=22$ V

(2)$U_{ab}=-20$ V　$U_{bc}=5$ V　$U_{ac}=-15$ V　$U_{ae}=-38$ V

1.3　(a)10 mW 吸收　(b)$5\sin^2(\omega t)$W　吸收

(c)−10 mW 发出　(d)12 W 发出

1.4　(2)元件 1　电源；元件 2　负载；元件 3　电源；元件 4　负载

(3)$P_E=P_R=300$ W

1.8　$P_{10V}=10$ W　发出；$P_{5V}=-5$ W　吸收；$P_R=5$ W　吸收

1.9　$E=10$ V；$R_0=0.625\ \Omega$

1.10　$I=-0.0625$ A

1.11　$U_{AB}=-2$ V

1.12　(a)1 V　(b)4 V　(c)4 V

1.13　(a)9 V；10 V；0 V；1 V

(b)0 V；1 V；−9 V；1 V

1.14　24 V；−48 W

2.1　$U_4=-2$ V；$I_4=-1$ A

2.2　$I_1=-2$ A；$P_{Is}=20$ W（吸收）

2.3　$I_1=-1$ A；$I_2=1$ A；$P_{5\Omega}=5$ W(吸收)；$P_{10\Omega}=10$ W(吸收)；$P_{5V}=5$ W(吸收)；$P_{2A}=20$ W(发出)

2.4　$U=-32.5$ V；$P=211.25$ W

2.5　$I=-4.4$ A

2.6　$U=22/3$ V

2.8　$I=3$ A

2.9　$U_a=4$ V；$U_b=2.5$ V；$U_c=2$ V

2.11　$I_1=10$ A；$I_2=-5$ A；$I=5$ A

2.12　60 V

2.13　2 A

2.14　$I_5=3.6$ A；$U_6=3.6$ V

2.15　2 A

2.16　3 A

2.17　$U_{oc}=10$ V；$R_0=5$ kΩ

2.18　$I=3.53$ A

3.1　$I=14.14$ A；$U=10$ V；$f_u=f_i=50$ Hz；$\varphi=-90°$

3.2　$i=10\sin\left(40\pi t+\frac{\pi}{6}\right)$ A

3.3　10+j12；2+j4；$56.56\angle 98.1°$；1.75+j0.25

3.4　$i_1 = 10\sqrt{2}\sin(314t-30°)$，$\dot{I}_1 = 10\angle -30°$；$i_2 = 5\sqrt{2}\sin(314t+45°)$，$\dot{I}_2 = 5\angle 45°$；

$u = 110\sqrt{2}\sin 314t$，$\dot{U} = 110\angle 0°$

3.5　$i = 13.2\sin(\omega t + 40.9°)$

3.6　$u = 5\sqrt{2}\sin(\omega t + 53.1°)$

3.7　(a) $\varphi_i = \varphi_{u_R} = \frac{2}{3}\pi$，$\varphi_{u_L} = -\frac{5}{6}\pi$　(b) $\varphi_{i_R} = \varphi_u = \frac{2}{3}\pi$，$\varphi_{i_C} = -\frac{5}{6}\pi$

3.8　(1)14.14 A；(2)50.1 A

3.9　$u_L = 6\sin(\omega t - 126.9°)$

3.10　45°

3.11　$Z = 0.5 + 1.5j$

3.12　$I = 27.64$ mA；$\cos\varphi = 0.15$

3.13　$\cos\varphi = 0.6$

3.14　113 V；0.38 A

3.15　$P = 43.3$ W；$Q = 71.5$ Var；$S = 83.6$ V·A；$\cos\varphi = 0.52$

3.16　$L = 0.27$H

3.17　90 V

3.18　5 A

3.19　$U = 40$ V

3.20　$R = 10\ \Omega$；$Q = 8$

3.21　(1)500　(2)$I' = 90.9$ A；$C = 2279\ \mu$F

3.22　$I_1 = 87.2$A；$I_2 = 58.5$ A，$\cos\varphi_2 = \cos 25.8° = 0.90$

3.23　$u = [0 + 7.43\sin(1000t + 12°) + 9.58\sin(2000t + 46.7°)]$ V

$U = 8.57$ V

4.5　$\dot{U}_{ab} = \dot{U}_{bc}\angle 120° = 380\angle 190°$ V；$\dot{U}_{bc} = 380\angle 70°$ V；$\dot{U}_{ca} = \dot{U}_{bc}\angle -120° = 380\angle -50°$ V

4.6　$\dot{I}_L = \dot{I}_{LY} + \dot{I}_{L\Delta} = (22\angle 0° + 17.32\angle 0°)$ A $= 39.32\angle 0°$ A

4.7　$Z = |Z|\angle\theta = 2.88\angle 36.87°\ \Omega$

4.8　$\dot{I}_a = 12.7\angle -36.87°$A；$\dot{I}_b = \dot{I}_a\angle -120° = 12.7\angle -156.87°$A；

$\dot{I}_c = \dot{I}_a\angle 120° = 12.7\angle 81.13°$A

4.9　$I_1 = 25$ A；$U_P = 120$ V

4.10　负序

4.11　$I = 31.58$ A；$P = 9278$ W

4.12　$P = 3107$ W；$Q = 2201$ Var；$S = 3808$ V·A；$\cos\varphi = 0.816$

4.13　$Z = 30.4 + j22.8$ (Ω)

4.14　$I_P = 38$ A；$I_L = 65.8$ A；$P = 34655$ W

4.15　15.2 A；25.8 A；38.09 A

5.2　4.76 A；217.39 A

5.3　1600 匝

5.4 (1)7.58 A;217.4 A (2)0.33 (3)4.3% (4)94.4%

5.5 56 匝

5.6 500 盏;300 盏

5.7 (1)5.33 A;160 A (2)550 盏

5.8 (1) 200 Ω (2)0.097 W

5.9 110 V;22 A;1936 W

5.10 (1)220/10.5 kV;328/6873 A (2)127/10.5 kV;328/3968 A

5.11 2.9 A;72.2 A

5.12 $U_{1N}=35$ kV;$U_{1Np}=20.2$ kV;$U_{2N}=U_{2Np}=10.5$ kV;$I_{1N}=I_{1Np}=13.2$ A;
$I_{2N}=44$ A;$I_{2Np}=25.4$ A

5.13 137516 W

5.14 0.68 A;0.79 A;1.39 A

6.2 $n_1=1000$ r/min;$p=3$;$s=0.04$

6.3 $n_1=1000$ r/min;$f_1=50$ Hz;$n=980$ r/min;$f_2=1$ Hz

6.4 $n_1=1000$ r/min;$f_2=2$ Hz;$n=875$ r/min

6.5 2.2

6.6 (1)35.9 A (2)0.02 (3)$T_N=120$ N·m;$T_M=264$ N·m;$T_{st}=240$ N·m

6.7 (1)$T_N=45.2$ N·m;$T_M=72.4$ N·m (2)否

6.8 (1)4.64 kW (2)$I_Y=14.4$ A;$I_\triangle=8.31$ A;(3)$T_N=26.3$ N·m

6.9 (1)$I_N=84.2$ A (2)$s_N=0.013$
(3)$T_N=290.4$ N·m;$T_M=638.9$ N·m;$T_{st}=551.8$ N·m

6.10 (1)$U=U_N$,可以;$U=0.9U_N$,不可以
(2)$I_{st}=196.5$ A;$T_{st}=183.9$ N·m;否;否

6.11 (1)$I_{st}=221.2$ A;$T_{st}=292.4$ N·m (2)$I_{st}=73.7$ A;$T_{st}=97.5$ N·m

8.7 (a)$U_{AO}=-6$ V (b)$U_{AO}=-6$ V

8.10 (a)15 V (b)1.4 V (c)5 V (d)0.7 V

8.11 Ⅰ为 NPN 型硅管,1、2、3 管脚依次是 b、e、c;
Ⅱ为 PNP 型锗管,1、2、3 管脚依次是 c、b、e

8.12 $\beta=50$

8.14 (1)$I_B=50$ μA (2)$U_{CE}=20.2$ V (3)$I_B=202$ μA

8.15 (a)放大状态 (b)截止状态 (c)饱和状态
(d)放大状态 (e)饱和状态 (f)截止状态

8.16 (1)$I_C\approx3.6$ mA (2)$I_C\approx5$ mA (3)$\beta\approx80$

8.18 $I_D = I_{DSS}\left(1-\frac{U_{GS}}{U_P}\right)^2 = 5\left(1-\frac{U_{GS}}{-4}\right)^2$

9.1 (a)不能 (b)可以 (c)不能 (d)不能
(e)不能 (f)不能 (g)不能 (h)不能 (i)不能

9.2 (a)饱和失真 (b)截止失真 (c)饱和失真和截止失真

9.4 空载时:$I_{BQ}=20$ μA, $I_{CQ}=2$ mA, $U_{CEQ}=6$ V

带载时：$I_{BQ}=20\ \mu A$， $I_{CQ}=2\ mA$， $U_{CEQ}=3\ V$

9.5 $I_{BQ}=25.54\ \mu A, I_{CQ}=2.04\ mA$， $U_{CEQ}=4.8\ V$

空载：$\dot{A}_{uo}=-328, \dot{A}_{us}=-94.7$

负载：$\dot{A}_{u}=-164, \dot{A}_{us}=-47.3$

$R_i=1.218\ k\Omega, R_o=5\ k\Omega$

9.6 (1)$R_b=565\ k\Omega$ (2)$R_L=1.5\ k\Omega$

9.7 (1)$U_{BQ}=2\ V, I_{BQ}=10\ \mu A, U_{CEQ}=5.7\ V, \dot{A}_u=-7.7, R_i=3.7\ k\Omega, R_o=5\ k\Omega$

(2)$R_i=4.1\ k\Omega, \dot{A}_u=-1.92$

9.8 (1)$I_{BQ}=32.3\ \mu A, I_{EQ}=2.61\ mA, U_{CEQ}=7.17\ V$

(2)$R_L\to\infty$时，$R_i=110\ k\Omega, \dot{A}_u=0.996$；$R_L=3\ k\Omega$时，$R_i=76\ k\Omega, \dot{A}_u=0.992$

(3)$R_o=37\ k\Omega$

9.9 $\dot{A}_u=194$

9.10 $R_E=3.32\ k\Omega$

9.11 (1)$I_{BQ}=18.65\ \mu A, I_{EQ}=1.88\ mA, U_{CEQ}=7.12\ V$

(2)$U_o=1.88\ V$

(3)$U_o=0.94\ V$

9.12 (1)$I_{DQ}=1\ mA, U_{GSQ}=-2\ V, U_{DSQ}\approx 3\ V$

(2)$\dot{A}_u=-5, R_i=1\ M\Omega, R_o=5\ k\Omega$

9.13 $\dot{A}_u=-g_m(R_D /\!/ R_L), R_i=R_3+R_1 /\!/ R_2, R_o=R_D$

10.5 0.1%

10.8 $\left(1+\frac{R_f}{R_3}\right)\frac{R_1R_2}{R_1+R_2}\left(\frac{u_{i1}}{R_1}+\frac{u_{i2}}{R_2}\right)$；$u_{i1}+u_{i2}$

10.9 $u_o=-2u_{s1}-2u_{s2}+\frac{15}{4}u_{s3}$

10.10 (1) $u_o=\left(1+\frac{R_{F2}}{R_2}\right)\frac{R_4}{R_3+R_4}u_{i2}+\frac{R_{F2}}{R_2}\cdot\frac{R_{F1}}{R_1}\cdot u_{i1}$ (2)$u_{i1}+u_{i2}$

10.11 $u_o=u'_o+u''_o=-2(u_{i1}+u_{i2})+5/3(u_{i3}+u_{i4})$

10.12 $u_o=u'_o+u''_o+u'''_o=u_{13}+\frac{1}{RC}\int(2u_{i3}-u_{i1}-u_{i2})dt$

11.2 (a)$F=\overline{A}D+AB\overline{C}+\overline{A}D+\overline{C}D$

(b)$F=A\overline{B}+BC$

11.4 (1)$\overline{A}B+C$ (2)$A\overline{C}+B$ (3)$AB+\overline{A}\,\overline{B}+BC$

(4)$A\overline{B}+\overline{C}\,\overline{D}+B\overline{C}$ (5)$BC+BD+AB$ (6)$\overline{A}+\overline{B}+C$

12.1 (a)$F=\overline{A}B+A\overline{B}$ (b)$F=\overline{A}B+A\overline{B}$

12.2 (a)$F=AB+BC$ (b)$F=\overline{A}BC$

12.4 (a)$F_1=A\overline{B}+B\overline{C}$ (b)$F_2=A\overline{B}+B\overline{C}$

12.5 (a)$F=\overline{A}\,\overline{B}+AB+A\overline{C}$ (b)$F=\overline{A}\,\overline{B}+BCD$

12.6　(a)$F=\overline{A}\,\overline{B}+AB$　(b)$F=\overline{A}B\,\overline{C}D+\overline{A}BC\,\overline{D}+A\,\overline{B}\,\overline{C}D+A\,\overline{B}C\,\overline{D}$

12.7　$F_1=ABC+A\,\overline{B}\,\overline{C}+\overline{A}B\,\overline{C}+\overline{A}\,\overline{B}C$　$F_2=AB+BC+CA$

13.12　$R=909\ \text{M}\Omega$

13.13　$f_1=6.21\times10^3\ \text{Hz}$　$f_2=11\times10^3\ \text{Hz}$

14.1　(1)$U_o=11.25\ \text{V}$　(2)0001

14.2　$-7.08\ \text{V}$

14.3　$n=3$

参考文献

[1] 唐介.电工学(少学时)[M].3版.北京:高等教育出版社,2010.

[2] 秦曾煌.电工技术[M].6版.北京:高等教育出版社,2004.

[3] 任振辉.电工技术[M].北京:中国水利水电出版社,2008.

[4] 王桂琴.电工学(Ⅰ、Ⅱ)[M].北京:机械工业出版社,2004.

[5] 叶挺秀.电工电子学[M].北京:高等教育出版社,2008.

[6] 陈希有.电路理论基础[M].3版.北京:高等教育出版社,2004.

[7] 周守昌.电路原理(上、下)[M].2版.北京:高等教育出版社,2004.

[8] 康华光.电子技术基础模拟部分[M].5版.北京:高等教育出版社,2006.

[9] 康华光.电子技术基础数字部分[M].5版.北京:高等教育出版社,2011.

[10] 杨志忠.数字电子技术[M].北京:高等教育出版社,2007.

[11] 阎石.数字电子技术基础[M].4版.北京:高等教育出版社,1998.